生物与离子敏传感器MEMS技术及应用

Bio/Ion Sensors and MEMS Technology Applications

主编 王 平 王军波
副主编 沙宪政 陈青松 吴春生

国防工业出版社

·北京·

内 容 简 介

生物敏传感器和离子敏传感器（简称生物和离子敏传感器）结合 MEMS 微系统技术在生物医学、环境检测、食品安全以及国防军事等相关领域占有非常重要的位置，是传感技术与 MEMS 技术交叉融合的重要发展方向，对于生物、医学、化学分析、检测技术及仪器、微纳电子技术与人工智能的应用等交叉学科的发展起到重要的促进作用。

本书介绍了国际上近年来进行的有关生物和离子敏传感器与 MEMS 技术的最新研究成果及其相互融合的研究进展。全书共七章，分别论述了生物、离子信息及其检测技术、生物与离子敏传感技术的基础，包括：生物分子、细胞、组织、类器官传感及其与微系统技术的结合、化学无机离子、有机离子传感、重金属离子传感器和 MEMS 技术，以及生物和离子敏传感器与 MEMS 技术在生物医学、环境检测、食品安全以及国防军事等相关领域的应用实例。

本书从生物和离子敏传感器与微系统技术相结合的角度，较全面地介绍了现代生物和离子敏传感器与 MEMS 技术的原理、结构及其传感与检测技术，并结合相应的传感器件与 MEMS 设计及其加工制作工艺介绍了生物和离子敏传感器与微系统技术相结合的典型应用实例。

本著作可供传感技术、电子技术与信息系统、仪器仪表、测控技术、检测技术与仪器、生物医学工程、生物医学电子、生物医学传感技术、应用电子技术等专业的师生和相关的科技人员参考。

图书在版编目（CIP）数据

生物与离子敏传感器 MEMS 技术及应用 / 王平，王军波主编．
北京：国防工业出版社，2024.7. --（传感器与 MEMS 技术丛书）. ISBN 978-7-118-13404-9

Ⅰ . TP212

中国国家版本馆 CIP 数据核字第 2024TG3361 号

※

国防工业出版社 出版发行

（北京市海淀区紫竹院南路 23 号　邮政编码 100048）
雅迪云印（天津）科技有限公司印刷
新华书店经售

*

开本 710×1000　1/16　印张 24½　字数 435 千字
2024 年 7 月第 1 版第 1 次印刷　印数 1—3000 册　定价 148.00 元

（本书如有印装错误，我社负责调换）

国防书店：(010) 88540777　　　书店传真：(010) 88540776
发行业务：(010) 88540717　　　发行传真：(010) 88540762

《传感器与 MEMS 技术丛书》
编写委员会

主　任：范茂军
副主任：刘晓为　戴保平　王　平
成　员（按姓氏笔画排序）：

卜雄洙	王　旭	王　鑫	王军波	王金泽	文　海
叶一舟	冯　杰	吕宝贵	朱　真	刘　欢	刘　沁
刘玉敏	刘青松	江辉军	关　威	吴　剑	吴健德
邹旭东	汪　飞	张　磊	张　德	张宇峰	张宗军
陈青松	武学忠	罗　亮	罗　毅	周　瑜	胡　隽
胡志新	郝一龙	郭宏伟	郭源生	赵晓峰	施云波
夏善红	高国伟	高麟鹏	唐　杰	黄庆安	蒋哲琪
樊尚春	戴　杨				

总策划：欧阳黎明　王京涛　张冬晔

《生物与离子敏传感器 MEMS 技术及应用》编委会

王　平　　王军波　　沙宪政
陈青松　　吴春生　　陈　健
万　浩　　周建发　　杜立萍
苏　娟　　庄柳静

前言

21世纪，科学技术创新的发展以如此快的速度发展，渗透到了我们生活的各个方面。这一点在生物和离子敏传感技术领域尤其突出。生物与离子敏传感技术是传感技术领域及微机电系统（MEMS）领域的一个重要研究方向，并且得到了非常迅速的发展，成为生命科学与人工智能领域中智能感知的重要研究内容，该技术有效地促进了传感技术在生物医学领域的基础研究、疾病的诊断和治疗等领域的广泛应用。

本书是国防工业出版社组织出版的"传感器与MEMS技术"系列丛书之一，获得了国家出版基金的资助。本书适用于电子技术及信息与生物医学交叉专业的本科生、研究生，以及对生物敏与离子敏传感技术及其MEMS感兴趣的读者。本书注重把生物敏与离子敏传感技术及其MEMS涉及的基本理论、方法原理以及目前发展较成熟的技术进行提炼、归纳、整合，并对其在健康、环境以及国防等领域中的应用进行了详尽描述，以便读者能系统全面地了解和掌握相关知识。内容编排上由浅入深、循序渐进、文字简练、重点突出，注重基础知识与实际应用的有机结合。

本著作共有7章：包括绪论、生物敏传感器的研究与应用、离子敏传感器的研究与应用、生物和离子敏传感器微系统及其应用、生物和离子敏传感器在医学及临床中的应用、新型生物和离子敏传感器的发展以及生物和离子敏传感器微系统的展望。

本著作是由国内从事生物敏与离子敏传感技术及其MEMS研究和具有丰富教学经验的专家、学者和教师编写完成的，在此，对参与本书编写的专家、学者和教师以及参与本书编写和校对的博士和硕士研究生（王心怡、袁群琛、秦春莲、魏鑫伟、周书祺、林温程、孔留兵、梁韬、马驰宇、蒋得明、姜楠，以及黄卓如、张筱婧、牟石盟、孙先佑、孙佳滢、尚书诺、张娅婕等）表示衷心的感谢。由于生物敏与离子敏传感技术及其 MEMS 微系统不断的发展，新的理论方法和技术不断涌现，加之作者学识水平及时间有限，著作中难免存在一些歧义和不足，敬请读者给予批评指正。

王　平　王军波
2024 年 2 月

目 录

第 1 章 绪论
1.1 生物敏传感器的概念和研究现状 ………………………………………… 1
1.2 离子敏传感器的概念和研究现状 ………………………………………… 4
1.3 生物敏传感器微系统的概念和研究现状 ………………………………… 10
1.4 离子敏传感器微系统的概念和研究现状 ………………………………… 14
参考文献 ……………………………………………………………………… 16

第 2 章 生物敏传感器的研究与应用
2.1 概述 ………………………………………………………………………… 18
2.2 生物敏感材料的发展 ……………………………………………………… 19
2.2.1 分子型生物敏感材料 ………………………………………………… 19
2.2.2 细胞型生物敏感材料 ………………………………………………… 23
2.2.3 组织器官型生物敏感材料 …………………………………………… 24
2.3 生物分子传感器 …………………………………………………………… 28
2.3.1 生物活性分子的固定 ………………………………………………… 29
2.3.2 DNA 微系统传感器 …………………………………………………… 31
2.3.3 酶生物传感器 ………………………………………………………… 36
2.3.4 免疫型生物传感器 …………………………………………………… 38
2.4 细胞与组织传感器 ………………………………………………………… 41
2.4.1 基于细胞的生物传感器 ……………………………………………… 41
2.4.2 基于组织的生物传感器 ……………………………………………… 54
2.5 生物传感微系统 …………………………………………………………… 59
2.5.1 电化学类生物传感器微系统 ………………………………………… 59
2.5.2 光学类生物传感器微系统 …………………………………………… 67

  2.5.3 生物传感器微系统的应用 ·················· 71
 2.6 仿生传感阵列 ····································· 71
  2.6.1 基于酶的生物传感阵列 ····················· 72
  2.6.2 基于抗体的生物传感阵列 ··················· 73
  2.6.3 基于适配体的生物传感阵列 ················· 76
  2.6.4 基于细胞的生物传感阵列 ··················· 77
 参考文献 ··· 77

第3章　离子敏传感器的研究与应用

 3.1 概述 ··· 85
 3.2 电位型电化学离子传感器 ·························· 85
  3.2.1 电化学测量技术概述 ······················· 85
  3.2.2 离子选择电极及其应用 ····················· 87
  3.2.3 离子敏场效应晶体管传感器及其应用 ········· 91
  3.2.4 光寻址电位传感器及其应用 ················· 94
 3.3 伏安型电化学离子传感器 ·························· 98
  3.3.1 伏安测量技术的原理 ······················· 98
  3.3.2 金属及金属氧化物纳米材料修饰电极的应用 ··· 101
  3.3.3 碳质纳米材料修饰电极的应用 ············· 103
  3.3.4 生物分子及导电聚合物修饰电极的应用 ····· 106
 3.4 比色法光学离子传感器 ··························· 111
  3.4.1 概述 ···································· 111
  3.4.2 基于智能手机的比色传感器 ··············· 113
  3.4.3 基于扫描仪的比色传感器 ················· 118
  3.4.4 基于示数型试纸条的比色传感器 ··········· 121
 3.5 荧光法离子传感器 ······························· 124
  3.5.1 单荧光团"开-关"离子传感器 ············ 125
  3.5.2 比率荧光离子传感器 ····················· 127
  3.5.3 FRET 离子传感器 ······················· 130
 3.6 离子传感器阵列及智能感知系统 ················· 133
  3.6.1 电极阵列离子传感器 ····················· 134
  3.6.2 FET 阵列离子传感器 ···················· 136

3.6.3　光学阵列离子传感器 …………………………………………… 137
　　　3.6.4　智能感知及其在离子传感器阵列上的应用 ………………… 140
　3.7　电子舌在生物医学和环境、食品检测中的应用 ……………………… 142
　　　3.7.1　电子舌在生物医学中的应用 ………………………………… 142
　　　3.7.2　电子舌在环境检测中的应用 ………………………………… 145
　　　3.7.3　电子舌在食品检测中的应用 ………………………………… 148
　参考文献 ……………………………………………………………………… 152

第4章　生物和离子敏传感器微系统及其应用

　4.1　概述 ……………………………………………………………………… 160
　4.2　BioMEMS 与 BioNEMS 原理 ……………………………………………… 160
　　　4.2.1　BioMEMS 原理 ………………………………………………… 161
　　　4.2.2　BioNEMS 原理 ………………………………………………… 164
　4.3　BioMEMS 与 BioNEMS 应用 ……………………………………………… 165
　　　4.3.1　BioMEMS 应用 ………………………………………………… 165
　　　4.3.2　BioNEMS 应用 ………………………………………………… 168
　4.4　生物敏与离子敏传感器及其微系统的研究进展 ……………………… 169
　　　4.4.1　电化学离子敏与生物敏传感器及其微系统 ………………… 169
　　　4.4.2　热量型生物传感器及其微系统 ……………………………… 179
　　　4.4.3　声表面波生物传感器及其微系统 …………………………… 181
　　　4.4.4　悬臂梁式生物传感器及其微系统 …………………………… 183
　　　4.4.5　场效应晶体管式生物与离子敏传感器及其微系统 ………… 186
　4.5　生物与离子敏传感器及其微系统在环境检测中的应用 ……………… 196
　　　4.5.1　生物与离子敏传感器及其微系统在环境检测中的
　　　　　　应用 ……………………………………………………………… 196
　　　4.5.2　生物与离子敏传感器微系统在军事领域的应用 …………… 204
　参考文献 ……………………………………………………………………… 213

第5章　生物和离子敏传感器在医学及临床中的应用

　5.1　概述 ……………………………………………………………………… 219
　5.2　传感器在医学上应用的要求 …………………………………………… 220
　　　5.2.1　传感器在医学与临床应用中安全性与可靠性问题 ………… 220

5.2.2 生物医学传感器在医学与临床应用中定量检测与
干扰因素问题 ……………………………………………… 228
5.3 生物和离子敏传感器在医学检验中的应用 …………………… 233
5.3.1 离子敏传感器对生物体液中离子的检测 …………………… 234
5.3.2 生物传感器对葡萄糖浓度的检测 …………………………… 240
5.3.3 生物传感器对体液中其他有机化合物的检测 ……………… 246
5.4 生物和离子敏传感器在健康监测方面的应用 ………………… 248
5.4.1 生物和离子敏传感器在临床监测中的应用 ………………… 249
5.4.2 生物和离子敏传感器在日常监测中的应用 ………………… 254
5.5 生物和离子敏传感器在疾病诊断和预防的应用 ……………… 261
5.5.1 生物传感器和离子敏传感器在疾病诊断中的应用 ……… 261
5.5.2 生物和离子敏传感器在疾病预防中的应用 ………………… 266
5.6 生物相容性相关问题 …………………………………………… 270
5.6.1 传感器及医疗器械植入机体的宿主反应 …………………… 270
5.6.2 传感器的生物相容性及其评价 ……………………………… 272
5.6.3 植入式传感器的生物相容性 ………………………………… 274
参考文献 …………………………………………………………………… 279

第 6 章 新型生物和离子敏传感器的发展

6.1 概述 ……………………………………………………………… 284
6.2 生物电子舌的发展 ……………………………………………… 285
6.2.1 生物和人工味觉感知系统 …………………………………… 285
6.2.2 基于味觉功能材料的生物电子舌 …………………………… 288
6.2.3 基于生物味觉感受系统的在体生物电子舌 ………………… 296
6.3 微流控离子传感器 ……………………………………………… 297
6.3.1 微流控芯片的设计与加工 …………………………………… 298
6.3.2 微流控芯片的组成 …………………………………………… 300
6.3.3 微流控平台与离子传感系统 ………………………………… 302
6.3.4 新型微流控离子传感器 ……………………………………… 306
6.3.5 展望 …………………………………………………………… 309
6.4 器官/类器官生物芯片 …………………………………………… 310
6.4.1 三维细胞与类器官的研究现状 ……………………………… 310

6.4.2 器官芯片和类器官芯片 ………………………………… 314
6.4.3 新型生物传感器 …………………………………………… 316
6.4.4 类器官芯片与生物传感器的结合 ……………………… 320
6.4.5 类器官生物芯片的研究展望 …………………………… 322

6.5 植入式生物和离子敏传感器 ……………………………… 322
6.5.1 基于动物的植入式生物和离子传感器进展 ………… 322
6.5.2 植入式体内生物与离子传感器进展 ………………… 325

6.6 可穿戴式生物传感器 ……………………………………… 334
6.6.1 可穿戴式汗液生物传感器 ……………………………… 334
6.6.2 可穿戴式泪液生物传感器 ……………………………… 339
6.6.3 可穿戴式唾液生物传感器 ……………………………… 343
6.6.4 可穿戴式生物传感器发展趋势 ………………………… 346

参考文献 ………………………………………………………… 346

第 7 章　生物和离子敏传感器微系统的展望

7.1 概述 ………………………………………………………… 357
7.2 生物敏传感器的展望 ……………………………………… 357
7.2.1 多参数细胞传感技术的发展展望 ……………………… 357
7.2.2 石墨烯生物敏传感器 …………………………………… 360
7.3 离子敏传感器的展望 ……………………………………… 366
7.4 生物敏传感器与 MEMS 微系统技术的展望 ……………… 370
7.5 离子敏传感器与 MEMS 微系统技术的展望 ……………… 372
参考文献 ………………………………………………………… 373

第1章

绪论

1.1 生物敏传感器的概念和研究现状

生物敏传感器是指对生物物质敏感并将生化反应转换为可定量的物理、化学信号的装置，一般由生物敏感材料（如酶、抗体、抗原、核酸、细胞组分或细胞、组织、仿生识别分子等）与理化换能器（如氧电极、光敏管、场效应管、压电晶体等）组成，与信号放大装置构成分析系统。本节主要对生物敏传感器的基本概念和结构、特性、发展历程和研究现状进行简要介绍。

生物敏传感器是用于测量生物或化学反应并将其转化为浓度相关信号的器件或装置，已被应用于疾病检测、药物研发、污染物检测、食品安全检测等。传感器一般包括以下几部分（见图1-1-1）。①被测物：目标检测物，如血液中的葡萄糖。②生物识别元件：可特异性识别被测物的元件，如酶、细胞、适配体、DNA和抗体。生物识别元件与被测物反应产生信号的过程（通过光、热、pH、电荷或质量变化的形式）被称为生物识别。③换能器：将一种形式的能量转化为另一种形式的元件，即将生物识别过程转化为可测量的信号。大部分换能器可产生光、电信号，其强度与被测物-生物识别元件的输出量成正比。

生物敏传感器可以通过两种方式进行分类：一种是以被测量传导方式分

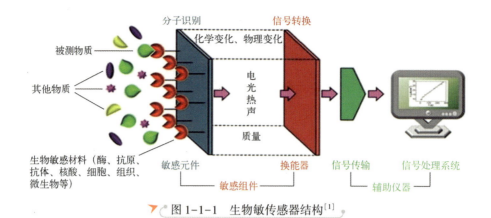

图 1-1-1　生物敏传感器结构[1]

类,如光学、机械、电化学;另一种是以生物识别元件种类进行区分,主要有两大类,包括催化型和亲和型传感器。

催化型传感器:催化型传感器是最早的生物敏传感器,该类传感器利用酶、细胞器、组织或微生物作为生物识别元件,结合换能器将生物信号转化为电信号。主要的换能器基于电化学、光学和热学转换技术。1956 年,美国生物传感器之父 Leland C. Clark 教授发表了关于氧电极的论文,这项研究具有划时代意义,这种电极也因此被命名为 Clark 氧电极。1967 年,研究者将葡萄糖氧化酶通过半透膜包覆在 Clark 氧电极的表面,设计了第一个酶-葡萄糖传感器,测定了溶液中葡萄糖的浓度,揭开了有机物无试剂分析(即无需对样品进行处理且分析迅速)的序幕。1975 年,基于葡萄糖氧化酶的传感器被用于检测血液中的葡萄糖。经过改进,1987 年,出现了一种更加简单便捷的传感器并开始商业化使用。

亲和型传感器:2000 年,英国克兰菲尔德大学 Anthony Turner 教授在期刊"*Science*"中指出,第二代的生物传感器是亲和型生物传感器,它们与催化型生物传感器具有相似的测量理论,但增添了新的传感方式,如利用压电或电磁传感器,将机械形变、电压转化为可测质量或黏弹效应等。其主要代表是目前常用的石英晶体微天平和表面等离子体共振等技术。此外,亲和型传感器可反映抗原-抗体的特异性结合、细胞受体与配体的相应结合、DNA 和 RNA 与其互补链序列配对等生物过程的实时信息。

生物敏传感器的迅速发展与它独特的功能和优点是分不开的,主要的特性包括特异性、敏感性、稳定性、重复性等。近年来最重要的突破是亲和性传感器已获得商业成功。免疫传感器的药学研究和 DNA 芯片的遗传诊断已应用到了活体测试,由此可见生物医学传感器的应用的多样性,与此同时,任何传感器的研究和发展都必须与不同传感器类型以及它们各自对应的检测技术紧密结合。

特异性和敏感性:特异性和敏感性是现有生物敏传感器两个最重要的基本特征。传感器的特异性主要取决于生物识别元件的特性,这是由于生物识别元件可直接与被测物发生作用。敏感性则同时取决于生物敏感元件及后续的传感元件,因为生物敏传感器包含有效的生物分子-被测物反应及传感元件的信号转换过程,两者之间紧密结合。与其他传感器相比,生物敏传感器具有非常显著的特异性。例如,在抗原-抗体反应中,抗原是指能刺激人或动物机体产生相应抗体的物质,抗体可以特异性识别并结合到抗原上。因此,目前生物敏传感器所具有的特异性及测量敏感性,远高于其他的化学传感器。

稳定性和重复性:生物敏传感器在通过复杂生物分子实现良好特异性及敏感性的同时,也导致了其具有一定的不稳定性。即很难有效保持这些物质的生物活性。可以通过很多方案来限制或修饰生物敏感元件的结构以延长它们的寿命,保持其生物活性。所以,稳定性也是生物传感器设计中的一个重要问题,这将会直接影响到传感器的输出稳定性,以及检测结果的重复性。

近几十年来,随着人工智能、传感器设计、材料科学、微电路设计、软件科学等关键科学领域的发展,仿生传感技术已经可以越来越多地应用于人体方面,比如细胞传感器中的敏感元件是细胞。细胞是人体的基本单位,人体的主要生理生化过程是在细胞内进行的,监测细胞内的离子事件与分子事件,已成为当前生命科学中的热点课题。监测离子事件的离子选择性微电极(Ca^{2+}、K^+、Na^+、Cl^-、Mg^{2+}、Li^+等)技术已渐趋成熟,而监测分子事件的分子选择性微电极也在开发之中,如图1-1-2所示。

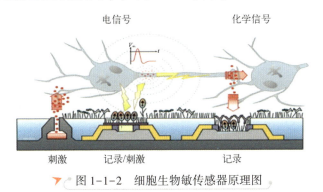

▼ 图1-1-2 细胞生物敏传感器原理图

人体也具有很多种传感器，这些人体传感器具有灵敏度高、选择性好、集成度高等特点，研制仿生传感器是发展生物与离子敏传感技术的重要方向。目前，国内外已研制出多种具有生物体功能的仿生传感器，如仿生材料传感器、细胞组织传感器、受体分子传感器、神经元传感器等。细胞和组织传感器使用固定化的生物活体细胞和组织结合传感器或换能器，来检测细胞胞内或细胞胞外以及组织的微环境微生理代谢化学物质、细胞动作电位变化或与免疫细胞等特异性交互作用后产生的响应。

细胞和组织传感器由两个主要关键部分所构成（见图1-1-3），一部分是来自于活体的细胞和组织，该部分为细胞传感器的信号接收或产生部分，另一部分属于传感器件或电子（光学）器件部分，主要为物理信号转换器件。如何提取、分离、纯化细胞和组织以及设计与检测细胞和组织所匹配的传感器件，如何使细胞和组织与器件表面耦合紧密、结合精确而且响应快速，以及如何保持细胞组织的活性和寿命等，是细胞和组织传感器的关键技术。此外，设计性能良好的电子和光学器件以实现细胞和组织信号的精确转换和高信噪比的检测等也是该类传感器的关键技术。

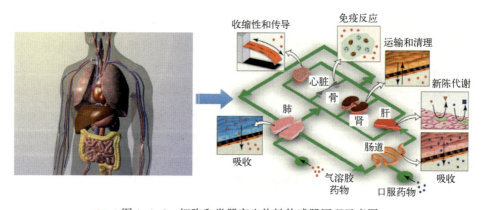

图1-1-3 细胞和类器官生物敏传感器原理示意图

1.2 离子敏传感器的概念和研究现状

离子敏传感器是一种电化学传感器器件。离子敏传感器能在复杂的被测物质中迅速、灵敏、定量地测出离子或中性分子的体积浓度。

离子敏传感器技术的进步取决于敏感膜和换能器。因此，离子敏传感器的分类通常是根据敏感膜的种类或换能器的类型来划分的。根据敏感膜的种类可以划分为玻璃膜式、固态膜式、液态膜式,以及以离子传感器为基本体的隔膜式等。根据换能器的种类可划分为电极型、场效应晶体管型、光导纤维型、声表面波型等。其中,离子选择电极(Ion Selective Electrode,ISE)(见图1-2-1)已在化学、环保、医药、食品和生物工程等领域得到广泛应用。

图 1-2-1　离子敏传感器的种类及分类

1975年,国际纯粹与应用化学联合会(International Union of Pure and Applied Chemistry,IUPAC)给出离子选择电极定义:离子选择电极是一类化学传感器,它的电位与溶液中特定离子的活度的对数呈线性关系[2]。这种装置不同于包含氧化还原反应的体系。离子选择电极法是指使用离子选择电极做指示电极的电位分析方法,是电化学分析的重要分支。具有快捷、准确、精密度高、操作简单、仪器体积小、适于连续操作等特点,且电极不受样品颜色、浊度、悬浮物或黏度的干扰。已被广泛应用于实验室痕量分析、常规离子分析及环境监测领域。离子选择电极的测量原理为,把合适的参比电极和离子电极一同浸入待测溶液中。离子选择电极包含的特殊敏感膜对溶液中某种离子的活度具有选择性响应,产生一定的平衡电势。不同的离子选择电极及其敏感膜的物理性质也不同,离子选择电极的选择性源于离子选择性膜。

除了上述的基于离子选择电极的电位法电化学传感器,电流法电化学离子传感器以及阻抗法电化学离子传感器也被广泛用于离子检测。随着半导体技术及微电子技术与微机械加工技术的发展,微电极阵列(Microelectrode Array,MEA)的离子敏传感器也得到迅速发展,如图1-2-2所示。

离子敏场效应晶体管(Ion Sensitive Field Effect Transistor,ISFET)是一种微电子离子选择性敏感元件,兼有电化学和晶体管的双重特性。离子敏场效应晶体管是在金属氧化物半导体场效应晶体管(Metal Oxide Semiconductor Field Effect Transistor,MOSFET)基础上制成的对特定离子敏感的离子检测器

图 1-2-2　基于微电极阵列的离子敏传感器

件[3]。在离子敏场效应晶体管中由特定的离子敏感膜、被测电解液及参比电极代替了 MOSFET 的金属栅极。溶液中的特定离子能使膜两侧产生膜电位差，此电位差又能引起沟道电流变化。从而完成待测离子的定量分析[4]，如图 1-2-3 所示。

图 1-2-3　场效应管离子敏传感器的工作原理

1970 年荷兰特文特大学 P. Bergveld 教授将普通的金属氧化物半导体场效应晶体管的金属栅极去掉，让绝缘体与溶液直接接触，得到的源漏电流与响应离子的浓度呈线性关系，这就是世界上第一个离子敏场效应晶体管，从此揭开了离子敏场效应晶体管研究的序幕[5]。1975 年美国犹他大学 S. Moss 将敏感材料沉积在绝缘栅上，成功制作了用于钾离子检测的离子敏场效应晶体管。几十年来，人们已研制和开发出 H^+、K^+、Na^+、F^-、Br^-、I^-、Ag^+、CN^- 等离子敏场效应晶体管。离子敏场效应晶体管按敏感层的敏感机理可大致分为三类：①阻挡型界面绝缘体；②非阻挡型离子交换膜；③固定酶膜。所有离子敏场效应晶体管的硅表面钝化层和防水化层是相同的，不同的仅是离子敏感层的表面。离子敏场效应晶体管按照敏感膜的不同一般可分为无机型、酶型、免疫型、组织型、微生物型场效应晶体管等[6]。

离子敏场效应晶体管与传统离子选择电极相比，具有以下优点：①灵敏度高，响应快，检测仪表简单方便，输入阻抗高，输出阻抗低，兼有阻抗变换和信号放大的功能，可避免外界感应与次级电路的干扰作用；②体积小，重量轻，特别适用于生物体内的动态监测；③不仅可以实现单个器件的小型化，而且可以采用集成电路工艺和微加工技术，实现多种离子和多功能器件的集成化，适于批量生产，成本低，并具有微型化、集成化的发展潜力；④可以实现全固态结构，机械强度大，适用范围广，适应性强；⑤易于与外电路匹配，使用方便，并可与计算机连接，实现在线控制和实时监测；⑥敏感材料具有广泛性，不局限于导电材料，也包括绝缘材料[6]。近年来，作为生物传感器的一个分支，离子敏场效应晶体管正在蓬勃发展，并且在临床医学、环境监测、工业控制和有毒物质的探测特别是在生物化学传感器领域中得到了广泛应用。

随着智能终端的普及，电化学测量已被集成在手持设备上，如智能手机、微流控，进一步满足了电化学检测的实时性、便携性和实用性要求。智能手机具有许多出色的功能，已经成为与便携式设备相连接的平台，以控制、记录和显示电化学检测。例如，Na^+的电位测量可以通过智能手机进行[7]。通常来说，电化学测量往往是通过恒电位器检测电路进行的，而智能手机只是作为一个平台来控制和显示测量。智能手机与检测设备之间的数据通信通常通过有线或无线方式进行，如音频插孔、蓝牙和近场通信（Near Field Communication，NFC）[7-9]。为了进一步将智能手机上的电化学传感器小型化，研究人员还试图使用智能手机内置的近场通信读出模块作为电化学测量的探测器[10]。通过手机上的无线近场通信读取器，无须额外的化学检测硬件电路，即可进行离子检测，具有广泛的应用前景，如图1-2-4所示。

除此以外，随着可穿戴电子设备呈现出巨大的市场前景，传感器作为核心部件之一，将影响可穿戴设备的功能设计与未来发展。柔性可穿戴电子传感器具有轻薄便携、电学性能优异和集成度高等特点，这使其成为最受关注的电学传感器之一。可穿戴式电位离子传感器（Wearable Potentiometric Ion Sensor，WPIS）是一个相对较新的概念，在过去十年中描述的可穿戴式电位离子传感器约占可穿戴电化学传感器总量的25%。它借鉴了离子选择电极领域的基础和应用见解，将新材料和电子产品集成到可以进行人体测量的配置中。在这方面，可穿戴式电位离子传感器的独特性是可以随身携带而不影响个人健康，从而成为用于医疗保健和运动表现监测的先进离子检测技术。此外，将电位离子传感概念整合到可穿戴材料中涉及以下考虑因素。①小型化和非侵入性传感器的便携性；②运动期间的数据分

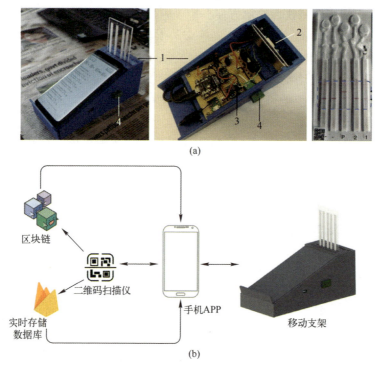

图 1-2-4　基于智能手机的离子敏传感器
（a）基于智能手机的传感设备；（b）基于智能手机的系统架构。

析和机械强度的稳定性。由于可穿戴设备使用了全固态传感技术和先进的电子和数据传输技术，从而可以进行完全独立的分析。③价格合理，电位传感器在制造、操作和数据解释方面都是具有成本效益的设备。近年来可穿戴离子型传感器迅速发展，如可用于皮肤水分检测的柔性可穿戴离子型湿度传感器[11]，以及用于连续监测间质液中多种生物标志物的集成可穿戴微针阵列[12]，如图 1-2-5 所示。

与电化学传感技术类似，光学传感器因其灵敏度高、硬件设计简单、现场可用性好等优点而广泛用于离子敏传感器。光学传感器是一种将光信号作为检测机制的检测技术，从实现原理上主要分为近红外、表面增强拉曼散射（Surface Enhanced Raman Scattering，SERS）、荧光和紫外可见光谱法传感器[13-14]。

作为一种光学传感器，荧光传感器包含两个单元：一个是识别组，另一个是荧光团。两者可以通过连接臂连接，也可以直接连接在同一共轭体

第1章 绪论

图 1-2-5　穿戴式传感器

系中。识别目标分析物后，荧光团的固有光物理特性会受到影响，荧光信号的输出形式也会发生变化，例如荧光峰位置的变化、荧光量子产率的波动、荧光寿命的变化、荧光猝灭和荧光恢复等。因此，荧光团可以起到信息转换的作用，将识别信息转换成光信号。涉及的机制为光致电子转移、荧光共振能量转移和分子内电荷转移，准分子-准分子的形成或消失，激发态-分子内质子转移等[15]。紫外可见光谱法基于材料分子对光的选择性吸收，测定过程基于显色反应，可通过色深反映不同物质的含量。然后，可以通过朗伯-比尔定律定量分析物质浓度[16-17]。表面增强拉曼散射也是一种非常敏感的环境污染物监测方法，该方法取决于特征峰。这种传感机制的灵敏度主要取决于传感材料的表面增强拉曼散射活性。

光学离子敏传感器存在峰重叠的问题，这会导致检测特异性差、精度低等问题。基于纳米材料的光学传感器可以同时满足高检测精度和短检测时间的要求，从而达到简单易用的要求，实现快速、准确地检测环境中的离子[18-19]。各种纳米材料，包括量子点、纳米卟啉、纳米金、纳米银、上转换纳米颗粒、纳米酶、金属氧化物纳米材料和有机荧光分子基纳米材料，已被成功地用作光学传感器的活性成分，这些纳米传感器大多依靠光学仪器或视觉比色检测。

传统的光学离子敏传感器都是特殊的大型仪器，包括紫外分光光度计、多功能酶标仪等。尽管具有灵敏度高、准确性高的优点，但是这些方法复杂、昂贵且需要专业操作，限制了现场检测的广泛应用。由于特殊的光学传感器和复杂的光学结构，响应荧光信号的传统仪器通常昂贵且笨重。随着半导体技术的发展，电荷耦合器件和互补金属氧化物半导体传感器已经成为用于构建小型分析仪器的理想光学检测器。微控制器也被应用于家用便携式传感设

备选择性地测定 Ag^+[20]。

除了使用光学传感器和微控制器等来构造便携式检测设备外，智能手机因其强大的数据处理能力，高品质的摄像头和高存储容量等而被广泛应用于离子检测。研究人员开发了一种基于智能手机应用程序的便携式检测平台用于 Hg^{2+} 测定。浙江大学王平团队设计了一种新型的基于微流控的荧光电子眼与量子点结合实现 Cd^{2+} 的便携和灵敏性检测。除此之外，基于智能手机的设备还被用来从微阵列芯片上获取荧光信号，从而使用三种碳纳米点同时检测 Hg^{2+}、Pb^{2+} 和 Cu^{2+}。

微流体设备允许使用自动化的高通量方法进行常规测定，从而提供了诸如试剂消耗少、成本低、便携和分析时间短的优点。然而，大多数微流体设备需要笨重且耗能的芯片外流体处理组件（泵、阀）和非小型化检测器，从而使其不适用于即时检测（Point of Care Testing，POCT）。这导致了基于纸张的试纸条作为一种微流体设备的出现，试纸条可以在不需要任何芯片外流体处理元件的情况下工作，这一优势对于即时检测应用具有巨大的潜力[21]。在这些设备中，液体是由毛细管力驱动的，因此不需要外部组件。与用于制造微流控芯片的硅、玻璃和其他聚合物材料相比，纸张价格便宜，可生物降解，可广泛获得，具有柔性。基于此，已有研究者将试纸条制成可穿戴分析平台用于汗液生物标志物的检测。通过医用胶带可以很容易地将试纸条贴在皮肤上，结合乳酸生物传感器与体积传感器实现定量检测[22]。尽管纸质设备的功能在灵敏度和可重复性方面受到限制，但它们的简单性、低成本性和可降解性不容忽视。该方案可以被扩展用于开发一次性可穿戴离子敏传感器，具有广泛前景。

1.3 生物敏传感器微系统的概念和研究现状

微机电系统（Micro-Electro-Mechanical System，MEMS）和纳机电系统（Nano-Electro-Mechanical System，NEMS）系统的特点是机电一体化、微型化和智能化，尺寸可以小到数毫米以下，一般将尺寸为 1~10mm 的称为小型 MEMS，尺寸为 10μm~1mm 的称为微型 MEMS[23]，如图 1-3-1 所示。

尺寸为 10nm~10μm 的称为超微型 MEMS，尺寸为 10nm 以下称为纳机电系统，即 NEMS[24]，如图 1-3-2 所示。

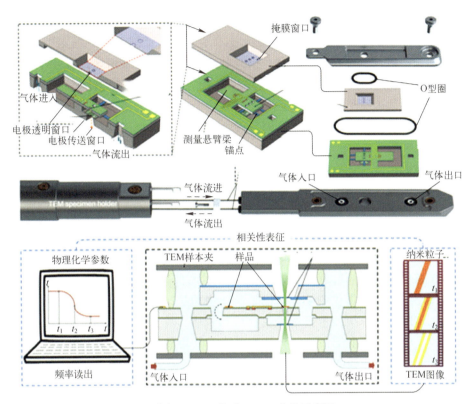

▼ 图 1-3-1　典型 MEMS 芯片示意图

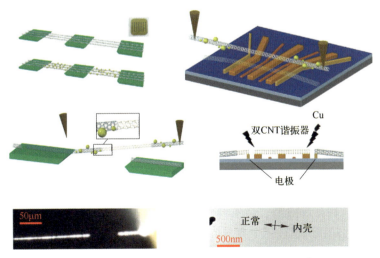

▼ 图 1-3-2　典型纳机电系统（NEMS）芯片示意图

MEMS 中的微型传成器和微型动作器（简称微传感器和微执行器）都是在集成电路基础上用光刻或化学腐蚀技术制成的，且都采用三维刻蚀方法，从而使 MEMS 中的电机、传感器、信息处理及控制电路都可集成在一小片芯片上。MEMS 内部还可有自测试、自校正、数字补偿和高速数字通信等功能，因而能满足体内检测装置高可靠性、高精度及低成本的基本条件。各国研究者首先建议将 MEMS 应用于生命科学及体内诊疗上。美国麻省理工学院预测 MEMS 在医学上应用的领域包括：载有电荷耦合器件（Charge-Couple Device，CCD）相机和微型元件的 MEMS 可以进入人类无法达到的场合观测环境并存储和传输图像；可用于清通脑血栓患者的被堵塞动脉；可用于接通或切断神经；进行细胞级操作；实现微米级视网膜手术等精细外科手术；进行体内检测及诊断；等等。

传统的生物传感器由于体积大、功能单一，以及信息捕获和识别能力较弱，往往很难满足高标准的要求，因此已逐渐被高性能微型传感器所取代。生物传感器微系统将生物学、微电子学、物理学、化学、计算机科学融为一体，把 MEMS 微系统技术应用于生物传感领域，具有体积小、重量轻、灵敏度高、反应快、成本低，并可与其他电路部分集成等优点，兼具基础研究价值和产业化前景。如图 1-3-3 所示为生物微传感器的原理。

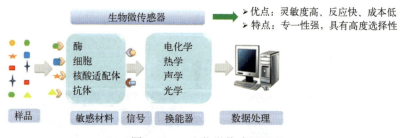

图 1-3-3　生物微传感器原理

与传统的生物传感器相似，生物传感器微系统也是由敏感元器件（识别元件）和转换器件（元件）两部分组成。生物微传感器微系统中的识别元件中所用到的敏感材料只对特定的待测物起反应，专一性强，具有高度选择性，因此设计生物微传感器时最重要的是选择适合待测物的微纳尺寸敏感材料。常用的敏感材料有蛋白质、微生物、抗体或抗原、酶、核酸、细胞或组织等。敏感材料在感知和识别过程中会与待测物发生特异性结合反应，生成具有新特性的物质。换能器能够捕捉到与敏感材料发生反应时产生的各种化学信号和物理信号，如电、光、热、压力等，然后将此反应的强弱程度转化为连续的电信号,再经过滤波、放大、控制等电路进行信号测量或放大,以得到被检测样品中目标待测物的浓度。如图1-3-4所示为生物微传感器分类示意图[25]。

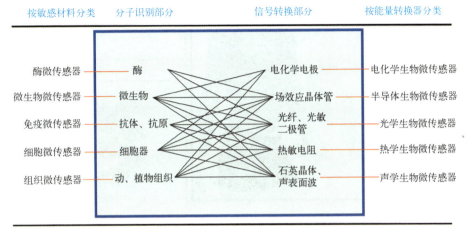

图1-3-4 生物微传感器分类

根据敏感材料、换能器原理,以及应用场合的不同,生物传感器微系统可以作如下分类。根据识别元件即敏感材料的不同,可分为免疫微传感系统、酶微传感系统、细胞微传感系统、脱氧核糖核酸(Deoxyribonucleic Acid,DNA)微传感系统、组织微传感系统和微生物微传感系统等;根据换能器检测原理的不同,可分为热敏生物微传感系统、光生物微传感系统、压电生物微传感系统、场效应管生物微传感系统、生物电极微传感系统等。

生物传感器微系统由生物、材料、电子、医学等先进技术交叉融合而成,在医学、工业、农业、军事和环境监测等领域都有广泛应用。在临床医学和预防医学领域,生物微传感系统可用于疾病的诊断及实时监测、控制给药、协助外科手术等。为保证食品加工业产品的安全、合格,必须对发酵程度、有害物质含量等进行实时检测,工业生产中的高温、高污染等恶劣工作环境也需要具有监测与控制功能的生物微传感系统。在农业生产中,由于大量使用化肥、除草剂、杀虫剂等,致使未降解的农药残留在土壤、食物、水和空气中,对生态系统稳定、动物与人类的健康造成严重的危害,合理使用生物微传感系统对样品进行初级筛选可以提高检测的速度,从而能更有效地避免农药的过量使用。如图1-3-5所示为美国麻省理工学院Dagdeviren[26]研究团队研发的可穿戴式生物微传感器,用于监测人的生命体征(如温度、呼吸和心率)。

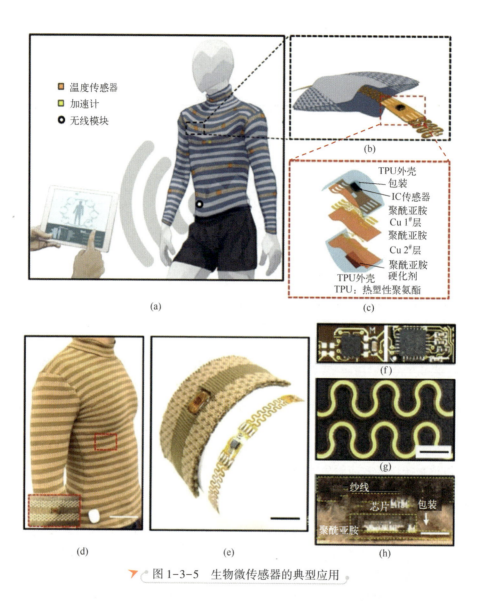

图 1-3-5　生物微传感器的典型应用

1.4　离子敏传感器微系统的概念和研究现状

随着半导体技术及微电子技术与微机械加工技术的发展,离子传感器微系统得到迅速发展,如离子敏场效应管的开发应用。这种微传感器使用特定的离子敏感膜、被测电解液及参比电极代替了金属氧化物场效应晶体管的金属栅极，是集半导体制造工艺和普通离子电极特性于一体的传感器。

离子敏场效应管传感器的工作原理是当离子敏场效应管敏感膜与溶液接触时，在溶液/敏感膜界面上发生可逆的电化学反应，当反应达到动态平衡时，界面电势与测量溶液的离子活度呈线性关系，即能斯特（Nernst）关系。利用这种关系，通过给予离子敏场效应管适当的偏置，可以得到当阈值电压变化（也就是当离子浓度变化）时一些电压-电流的变化关系，从而通过测量这些电压或者电流的大小来得到离子浓度的大小。

与传统的离子选择电极相比，离子敏场效应管具有以下优点：全固态、可以微型化、机械强度高；敏感材料具有广泛性，不局限于导电材料，也包括绝缘材料；采用标准互补金属氧化物半导体（Complementary Metal Oxide Semiconductor，CMOS）工艺和微加工技术相结合的制造工艺，制造方便、成本低，适合于批量生产，易于与多种传感器集成；敏感区面积小、敏感层薄、输入阻抗高、输出阻抗低，兼有信号放大的功能，可避免外界感应与次级电路干扰作用；灵敏度高、响应时间短、信噪比高；等等。因此，离子敏场效应管传感器是适合于实现微型化，可以在线测量的传感器。

离子敏场效应管传感器的发展表现为集成化：一是传感器与信号处理电路的集成；二是多传感器的集成，即把同类型或者不同类型的多个传感器集成在一起。国内外学者在传感器集成化方面进行了大量的研究，在离子敏感膜的选用制造工艺、离子敏场效应管与标准 CMOS 工艺的兼容性研究、离子敏场效应管读出电路、传感器的非线性补偿、传感器封装、后端信号处理电路以及阵列式传感器等多个方面取得了重要的研究成果，促进了离子敏场效应管传感器的实用化。

离子敏场效应晶体管传感器广泛应用于生物医学、环境保护、军事科技、司法鉴定以及农业等领域。其中离子敏场效应晶体管传感器能够在微环境下对 H^+、K^+ 等离子浓度的变化进行准确和快速地检测，这对于疾病的正确诊断和治疗有重要意义；对细胞中离子浓度的监测可适用于研究药品的效能等。同时，离子敏场效应晶体管传感器可用于对土壤中的离子进行检测分析，通过对酸雨的检测可以准确地查明大气污染的原因和来源。通过对植物体内离子的检测可获得植物不同生长期内对各种营养物质的需求情况，从而改进种植方法，提高产量。检测渔场水体中的 pH 值对鱼类养殖有重要意义。另外，离子敏场效应晶体管传感器也可以用来对农药进行分析、测定牛奶中钙的含量、检测尿素等。由于离子敏场效应晶体管传感器体积小、方便携带，因此可用于对战场伤病员病情的监控和诊断，也可实时检测战场的有毒物质分布的情况，用于判断敌方使用的生物武器类型和当量等。

参 考 文 献

[1] GOODE J A, RUSHWORTH J V H, MILLNER P A. Biosensor regeneration：a review of common techniques and outcomes［J］. Langmuir, 2015, 31（23）：6267-6276.

[2] 李琳娜. 基于离子选择电极的磷酸根检测的研究［D］. 无锡：江南大学, 2015.

[3] 张双, 张静, 张青竹, 等. 离子敏感场效应晶体管传感器研究进展［J］. 微电子学, 2020, 50（6）：860-867.

[4] 汪强. 基于柔性 ISFET 的汗液离子传感器的研究［D］. 深圳：深圳大学, 2019.

[5] BERGVELD P. Development of an ion-sensitive solid-state device for neurophysiological measurements［J］. IEEE Transactions on Biomedical Engineering, 1970,（1）：70-71.

[6] 张彩霞, 马小芬, 申霖, 等. 离子敏场效应晶体管（ISFET）的研究进展［J］. 材料导报, 2007,（06）：9-12.

[7] NEMIROSKI A, CHRISTODOULEAS D C, HENNEK J W, et al. Universal mobile electrochemical detector designed for use in resource-limited applications［J］. Proceedings of the National Academy of Sciences, 2014, 111（33）：11984-11989.

[8] KASSAL P, KIM J, KUMAR R, et al. Smart bandage with wireless connectivity for uric acid biosensing as an indicator of wound status［J］. Electrochemistry Communications, 2015, 56：6-10.

[9] ZHANG B, REN K, XING G, et al. SBVLC：Secure barcode-based visible light communication for smartphones［J］. IEEE Transactions on Mobile Computing, 2015, 15（2）：432-446.

[10] AZZARELLI J M, MIRICA K A, RAVNSB K J B, et al. Wireless gas detection with a smartphone via RF communication［J］. Proceedings of the National Academy of Sciences, 2014, 111（51）：18162-18166.

[11] LI T, LI L, SUN H, et al. Humidity sensors：porous ionic membrane based flexible humidity sensor and its multifunctional applications［J］. Advanced Science, 2017, 4（5）.

[12] TEHRANI F, TEYMOURIAN H, WUERSTLE B, et al. An integrated wearable microneedle array for the continuous monitoring of multiple biomarkers in interstitial fluid［J］. Nature Biomedical Engineering, 2022.

[13] SURKOVA A, PANCHUK V, SEMENOV V, et al. Low-cost optical sensor for real-time blood loss monitoring during transurethral surgery［J］. Optik, 2020：166148.

[14] ADEEL M, RAHMAN M M, CALIGIURI I, et al. Recent advances of electrochemical and optical enzyme-free glucose sensors operating at physiological conditions［J］. Biosensors &

Bioelectronics, 2020, 165: 112331.

[15] ANSARI S, MASOUM S. Recent advances and future trends on molecularly imprinted polymer-based fluorescence sensors with luminescent carbon dots [J]. Talanta, 2021, 223: 121411.

[16] KANIMOZHI R, SINGH F V. Metal-free synthesis and characterization of 1, 3-Bis (heteroaryl) benzenes followed by the photophysical studies using ultraviolet-visible and fluorescence spectroscopy [J]. Journal of Molecular Structure, 2020, 1219: 128633.

[17] ZHOU F, LI C, YANG C, et al. A spectrophotometric method for simultaneous determination of trace ions of copper, cobalt, and nickel in the zinc sulfate solution by ultraviolet-visible spectrometry [J]. Spectrochimica Acta Part A: Molecular and Biomolecular Spectroscopy, 2019, 223: 117370.

[18] DING Y, WANG S, LI J, et al. Nanomaterial-based optical sensors for mercury ions [J]. TrAC Trends in Analytical Chemistry, 2016, 82: 175-90.

[19] SINGH H, BAMRAH A, BHARDWAJ S K, et al. Nanomaterial-based fluorescent sensors for the detection of lead ions [J]. Journal of Hazardous Materials, 2020: 124379.

[20] LIU X, CHEN X, XU Y, et al. Effects of water on ionic liquid electrochemical microsensor for oxygen sensing [J]. Sensors and Actuators B: Chemical, 2019, 285: 350-357.

[21] DUTTA S. Point of care sensing and biosensing using ambient light sensor of smartphone: Critical review [J]. TrAC Trends in Analytical Chemistry, 2019, 110: 393-400.

[22] VAQUER A, BAR N E, DE LA RICA R. Wearable analytical platform with enzyme-modulated dynamic range for the simultaneous colorimetric detection of sweat volume and sweat biomarkers [J]. ACS Sensors, 2020.

[23] LI W, LI M, WANG X Q, et al. An in-situ TEM microreactor for real-time nanomorphology & physicochemical parameters interrelated characterization [J]. Nano Today, 2020, 35.

[24] DENG G-W, ZHU D, WANG X-H, et al. Strongly coupled nanotube electromechanical resonators [J]. Nano Letters, 2016, 16 (9): 5456-5462.

[25] CHEN T, CHENG G, AHMED S, et al. New methodologies in screening of antibiotic residues in animal-derived foods: Biosensors [J]. Talanta, 2017, 175: 435-442.

[26] WICAKSONO I, TUCKER C I, SUN T, et al. A tailored, electronic textile conformable suit for large-scale spatiotemporal physiological sensing in vivo [J]. NPJ Flexible Electronics, 2020, 4 (1): 5.

第 2 章

生物敏传感器的研究与应用

2.1 概 述

生物敏传感器是一种利用生物元件为敏感元件结合物理或化学换能器将被测物转化为可测量的物理或化学信号的检测装置。生物敏传感器包括三大部分：①生物敏感元件；②换能器；③检测器件。生物敏感元件可以从自然界中直接获取如酶、细胞和组织等，也可以由人工合成如适配体、分子印迹聚合物等。换能器常常需要根据敏感材料与被测物的结合引起的理化性质如质量、荧光、颜色、电位、氧化还原反应和 pH 等变化的特点进行选择。常见的换能器件有微电极阵列（Microelectrode Array，MEA）、生物阻抗叉指电极、光电位可寻址传感器（Light Addressable Potentiometric Sensor，LAPS）、石英微天平（Quartz Crystal Microbalance，QCM）和电化学芯片等。生物敏传感器的检测手段多样，与敏感元件和换能器等相关。1950 年生物传感器之父利兰克拉克（Leland Clark）发明的氧电极开启了生物敏传感器研究的大门。经过多年的发展，生物敏传感器的快速、便捷、特异性、稳定性、可重复性、敏感性、实时监测、无创、微创和多通道等参数被不断地完善。更多的新型生物传感器被开发出来。目前，生物敏传感器在医疗卫生、公共安全、食品安全等领域的研究也在不断地深入，但是在实验室外的成功应用例子并不多，仍需要具有不同专业背景的技术人员参与攻克技术难点。本章将从生物敏感材料特点及其发展、生物分子传感器、细胞与组织传感器、生物传感微系统等内容展开介绍。

2.2 生物敏感材料的发展

生物敏感材料也称为生物识别元件，是生物传感器中重要组成成分。生物敏感材料是影响传感器性能指标（选择性、灵敏度、再现性和可重复利用性）的重要因素（见图2-2-1）。根据来源，生物敏感材料可以分为天然型生物敏感材料和合成型生物敏感材料。天然型的生物敏感材料直接来源于生物体如抗体、受体、酶和DNA等。而合成的敏感材料则是通过模拟自然界中生物受体配体结合的方式，人工合成生物被测物的特异性结合物质，如分子印迹聚合物（Molecular Imprinted Polymer，MIP）。虽然合成的敏感材料相比于天然型材料具有较强的特异性，但是其选择性比较欠缺。介于两者之间的材料为伪天然型生物敏感材料，如适配体。在此分类基础上结合材料的结构，生物敏感材料又可以细分为分子型、细胞型、组织器官型。下面将简要介绍各类型生物敏感材料的特点与发展情况。

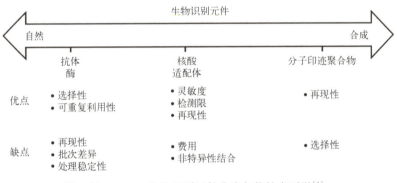

图2-2-1 生物识别元件分类与优缺点列举[1]

2.2.1 分子型生物敏感材料

分子型生物敏感材料包括酶、抗体/抗原、受体和核酸等生物大分子，利用自然界生物机体中的生物受体配体相互作用如免疫反应、酶促反应等特异性与目标被测物质结合。

酶是能催化特定化学反应的蛋白质、核酸核糖或其复合体，具有专一性强和催化效率高等特点。在生物传感器领域，酶是最古老且最常用的生物识别元件，氧化酶作为生物敏感材料被广泛应用。酶传感器被广泛应用于疾病诊断、食品安全和环境检测等领域。酶被用做生物敏感材料的原理主要有：①催化被测物质产生可被检测的底物从而放大信号；②被测物质抑制或者激活酶的催化活性等，可以通过安培法或者电化学等方式测量。作为生物敏感元件，酶具有较好的选择性和可重复利用性。由于酶对特定底物的高度特异性，它们可以直接检测样品中的单个物质，节省了过多繁杂的样品预处理程序。这种固有的选择性可以避免样品中伴随干扰物的干扰。酶传感器在可穿戴和自供能生物传感器领域发挥着重大作用，可以无创地实时监测生物流体（如汗液、唾液、组织间隙液和眼泪）中的生物标志物。

抗体是由生物体通过适应性免疫对抗外来物质细菌、病毒时由浆细胞（效应 B 细胞分泌）产生的免疫球蛋白，具有"Y"型三维结构。抗原通常是一种蛋白质，但多糖和核酸也可以作为抗原，能使人和动物体产生免疫反应形成抗体和致敏淋巴细胞。利用偶联抗体或者抗原分子来检测抗原抗体相互作用的生物传感器也称为免疫传感器。利用免疫原理检测抗原/抗体的方法在 20 世纪 50 年代之前就已经被使用多年，但直到 20 世纪 50 年代末才出现使用抗体定量化检测抗原的方法，其利用电化学、质量、热量或光学等方法检测抗原/抗体结合作用从而间接定量检测被分析物质。生物标志物检测的环境复杂，包含着其他不同浓度范围的非目标分子，且需检测的生物标志物浓度较低。这要求免疫型传感器有高特异性和检测限。常见的抗体抗原检测方式有"三明治"夹心结构、竞争型、扩展夹心型和纳米表面夹心型等（见图 2-2-2）。用纳米材料如纳米金颗粒、氧化石墨烯、银纳米颗粒和量子点等固定抗体可以降低免疫传感器的检测限。由于纳米颗粒的纳米尺度效应，纳米颗粒在光学、机械性能和磁性能方面会发生改变，如荧光增强、发射峰变窄和高的光学稳定性（量子点）、催化活性（氧化石墨烯）和顺磁性等。

脱氧核糖核苷酸（Deoxyribose Nucleic Acid, DNA）分子作为敏感元件的生物传感器与抗原/抗体生物传感器和基于受体的生物传感器都属于亲和型生物传感器。亲和型生物传感器是指生物识别元件与分析物结合导致生物复合物的形成或者分解而引起可被换能器检测到理化性质变化的器件。与传统的酶电极不同的是，亲和型生物传感器检测的是生物复合物，而酶传感器检测的是底物或者被催化后的产物。DNA 生物传感器利用基因的碱基互补配对原理检测特定的基因序列。在靶核酸序列已知的情况下，合成的互补单链 DNA（single-stranded DNA, ssDNA）被固定在换能器中，通过光学、电化学等方法

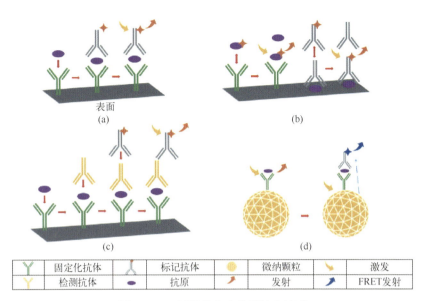

图 2-2-2 可能的免疫分析结合构型
(a) 夹心结构形成；(b) 竞争型免疫测定；
(c) 扩展的夹心结构形成；(d) 在微纳米材料表面上形成夹心结。[2]

检测成功互补配对的双链 DNA（double-stranded DNA，dsDNA）分子。DNA 传感器目标在于快速、简单和低成本地检测遗传性疾病和传染病，以及检测核酸损伤。固定化探针在固体表面的环境取决于固定化的模式，并且可能不同于在溶液中的环境。根据换能器材质的性质，可以使用各种方案将 DNA 探针附着到表面。其中包括使用巯基化的 DNA 在金传感器（金电极或金涂层压电晶体）上自组装，通过基于链烷硫醇的功能单层共价连接到金表面，使用生物素化的 DNA 与表面限制的亲和素或链霉亲和素形成复合物，共价（碳二亚胺）偶联到碳电极上的官能团，或简单吸附到碳表面。为了提高 DNA 传感器的检测灵敏度，越南菲尼卡大学 Phuong Dinh Tam 等使用多壁碳纳米管（MWCNT）将 DNA 序列固定在叉指电极表面用于检测 A 型流感病毒。DNA 传感器的响应时间小于 4min，且检测限可以低至 0.5nmol/L。Zhou 等在 DNA 四面体的 5′和 3′端修饰上荧光剂和淬灭剂，在 DNA 甲基转移酶（MTase）和 S-腺苷转移蛋氨酸（SAM）的作用下诱导 DNA 四面体三条标记链甲基化，而后在限制性核酸酶 DpnI 作用下甲基化的 DNA 链被切除，荧光剂和淬灭剂被分离（见图 2-2-3）。通过检测溶液中的荧光强度可以间接检测 MTase 的活性（见图 2-2-3），检测限低至 0.045U/mL[①]。此外，肽核酸（PNA）被用于新型核酸传感器的开发。PNA 是一种模拟 DNA 或者 RNA 的人工合成聚合物，其中糖磷酸骨架被假肽骨架取代。湖北中医药大学张国军团队将 PNA 固定到修饰有还原型氧化石墨烯的场效应管传感器上实现特定 DNA 片段的检测，检测限达到了 100fmol/L[4]。而且经过去杂交化后核酸传感器可以重复利用。脱氧核糖核酸树状大分子可用于赋予脱氧核糖核酸生物传感器更高的灵敏度。

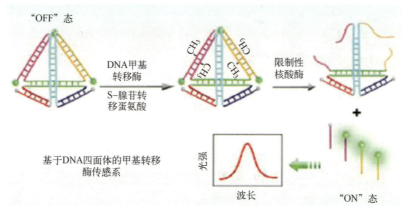

图 2-2-3　基于 DNA 四面体的甲基转移酶检测系统示意图[3]

适配体是可以结合特定分子靶标的双链 DNA 或单链 RNA/DNA 分子。第一批适配体是由两个不同的实验室在 1990 年独立开发的。根据它们的序列，适配体可以结合各种各样的目标，从金属离子、代谢物、特定的蛋白质、亚细胞器，甚至到全尺寸的细胞。适配体在选择性结合方面类似于抗体，但也提供了许多优于抗体的独特优势。总的来说，适配体比抗体更容易生产、储存和维护，并且能够结合更广泛的靶标。生产合成适配体最广泛使用的技术是指数富集的配体系统进化（Systematic Evolution of Ligands by Exponential Enrichment，SELEX）。这个过程始于一组随机的单链核酸（ssRNA 或 ssDNA），再将所需靶的样品添加到核酸中，如图 2-2-4 所示[5]。其中有一些随机序列与靶结合（每条链中大约有一条链结合）。然后去除未结合的靶和核酸，只留下所需的链。接着移除结合的靶，并使用聚合酶链反应（PCR）扩增选择的链。这个过程使用选定的链作为起始核酸重复 5~6 次，以进一步精制适配体。

---

① U/mL，全称 Units per Mililiter，即每毫升的单位数量，是一种表示液体中某种物质浓度的单位。

与抗体或酶的产生不同，这完全是一个体外过程。虽然 SELEX 技术最初是为蛋白质靶标开发的，但它可以用于任何潜在的靶标分子。虽然现在使用的大多数适配体是合成或"设计"分子，但天然适配体也存在。这些天然存在的适配体或"核糖"于 2002 年首次被发现，并被发现具有与合成适配体相似的分子识别特性。核糖开关是基因分子的一部分，是一种天然的适配体。它直接结合到一个小的目标分子上，通常是代谢物，以改变基因的活性。mRNA 中存在夏因-达尔加诺序列（Shine-Dalgarno sequence, SD），用于与核糖体中的反 SD 序列相结合，从而协助核糖体校准到起始密码子上以启动蛋白质的生成。美国马里兰大学 Winkler 等发现大肠杆菌中合成硫胺素（维生素 B1）的 mRNA 利用核糖开关与硫胺素代谢产物硫胺素焦磷酸结合后，mRNA 上的 SD 序列会与 mRNA 上的反 SD 序列结合从而使得反应被抑制。核糖开关也可以是在小分子代谢物存在下自我切割的核糖核酸酶。许多最早的核糖开关发现于 5 个非翻译区。迄今为止，大多数已知的核糖开关已在病毒和真菌中被发现，但它们也在植物中被发现。2009 年在人血管内皮生长因子中第一次发现了核糖开关。适配体在生物传感器可以用于蛋白质分析、化学分子识别等。按照其是否需要标记可分为标记型和非标记型。非标记型适配体传感器检测适配体与被检测物质相结合后引起的电阻、电流或者电位的变化，其操作简单但灵敏度低。标记型适配体传感器则是将适配体与电活性物质、酶和纳米粒子等结合提升其灵敏度。但是操作步骤多且烦琐。苏黎世联邦理工学院 Nako Nakatsuka 等筛选出可特异性捕获带电分子（如多巴胺）以及中性分子（如葡萄糖）的大型带负电的 DNA 茎环结构适配体。适配体修饰在场效应晶体管（FET）表面。当适配体与被检测物质结合后引起构象变化从而改变溶液中的电导实现高灵敏度的检测。

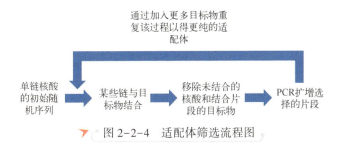

图 2-2-4　适配体筛选流程图

2.2.2　细胞型生物敏感材料

细胞是能进行独立繁殖，且有膜包围的生物体的基本结构和功能单位。

一般由细胞膜、细胞质和细胞核构成，是生命活动的基本单元。细胞通常被用作生物受体，因为它们对周围环境敏感，并且可以对各种刺激物做出反应。细胞倾向于附着在表面，因此很容易固定。细胞传感器常被用于生理参数检测、药物药效评价、环境毒素检测和模拟动物化学感受系统进行嗅觉或者味觉物质检测。与分子识别元件相比，细胞传感器具有更广泛的检测能力。一种应用是使用细胞来检测除草剂，它们是主要的水环境污染物。微藻被固定在石英微纤维上，微藻中被除草剂修饰的叶绿素荧光被收集在光纤束的尖端，并传输到荧光计。持续培养藻类以获得最佳测量结果。结果表明，某些除草剂的检出限可以达到亚千亿分之一浓度水平。一些细胞也可用于监测微生物腐蚀。从腐蚀的材料表面分离出乙腈，并固定在乙酰纤维素膜上。呼吸活动通过测量氧气消耗来确定。产生的电流与硫酸浓度之间存在线性关系。响应时间与细胞负荷和周围环境有关，可以控制为不超过 5min。

细胞膜表面具有 G-蛋白偶联受体（G-Protein Coupled Receptor，GPCR），使得细胞可以对特定物质进行识别。GPCR 是具有 7 段跨膜结构域或者跨膜螺旋的完整膜蛋白，在与配体结合后通过激活所偶联的 G 蛋白，启动不同信号转导通路从而引起相应的生物效应（见图 2-2-5（a））。目前，Liu 等将大鼠嗅觉感受神经元和嗅球细胞进行体外培养，通过光寻址电位传感器检测嗅球细胞电位信号在体外构建离体生物电子鼻（见图 2-2-5（b））[6]。除了嗅觉受体可以构建片上气味传感器外，生物体中的味觉感受细胞可以用来构建味觉传感器或者生物电子舌。常见的味觉受体有 T1R1、T1R2、T1R3 和 T2Rs。其中 T1R1 与 T1R3 会被鲜味激活，而 T1R2 与 T1R3 会被甜味激活。30 种 T2Rs 的配体则是苦味物质。人 Caco-2 细胞上内源性表达了 T2R38 受体，该受体对含有 N-C=S 部分的化合物具有特异性响应。浙江大学王平团队在电阻抗芯片上种植 Caco-2 细胞构建体外电子舌系统，用于特异性识别含有 N-C=S 结构的化合物，为药效研究与药物开发提供一种实时便捷的方法[7]。除了直接提取含有特定受体的细胞，也可通过转染的方式获得外源性的受体从而获得具有特定功能的细胞。Gao 等在人源神经母瘤细胞（SH-SY5Y）中转染嗅觉受体 ODOR-10，而 SH-SY5Y 内源性表达了 T2R16 苦味受体。通过微电极阵列（MEA）和细胞阻抗芯片检测神经母瘤细胞电位信号与阻抗信号初步实现了味觉与嗅觉的联合检测（见图 2-2-5（c）和图 2-2-5（d））[8]。

2.2.3 组织器官型生物敏感材料

组织是形态和功能相同或者相似的细胞与细胞外基质一起构成并且具有

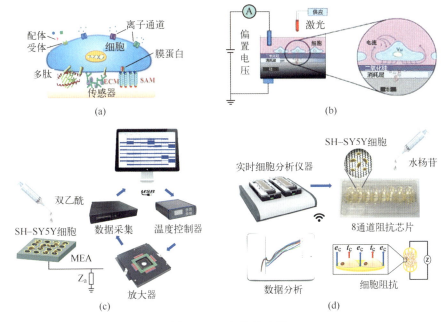

图 2-2-5 细胞传感器

(a) 细胞传感器与芯片界面耦合固定；(b) 基于细胞的光寻址电位传感器[6]；
(c) 基于细胞的多通道微电极阵列传感器[8]；(d) 基于细胞的阻抗传感器[8]。

一定形态结构和生理功能的细胞群体。相比于动植物体分离出细胞，生物体组织中含有更为丰富的生物敏感元件。1978 年报道了第一个采用动物组织切片的生物选择膜电极。该电极采用牛的肝脏组织和分离的脲酶调节精氨酸分解生成氨。该电极提出了采用动物组织来实现生物催化的概念。在 1979 年美国夏威夷大学 Rechniz 等提出了一种基于动物组织的高效率谷氨酰胺生物传感器。通过使用猪肾皮质部分的具有高水平氨基酸脱氨酶活性的组织切片，消除了对辅助酶的需要。与使用独立分离出来的动物酶作为敏感材料的电极相比，这种基于组织的电极具有出色的选择性、灵敏性和更长的使用寿命，同时具有简单和低成本的优点。相比于细胞传感器，完整的生物组织获取方便，通过检测电位或者细胞阻抗等方式可以无创记录细胞中的网络信息。在哺乳动物的嗅觉系统中，气味分子首先激活嗅上皮中的嗅感受神经元而后经过更高级的下游区域完成气味的感知。浙江大学 Liu 等将大鼠的嗅上皮组织贴在 LAPS 芯片上实现了一种离体的基于组织的生物电子鼻[9]。气味分子的检测与气味分子的交互响应的作用评价也能通过组织生物传感器实现（见图 2-2-6），可为香水和食品等工业生产提供一种低时间和资金成本的方法[10]。味觉系统中的味觉感受神经元位于味蕾中,味蕾可以完整地保留在舌上皮中。研究者将大鼠舌上皮贴在 MEA 芯片上,通过滴加不同浓度的盐溶液,芯片测得的电位的幅值与发放频率呈现正相关,实验证明该方法可以用于盐的检测[11]。

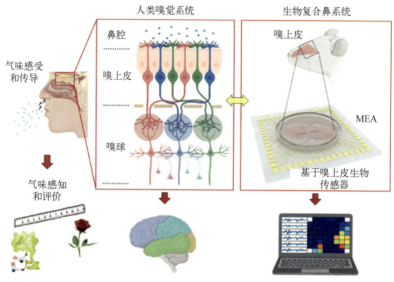

图 2-2-6　基于组织的生物传感器[10]

在药物检测与药效评价领域,三维细胞成为目前研究的热点之一。传统的二维培养系统可用于解释复杂的细胞生理学问题,如细胞如何运作并对刺激做出反应。三维培养方法使得离体生物材料更加接近体内条件。三维相对于二维方法的一个主要优势是细胞培养系统和细胞生理学之间的差距减小。在传统的二维条件下无法模拟出对细胞的分化、增殖和细胞功能至关重要的因素,如细胞外基质成分、细胞与细胞以及细胞与基质之间的相互作用。而三维细胞培养系统是一些重要领域的优秀模型,包括涉及药物研发、细胞毒性、遗传毒性、细胞生长、凋亡、存活、基因和蛋白质表达、分化和发育变化的研究。在癌症细胞系和原发性肿瘤中,信号转导及转录激活蛋白 3(Stat3)持续被酪氨酸磷酸化(pStat3)。美国纪念斯隆凯特琳癌症中心 Leslie 等研究发现三维与二维培养方式相比,乳腺肿瘤的 pStat3 的含量水平升高,表明 MCF10A-Ras 表达细胞的生长环境可以显著改变 pStat3 的表达水平和细胞的后续行为[12]。三维培养方法中常用于制作细胞基质和支架的材料有天然物质如胶原蛋白、层粘连蛋白和纤维蛋白等,合成的聚合物如聚乙二醇和自组装蛋白质水凝胶等，以及金属和碳纳米管等。根据研究的目的和性质可以选用不同类型的支架或者细胞外基质进行三维细胞的培养。为了降低制作三维细胞的成本，可从价格便宜和含有丰富纤维素的生物废弃物中获得天然微孔和纤维材料。意大利罗马大学 Cancelliere 等证明了植物废物衍生物可以适合作为生物传感器和三维细胞生长的支架。通过对西兰花花茎进行脱细胞等操作后得到西兰花三维支架（Broccoli 3D-Scaffolds，BrcS），可被功能化用于生产酶促三维生物传感器，也可以经过预处理后用作人类间充质干细胞培养的三维支架[13]。相比于传统的在细胞外基质凝胶的三维细胞培养方式，结合微纳工程技术与细胞生物学的三维细胞培养将会更好地模拟活器官的微观结构、动态机械特性和生化功能。利用生物打印、细胞自组装技术等可制造出以上皮细胞为材料的肾小球及肾小管，表明具有增强的结构复杂性和生理学的器官模型可以从水凝胶中的简化细胞模式中制造出来。此外，德国柏林工业大学 Berg 等利用三维打印技术构建人肺泡 A549 细胞的支架，研究 A 型流感病毒在三维模型中病毒分布和感染模式。相比于二维细胞培养，该研究展示出三维模型支持受感染细胞的病毒复制和促炎因子释放的优势（见图 2-2-7（a））[14]。三维细胞发展也促使了换能器的改进和优化以满足三维细胞的检测。法国国立巴黎高等矿业学校 Curto 等结合微流体捕获和 FET 传感技术设计了可以捕获三维细胞的微阱有机化学晶体管传感器，该器件可以实现三维微球的捕获和释放，并且通过 FET 检测球体的电阻实现急性毒理学检测[15]。浙江大学潘宇祥等设计了由一对垂直金色电极组成的三维细胞-细胞基质阻抗传感器（3D Electric Cell/Matrigel-substrate Impedance Sensing，3D ECMIS），实现多通道实时无创地进行三维细胞的药物作用效果检测（见图 2-2-7（b））[16]。

除了三维细胞培养技术得到了快速发展，近年来类器官也逐渐成为体外三维结构细胞培养的热点。类器官，顾名思义，类似器官的模型，是一类由干细胞，包括多能干细胞（Pluripotent Stem Cell，PSC）和成体干细胞（Adult Stem Cells，ASC），在体外培养时形成的能够进行自我组装的微观三维结构。三维培养的类器官包含多种细胞类型，形成了更加紧密的细胞间生物通信，细胞间相互影响、诱导、反馈，协作发育并形成具有功能的迷你器官或组织，能更好地用于模拟器官组织的发生过程及生理病理状态。与动物模型相比，类器官可以降低实验复杂性，适合实时成像技术；而且，更重要的是能够研究人类发育和疾病的各个方面，这类研究用动物模型不准确且不容易。类器官因其与对应的器官拥有类似的空间组织、保持一些关键特性并能够重现部

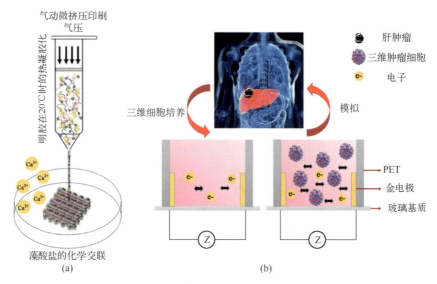

图 2-2-7 三维细胞及其在生物传感器中的应用
(a) 三维打印技术打印三维细胞支架[14];
(b) 基于三维阻抗的三维肿瘤细胞传感器在药物筛选中应用。[16]

分生理功能,而被认为是检测人类生物学和疾病方面的新模型。早在 2009 年,荷兰胡布勒支研究所 Clevers 团队在体外三维器官培养领域取得重大突破,在"*Nature*"期刊发表研究,成功在体外培养出有自我更新能力、保持肠道腺窝绒毛状结构的小鼠肠道类器官[17]。自此,类器官技术在人类科学研究发展史中拉开帷幕。经过近 10 年的快速发展,类器官技术取得了很多重大突破。科学家们已经能在实验室利用细胞培育、分化、自组装成各种类似人体组织的三维结构,成功培养出了肠类器官、胃类器官、肝脏类器官、胰腺类器官、肺类器官、视网膜类器官、脑类器官、垂体类器官、肾类器官、子宫类器官、前列腺类器官、睾丸类器官、内耳类器官以及乳腺类器官等。并且,类器官技术不断发展,与基因编辑、微流控技术、实时成像和单细胞基因组学等技术相融合,逐步应用于干细胞生物学、疾病模型、寄主-病原菌相互作用、毒理学、个性化药筛、基因或细胞疗法等各个领域。

2.3 生物分子传感器

生物分子传感器是指利用生物活性分子(如 DNA、酶、抗原抗体等)为敏感元件，结合换能器，将敏感元件与被分析物之间的相互作用转换为可测量的物理信号（如光学、电化学、压电、热学、机械、声学和磁信号），来实现各种目标物检测的传感系统。随着微纳米技术的快速发展，可以利用丝网印刷技术、微流控技术、纳米材料及柔性材料等来实现检测系统的微型化和集成化，这些新型微系统可以和各种生物活性分子形成新型的微系统分子传感器。为了提升传感器的检测性能，分子传感器常常结合新型纳米材料，比如纳米金、石墨烯、纳米管等来增强传感器的性能。

分子传感器的应用领域很广泛，涉及疾病标志物的检测、环境监测、食品安全和个人健康状况监测等多个领域。本节首先介绍生物活性分子在换能器表面的固定技术，然后根据分子传感器敏感元件的不同，分别介绍基于DNA、酶、免疫型微系统分子传感器的原理及其应用领域。

2.3.1 生物活性分子的固定

生物活性分子在换能器表面的固定效率直接影响生物传感器的检测性能，以下将介绍几种常用的生物活性分子固定化方法。

1）DNA 链的固定

DNA 链的固定方式主要包括物理吸附法和化学连接法（见图 2-3-1）。物理吸附法通常是基于静电吸附作用，利用 DNA 链带负电的特点，在芯片表面修饰带正电的高分子层，以实现将带负电的 DNA 固定于芯片表面的方法（见图 2-3-1（a））。化学连接法是利用 DNA 链的 5′端或 3′端修饰的特定反应基团（如氨基、羧基、巯基、生物素等）（见图 2-3-1（b-d）），通过共价反应将 DNA 链选择性地固定于传感器表面。合成的 DNA 链上可以在末端修饰各种各样的官能团，如氨基、硫醇、酰肼、硫代磷酸或生物素等。DNA 的末端修饰不仅可以引入一个位点特异性基团进行共价和定向连接，还可以在核酸探针和换能器表面之间插入一个间隔分子。间隔分子能提高固定探针的移动性，从而提高其对互补链的可及性，并将 DNA 探针从表面移开，以限制表面的吸附和空间效应。

2）酶的固定

酶分子的固定化技术主要包括物理吸附、包埋、交联和共价固定，实际应用中也可以多种技术同时使用。

物理吸附法是通过弱键（如范德华力和静电力）将酶分子吸附沉积在电极材料上。这种方法的优点是简单、廉价，并有可能进行后续的酶再生（见图 2-3-2（a））。然而，酶的物理吸附法在操作性能和储存稳定性方面有所不

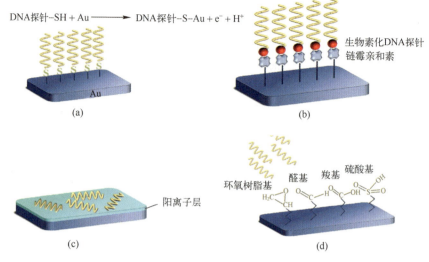

图 2-3-1 DNA 固定方法

(a) 通过化学吸附技术固定在金电极表面的 DNA 探针示意图；
(b) 生物素化 DNA 探针固定策略示意图；(c) DNA 探针静电吸附固定法示意图；
(d) 氨基修饰的 DNA 探针在不同功能化基团修饰电极上的共价固定方法示意图。

足。包埋法主要是利用透析（超滤）膜将酶囚禁在电极和透析膜之间，且其截距低于酶的大小，而底物能够自由地通过透析膜扩散，这种固定化方法允许使用少量的酶，并保持酶的完整性。交联法是利用戊二醛和牛血清白蛋白交联来实现酶的固定。戊二醛交联法操作简单、化学键结合力强，主要缺点是在交联过程中，由于活性酶构象的扭曲和活性位点的化学变化，酶活性可能受到影响。共价固定法则是利用酶分子上所含的官能团与传感器表面的官能团进行共价连接，从而实现对酶分子的共价固定，该方法在酶分子的固定中应用广泛。例如酶可以利用戊二醛与表面的氨基残基偶联，酶的赖氨酸残基的氨基官能团可与表面醛基官能团连接产生亚胺键或与表面羧基连接产生酰胺键（见图 2-3-2（b））。当涉及糖蛋白时，共价键也可能利用碳水化合物部分的官能团。一般来说，在不显著影响酶活性的情况下，可以通过高碘酸氧化糖的部分来引入功能醛基。

3）抗体的固定技术

抗体分子的定向固定主要是利用抗体分子上的特异性反应位点。抗体的 Fc 片段能选择性地结合一些特定的受体分子（如蛋白 A 和蛋白 G），因此，可以先将蛋白 A、蛋白 G 等受体分子固定在传感器表面，然后再选择性地结

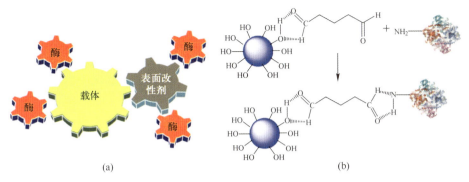

图 2-3-2 酶分子的固定方法
(a) 吸附法固定酶[18];(b) 戊二醛改性二氧化硅表面固定脂肪酶。[18]

合目标抗体的 Fc 片段,从而实现将目标抗体定向固定在固相传感器表面。

在抗体分子的铰链区、Fab 片段的重链与轻链间存在多个二硫键,这些二硫键可以通过化学、光化学或酶处理等方法还原,从而在远离抗原结合位点的区域产生一些位点特异性的硫醇基团,利用这些位点特异性硫醇基团能够直接将抗体片段通过 Au-S 键共价固定在金表面,这种方式可以避免化学反应过程中对抗原结合位点的可能损害。抗体可以通过醛基与固体载体上修饰的氨基或酰肼反应直接固定,另外,用异二官能交联剂(4-(N-maleimidomethyl) cyclohexan-1-carboxylhydrazide(M2C2H)或生物素-LC-酰肼)间接固定也有很好的效果。交联剂的肼端基与醛类碳水化合物发生反应,形成稳定的腙键。

2.3.2 DNA 微系统传感器

脱氧核糖核酸 DNA 分子是双螺旋结构,由两条长生物聚合物组成,而长生物聚合物由重复的核苷酸单元组成,包括鸟嘌呤(G)、腺嘌呤(A)、胸腺嘧啶(T)和胞嘧啶(C)。DNA 作为传感器的敏感材料通常具有稳定性好、可识别性强、可预测性强、可编程性好、合成容易等优点,近年来得到了很大的发展,在分子诊断、基因分析、环境监测等广泛应用中发挥着重要作用。DNA 生物传感器由探针 DNA 和换能器组成,分别作为敏感元件和信号转导器。探针 DNA 通常是固定在换能器表面的短序列单链 DNA 分子。探针 ssDNA 可以与其互补的 ssDNA 杂交,从而产生被传感器接收的可检测信号。随着 DNA 纳米技术的发展,结构多态性进一步丰富了生物传感器。生物传感平台从简单的双链结构逐步发展到更复杂的三维纳米结构,从单一目标检测到多目标检测的功能集成,而且性能也有了很大提高。

电化学检测系统是 DNA 应用的最广泛的传感系统，电化学生物传感器通常使用固体电极的基本电极，在电极表面固定生物活性分子识别元件（目标分子在电极表面通过生物分子之间的特定识别，被捕获其浓度信号转换为可测量的电信号），从而实现分析物的定量或定性分析。由于电化学生物传感器具有可靠性高、灵敏度高、易于小型化和成本低等优点，在医疗保健、食品农业和环境监测等领域有着广泛的应用。随着丝网印刷技术的发展，电化学检测系统集成化和微型化已成为可能。青岛农业大学 Liu 等开发了一种基于杂交链式反应（HCR）的电化学生物传感器，使用 Zr-MOF 和发夹寡核苷酸特异性地识别多种癌症外泌体过表达的蛋白质 CD63，实现癌症来源外泌体的检测[19]。如图 2-3-3（a）所示，此过程中，先将发夹寡核苷酸与外泌体混合，而后添加到 Zr-MoF 改性纸并与 TMB、H_2O_2 混合孵育，随后将此改性纸附在丝网印刷电极上进行电化学检测。该生物传感器操作简单、成本低、灵敏度高，在资源有限条件下进行 POC 诊断方面具有较好前景。

光寻址电位传感器（LAPS）是一种常见的对表面电位变化敏感的器件，它是基于半导体的传感器，可以利用光灵活地定义敏感区域，用于局部表面电位检测。LAPS 的主要优势是灵活的空间分辨测量能力，有利于监测由于 DNA 分子在 LAPS 表面发生杂交而引起的表面电荷变化。浙江大学 Wu 等采用 LED 阵列作为激发光源实现多点测量 DNA[20]。图 2-3-3（b）给出了电解质——绝缘体 [SiO_2] -半导体 [Si] 结构的 LAPS 系统，基于 DNA 分子的固有分子电荷进行无标记检测的基本机理。固定化探针 ssDNA 与其互补靶 ssDNA 杂交会引起光电流偏置电压曲线的偏移。其基本工作原理是基于半导体的光电效应。半导体在一定频率的调制激光照射时能产生电-空穴对，一个直流偏置电压通过参考电极和工作电极应用到 LAPS 芯片，在绝缘体/半导体界面产生耗尽层，从而避免电子和空穴的快速复合。

荧光检测是 DNA 结合的另一个重要领域之一。最近，香港城市大学 Wei 等提出了一种基于液芯波导（Liquid Core Waveguide，LCW）光学的全集成 DNA 生物传感器微系统，用于荧光寿命分析[21]。DNA 生物传感器将全定制的生物分析、光学和电子器件集成到一个微系统，提供接近于"样品进-结果出"的集成水平。首次实现利用寿命，而不是强度来分析 v-咔唑探针的信号。通过分析和模拟研究了液芯波导内的激励传播，以实现高激励抑制和低时间色散，使基于液芯波导的系统能够使用更小的仪器尺寸，提供与传统系统相当的寿命测量精度（见图 2-3-3（c））。在 1.38nmol/L 的低检测限下，可检测到 15 个碱基对的 DNA，因此该生物传感器具有紧凑、应用特异性和低成本的特点。

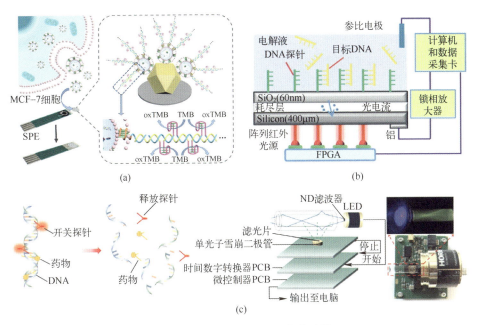

图 2-3-3 基于 DNA 的生物传感器

(a) 丝网印刷电极上用于外泌体测定的纸基生物传感器的检测示意图[19];
(b) 基于光寻址电位型传感器的 DNA 生物传感器检测示意图[20];
(c) 探针辅助的药物传递和释放过程示意图以及集成的液芯波导 DNA 生物传感器的实现,包括原理图,充满荧光样品的 LCW 的照片,和集成的生物传感器系统的俯视图[21]。

适配体是 1990 年引入的具有高亲和性和选择性的短单链核酸,可以识别和结合各种目标检测物(如蛋白质、离子、小分子和细菌),具有较高的亲和力和较强的特异性。适配体分子可以使用指数富集配体的系统进化技术进行筛选。适配体相比较于抗体而言,具有易合成、易修饰、易保存、价格低廉等优势,由于合成的适配体纯度高、成本低,显著提高了检测方法的重现性。而且更重要的是,适配体还具有成为独特的、自适应性生物传感器的潜力,可以通过三维构象变化来影响结合和解离。

西南大学化学与化学工程学院 Liu 等设计了一种基于 ATP 诱导 DNA 适配体结构变化来检测三磷酸腺苷(ATP)的 2D-DNA 结构的电化学生物传感器[22]。如图 2-3-4(a)所示,含有 ATP 适配体的 DNA 在玻碳电极上搭建出二维结构,其间嵌入大量亚甲基蓝(MB),此可显著增强点化学信号,一旦 ATP 被适配体捕获,2D-DNA 结构会迅速塌陷,MB 大量释放,导致短时间内对 ATP 的电化学检测信号显著降低,从而实现对 ATP 的快速灵敏检测,此方法可以达到对 ATP 进行 pmol/L 级别的检测。江苏大学食品与生物工程学院 Wu 等基于以荧光淬灭剂（dabcyl）和上转化纳米粒子（UCNP）作为供受体荧光分子的荧光共振能量转移（FRET）系统，开发了一种可再生柔性上转换荧光生物传感器，用于食品和环境中乙烯雌酚（DES）的检测[23]。如图 2-3-4（b）所示，柔性聚二甲基硅氧烷基底上固定有氨基化的上转化纳米粒子，后续修饰有互补的 cDNA 和 dabcyl 标记的 DES 适配体，由于适配体对 DES 的强亲和力，导致淬灭的上转换荧光得到恢复，FRET 系统被破坏。与此同时，该生物传感器还实现了智能手机图像和光谱仪光谱的双信号获取，因此，其有望应用于配合安卓应用程序开发后的现场检测。俄罗斯科学制造综合技术中心 Kuznetsov 等以集成的离子选择场效应管（Ion-Selective Field-Effect Transistor，ISFET）为基础，结合香兰素适配体 Van74 作为传感元件，研制了一种新型的生物电子鼻来检测液体中的香兰素[24]。它将气液萃取界面集成到标准的 CMOS 工艺中，牺牲铝蚀刻技术结合硅烷表面修饰来控制检测腔内的湿润性。该微系统保持了 ISFET 敏感表面在缓冲液中的持续浸没，同时通过疏水膜与外界环境保持接触。

DNA 折纸技术是美国加州理工学院 Paul W. K. Rothemund 在 2006 年提出的[25]，该技术使用包含约 7000~8000 个碱基的 DNA 单链和几百个的 DNA 短链，广泛用于制造二或三维的 DNA 结构。这项技术的发明在大小和复杂性上突破了以往 DNA 纳米结构的限制。近来，纳米孔传感在无标记监测分子相互作用、单分子水平识别结构多态性方面显示出了良好的潜力。而 DNA 折纸技术不仅可以定制一个大小可调的纳米孔，而且可以精确地控制不同功能分子的排列，因此可以用来制作 DNA 纳米孔。

英国剑桥大学卡文迪什实验室 Keyser 的团队首先选择了 DNA 折纸纳米结构来合成具有特定几何形状的纳米孔。例如，他们构建了一个漏斗形的 DNA 折纸结构，并首次通过逆转应用电势演示了杂化纳米孔的重复组装。该杂交纳米孔也用于检测 λ-DNA[26]，证明了基于 DNA 折纸的纳米孔具有作为电阻脉冲传感器的潜力。纳米孔的定制尺寸可以通过 DNA 折纸技术来实现，但分析专用的空洞修改需要相当大的努力。针对这一挑战，德国慕尼黑理工大学 Dietz 的团队在固体纳米孔的基础上发明了一种 DNA 折纸看门人（gatekeeper）[27]。纳米孔由一个包含单个漏斗形状孔结构的绝缘氮化硅薄膜、一个覆盖着中心孔的折纸矩形以及一个紧密相连的双螺旋 DNA 环组成，该双螺旋 DNA 环从孔下伸出，便于插入纳米孔。该纳米板以单链 DNA 基序为诱饵分子，在孔内进行修饰，可以选择性地检测 DNA 分子。DNA 折纸纳米板不仅为固体纳

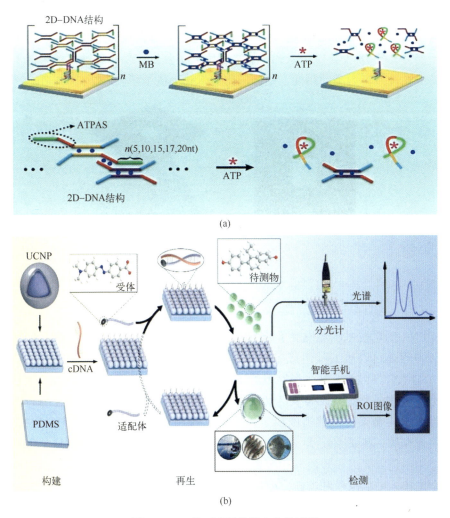

图 2-3-4　基于适配体的生物传感器

(a) 基于 ATP 诱导的二维 DNA 结构切换的电化学适配体生物传感器示意图[22]；
(b) 基于上转化纳米粒子（UCNP）和荧光淬灭剂（dabcyl）的荧光生物传感器检测乙烯雌酚（DES）示意图[23]。

米孔提供了化学选择性，而且提供了使得尺寸具有选择性。例如，当链亲和素、免疫球蛋白 G、不同大小的双链 DNA 转位到纳米孔中时，会出现不同的电流阻断。该研究证明了折纸纳米板的化学寻址性可以使纳米孔的表面功能可控。同样，Keyser 团队结合了 DNA 折纸矩形（外形尺寸为 60nm×54nm，中间孔径为 14nm×15nm），采用玻璃纳米毛细管，可逆施加电压得到杂交 DNA

折纸纳米孔（见图 2-3-5）[28]。他们首先通过单分子荧光成像在玻璃纳米毛细管的尖端使 DNA 折纸结构可视化，然后通过调节孔径大小来控制双链 DNA 的折叠，并在 DNA 折纸纳米孔中引入特定的结合位点来实现对目标单链 DNA 的特异性检测，为高通用性、便捷裁剪纳米孔提供了新的方法。

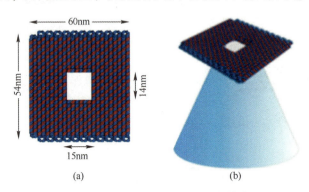

图 2-3-5 基于 DNA 折纸的生物传感器
(a) 平面 DNA 折纸纳米孔结构示意图；(b) 平面 DNA 折纸纳米孔与玻璃毛细管接触示意图[28]。

DNA 纳米技术已经发展了约 30 年。通过简单地利用 DNA 的自组装特性，DNA 寡聚体可以被编程组成各种可预测的 DNA 纳米结构，如 DNA 纳米孔、DNA 纳米管。因此，从一个简单的 DNA 连接到基于各种 DNA 结构的生物传感器，这一技术已经取得了迅猛的发展，并广泛应用于各个领域。值得注意的是，DNA 微系统传感器的稳定性、可靠性和重现性的研究仍然十分重要。尽管现有的一些研究表明，DNA 传感器已经具有了较好的检测性能，但在实际应用中仍需进一步研究和探索。因此目前基于 DNA 的生物微系统并不能完全取代当前的医学和诊断，而是现有技术的补充和发展。

2.3.3 酶生物传感器

酶生物传感器是将酶作为生物敏感元件，通过各种物理、化学信号换能器捕捉目标物和敏感基元之间的反应所产生的与目标浓度成比例关系的可测信号，实现对目标物定量检测的分析仪器。与传统分析方法相比，酶生物传感器具有独特的优点，比如选择性高、可反复多次使用、响应快、体积小、可用于在线监测。

美国加州大学拉霍亚分校纳米工程系 Sempionatto 等提出了一种可穿戴的皮肤生物传感器，即柔性电子皮肤贴片，旨在检测摄入维生素 C 药丸和果汁后汗液维生素 C 的浓度动态变化[29]。如图 2-3-6（a）所示，将抗坏血酸氧化酶（AAOx）固定在柔性印刷电极上，并通过对氧共底物还原电流的变化监测维生素C水平的变化，实现对待测物中维生素C的检测。这种可穿戴、小型化无线电子设备提供了高度选择性的响应，且贴片具有较好的机械弹性，可用于体外快速简易检测。在无创营养状况评估和营养摄取跟踪、评估维生素摄入和纠正饮食行为等方面具有较大的应用价值和市场前景。

新兴的多功能柔性电子皮肤可建立人体电交互，实时监测个人健康状况，是一种新的个性化医疗微系统。我国东北大学理学院Han等提出了一种基于酶/氧化锌纳米阵列压电生物传感单元矩阵，实现了一种用于汗液分析的自供电可穿戴无创电子皮肤[30]，其工作机理如图2-3-6（b）所示，是基于酶/氧化锌纳米线的压电-酶-反应的耦合效应。在氧化锌纳米线表面修饰的酶包括乳酸氧化酶（LOx）、葡萄糖氧化酶（GOx）、尿酸酶和脲酶。电子皮肤通过主动输出压电信号（由身体运动驱动）检测汗液中的乳酸、葡萄糖、尿酸和尿素。压电生物传感单元的压电输出依赖于汗液中分析物的浓度，可以作为电源和生物传感数据。电子皮肤可以检测汗液中的乳酸、葡萄糖、尿酸和尿素，生物传感过程中不使用外部电源或电池。电子皮肤可以贴在跑步者的前额上，实时/连续监测跑步者的生理状态。该方法可促进新型电子皮肤的开发。

美国加州大学圣地亚哥分校纳米工程系Martin等描述了一种柔性表皮微流控检测平台，通过光刻和丝网印刷技术的杂交制作，用于高效、快速的汗液采样和连续、实时的电化学监测葡萄糖和乳酸水平[31]。这种柔软设备将芯片实验室（Lab-on-a-Chip，LOC）和电化学检测技术结合在一起，集成了一个微型柔性电子板，用于向移动设备实时无线数据传输。该平台由两层软聚二甲硅氧烷（Polydimethylsiloxane，PDMS）和一层皮肤黏合剂组成，第一层PDMS包含集成的丝网印刷三电极系统，第二层PDMS带有微流控通道和检测储层，该装置通过皮肤与汗腺接口，使汗液充满微流体装置（见图2-3-6（c））。乳酸氧化酶和葡萄糖氧化酶被固定在电极上，分别用于乳酸和葡萄糖的传感。这项研究证明了微型和纳米制造技术与印刷电子技术的成功结合。新的表皮微流控电化学检测策略是最近报道的比色法汗液监测方法的一种有吸引力的替代方法，因此在实际的健康监测应用方面具有相当广阔的前景。

由于酶独特的反应催化作用，许多生物传感器是基于酶系统的。在身体各种指标的监测方面具有重要作用。汗液是一种具有吸引力的非侵入性生物液体，通过其监测佩戴者的生理状态较易收集，生物化学信息含量丰富。这些优势促使了各种基于汗液的传感装置的快速发展，用于监测代谢产物和电解质。电化学检测方法也具有原理操作简单的优势，因此可以与酶结合来实

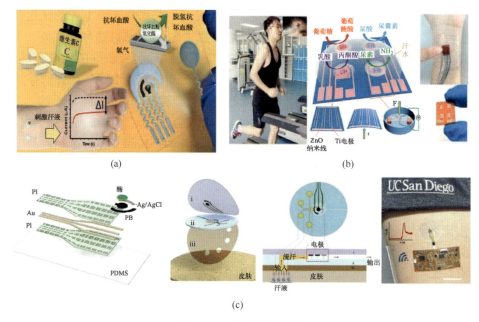

图 2-3-6 酶生物传感器

(a) 穿戴式检测汗液中维生素 C 的电子皮肤检测原理示意图[29];

(b) 自供电穿戴式无创电子皮肤的使用、实验设计、器件结构与制作工艺[30];

(c) 系统检测原理示意图以及微流控器件的设计与操作。所述软表皮微芯片装置与所述皮肤一致,并将所述采样汗液输送到所述电化学检测器[31]。

现监测各种健康指标的柔软、皮肤兼容的微流控设备平台。这些平台在临床、医疗保健等方面具有广泛的应用前景。然而,需要重复或连续使用的情况下,酶的稳定性仍然是值得注意的重要因素和研究方向。

2.3.4 免疫型生物传感器

抗体是机体在抗原物质刺激下,由 B 细胞分化成的浆细胞所产生的、可与相应抗原发生特异性结合反应的免疫球蛋白。抗原刺激机体产生抗体。抗体属于蛋白质的一种。抗体可以分为单克隆抗体和多克隆抗体两类。相较于多克隆抗体,单克隆抗体对靶标有更强的特异性和高亲和力。抗体与光学(发光、荧光、折射率)、压电或电化学器件相结合组成免疫传感器。免疫传感器是一种亲和固态生物传感器,它通过在抗原和抗体之间形成稳定的免疫复合物来检测特定的目标分析物抗原(Ag),从而产生由传感器给出的可测量信号。

肿瘤标志物的高灵敏检测在肿瘤的早期诊断中起着重要作用。中国科技大学化学系 Zhu 等开发了一种新型超敏电化学发光（ECL）免疫传感器，基于 Au 纳米簇（AuNC）和杂交链式反应（HCR）信号放大技术，用于测定心肌梗死的标志物心脏肌钙蛋白 I（cTnI）[32]。如图 2-3-7（a）所示，在此过程中，探针（Ab2-AuNP-T1）由二抗（Ab2）和 DNA 起始链（T1）缀合在金纳米颗粒（Gold Nanoparticles，AuNPs）上获得。当 cTnI 被修饰有 Ab1 的电极捕获，会与探针 Ab2-AuNP-T1 形成的三明治夹层免疫复合物，随后起始链 T1 会打开发夹 DNA 结构并触发一连串的杂交反应，发出强烈的 ECL 信号并实现对 cTnI 的超灵敏检测。其中 Au 纳米簇双标记发夹 DNA（H1 和 H2）可作为发光体，且该复合材料具有良好的光稳定性、生物相容性、高量子产率。该传感器对 cTnI 的检测范围很广，具有优异的特异性、稳定性和重现性，在临床诊断中用于 cTnI 检测具有很大的应用前景。

印度理工学院古瓦哈蒂纳米技术中心 Maity 等报道了一种基于局域表面等离子共振（LSPR）的便携式即时检测的微流控免疫传感器，用于检测人泪液中 β-2-微球蛋白（B2M），有助于监测糖尿病患者的糖尿病性视网膜病变（DR）的病变情况[33]。如图 2-3-7（b）所示，该免疫传感器由携带抗 β-2-微球蛋白（anti-B2M）的 AuNP 的悬浮液、微流体比色皿、光源（如 LED）、光检测器（如 LDR）和信号处理单元（SPU）组成。抗原抗体结合产生的拉曼信号因 AuNP 的 LSPR 效应得到增强，同时微量比色皿的设计确保了快速毛细抽吸和分析物与抗 B2M-DTSP-AuNP 悬浮液的混合。将含有抗原的分析物加入免疫传感器，由于 LSPR 导致的悬浮液颜色变化会被 LED、LDR 作用将色度变化转换为电信号变化，因而实现对 B2M 的精准检测。该免疫传感器体积小、低成本、便于操作，已显示出转化为成熟 POCT 设备的潜力，在用于早期无创检测和后续监测 DR 方面具有较大的实用价值。

中国农业大学农学院 Zheng 等开发的一种基于 AuNP 聚集和智能手机成像的新型微流控生物传感器，用于对鸡样本中的大肠杆菌 O157:H7 进行简单、快速、灵敏的检测[34]。使用 AuNP 来指示不同浓度的 O157:H7，并使用智能手机成像 APP 来监测 AuNP 的颜色变化。检测原理是基于 HRP+H_2O_2+酪胺（TYR）体系。磁性纳米颗粒（MNP）改性的大肠杆菌 O157:H7 的捕获抗体（CAb）和聚苯乙烯微球（PS）改性的 O157:H7 的检测抗体（DAb）和过氧化氢酶首先混合样本包含目标大肠杆菌 O157:H7 的第一混合通道微流控细胞芯片，形成 MNP-细菌-PS 复合物，可以在外部磁场下捕获到分离室中。将过氧化氢注入混合物经过氧化氢酶催化后，将 AuNP 和交联剂混合物注入第二混合通道与催化剂反应,并在检测室中孵育。AuNP 的聚集通过芳烃环之间的 C—C 和 C—O 偶联来交联 TYR 中的酚羟基基团而触发,并导致 AuNP 的颜色从蓝色变为红色。最后,利用 Android 智能手机上基于色相-饱和度-明度(HSL)的成像应用检测颜色变化,并用于确定目标细菌的浓度。

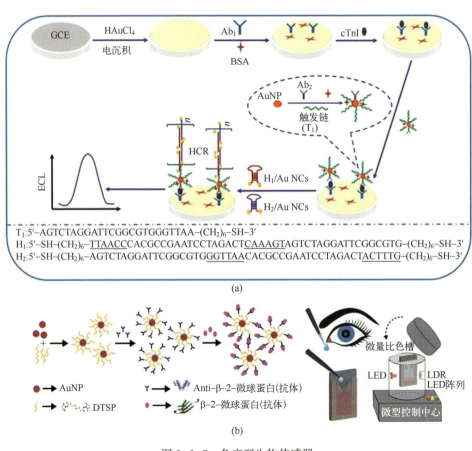

图 2-3-7 免疫型生物传感器
(a) ECL-HCR 免疫传感器示意图[32];
(b) 用于泪液中 β-2-微球蛋白临床检测的微流体免疫传感器[33]。

通过使用不同的抗体,可以实现不同生物标志物的检测。结合光学、压电和电化学等检测技术构建的免疫型生物传感器,可以快速、可靠地检测样品中生物标志物的浓度,通过与这些生物标志物的阈值进行比较,可以为人们提供很多重要的信息。结合微纳技术可以进一步实现传感器的微型化和集成化,目前已经出现了很多便携式、集成化的免疫微系统传感器,用于各种疾病诊断以及细菌、毒素等的检测，在临床诊断、食品安全等领域发挥着重要的作用。

由于DNA分子的双链互补特性、酶的特异性催化作用以及抗原抗体的特异性结合作用，这些生物活性分子在各种生物标志物的检测中都发挥着重要的作用。近年来，分子生物传感器逐渐向微型化和高通量方向发展，基于这一类生物传感器开发出来的微系统，具有样本量少、体积小、成本低、即时检测等优点，克服了传统检测手段仪器庞大、操作复杂等问题，在环境监测、疾病诊断、居家健康监测等领域具有广阔的应用前景。

2.4 细胞与组织传感器

近年来，生物传感器的发展极大地推动了其在环境监测、临床诊断、食品安全等领域的广泛应用。基于细胞和组织的生物传感器以活细胞/组织为敏感元件，通过换能器检测被测物刺激引起的细胞形态与功能改变，实现对被分析物的有效检测与识别。这类新型的生物传感器技术具有灵敏度高、选择性好、响应速度快等特点，在环境监测、生物医学诊断等许多领域具有重要的应用前景。

2.4.1 基于细胞的生物传感器

基于细胞的生物传感器利用活细胞为生物敏感材料，通过与换能器相结合，直接检测被测物刺激细胞引起的细胞生化反应效应，以用于细胞生理参数的检测、药效分析、毒素检测等。活细胞表面具有多种类型的受体，有利于定量分析一种或多种目标物质；生物传感所需的酶等其他蛋白分子存在于细胞天然微环境中，其最佳的活性和特异性有利于细胞传感器对目标分析物的检测与分析。此外，细胞传感器具有快速响应、高灵敏度、低成本、非侵入性和长期监测等独特的优势。因此，基于细胞的生物传感器是研究被测物生理效应的有力工具，在细胞生理分析、药物评价、环境监测和医疗诊断等领域具有广泛的应用。

当前，多种类型的细胞已被应用于细胞传感器的研制，包括原核细胞和真核细胞。其中微生物细胞与电化学或光学换能器结合，可用于水质检测和毒性评估；而真核细胞更多应用于研究细胞基本功能和疾病发病机制。随着微纳加工技术的发展，多种新型换能器被用于细胞传感器的研制，旨在解决细胞传感器面临的普遍难题，如细胞群体的异质性和高干扰性。本节回顾了近年来细胞传感器在不同应用领域的研究成果，总结敏感材料的固定化策略，介绍用于细胞传感器研制的各类换能器的原理及应用，最后讨论了基于细胞的生物传感器的未来发现趋势和当前挑战。

1. 细胞的固定化策略

提高细胞敏感材料与换能器之间的耦合效率，有利于换能器更高效地检测细胞与目标分析物间的相互作用。而细胞在换能器的固定化主要依赖于细胞对特定表面的天然黏附能力，如物理吸附、水凝胶和溶胶包埋、生物膜形成等，固定过程不影响细胞活性，被称为被动固定技术，常用于生物发光辅助检测重金属、生理参数检测、微生物燃料电池等。然而生物膜的均匀性、稳定性以及导电性等特点限制了被动固定策略的广泛应用。主动固定化策略利用化学连接分子将活细胞固定到特定的基底上，使细胞与换能器表面结合更加紧密，提高了生物传感器的灵敏度。例如利用小麦胚芽凝集素将大肠杆菌固定在硅微柱阵列上，开发抗菌素敏感性测试平台。此外，基于细胞外基质（Extracellular Matrix，ECM）的表面修饰技术可以在保持细胞活性的同时，提高细胞在基底的均匀化固定，广泛应用于许多生物传感器的研制中。例如使用多肽或其他细胞外基质成分对传感器表面进行均匀化学涂层改性，能极大地提高传感器的生物相容性。

2. 细胞传感器的应用

基于不同的应用需求，特定类型的传感与检测系统被用于细胞传感器的研制。微电极阵列（Microelectrode Array，MEA）是一种无创性细胞外记录技术，能高分辨率刺激并记录电兴奋性细胞的电生理活动。电兴奋性细胞与微电极阵列接触界面的电化学特性是微电极阵列传感机理的基础。细胞与基底平面电极的简化模拟电路如图 2-4-1 所示，该界面由三部分组成：即细胞、细胞与电极之间的间隙、电极。通常，细胞膜与微电极间的间隙里充满细胞培养液。基于这个简化的模型，细胞膜又分为两部分：即接触微电极部分的细胞膜和非接触部分的细胞膜。细胞膜可以等效为电阻和电容的串联，因此，接触微电极部分的细胞膜等效为 R_j 和 C_j 的并联，非接触部分的细胞膜等效为 R_{nj} 和 C_{nj} 的并联；细胞-电极间隙等效为 R_{seal}；微电极部分等效为 R_e 和 C_e 的并联。

与电极接触部分的细胞膜决定接触部分的电阻 R_j 和电容 C_j，这两个变量的大小取决于微电极的几何形状、细胞的形态和黏附特性。当接触部分的细胞膜具有很高的电阻和很低的电容时，意味着只有一小部分电流流经这部分细胞膜。

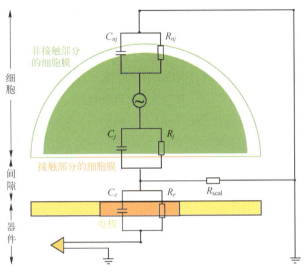

图 2-4-1　细胞-微电极接触模型电路

因此，降低接触部分的细胞膜电阻 R_j 能有效地提高细胞与电极之间的电耦合系数。图 2-4-2 所示为不同类型的电极与细胞间的耦合示意图。锐利的玻璃微管电极（见图 2-4-2（a））、全细胞膜片钳（见图 2-4-2（b））、穿孔结构的电极设计（见图 2-4-2（e）~图 2-4-2（h）），都可以显著提高细胞与电极之间的电耦合系数。然而，这类有损的细胞电生理信号检测方法，通常能保持几小时的信号记录时间，无法做到长时程监测。平面型微电极阵列（图 2-4-2（c））的出现解决了无损、长时程监测的难题，最长能实现几个月的电信号记录。

膜片钳是研究离子通道性能的金标准技术，能够实时记录离子通道电流或电压，提供一个或多个离子通道的精确电生理参数，在离子通道研究中具有高通量、高密封阻力、自动化等优势，被广泛应用于针对离子通道的药物的高通量筛选。目前，用于制成膜片钳芯片的材料主要包括硅、玻璃、PDMS 和无定型聚四氟乙烯等。膜片钳芯片技术美国分子器件公司推出的 Iron Works 系统采用膜片钳芯片技术可以同时快速分析 7000~10000 个细胞的离子通道的结构和功能，药物的计量依赖性响应及药物的动态活动，在心律失常、高血压、疼痛和中风等疾病治疗中发挥着关键作用。除了药物之外，重金属，毒素和农药等环境污染物也会改变细胞离子通道的功能，影响神经系统的活性。因此膜片钳芯片的一个重要应用是高通量、准确地检测和鉴定这些活性化合物，预测潜在毒物，促进毒理学领域的发展。

随着微纳加工技术的发展，三维结构的微电极阵列的出现，显著地增大了细胞与电极间的耦合,以提高检测信号的信噪比。常见的三维结构的微电极包括纳米柱状电极(见图 2-4-2(e)~图 2-4-2(g))和蘑菇样电极(见图 2-4-2(d))。在三维纳米柱电极上施加电脉冲,可以利用电穿孔的效应使得电极直接与细胞质相通,从而提高信号的检测效率(见图 2-4-2(e));三维纳米线电极能直接自动刺破细胞膜,与细胞质形成直接接触(见图 2-4-2(f));三维纳米柱还可以作为场效应晶体管的栅极,与细胞质直接相通;此外,利用微流控通道技术可以制备自动型膜片钳系统(见图 2-4-2(g));利用导电纳米颗粒和磁铁进行细胞内记录,将导电纳米颗粒保持在细胞膜上,它们可以提供跨膜的最小破坏性、低电阻通路,以检测细胞内膜电位的变化(见图 2-4-2(i))。

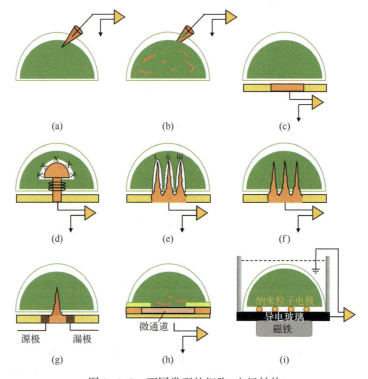

图 2-4-2　不同类型的细胞-电极结构

(a) 玻璃微管电极;(b) 全细胞膜片钳,图中橙色、蓝色混合区域代表电极灌注的电解质溶液与细胞质的混合;(c) 平面微电极,细胞与电极间的白色区域代表细胞-电极间隙;(d) 蘑菇形状的三维微电极;(e) 三维纳米柱电极,其中初始时电极未刺破细胞膜(i),施加电脉冲后细胞膜表面行程微小的电穿孔(ii)一段时间后细胞膜又恢复至初始状态(iii);(f) 纳米线电极直接刺破细胞膜,与细胞质形成直接接触;(g) 纳米柱作为 FET 栅极刺入胞内;(h) 微流控通道型膜片钳,在导电玻璃记录室下方放置一块磁铁,将镀金磁性纳米粒子拉向细胞底部。

研制高密度可寻址型电极阵列对于高分辨测量神经元网络中单个细胞的微小电位变化至关重要。如图2-4-3（a）所示为高密度硅纳米线电极阵列的扫描电镜，在这种电极阵列中，单根硅纳米线作为一个检测单元，每个检测单元的间距可达亚微米级别，能够用来同时测量单个细胞不同部位的电信号发放。如图2-4-3（b）所示为生长在硅纳米线电极阵列的单个神经元扫描电镜图，从中可以看出不同位点的电极可以记录单个神经元的胞体及神经突起处的电位，在同一时刻，电极6~8所记录的信号存在明显的差异（见图2-4-3（c））。利用这些电极阵列能记录小鼠和大鼠原代神经元及人诱导多能干细胞分化的神经元，结果发现检测的信号具有很高的信噪比，信号的幅值高达99mV，并且能检测到阈下突触后电位。图2-4-3（d）所示为细胞在不同药物刺激和抑制下的电信号发放，在记录溶液中加入谷氨酸后，细胞的自发放电活动相比于基线的频率和幅度都有所增加（见图2-4-3（d）中的①和②），而施加河豚毒素（tetrodotoxin，TTX）后，显著抑制了该通道

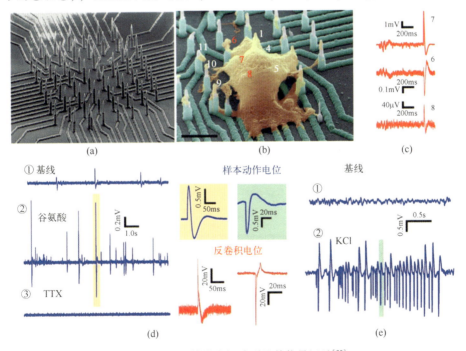

图2-4-3 三维微电极阵列及其信号记录[35]
(a) 三维硅纳米线阵列电极的扫描电镜照片，标尺为3μm；(b) 生长在三维纳米线阵列电极上的神经元，标尺为4μm；(c) 图(b)中6~8号电极所记录到的电信号；(d) 谷氨酸和TTX作用下的电生理信号；(e) 施加KCl对电生理信号的影响。

的活性（见图 2-4-3（d）中的③）。KCl 溶液刺激同样证实了对信号发放活动的影响（见图 2-4-3（e））。该平台用于研究基于神经网络疾病模型的神经元突触活动，对于理解神经疾病的机制和开发治疗它们的药物至关重要[35]。

利用微电极阵列检测细胞外电位的变化来研究药物、病原体和毒物针对细胞的功能特性，适用于神经元网络、心肌细胞、脑片和视网膜网络。例如，一些研究利用微电极阵列研究药物引起的心脏毒性，包括农药、血管紧张素等。此外，利用微电极阵列对心律失常等心脏疾病进行高通量药物筛选也是细胞传感器应用于生物医学研究领域的成功案例，如图 2-4-4 所示。微电极阵列还可用于长期记录神经元的基本活动，是并行绘制神经元网络生理图的重要工具。利用微电极阵列对神经元进行电刺激而研究神经元网络的功能连通性以及许多有兴奋或抑制神经元作用的物质，被广泛用作药理模型。

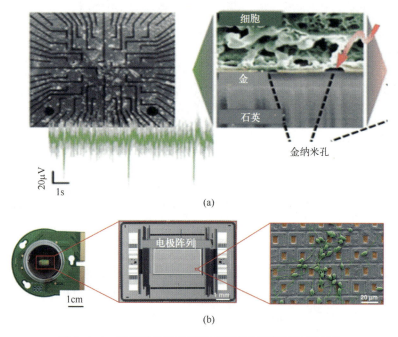

图 2-4-4　基于微电极阵列的可兴奋性细胞固定与检测
（a）微电极阵列芯片用于检测神经细胞动作电位[36]；
（b）高密度微电极阵列用于活细胞电功能成像[37]。

1993 年，美国普渡大学食品科学学院贾埃弗和基斯利用金叉指电极开发了一种细胞阻抗传感器，以用来检测细胞密度变化时的阻抗（Electric Cell-Substrate Impedance Sensing，ECIS）[38]。这种 ECIS 传感器的一个重要应用是评估细胞的生长、增殖、迁移及损伤状态。ECIS 也可以用于评估屏障功能，例如通过在微电极上测量单层牛肺微血管内皮细胞的阻抗来量化内皮细胞的形态变化[39]。ECIS 传感器用于监测乳腺癌细胞和人宫颈癌细胞迁移，分析细胞黏附、增殖生长、迁移和药物诱导的细胞机制，为癌症病理学和药物开发提供了新的指标与见解[40]。研究人员开发了一种微槽阻抗传感器（Microgroove Impedance Sensor，MGIS），用于动态和无创监测三维细胞活性。三维癌细胞被固定在微槽中，相对壁上带有金电极，用于原位阻抗测量。活细胞数量的变化引起整个细胞/基质胶构建体的阻抗大小成反比变化，并反映三维细胞的增殖和凋亡。如图 2-4-5（a）所示，当构建体中的细胞在药物处理后发生凋亡时，间隙连接的数量减少，导致细胞/基质胶的阻抗增加。因此，可以通过 3D ECIS 监测三维细胞/基质胶构建体的整体阻抗变化比来实现三维细胞活性、增殖和凋亡分析（见图 2-4-5（b））。结果表明，MGIS 与三维细胞培养相结合，能够提高基于细胞的体外抗癌药物筛选效率和准确性[41]。

场效应晶体管（Field-Effect Transistor，FET）传感器利用电场控制半导体结构中沟道的形状和导电性，基于细胞的场效应管传感器已经应用于医学和生物技术领域，在细胞微环境检测和细胞电生理检测中发挥重要作用。在基于 FET 的生物传感器中加入纳米材料可以提高生物传感器检测的灵敏度和特异性。其中，基于碳纳米管 FET 具有快速响应，易于操作和便携性等优势，可用于定量监测细胞黏附和转运等过程，以及生物材料检测和药物筛选。如图 2-4-6（a）所示，研究人员构建了一种基于单臂碳纳米管网络的 FET，用于检测细胞的黏附、增殖和脱离过程[42]。此外，增加了更多记录位点的场效应晶体管阵列，通过刺激神经元同时记录细胞外电位，可以实现随机神经元网络检测。研究人员利用双电层门控 FET 生物传感器平台开发了一种全细胞传感技术。如图 2-4-6（b）所示，在丁烷热解制备的双碳纳米电极的尖端沉积一层薄薄的半导体材料，形成纳米尺度的场效应晶体管。这两个可单独寻址的电极充当漏极和源极。将合适的识别生物分子固定在半导体晶体管通道上可产生选择性 FET 生物传感器。这种 FET 生物传感器平台可以实现细胞检测和计数，监测跨膜电位变化等细胞生物电信号。这种传感器技术还可用于即时诊断以及癌症等疾病的诊断和预后[43]。

光寻址电位传感器（LAPS）是一种基于半导体的化学传感器，采用电解

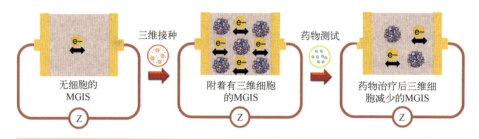

(a)

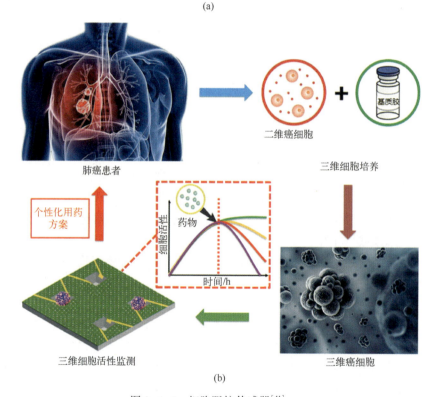

(b)

图 2-4-5　细胞阻抗传感器[41]

(a) 三维 ECIS 的工作原理：活细胞数量影响基质胶/细胞结构的电导率；(b) 用于抗肿瘤药物筛选的三维 ECIS 示意图。

质-绝缘体-半导体（Electrolyte-Insulator-Semiconductor，EIS）的结构，在微生理仪中使用时可以在给定时间测量多个代谢参数。在癌症研究中，微生理仪可以非侵入性地监测 LAPS 芯片上培养中的癌细胞的 pH、氧、乳酸和葡萄糖，用于动态监测人类癌细胞的代谢。此外，通过将培养细胞的微容室紧密

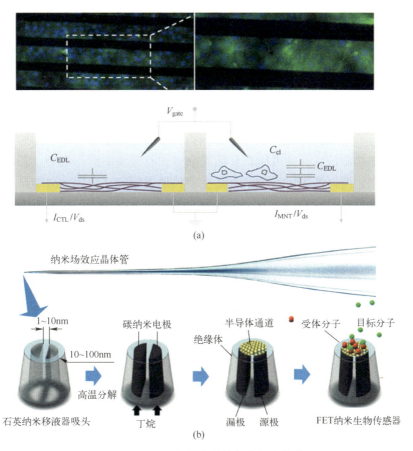

图 2-4-6　基于场效应晶体管的细胞传感器
(a) 基于单臂碳纳米管网络的 FET 传感器用于细胞活力测量的装置示意图[42]；
(b) 用于单细胞分析的纳米场效应晶体管传感器[43]。

固定在 LAPS 芯片上，直接测量细胞外酸化率（Extracellular Acidification Rate, ECAR），这是反映细胞代谢状态的最重要的参数，如图 2-4-7（b）所示。由此研究代谢活动对药物的反应、受体激活诱导的细胞反应以及信号转导机制等[44]。此外，LAPS 可以检测到细胞外电位诱导的离子电流与 LAPS 表面耦合时的光电流变化，因此通过激光照射细胞的敏感区域时，可以检测细胞外电位，用于研究可兴奋细胞，主要集中在神经元和心肌细胞等自兴奋细胞上。此外，味觉细胞传感器是基于电子舌的研究，在这种研究中，培养的味觉活细胞被放置在芯片的表面。目前，各种传感器已被用于味觉细胞和受体的化学传感，包括场效应晶体管传感器、光寻址电位传感器、细胞外记录微电极阵列、电化学传感器和质量敏感石英晶体微天平器件。研究人员设计了一种细胞传感器，将酸感应的味觉感受器细胞与LAPS结合起来，研究味觉感受器细胞的电生理信号，并以仿生的方式实现酸味感觉，如图2-4-7（a）所示。结果表明，ΔR（棘波/棘波）的大小与放电频率成正比，特征频率对酸刺激的反应功率为28.9 ± 0.97[45]。接下来使用LAPS和味觉感受器细胞（Taste Receptor Cell，TRC）来测试味觉细胞对NaCl、HCl、$MgSO_4$、蔗糖和谷氨酸味觉刺激的反应[46]。此外，还开发了一种模拟自然味觉系统的TRC-LAPS混合生物传感器来检测苦味，这可能在食品安全方面有很大的应用潜力。苦味物质的检测结果表明，该TRC-LAPS混合生物传感器能够成功地区分本研究所测试的三种不同的苦味物质。另一组研究人员使用NCI-H716细胞传感器或肠道内分泌STC-1细胞传感器检测了几种甜味剂、苦味剂和味觉混合物，这些混合物与复杂的化学混合物具有不同的响应特性。

石英晶体微天平（Quartz Crystal Microbalance，QCM）是典型的谐振装置，对质量和黏度的变化非常敏感，可以通过监测质量导致的晶体表面压力变化引起的晶体振荡频率的变化来检测微小的质量变化，如图2-4-7（c）所示。QCM与活细胞集成，通过监测振荡频率和能量耗散的变化来检测细胞响应，用于药物分析和癌症研究。基于细胞的QCM生物传感器，可以用于实时筛选细胞系及其对抗癌药物的敏感性，为相关肿瘤的治疗提供信息。通过将癌细胞固定在QCM芯片上，监测细胞表面碳水化合物与不同凝集素的结合，以非侵入性的方式提供与癌细胞相互作用和新陈代谢有关的关键信息，实现有效诊断和治疗。

表面等离子体共振（Surface Plasmon Resonance，SPR）是一种通过测量传感器表面折射率的变化实现实时测量分子相互作用的光学技术，能够以较高的准确率分析配体与受体的结合与解离。基于细胞的SPR生物传感器也被用于监测和分析细胞对分子的响应，以及活细胞之间的相互作用。金表面具有良好的电化学行为和生物相容性，非常适合细胞培养。因此，在基于细胞的生物传感器中，细胞通常直接培养在沉积了金层的传感器表面，作为靶分子的敏感元件，通过观察SPR信号变化来检测细胞与分子的响应，例如检测细胞表面标志物-抗体相互作用并监测各种因素诱导的细胞形态变化。日本广岛工业科学技术研究所Hide等首次报道了免疫球蛋白E（IgE）敏感的细胞被抗原刺激后产生的SPR传感信号，该传感器还适用于这类细胞的不同受体对抗原的响应[49]。此外，韩国首尔国立大学化学与生物工程学院Lee等还开发了一种基于SPR的嗅觉生物传感器，用于表征气味分子和细胞膜中嗅觉感

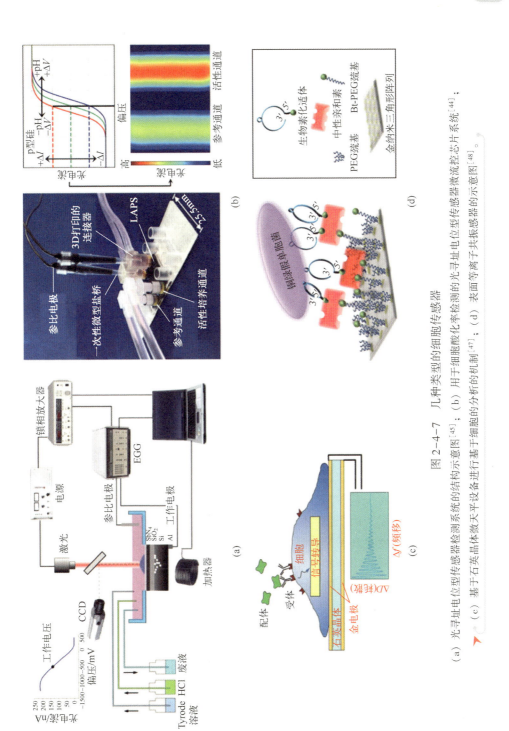

图 2-4-7　几种类型的细胞传感器

(a) 光寻址电位型传感器检测系统的结构示意图[45]；(b) 用于细胞酸化率检测的光寻址电位型传感器微流控芯片系统[44]；(c) 基于石英晶体微天平设备进行基干细胞的分析的机制[47]；(d) 表面等离子共振传感器的示意图[48]。

受器的分子相互作用[50]。由于这些细胞的厚度（几百微米）远远超出了 SPR 表面可检测到的范围（几百纳米），这表明他们获得的细胞与分子之间产生的 SPR 信号源自细胞内信号转导，而不是配体与其受体在细胞表面的简单动力学结合。SPR 不仅可以研究单个细胞，还可以以高的时间和空间分辨率解析亚细胞结构。例如，它可以用来监测动态的细胞过程，如凋亡和电穿孔，时间分辨率为毫秒级。研究人员开发了一种基于局部表面等离子体共振（Localized Surface Plasmon Resonance，LSPR）的传感平台，以表面限制适配体为亲和剂检测全细胞铜绿假单胞菌 PAO1。如图 2-4-7（d）所示，该研究利用纳米球光刻技术制备了含有六角金纳米三角形阵列的传感器表面。传感器表面随后被生物素化聚乙二醇硫基/聚乙二醇硫基（1:3）、中性亲和素和生物素化适配体以三明治形式修饰。该 LSPR 传感能够实现快速检测，拥有单个细菌水平的检测灵敏度，并且有很强的特异性，在常规环境条件下储存时，具有较好的稳定性（≥2 个月）[48]。基于 SPR 细胞的生物传感器为实时、无标记地检测活细胞内事件提供了一种有用和有前途的方法。

3. 细胞传感器的未来发展趋势

基于细胞的生物传感器以不同种类的细胞作为生物识别元件，与多种类的传感器设备相结合，在食品安全、环境监测、疾病诊断和制药研究等领域的各种应用中都具有重要意义。细胞生物传感器位于不同学科的交叉点，因此近年来合成生物学、微流控技术和纳米科学等相关领域的进展，使得细胞传感器发展成为功能强大的生物电子系统，它不仅可以检测特定的分析物，而且可以在单细胞水平上提供与生理相关的功能信息。然而，细胞传感器的当前发展也面临着一些挑战，例如细胞培养基质的降解性和绝缘性、细胞系（尤其是癌细胞系）中的遗传不稳定性、缺乏多样性的遗传结构以及成本高昂等问题。因此需要更多的努力来释放基于细胞的生物传感器的巨大潜力，在未来，它可能在医疗诊断和生理监测系统领域发挥重要作用。

纳米技术是对于 1~100nm 尺寸范围内的物质的理解和控制，其中独特的现象可以实现新颖的应用。随着系统尺寸减小到 100nm 以下，尤其是 10nm 以下，纳米材料的物理化学性能发生了明显的变化，例如增强的可塑性、热的显著变化、增强的反应性和催化活性、更快的电子/离子迁移等。纳米材料的这些独特特性也促使许多研究人员将其用于可植入生物传感器的制造，这些传感器在微型化、生物相容性、灵敏度和准确性等方面均具有增强的性能。生物学、纳米技术和光子学的结合有助于通过新型纳米传感器和纳米探针操纵和检测分子和原子，用于进化诊断和细胞水平的治疗性医疗设备。极小的纳米传感器可以用来检测细胞微环境中的细胞内或细胞间的生理参数。最近的研究表明纳米管和纳米柱的纳米级电极能够以前所未有的空间分辨率记录心肌细胞和神经元的动作电位。这些纳米尺度的方法甚至在心肌和神经细胞的亚细胞成分上和细胞内的电学测量方面有着巨大的前景，用于研究与健康和疾病有关的细胞间生物电。它们代表了纳米技术在基于细胞的生物传感器研究中非常成功的应用。

微流控技术的出现对基于细胞的生物传感器来说是一个福音，因为它使得"芯片上的细胞培养"这一强大的概念成为可能，这对开发新一代基于细胞的生物传感器非常有帮助，是实现细胞传感器高度集成化和小型化的有力工具。韩国蔚山科学技术研究院机械工程系 Bae 等实现了全细胞微生物传感器与用于重金属检测的新型微型恒化器平台的集成[51]。这种整合使细胞培养环境均匀，并具有长期稳定性和通过继代培养再生的能力。通过将不同的传感功能与细胞培养相结合，可以开发出自稳定的培养系统。在最近的一项研究中，利用遗传开关控制细菌细胞（大肠杆菌和枯草杆菌）的基因表达，以便根据尿液或血清中存在的生物标志物产生所需的输出[52]，能够检测糖尿病患者尿液中的病理性糖尿。如果与传感元件等分析单元集成，微流控设计可以实现细胞生物学应用的高通量检测。基于细胞的微流控技术通常用于从细胞水平到分子水平分析细胞的活性和结构。这涵盖了从细胞培养和生长到表面处理、选择、细胞裂解、分离和成分分析的所有步骤。通过将细胞处理、化学分析和裂解过程集成在一个芯片上，微流控设备可以分析单个细胞。此外，微流控系统已经为细胞培养建立了足够的完整微环境。该微系统可以提供一个有用的体外模型来预测细胞群体的特异性反应。微流控器件作为细胞培养平台可以极大地促进细胞生物学的研究，并可以阐明多种疾病的发病机制。然而，寻找可用的检测或分析设备仍然是微流控系统最重要的问题之一。微传感器作为微流控器件的检测单元，将极大地促进生物医学和临床医学微流控芯片的发展。

如何在不损失功能的情况下将这种合成生物传感器与刚性电子线路进行有效集成仍然是一个巨大的挑战。因此，开发既能发挥功能又有利于细胞培养和增殖的生物电子表面很可能是未来几年的重点。荷兰特文特大学 Visser 等最近展示了微流体操纵空气中的微尺度液体流，使三维多尺度生物材料能够一步到位地生产出来[53]。"Soft MEAs"是通过喷墨直接在 PDMS（聚二甲基硅氧烷）、明胶和其他水凝胶上打印碳 MEAs 来制造的，可用于心肌细胞 HL-1 的细胞外电位检测[54]。三维生物打印是一个正在蓬勃发展的领域，由于其具有高通量、可数字控制的图案化、快速沉积以及将各种生物因子高精度转移到所需位置以用于多种应用等多个优势，因此在基于细胞的生物传感器中具有潜在的应用前景。三维打印将能够创建仿生三维组织和有机结构，这些组织和有机结构可以被证明是高通量药物筛选和毒性测试的有效模型。三维生物打印、微阵列技术和微流控技术的融合，使细胞生物传感技术向更灵敏、准确和高效的方向迈出了新的一步。

2.4.2 基于组织的生物传感器

除细胞外，组织也可以作为生物传感器来检测目标物质，也就是基于组织的生物传感器。使用动植物组织代替分离的酶来构建生物传感器引起了人们的极大兴趣。本节将从植物组织和动物组织两个部分来介绍组织传感器的原理及应用。

1）基于植物组织的生物传感器

20 世纪 80 年代初，科学家们发现了植物来源的材料可以用作有效的生物催化剂，推动了组织电极的发展。1981 年，美国特拉华大学化学系 S. Kuriyama 和 G. Rechnitz 利用黄色南瓜的组织切片和 CO_2 电极，创造了第一个基于植物组织的生物传感器。该电极的生物催化活性来源于南瓜组织中的谷氨酸脱羧酶。这种酶分解谷氨酸，产生包括 CO_2 在内的产物，它被电极检测到，并产生与样品中谷氨酸浓度相关的电位变化。该系统首次成功地将完整的植物材料作为生物催化剂用于构建生物选择电位膜电极。从那时起，各种各样的植物组织被用作不同生物传感器组织的受体。这些生物传感器使用组织切片作为催化特定反应的酶的来源。在生物传感器中使用植物组织的主要优点是：植物或植物组织可以直接使用，只需最少的准备；与使用相应纯化酶的生物传感器相比，这类生物催化材料在其自然环境中保持了所需的酶，通常导致更好的稳定性（延长寿命）、更低的成本和更高的酶活性；其他优点包括生物传感器结构简单，并且所需的辅助因子可能已经存在于植物细胞中，并且可能不需要单独固定。然而，它们的特异性较低，这是因为在组织中存在其他酶，而不是所需的酶，而且由于扩散障碍，它们的反应时间很长。

构建植物生物传感器最常用的方法是用透析膜将薄组织片固定在电极表面，并将组织结合到碳糊基质中。在基于膜的生物传感器中，膜必须阻止酶从电极表面泄漏，但必须允许底物扩散到植物组织中。如上所述，这种扩散阻力可能是导致长响应时间的原因。碳糊电极能够将响应时间缩短到几秒钟。大多数基于植物组织的生物传感器是基于电化学检测的，检测方法通常是安培法或电位法。然而，最近出现的光学技术，如化学发光或荧光，提供了更高的灵敏度和更快的响应时间。由于植物材料的多样性,许多植物生物传感器应运而生。

香蕉早期被用于开发基于组织的生物传感器是因为香蕉中含有非常丰富的铜酶,这种酶被称为多酚氧化酶(Polyphenol Oxidase,PPOx)。PPOx 因其对水果和蔬菜褐变的诱因而广为人知。这一过程被称为"酚氧化",在抗病和光合作用调节中起着积极的作用。香蕉中高水平的 PPOx 很容易被利用,只需将一片香蕉放在溶解氧电极的表面,就可以得到基于组织的儿茶酚胺生物传感器。常见的构建组织生物传感器的水果和蔬菜有鳄梨、香蕉、卷心菜、黄瓜、蘑菇、土豆、菠菜、南瓜和西葫芦。各种各样的植物组织已被用于开发各种基于组织的生物传感器,该传感器具有良好的检测下限和线性浓度范围,通常在微摩尔范围内。大多数生物传感器的重现性在 0.3%~4% 的标准差范围内,已报道的多巴胺、乙醇酸、谷胱甘肽和过氧化物组织生物传感器的寿命大于 1 个月,在某些情况下最长可达 4 个月。这些以植物组织为基础的生物传感器已被应用于各种样品材料中各种物质的测定,如酒精饮料、河水、废水、尿液、血清、全血、药物制剂、化妆品、蔬菜和水果。苹果、鳄梨、香蕉、椰子、蘑菇和土豆等含有 PPOx 的植物已被广泛用于构建检测阿特拉津、儿茶酚、多巴胺和扑热息痛的组织生物传感器。此外,含有抗坏血酸氧化酶的植物材料,如卷心菜、黄瓜、西葫芦、黄瓜等,也引起了人们对抗坏血酸、谷胱甘肽和有机磷农药组织传感器的研究兴趣。值得注意的是,抗坏血酸的测定是基于抗坏血酸氧化酶的直接生物催化作用,而谷胱甘肽和有机磷农药(乙基对氧磷)的测定是基于这些物质对 AAOx 生物催化活性的抑制作用。另一种常用的酶是酪氨酸酶,它是从蘑菇和甜菜等植物材料中获得的,用于构建基于组织的生物传感器,检测真菌毒素、酪氨酸和酚类化合物。同样值得注意的是,一些基于组织的生物传感器用于监测有机相生物催化反应已有报道。此外,一种快速响应的基于组织和微生物的碳糊电极已被成功地用于检测对甲酚、多巴胺和乙醇的电化学传感器。有期刊还报道了利用植物组织的多酶组成来消除干扰,从而提高组织生物传感器的选择性和稳定性。西葫芦中 AAOx 的存在已成功地用于消除多巴胺或去甲肾上腺素测定中抗坏血酸的干扰。此外,将木瓜组织结合到碳糊基质中已被有效地用于破坏表面活性蛋白。另一个令人感兴趣的领域是在生物反应器中使用基于组织的生物传感器。研究者们成功使用椰子组织生物反应器测定河水和废水中的邻苯二酚。显然,通过这种方法可以可靠地测定这些样品中的邻苯二酚浓度,甚至可以精确到微摩尔水平。除了 PPOx 和 AAOx,植物组织中的过氧化酶、酸性磷酸酶、脲酶、草酸氧化酶、丙酮酸脱羧酶等也被广泛应用于生物传感器中，用于不同化合物的检测。

在过去的二十年里，以植物组织为基础的电化学生物传感器已经被用于环境、食品和药物的分析。这些生物催化材料将酶保持在其自然环境中，这一特性在许多情况下导致更低的成本和更高的酶活性。基于组织的生物传感器具有其自身的缺点：寿命相对较短，并且使用不同来源组织的重现性不是很好，有时受到组织中存在的其他酶或物质干扰的限制，这些缺点限制了基于植物组织的生物传感器的更广泛应用。

2）基于动物组织的生物传感器

基于活体动物组织结构的生物传感器可以用来检测荷尔蒙、药物和毒素。基于组织的生物传感器的用途已扩展到生理学、药理学和生物防御等生物医学科学的不同领域。一般来说，基于组织的生物传感器可以由转基因细胞或通过直接基因改造形成，以便将生物传感蛋白引入动物的组织中。生物传感细胞将被检测分子的浓度转化为物理信号，从而实现精确测量。除了利用动物组织中的酶作为识别元件来开发生物传感器，动物组织中的受体，特别是嗅觉和味觉受体与 MEA、LAPS 结合，被用作开发高灵敏度和特异性的嗅觉味觉生物传感器。

与植物组织相似，用膜或掺入碳糊基质固定动物组织是构建组织生物传感器常用的固定化方法。这是因为组织中容纳酶的基质已经得到了优化，因此可以直接以这两种方式中的任何一种使用。同时，使用组织比使用纯化的酶的活性有特别的优势。然而，重要的是，膜或电极组件的选择（在碳糊电极的情况下）必须能够使底物扩散到组织的生物催化酶层中，同时还可以防止生物催化剂从电极表面扩散出去。在前者的情况下，适用于此目的的膜材料包括玻璃纸透析膜和孔径 150nm 的尼龙带。已经发现底物和产物在组织层之间的扩散不受这两种膜的限制。在组织生物传感器的制造方面引起了一些兴趣的其他固定化方法包括使用海藻酸盐和水凝胶。

在动物组织用于生物传感器方面引起极大兴趣的两种酶和底物分别是用于测定甲酸和乳酸的细胞色素 C 和乳酸脱氢酶。用动物组织生物传感器测定的其他一些物质包括腺嘌呤、酒精、胆固醇、胆碱、鸟嘌呤和尿酸。在一项研究中，研究者使用切片或粉碎（糊）的猪肾作为谷氨酰胺酶的来源，结合电导-表面声波谐振器和一对平行电极，开发了一种用于测定谷氨酰胺的组织生物传感器。猪肾中的谷氨酰胺酶催化谷氨酰胺的水解。该传感器对谷氨酰胺的检出限为 340μmol/L，线性范围为 680~6800μmol/L，响应重复性好，标准差为 2.5%。在另一项研究中，一片附着在氧电极上的牛肝被用来构建一种基于组织的过氧化氢生物传感器。该生物传感器对过氧化氢的响应灵敏、稳定。其他类似的肝组织过氧化氢生物传感器也有报道，它们的寿命为 8 天。此外，氟化物对肝酯酶活性的抑制作用已被用来测定低至 0.1μmol/L 的氟化物浓度。最近的一项研究开发了一种肠道组织修饰的氧电极，用于检测在 H_2O_2 存在下口服药物的抗氧化作用[55]。抗氧化剂在抵抗氧化应激（尤其是抵抗活性氧，如 H_2O_2）中至关重要。由于肠道中存在天然过氧化氢酶，使用基于组织的生物传感器，能够检测到 H_2O_2 的范围在 50~500μmol/L 之间。与典型的基于分离酶的生物传感器相比，基于天然环境中的酶具有更长的稳定性，更好的灵敏度和线性范围，基于组织的电化学生物传感器也具有优势。

最近，利用动物组织构建组织生物传感器的兴趣涉及昆虫触角的使用。到目前为止，已对多达 250 种昆虫的嗅觉能力进行了调查。特别令人感兴趣的是这些昆虫察觉气味的能力。这些昆虫能检测到的两类主要气味物质是信息素和寄主植物气味。这些昆虫可以检测到 B250 信息素，具有很高的灵敏度和选择性，同时还可以检测到 B400 寄主植物的气味。昆虫的触角是气味识别的关键部件，配备有感受器，这些感受器含有 1~3 个神经元，这些神经元对一些气味物质有特殊的响应。已有报道利用昆虫的嗅觉能力开发组织生物传感器。这涉及将昆虫（科罗拉多土豆甲虫）的天线耦合到场效应晶体管上，以检测顺-3-己烯-1-醇的气味浓度，精度可达万亿分之几。后来这些研究被扩展到了哺乳动物的嗅觉和味觉组织中。在我们以前的工作中，已经建立了通过嗅觉细胞的电生理信号来检测气味的生物电子鼻系统。与培养的细胞相比，完整组织可以方便地获得，其一级结构保存完好。而且，微电极阵列（MEA）作为一种长期且非侵入性的方法，可以记录完整组织中细胞的网络电位。在味觉系统中，每个味蕾都有一个味觉受体细胞集合，可以很好地保存在味觉上皮中。因此，我们将哺乳动物（大鼠）上皮组织中的味蕾与 MEA 相结合，建立了一种新型的生物电子舌系统，如图 2-4-8（a）所示[11]。通过这种方式，我们分别研究了味觉受体与五种基本味觉（酸、甜、苦、咸、鲜）相互作用的机制，研究其生物传感器的动力学原理，确定细胞信号通路及其生物学效应，并用作味觉检测。此外，我们通过将大鼠的嗅黏膜组织分离并固定在光寻址电位传感器（LAPS）的表面上，开发基于嗅觉细胞的生物电子鼻，以实现电子鼻的仿生设计，如图 2-4-8（b）所示[9]。气味分子与嗅感觉神经元中的受体结合，从而启动嗅觉信号转导级联并有助于去极化。由气味引起的去极化产生的动作电位通过受体细胞的轴突传播到嗅球，在嗅球中，气味信息被进一步处理并传递到大脑。因此，令人满意的生物电子鼻应该是嗅觉神经元和细胞电位检测传感器的混合系统。我们的小组已经报道了一种基于光寻址电位传感器（LAPS）的嗅觉生物传感器，以研究在气味刺激下原代培养嗅觉细胞的细胞外电位。已经证明，在传感器表面培养的那些受体细胞和嗅球神经元对环境变化敏感。完整的嗅黏膜组织是生物电子鼻子敏感元件的更好候选者之一，因为它保留了神经元种群的自然状态，并且很容易获得。我们分析了与 LAPS 耦合的嗅觉组织的基本响应机理，然后将大鼠离体的嗅觉黏膜固定在 LAPS 的表面，以检测其细胞外电位。仿真和实验结果均表明组织-半导体混合系统对气味刺激敏感。由于使用完整的上皮，嗅觉黏膜组织研究将真正弥合传统的体外方法与生物电子鼻的复杂体内实验之间的差距。在最近的一项研究中，研究者通过淀粉-海藻酸钠交联固定法制备了味蕾组织生物传感器。辣椒素用作 TRPV1 有害离子通道激活剂，以研究六种不同物质对辣椒素的拮抗动力

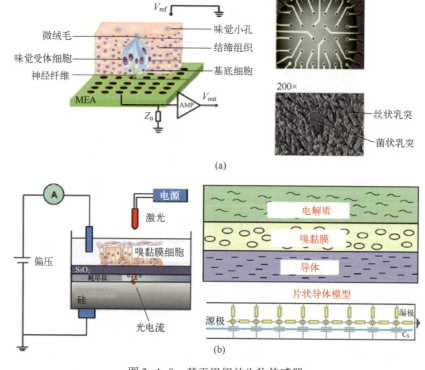

图 2-4-8 基于组织的生物传感器

(a) 基于微电极阵列传感器记录味蕾组织在味觉物质刺激下电位发放[11]；
(b) 基于嗅黏膜组织的光寻址电位型传感器检测气味物质刺激[9]。

学。通过分析辣椒素及其竞争性变构调节配体的动力学参数，并比较辛辣物质和内源性大麻素之间的结构，阐明了酰胺基和类似基团在大麻素受体的变构调节和镇痛机理中的重要性。对这种疼痛和镇痛作用机理的阐明将为研究伤害感受信号和筛选潜在的镇痛药物奠定理论基础和新思路[56]。然而，体外细胞和组织培养需要特定的条件，因此使传感器变得复杂。此外，在这样的人工环境中组织难以再生。因此，长期培养和细胞再生应进一步研究和解决。此外，对于实际的传感器系统，应考虑生物嗅觉系统的某些特定特征和复杂性。

总之，由于味觉嗅觉系统在识别环境条件方面起着重要作用，味觉/嗅觉上皮传感器基于完整的上皮组织的细胞电势记录，将在生物医学，环境监测和药物筛选等领域具有巨大的潜在商业前景和广阔的应用前景。

2.5 生物传感微系统

随着微纳米材料与微加工技术的发展，生物传感器已经在微型化、集成化、便携化方面取得了重要进展。生物传感微系统能够将样品处理、传感检测、信号传输与读取等单元集成化，在床边检测、疾病诊断、环境监测等领域具有重要的应用前景。本节将根据生物传感器的检测方法进行分类，重点介绍电化学类及光学类生物传感微系统的原理、发展概况及其应用。

2.5.1 电化学类生物传感器微系统

第一个生物传感器是基于Clark氧电极研制的葡萄糖传感器，同时也标志着生物敏感材料与电化学检测方法的结合可以实现对特定被测物质的检测。电化学类生物传感器的研制一般是基于电化学三电极系统，即工作电极（Working Electrode，WE）、参比电极（Reference Electrode，RE）和对电极（Counter Electrode，CE）。各类生物敏感材料（包括酶、DNA、抗原、离子敏感膜、受体等）被固定在工作电极表面，结合参比电极和对电极，利用相应的电化学技术检测敏感材料识别被测物的过程。电化学传感器结构相对简单，因此在微型化、集成化方面已经取得很多重要突破。

丝网印刷电极（Screen-printed Electrode，SPE）具有成本低、容易量产、稳定性高、容易修饰等优点，早在20世纪90年代就被应用于生物传感领域。随着表面修饰及微型化技术的逐渐发展，丝网印刷电极在生物医学传感领域引起了极大关注。目前已经有多种基于丝网印刷电极的电化学生物传感器出现，用于测量葡萄糖、乳酸、丙酮酸、胆固醇、乙醇、肌酐、谷氨酸、胆碱和乙酰胆碱等重要生理生化参数，在临床检验、食品安全和环境等领域具有重要的应用，尤其在床边检测（Point of Care Testing，POCT）方面具有显著的优越性，如分析时间短、能耗低、试剂用量少、样品处理简便、操作人员安全性高、使用方便、成本低等。

利用各种纳米材料及高分子聚合物修饰丝网印刷电极的工作电极，能有效地改善其分析性能，其中，常用的纳米材料包括碳纳米管（CNT）、石墨烯（Graphene，GR）、炭黑（Carbon Black，CB）、金纳米颗粒（AuNP）、银纳米颗粒（Silver Nanoparticle，AgNP）、纳米磁珠（Magnetic Bead，MB）、介体纳米粒子等。修饰后的丝网印刷电极能够有效地结合具有生物识别功能的敏感材料，如酶、抗体、DNA、适配体等，纳米材料与生物识别元素的结合具有协同效应，从而能有效地改善传感器性能，包括灵敏度、检测限、稳定性等。

将纳米材料修饰至丝网印刷电极的方法有很多，包括手动滴涂法、Langmuir-Blodgett 膜法、喷墨辅助沉积法、直接将纳米材料添加至印刷油墨中、电沉积法、电喷射沉积技术等，制备方法的不同可能导致传感器性能产生显著差异。在上述制备方法中，手动滴涂法最简单且成本低，也是最常用的一种方法，但是滴涂法制备的电极表面均一性相对较差；Langmuir-Blodgett 膜法制备的工作电极能获得高度均匀的膜，缺点是需要较复杂的仪器完成；电沉积法能选择性地修饰电流流过的电极表面，尤其适用于小区域内集成多个传感器，且需要在不同区域修饰不同材料的电化学传感器，也可用于沉积特定厚度的电子介体。修饰后的丝网印刷电极通常需要经过一系列表征手段来评估，包括扫描电子显微镜、X 射线光电子能谱、拉曼光谱、电化学循环伏安法、电化学阻抗谱等。传统的丝网印刷电极的基底是聚合物材料，而新型纸基微流体设备能够实现小样品量的多路分析，最大限度地减少试剂消耗和分析时间。商品化的试纸条型葡萄糖传感器有多层毛细管通道，能有效地将血液输送到传感器，测量过程仅需少量血液。

普鲁士蓝（Prussian Blue，PB）是一种在生理 pH 值下非常稳定的电子介体，常用于研制基于丝网印刷电极的酶生物传感器。普鲁士蓝纳米颗粒可以通过滴涂法修饰在丝网印刷电极的工作电极上，再结合特定生物催化酶，如尿酸酶、胆固醇氧化酶等，可以简单、快速地实现对血液中的尿酸、胆固醇的检测。

2019 年新型冠状病毒肺炎（Coronavirus Disease 2019，COVID-19）大流行期间，迫切需要从人群中快速筛查出感染者。基于逆转录聚合酶链式反应（Reverse Transcription-Polymerase Chain Reaction，RT-PCR）检测病毒的 RNA

是诊断 COVID-19 的金标准。然而，RT-PCR 检测方法通常需要熟练技术人员在集中实验室/医院进行；从血清中检测病毒抗体是 RT-PCR 检测方法的有效补充。研究人员研制了一种三维折纸型免标记电化学免疫传感器，将新冠病毒的刺突蛋白固定在电极表面，方波伏安法检测新冠病毒血清抗体被特异性识别[57]。折纸型传感器装置主要包括三个主要部分：工作垫、对垫和闭合垫，其中工作垫上含有工作电极，对垫上包含参比电极和对电极。氧化石墨烯直接滴涂在工作电极表面，室温干燥后，用去离子水冲洗，然后利用 EDC/NHS① 活化氧化石墨烯的羧基基团，通过酰胺缩合反应共价将新冠病毒的刺突蛋白化学固定在工作垫的亲水性纸带上，用于选择性识别新冠病毒抗体，这一特异性结合过程能直接影响氧化还原介质的氧化还原过程，从而无须额外标记即可实现对新冠病毒抗体的有效检测。检测时，首先滴加 10μL 体积的血清于工作垫的检测区域，反应结束后，洗去未结合的抗体，然后将折纸传感器折叠，利用双面胶黏合在一起，使得工作电极、参比电极和对电极自动堆叠。最后利用方波伏安法（Square-Wave Voltammetry，SWV）完成检测过程。该传感器仅需 10μL 体积的血清即可完成检测过程，有效地降低了检验人员接触传染性样本的可能性，并且测试结束后样品容易消毒处理。

  研究人员将高度可拉伸的电化学电极打印在弹性丁腈手套表面，结合无线传输技术将检测数据传输至智能手机终端，在手套上建立有机磷检测实验室，在食品安全、安防等领域具有重要的应用。该弹性手套传感器的加工、设计及性能如图 2-5-1 所示，可印刷油墨以蛇纹图案可由丝网印刷工艺打印在手套食指表面（见图 2-5-1（a）），其中油墨自身的可拉伸特性和蛇纹图案使得电极具有双重拉伸特性。手套传感器的采样与检测工作需要两个手指完成，其中采样在手套拇指部位的采样区域完成，而电化学检测是基于打印在食指端的三电极系统完成（见图 2-5-1（b）），打印的第一层材料是基于 Ag/AgCl 颗粒的银层结合弹性 Ecoflex 材料，这层材料能承受高度的应变、具有良好的拉伸性，用作参比电极和蛇纹形状的电极引线；第二层弹性层由弹性苯乙烯-异戊二烯共聚物改性的碳墨水组成，用于制备工作电极和对电极；第三层材料位于顶层，是一种透明柔性可伸缩的绝缘材料，覆盖在蛇形引线区域，而传感区域和方形接触区域暴露出来。动态机械拉伸、弯曲和形变研究表明该结构设计完全能够抵御在实际应用中面临的机械形变（见图 2-5-1（c））。检测时，利用拇指的采样区域摩擦被测物表面，完成有机磷化学物（Organo-

---

① EDC/NHS 是两种常用的活化剂，用于将羧基化合物与胺化合物进行偶联反应，形成酰胺结构。

phosphate，OP）的采集（见图 2-5-1（d）），而食指检测区域的工作电极表面固定着有机磷水解酶（Organophosphorus Hydrolase，OPH），拇指和食指接触后，在导电水凝胶的辅助下，构成电化学检测池，利用酶传感器的原理，实现对有机磷的检测（见图 2-5-1（e））。食指的三电极通过指环带固定，并与便携式恒电位仪连接，检测的控制及数据的传输通过手机无线通信完成（见图 2-5-1（f）和图 2-5-1（g））。结果表明，该手套传感器在食品安全、法医、安防等领域具有广阔的应用前景。

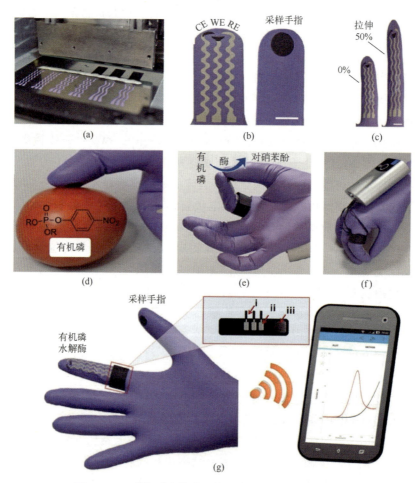

图 2-5-1　弹性手套传感器用于有机磷物质的检测[58]
(a) 电极在丁腈手套上的印刷；(b) 检测电极及采样部位的设计；(c) 电极拉伸测试；
(d) 手套在物体表面的采样；(e) 采样手指和检测手指贴合完成检测；(f) 检测电极与便携式恒电位仪连接；(g) 手套传感器采样、传感、信息传输一体化设计。

可穿戴类生物传感器是一类重要的生物传感器微系统，通过以非侵入性的方式从汗液、眼泪、唾液、组织液等生物液体中取样，动态、无创测量生物液体中的生化标志物，提供连续、实时生理信息，因而该类领域在近些年备受关注。可穿戴类生物传感设备能集成多种生物传感元件、微流控采样、信息传输系统，利用电化学和光学检测手段，实现多种生化参数的监测。可穿戴监测平台可以通过持续、实时监测特定生物标志物在生物液体中的动态生化过程，提供健康相关信息，加强对慢性疾病的管理，并在出现异常情况时发出警报。由于可以在不破坏身体皮肤最外层保护层（角质层）、不接触血液的情况下轻易获得检测样本，造成的伤害或感染的风险最小，更容易使用，因此具有非常广阔的市场应用前景。

生化参数在体液与血液中的分布具有相关性，因此可穿戴生物传感技术的前提是深入了解生化参数在不同体液中的分布相关性。这些参数包括电解质（如钠离子、磷酸盐、镁离子、钾离子、钙离子）、代谢物（如葡萄糖、酒精、乳酸、皮质醇）、蛋白质等。如集成贴片类可穿戴传感器阵列的汗液定量分析平台通过集成多传感阵列，能够实现同时检测汗液中的代谢物（葡萄糖和乳酸）、电解质（钠离子和钾离子）以及皮肤温度，并且信号转导、调节、数据处理、无线传输系统通过与柔性贴片式传感器集成，便于对穿戴者在长时间运动期间的生理状态进行高级信号处理来准确评估[59]。

美国加州大学研究人员报道了一种集成可穿戴式传感器，成功实现了对两种不同体液同时进行无创、可控、按需、定点采样及多参数分析[60]。这种可穿戴传感器的结构如图2-5-2（a）所示，基于丝网印刷技术制备的电极贴于皮肤，同时采集汗液和组织液，并将电化学传感系统集成在一个熊猫形状文身的装置上，搭配柔性无线信号读出电路，实现对汗液和组织液中多种生物标志物的实时测量。该生物传感器微系统的照片如图2-5-2（b）所示，丝网印刷工艺制备的文身样贴纸上印有采样电极和电化学检测电极，通过与弹性的印刷电路板连接，利用无线数据传输实现信号的控制与传输。采样部分的原理如图2-5-2（c）所示，利用阴极和阳极发生的离子电渗，在阳极实现汗液采样，在阴极实现组织液采样，其中涉及的主要机制包括。①电场排斥力：在阳极电极表面，带正电荷的阳离子（如刺激汗液产生的药物匹罗卡品）被排斥渗入皮肤，同时吸引带负电荷的阴离子（如氯离子、抗坏血酸盐、尿酸盐等）从真皮和表皮渗出，而在阴极电极表面，阴离子被排斥，而阳离子（如Na^+）被吸引到表面；②电渗作用：带电粒子从阳极到阴极的对流能同时诱导中性分子（如葡萄糖和尿素）的流动。在这个传感器微系统，电极贴片在阳极通过电场排斥力将带正电荷的匹罗卡品药物导入皮肤，刺激皮肤产生汗液。同时，在皮肤下发生从阳极到阴极液体对向流动，主要由 Na^+ 主控，导致正离子和中性分子（如葡萄糖）向阴极的迁移，实现反向离子渗透萃取。每个电极传感器的几何形状是在单一贴片上成功采样（刺激/提取）和传感的最重要因素。电极由阳极区和阴极区组成，每个区域包括一个离子电渗（Iontophoresis，IP）采样电极和三个电化学传感电极，即工作电极、参考电极和对电极。离子电渗采样电极位于工作电极和对电极之间，以确保在传感检测过程中汗液或组织液的有效扩散。所有电极上面都覆盖有一层特定的水凝胶成分，以避免电渗过程中灼伤皮肤，也为电化学检测提供缓冲环境。鉴于阴极和阳极的目标功能不同，水凝胶成分也不同。阳极采用高孔隙结构的 PVA 水凝胶，以便促进负载的药物有效地释放；阴极采用孔隙率较低的琼脂糖凝胶以便存储组织液（见图 2-5-2（d））。该生物传感器可以在阳极基于酒精氧化酶（Alcohol Oxidase，AOx）电化学检测汗液中的酒精，在阴极基于葡萄糖氧化酶电化学检测组织液中的葡萄糖。对应区域的工作电极上先修饰一层普鲁士蓝，再修饰上特定的酶和凝胶缓冲液，通过检测过氧化氢最终实现对乙醇和葡萄糖的检测（见图 2-5-2（e））。

这种文身贴片通过丝网印刷技术制备，具有很高的性价比，可用于一次性使用。通过测量受试者汗液中的酒精浓度和组织液中的葡萄糖水平，结果表明，该传感器的测量结果与血液中相应成分的浓度具有良好相关性。因此这种贴片传感器位系统在非侵入性表皮生物传感领域具有良好的前景。

可穿戴类生物传感器微系统的发展离不开检测系统的微型化与集成化。近些年，皮肤电子学迅速发展，这类电子器件能无缝贴合在人体皮肤上，在健康检测、医疗植入、生物研究等领域具有广阔的应用前景。传统的电子器件都是基于刚性的硅材料制备，无法紧密贴合皮肤，甚至当身体运动时会发生断裂从而无法正常工作。而基于新型材料研制的人造柔性电子皮肤能够像皮肤一样柔软、透明、可拉伸，甚至能做到像皮肤一样能够自我修复与降解。制备柔性电子材料，需要自身可拉伸的柔性材料，尤其要求材料在拉伸时不影响半导体和介电层材料的导电性。将柔性晶体管阵列加工在可拉伸的柔性基底材料上，能够集成制备各种类型的电子器件，包括活性基底、数字电路、模拟电路及功能性输入/输出器件。斯坦福大学的研究者利用柔性可拉伸的电子聚合物制备了一种高密度晶体管阵列，密度可达到每平方厘米 347 个晶体管，这种晶体管的平均载流子迁移率与非晶硅相当，且经过 1000 次 100% 的应变循环时只有轻微的变化（一个数量级以内），且没有电流-电压滞

第2章　生物敏传感器的研究与应用

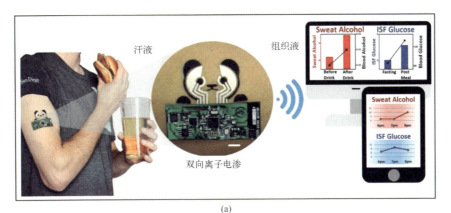

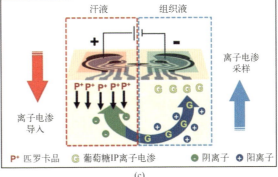

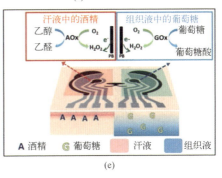

图 2-5-2　汗液和组织液同步采样及检测传感器微系统示意图[60]
（a）文身样贴纸传感器系统示意图，能实现汗液及组织液的同时采样与检测，标尺 7mm；
（b）文身样贴纸电极和弹性无线检测电路板照片，标尺 7mm；（c）离子渗透采样原理示意图，在阳极上离子导入匹罗卡品促进产生含酒精的汗液，同时在阴极上反向离子导入产生含有葡萄糖的组织液；（d）文身样贴纸上的电极排布及电极敏感材料修饰，标尺 7mm；
（e）电化学生物传感原理示意图，分别使用安培法检测酶促反应产生的过氧化氢产物实现对汗液中的酒精和组织液中的葡萄糖测量。

后。加工工艺能够在 4.4cm×4.4cm 的面积上制备 6300 个晶体管，这种晶体管阵列制备的可拉伸柔性皮肤电子器件，可以整合其他可拉伸的聚合物材料，并作为一个通用平台，使下一代可拉伸皮肤电子设备的制造成为可能[61]。

研究人员利用石墨烯制备了一种类皮肤传感器，贴于手腕部位完成对脉搏的实时检测[62]。该石墨烯可穿戴式传感器的结构如图 2-5-3（a）所示，其关键部位是石墨烯编织纤维，通过 PDMS 层及胶带黏附层黏在皮肤表面，利用银线引出，形成可穿戴式应力传感器，用于脉搏的检测。这种可穿戴式脉搏传感器在外部电池提供电源的情况下，与通信模块相连，最终将数据传输至显示终端，由此构成家用健康监测系统（见图 2-5-3（b））。这类家用健康监测系统具有体积小、易穿戴、能耗低等优点，适用于智能手机终端相连接，完成实时脉搏监测功能。

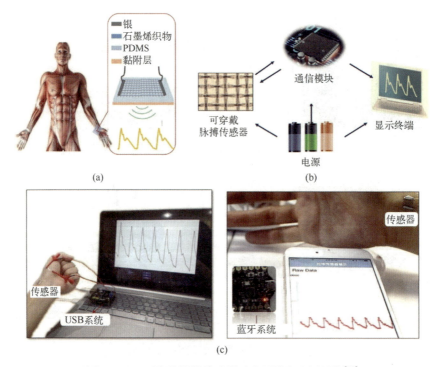

图 2-5-3　可穿戴脉搏传感器及家用健康监测系统[62]
（a）佩戴于手腕的脉搏传感器结构示意图；（b）家用可穿戴健康检测系统的结构；（c）连续脉搏检测的照片。

生物传感器可以与微流控三维人体组织和器官模型集成，监测重要生理参数，构建微型化的器官芯片系统，作为个性化药物的筛选与研制平台。重要生理参数的原位连续测量能精确评估微组织器官的微环境,并且对于长时间监测组织对药物化合物的动态响应至关重要。研究人员报告了一种基于微流控通道的多传感器集成平台,用来连续、动态和自动监测芯片上的类器官生理状态[63]。该器官芯片平台上,传感模块、流体控制模块、器官培养模块集成在一个平台上,通过定制设计的台式培养箱使得器官芯片保持适当的温度和二氧化碳水平。通过程序控制微流控芯片上的阀门及流体流动,流量传感器可以监测通道的流量和潜在的通道堵塞与泄漏;电化学传感器可通过程序控制检测及数据提取,用于在预定的时间点自动进行电化学测量;物理传感可通过连接数据采集卡实现在整个实验过程中进行连续数据采样。该平台监测的细胞外微环境参数包括 pH、O_2、温度,电化学传感器测量的生物标志物包括可溶性蛋白如白蛋白、GST-α、CK-MB 等。该器官芯片平台底部还集成了微型光学显微镜用于观察细胞形貌。所有的传感都可以通过不间断的实时监测来进行,并且通过程序控制能实现完全自动化运行至少 5 天。基于这种集成器官芯片平台建立人类肝脏-心脏-双器官芯片模型系统和肝癌-心脏-芯片模型系统,能进行慢性药物反应的长期评估和急性毒性的短期评估。这类芯片平台技术能够通过整合大量微传感器系统,实现生物物理和生化参数的自动现场监测,为提升现有的器官芯片模型在药物筛选中的性能铺平了潜在的道路。

2.5.2 光学类生物传感器微系统

光学类生物传感器包括比色检测法、荧光检测法、电化学发光检测法、化学发光检测法等,制备这类传感器微系统需要集成光学检测系统,或者利用便捷的设备实现光学检测,而智能手机的普及应用使得这类检测成为可能。

随着微加工工艺及三维打印技术的成熟,微流控芯片的制备更加方便,在很多生物传感微系统中扮演重要的角色。食源性病原体的现场筛选在食品安全领域具有重要作用。研究人员利用二氧化锰纳米花(MnO_2-NF)放大生物信号,开发了一种用于沙门氏菌快速、灵敏检测的生物传感器[64]。如图 2-5-4 所示,该传感器集成了具有自动混合功能的发散螺旋微混合器,并且利用带有饱和度计算算法的智能手机应用程序处理图像。首先,抗体标记的磁颗粒(MNP)、样品和抗体标记的 MnO_2-NF 充分混合,并在螺旋样微混合器中充分孵育,形成 MNP-细菌-MnO_2 三明治复合物,混合物在微流控芯片的分离腔中被磁分离捕获。然后,注入 3,3′,5,5′-四甲基联苯胺(TMB)底物,并由 MnO_2-NF 模拟酶催化复合物,产生黄色催化产物。最后,将催化产物转移到检测腔,使用智能手机应用程序测量并处理检测腔的图像,以确定细菌的数量。该生物传感器能够在 45min 内检测出 $4.4\times10 \sim 4.4\times 10^6 CFU/mL$[①]的沙门氏菌，检测限为 44CFU/mL，有望为食源性细菌的现场检测提供一个有前景的平台。

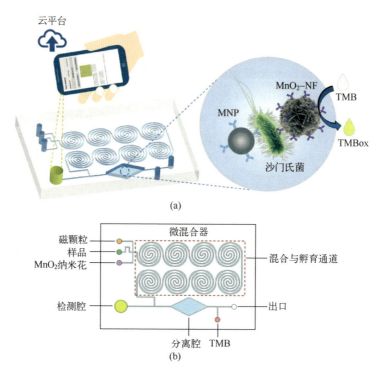

图 2-5-4　微流控比色传感器用于食源性细菌的检测[64]
（a）基于智能手机和云平台的比色传感器系统结构图；（b）微流控通道设计图。

研究人员利用微流控芯片和智能手机设计了一个生物传感微系统，基于免疫磁分离技术和纳米金颗粒的比色检测法实现了对大肠杆菌 O157∶H7 的检测，该传感器在微流控芯片完成样品与检测时间的混合、分离及显色反应。磁性纳米颗粒（Magnetic Nanoparticle，MNP）表面修饰特异性识别大肠杆菌 O157∶H7 的捕获抗体（Capture Antibodie，CAb），制备 MNP-CAb 颗粒用于大肠杆菌的捕获及磁性分离；聚苯乙烯微球（Polystyrene Microsphere，PS）修饰特异性识别大肠杆菌 O157∶H7 的检测抗体（Detection Antibodie，DAb）和过

---

①　CFU 为菌落形式单位（Colony Forming Units），指在琼脂平板上经过一定温度和时间培养后形成的每一个菌落，是计算细菌或霉菌数量的单位。

氧化氢酶（Catalase，CAT），制备 DAb-PS-CAT 复合物用于大肠杆菌的检测及后续比色分析。在检测前，将 MNP-CAbs 颗粒和 DAb-PS-CAT 复合物按照特定比例混合，然后将混合物和待测的细菌样品通过入口注入此微流控芯片，这些物质在微流控芯片的第一个蛇形混合通道充分混合反应，形成 MNP-细菌-PS-CAT 复合物，通过外部施加磁场，可以将该复合物分离在微流控芯片的分离室，缓冲液冲洗掉未结合反应的 DAb-PS-CAT 颗粒；若待测样品中存在大肠杆菌 O157:H7，则含有过氧化氢酶的 DAb-PS-CAT 被结合在分离室，否则分离室中无过氧化氢酶。然后，向通道中加入 H_2O_2 溶液，阳性样品中，H_2O_2 在过氧化氢酶的作用下被充分还原为 H_2O；阴性样品中 H_2O_2 不发生反应。上述催化产物与纳米金交联试剂（金纳米颗粒、辣根过氧化物酶 HRP、酪胺 TYR）同时被注入第二混合通道进行充分混合反应。在 H_2O_2、辣根过氧化物酶 HRP、酪胺 TYR、金纳米颗粒同时存在时，芳烃环之间的 C-C 和 C-O 偶联交联 TYR 中的酚羟基基团，刺激金纳米颗粒发生聚集，从而导致溶液颜色从红色变成蓝色，如果反应体系中没有 H_2O_2，则溶液依然保持红色。蓝色的改变可以通过肉眼识别，也可以在检测腔利用智能手机摄像头及其特定的色相-饱和度-明度的成像应用 APP 检测颜色变化，并用于确定目标细菌的浓度。该生物传感器对鸡肉中的大肠杆菌 O157:H7 具有较好的特异性和灵敏度，检出限为 50CFU/mL[65]。

研究人员开发了一种可以同时测量汗液乳酸浓度和汗液体积的比色型可穿戴传感器[66]。如图 2-5-5 所示，包含两个完全由滤纸制成的传感器，可以用医用胶带方便地粘贴在皮肤上。乳酸生物传感器具有独特的信号调制机制，可以微调动态范围。还可以在不同的储层中添加竞争性酶抑制剂，因此，具有非常低的检测限（0.06mmol/L）和生理浓度范围内（10~30mmol/L）的线性响应。汗液体积传感器通过添加含有金纳米颗粒的储液罐实现。当佩戴者出汗时，纳米颗粒通过纸通道，测量纳米颗粒所经过的距离获得样品的体积。使用乳酸生物传感器并将其与体积传感器相结合，使我们能够量化运动过程中汗液乳酸水平的变化，而与佩戴者的出汗率无关。该分析平台还可以定制，以满足不同用户的需求，使之成为开发各种一次性可穿戴设备的理想选择。

除了传统意义的微流控芯片，越来越多的纸基微流控芯片被应用于生物传感检测。由于纸具有毛细管作用，可实现特定条件下的无泵检测，因此是一种经济有效的分析工具。此外，基于纸的器件还可以用可持续的基材材料制作，试剂可以装载在纸上，允许无试剂检测。纸基材料的超细纤维网络形态增加了表面体积比和承载能力，从而能提高检测性能；纸基的多孔结构和

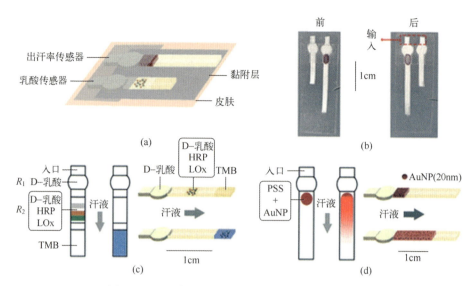

图 2-5-5 可穿戴比色型汗液分析传感器的设计[66]

(a) 分析平台示意图;(b) 照片,纸条下方的医用黏合剂可防止除了入口之外的区域与皮肤接触,胶带上方的另一层医用黏合剂将入口压在皮肤上,与皮肤接触的区域以红色突出显示;(c) 测量汗液前后的乳酸生物传感器,含有 D-乳酸的圆形区域位于入口(储液罐 1,R_1)的正后方,另一个含有 D-乳酸、辣根过氧化物酶(HRP)和乳酸氧化酶(LOx)的区域位于圆形区域和检测区域之间(储液区域 2,R_2),TMB 位于检测区域;(d) 测量前后的出汗率传感器,含有聚苯乙烯磺酸盐(PSS)和金纳米颗粒(AuNP)的储液区域位于入口的正后方。

亲水性,可产生横向和毛细管驱动的液体流动;纸基材料利用表面功能化,传统化学醇或简单的吸附机制;此外,纸基材料作为一种天然的聚合物,具有良好的生物相容性,可以作为细胞或微生物的载体。因此,各种纸基微流控装置已被广泛用于开发各种检测策略的生物传感器,包括比色法、荧光检测、电化学发光检测、电化学检测等。纸基电化学发光传感单元通常由三个电极组成:工作电极、对电极和参考电极。碳基工作电极通常使用丝网印刷工艺印制在纸基上,而金属电极(银和金)通常通过沉积和喷墨印刷工艺制备。如基于双极电极(Bipolar Electrode,BPE)电化学发光策略研制的纸基生物传感器,采用蜡印技术、丝网印刷技术和原位生长金纳米颗粒制备多通道纸基传感微流控平台,CdTe 量子点(QDs)-H2 和 Au@ g-C3N4 纳米片(NSs)-DNA1 作为双电化学发光信号探针,分别在 9V 和 12V 的驱动电压下表现出强而稳定的电化学发光,所制备的电化学发光生物传感器对 miRNA-155 和 miRNA-126 具有良好的线性响应,检出限分别为 5.7fmol/L 和 4.2fmol/L,为临床应用提供了一种有效的痕量多靶点的检测方法[67]。纸基酶生物传感器将黄嘌呤氧化酶（Xanthine Oxidase，XOx）和一种有机染料硝基蓝四唑氯（Nitrotetrazolium Blue chloride，NBT）共同稳定包埋在纸上，次黄嘌呤（鱼类和肉类腐败的标志物）在黄嘌呤氧化酶的作用下能发生一系列酶促反应，最终使得无色的 NBT 反应生成蓝色的产物，反应产物保留在纸基纤维素网络中，可以通过肉眼判断，实现监测肉类和鱼类的新鲜度，结果表明，这种纸基酶传感器对次黄嘌呤具有较好的选择性，成本相对低廉，不需要添加外源性试剂，因此纸基次黄嘌呤生物传感器有潜力作为一种实时监测食品新鲜度的试纸条[68]。

2.5.3 生物传感器微系统的应用

生物传感器微系统在健康监测、微生物检测、环境检测等众多领域都有广阔的应用前景，尤其在可穿戴类人体健康监测领域。近几年发展的可穿戴类生物传感器微系统可以应用于人体的各个部分，主要检测的指标既包括生化参数（如葡萄糖、乳酸、尿酸、离子），也包括一些生理参数（如心电、压力、温度）等，都可以通过无线数据传输的方式传输。如集成在眼镜托上的生物传感器可以检测乳酸和葡萄糖；集成在隐形眼镜上的基于石墨烯场效应晶体管葡萄糖传感器；基于石墨烯材料的传感器贴附在牙齿表面用于检测细菌；各种贴片类的生物传感器贴附于皮肤表面，可以实现葡萄糖、乳酸、Na^+、K^+、白细胞介素（IL-6）、胆固醇等多种生化指标的无损检测；和纺织品集成在一起的自供能传感器，可用于乳酸检测。具有仿生成分、结构和功能的体外模型有望取代传统的平面二维细胞培养，并弥合目前使用的临床前动物模型和人体之间的差距。各种类器官模型可以通过微流体进一步连接在一起，以类似的方式在体内排列，从而提供分析多器官相互作用的能力。生物传感微系统与这些器官芯片的有效结合，能实时提供多种生理和生化参数，实现对器官芯片的长期自动化监测，有效地拓展器官芯片的应用前景。

2.6 仿生传感阵列

与传统的生物传感器不同，生物传感阵列是可以修饰多种生物敏感元件的传感阵列，也可由众多单个传感器组组合组成。在一种或者多种换能器表面修饰对不同待测物具有特异性的生物敏感元件后，可以实现多组分同时检测的传感设备。

2.6.1 基于酶的生物传感阵列

由于水中样品待测物和干扰物众多,如何实现废水中多目标物的同时检测具有重要意义。虽然理论上通过多生物敏感元件组合可以实现目标,但是需要解决多个或多种生物敏感元件在同一环境下共生的问题。瑞典隆德大学(Lund University) Sapelnikova 等利用丝网印刷技术构建了多种酶电极组合的电流测量的电流装置。为了检测废水,酪氨酸酶和辣根过氧化物酶(HRP)或胆碱酯酶修饰的电极被组合在同一阵列上。研究了酪氨酸酶电极与阵列中HRP 或胆碱酯酶修饰电极的兼容性。初步提出了两种双酶组合的电极阵列方法[69]。除了可以使不同的酶修饰于一个电化学芯片上,使用多个酶电化学电极直接组合成电化学芯片阵列的方法也可以构建传感阵列。英国克兰菲尔德大学(Cranfield University) Jawaheer 与其合作者希望构建一种基于三电极系统的单个酶生物传感器制造过程中通用模式,包括电极设计、工作电位、信号检测方法、酶固定、膜厚度和干扰消除等方面[70]。美国德州农工大学(Texas A&M University) Heo 等[71]报道了基于一系列水凝胶包埋酶的微流体传感器,可以实现多种分析物的同时检测。PDMS 被用于制作成具有多个微流道的阵列,在每个通道中放置水凝胶微贴片。通过在微贴片上修饰上不同的酶和络合物红试剂,当葡萄糖或者半乳糖被分解产生过氧化氢后,微贴片产生荧光。水凝胶微贴片阵列和微流体系统都易于制造,并且水凝胶为酶提供了方便的生物相容性基质。不同微流体通道内的微贴片的隔离消除了酶之间串扰的可能性。美国克拉克森大学(Clarkson University) Halámek 与其合作者[72]开发了一个多酶生物催化级联处理系统,可以同时检测创伤性脑损伤(TBI)和软组织损伤(STI)生物标志物。该系统作为数字生物传感器运行,基于 8 个布尔与逻辑门的协同功能,从而根据生物标志物复杂模式的逻辑分析来决定生理状况。该系统代表了多步骤/多酶生物传感器的第一个例子,具有用于分析生化输入的复杂组合的内置逻辑。该报道证明了生物计算在开发新型数字生物传感器网络方面的潜在适用性。土耳其耶拿应用科学大学(Fachho chschule Jena) Ozturk 与合作者[73]开发了一种用于定量乙酰胆碱检测的高灵敏度荧光酶阵列,可以用于检测 AChE 的抑制剂。酶阵列已通过点样 pH敏感荧光团 2-苯基-4-[4-(1,4,7,10-tetraoxa-13-azacyclopentadecyl)benzlidene] oxazol-5-one 和乙酰胆碱酯酶掺杂在四乙氧基硅烷/壳聚糖中构建矩阵通过微阵列。构建的四乙氧基硅烷/壳聚糖网络提供了酶分子具有生物活性的微环境。研究了开发阵列的最佳操作条件。开发的生物传感器阵列对乙酰胆碱的响应具有高度可重复性（RSD=3.27%，n=6）。同时观察到乙酰胆碱具有良好的线性，检测限为 0.27×10^{-8} mol/L，该技术也有望修饰多种酶用于多样本检测。亚琛应用技术大学（Fachhochschulen Aachen）Pilas 等[74]报道了基于酶的生物传感器系统，可应用于四种不同有机酸的测定。生物传感器阵列包括 5 个工作电极（见图 2-6-1），4 个工作电极用于同时检测乙醇、甲酸盐、d-乳酸和 l-乳酸，此外，还有 1 个集成的对电极。在 140 天的不同条件下（在 4℃的缓冲溶液中储存并在 -21℃、4℃和室温下干燥）评估了生物传感器的储存稳定性。经过反复和定期应用后，单个传感电极在 -21℃下储存时表现出最佳稳定性。此外，还使用便携式生物传感器系统对青储样品（玉米和甘蔗青储）进行了测量。与传统光度测量技术的比较表明，它能够成功地应用于复杂介质的快速监测。

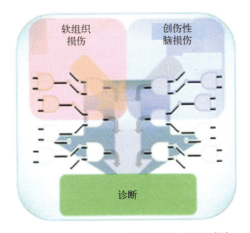

图 2-6-1　基于酶的生物传感阵列[74]

2.6.2　基于抗体的生物传感阵列

在化学和生物战中，仿生传感器能对其怀疑的病菌实行快速监控，使人们尽早检出病菌。与酶电极类似，多种抗体也可以同时固定于传感器阵列中，实现多种分析物的同时快速检测。都柏林城市大学（Dublin City University）Rowe 等[75]提出了一种结合平面波导技术可以同时检测多种分析物的标准夹心免疫传感器。抗原特异性"捕获"抗体被固定在平面波导表面的图案阵列中，随后使用荧光示踪抗体检测结合的分析物。为了解决在多分析物分析中使用示踪抗体混合物引起的潜在干扰，三个单一分析物分析与多分析物分析并行运行。该团队还对分析物的混合物进行了分析，以证明传感器一次检测多分析物的能力。阵列传感器使用简便的 14min 测定法能够检测病毒、细菌和蛋白质分析物，其灵敏度水平接近标准 ELISA 方法的灵敏度水平。球形芽孢杆菌、MS2 噬菌体和葡萄球菌肠毒素的检测限分别为 10^5 CFU/mL、10^7 CFU/mL 和 10ng/mL。另一种基于波导的阵列传感器提出被用于检测多种毒素[76]。阵列生物传感器能够在单个波导的表面上同时快速检测多个目标。夹心法和竞争性荧光免疫测定法已被开发用于分别检测复杂样品中的高分子量和低分子量毒素。识别分子（通常是抗体）首先固定在波导上的特定位置，所得的图案化阵列用于询问多达 12 个不同样品中是否存在多种不同的分析物。在结合荧光分析物或荧光免疫复合物后，使用 CCD 相机检测荧光点的图案。使用自动图像分析来确定每个测定点的平均荧光值并减去局部背景信号。斑点的位置及其平均荧光值用于确定毒素身份和浓度。在临床液体、环境样品和食品中测量毒素，样品制备步骤最少。显示了对葡萄球菌肠毒素 B、蓖麻毒素、霍乱毒素、肉毒杆菌类毒素、三硝基甲苯和真菌毒素伏马菌素的快速分析结果。检测到的毒素水平低至 0.5ng/mL。阵列生物传感器还能同时分析多个样品并检测多分析物形式中不同类型分析物的混合物。清华大学 Liu 等[77]提出了一种基于平面波导的阵列免疫传感器（Planar Waveguide-based Array Immunosensor，PWAI），可快速、灵敏且同时测量八个独立通道中多达 24 种分析物。在该系统中，由线发生器产生的线性激光通过斜角耦合到平面光波导中，形成 8 个单独的全内反射（total Internal Reflection，TIR）线。采用多通道微流体单元物理隔离平行的 TIR 线，从而在同一芯片上形成 8 个独立的流动通道，避免抗体的交叉反应并支持各种生物测定条件。通过使用荧光团标记的抗体结合进行荧光检测，将分析物衍生物共价连接到波导表面，阵列免疫分析可以实现多分析物生物传感。提出了一种模型来指导这种基于平面波导的倏逝波生物传感器的设计。该系统除了作为用于污染物高灵敏度检测的多通道分析装置外，还可以通过表面生物分子的相互作用提供分子亲和力和动力学方面的信息。美国橡树岭国家实验室（Oak Ridge National Laboratory）Maria 团队[78]开发出一种基于独特抗体（Antibody，Ab）的生物芯片，也称为蛋白质生物芯片。使用基于互补金属氧化物硅（CMOS）集成电路的传感器阵列。Ab 生物芯片具有一个由沉积在尼龙膜基材上的 4×4 抗体微阵列组成的采样平台。可以使用生物芯片传感阵列检测器同时或顺序检测微阵列抗体，并使用衍射光学元件单独照亮每个抗体点。通过模型分析物系统的免疫球蛋白 G（IgG）的测量验证 Ab 生物芯片的有用性。Cy5 标记的 IgG 分子的检测限为 13pg。Li 等[79]开发了一种基于夹心结构的微悬臂梁阵列生物传感器，可通过光学读出技术同步实时测量两种生物标志物癌胚抗原（CEA）和甲胎蛋白（AFP）。首先，CEA 和 AFP 的适体在各自的悬臂上自组装。在 CEA 和 AFP 的混合物吸附后，通过添加对每个靶标具有特异性的抗体进行进一步的特异性相互作用。悬臂上的压应力是由金表面形成的适体-抗原-抗体夹心结构产生的，导致悬臂弯曲（见图 2-6-2）。可以实时监测悬臂的轮廓。悬臂 90% 位置的偏转值与目标浓度的关系作为校准曲线，对 CEA 和 AFP 的检测灵敏度分别为 1.3ng/mL 和 0.6ng/mL。这项工作证明了通过微悬臂梁阵列生物传感器同时测量两种生物标志物的能力，为进一步应用于同时检测多个目标以进行早期临床诊断提供了巨大的潜力。

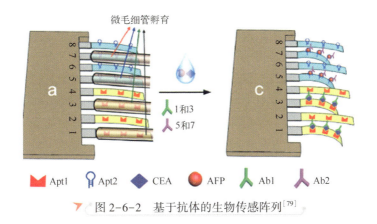

图 2-6-2　基于抗体的生物传感阵列[79]

近年来，微针传感器发展迅速。皮肤间隙液含有炎症因子，目前采集、处理和分析皮肤间隙液的方法较为复杂。东南大学赵远锦团队[80]设计了一种标记型的荧光微针生物传感器实现皮肤间隙液中炎症因子的检测。不同的光子晶体会发出不同波长光。在光子晶体中修饰抗体后，包裹在微型探针传感器中。将传感器贴在皮肤表面进行皮肤间隙液收集。随后将带有荧光标记的抗体加入到微针当中，此时抗体再与已经结合上抗体的抗原结合，形成了三明治结构。通过光学传感器扫描光谱可以确定光子晶体的类型从而确定所属的抗体类型。再通过检测荧光强度，则可以得出炎症因子的含量。这种微针贴片传感器大大降低皮肤间隙液的采集、处理和分析等工作的复杂程度。传感器贴片也具有便携、柔性等特点，可以辅助检测不同状态下（安静、运动）的皮肤间隙液中的炎症因子。

2.6.3 基于适配体的生物传感阵列

中科院长春应用化学研究所 chen 等[81]研制了一种可用于检测伏马菌素 B-1 (Fumonisin B-1, FB1) 的基于核酸适配体的微悬臂阵列传感器。传感悬臂被巯基化 FB1-特异性适配体的自组装单层（Self-assembled Monolayer, SAM）功能化，而参考悬臂被 6-巯基-1-己醇 SAMs 修饰，通过检测非特异性相互作用引起的偏转来消除环境干扰。该生物传感器为食品和农产品中 FB1 的检测提供了一种很有前途的方法。湖北大学 Qin 等[82]开发了一种基于核酸适配体修饰的金纳米颗粒作为受体的条带生物传感器阵列，并将蛋白质-核酸适配体结合反应与链霉素、亲和素和生物素的相互作用以及三明治形式结合起来。研究发现一组蛋白质受体对每个靶蛋白都有不同的反应模式。三种蛋白质通过裸眼和不相互干扰的便携式读卡器得到了很好的区分，检测下限较低，线性范围较宽。此外，该阵列具有优异的线性度、抗干扰性、长期稳定性和重现性，可以应用于真实血清样本的检测。南京师范大学 Liu 等[83]建立了一种新的在二氧化钛、多孔硅（PSi）表面上同时筛选多种霉菌毒素的核酸适配体芯片方法。纳米二氧化钛在 PSi 表面的荧光强度是热氧化 PSi 的 14 倍。该芯片采用适配体荧光信号恢复的原理，将荧光标记的霉菌毒素适配体和淬灭基团标记的反链适配体通过双链 DNA 杂交的方法修饰在 TiO_2-PSi 表面。该适配体芯片可同时筛选多种霉菌毒素，赭曲霉毒素 a（OTA）的动态线性检测范围为 0.1~10ng/mL。黄曲霉毒素 B1（Aflatoxins B1, AFB1）和 FB1 的检出限分别为 0.01~10ng/mL 和 0.001~10ng/mL，新方法具有良好的特异性和回收率。该方法简便、灵敏、经济，可用于多种霉菌毒素的同时筛选，并可推广到其他基于核酸适配体的方法。基于适配体的生物传感器结合多功能信号探针，陕西师范大学 Yang 等[84]首次开发了一种电化学发光（ECL）生物传感器阵列，用于检测多个生物标志物。选取心肌肌钙蛋白（cardiac Troponin, cTnI）和心肌肌钙蛋白 T（cardiac Troponin T, cTnT）作为模型分析物。通过在金电极表面自组装硫代化的特异 ssDNA 适配体，制备了生物传感器阵列。分别将每个目标分析体与捕获探针结合，然后与每个相应的生物素化抗体结合，最后与通用 ECL 信号探针结合，使用光电倍增管（PMT）或电荷耦合器件（CCD）作为检测器记录电致化学发光（ECL）信号。对于 PMT 模型，显示出极低的检出限。对于 ECL 图像模型，一个包含三个目标生物传感器和一个控制生物传感器的生物传感器阵列被发现是高度敏感；且无串扰的，可同时准确对心肌梗死（AMI）生物标志物进行检测。基于适配体的多功能信号探针生物传感器阵列有望用于ECL同时检测多种生物标志物。

2.6.4 基于细胞的生物传感阵列

美国塔夫茨大学（Tufts University）Biran等[85]提出了一种用于大规模单细胞多响应分析的新技术。一个有序的微孔阵列，其中每个微孔容纳一个活细胞，被用作同时进行数千个单细胞测定的平台。研究表明微孔阵列在使用几种酵母（酿酒酵母）或细菌（大肠杆菌）菌株的基于细胞的高通量筛选（High Throughput Screening，HTS）应用中拥有潜在用途。该方法将基于细胞的检测提升到单细胞水平。这种方法的主要优点之一是在开始实验之前不需要对阵列中每个单独的单元格位置进行定位标记。细胞与其品系相对应的独特染料或遗传特征编码，然后随机分散到微孔阵列中。通过使用简单快速的光学解码方案定位不同的细胞株。同时测量细胞的遗传或生理反应，同时保留单独处理每个细胞的能力。荧光检测用于使用报告基因lac Z、EGFP、ECFP和DsRED监测基因表达。细胞阵列的简单制造和操作允许对大量单个细胞测定进行快速、同时和连续的光学分析。利用细胞中表达的气味受体可实现气味的特异性检测。东京工业大学（Tokyo Institute of Technology）Sukekawa等[86]将单一类型嗅觉受体的系统扩展到一系列细胞，结合模式识别表达多种嗅觉受体。由于该系统可以识别具有多个嗅觉受体的随机分布细胞的图像，因此不需要任何将具有相同嗅觉受体的细胞放置在指定区域的固定技术。随着嗅觉受体类型数量的增加，图像识别技术在此处发挥重要作用。通过进行简单的气味辨别任务，以对具有单一浓度和多个浓度的两种气味物质进行分类，证明了该系统及其算法的基本能力。

参 考 文 献

[1] MORALES M A, HALPERN J M. Guide to selecting a biorecognition element for biosensors [J]. Bioconjugate Chemistry, 2018, 29 (10): 3231-3239.

[2] ASAL M, ÖZEN Ö, ŞAHINLER M, et al. Recent developments in enzyme, DNA and immuno-based biosensors [J]. Sensors, 2018, 18 (6): 1924.

[3] ZHOU X, ZHAO M, DUAN X, et al. Collapse of DNA tetrahedron nanostructure for "off-on" fluorescence detection of DNA methyltransferase activity [J]. ACS Applied Materials &

Interfaces, 2017, 9 (46): 40087-40093.

[4] CAI B, WANG S, HUANG L, et al. Ultrasensitive label-free detection of PNA-DNA hybridization by reduced graphene oxide field-effect transistor biosensor [J]. ACS Nano, 2014, 8 (3): 2632-2638.

[5] MACKAY S, WISHART D, XING J Z, et al. Developing trends in aptamer-based biosensor devices and their applications [J]. IEEE Transactions on Biomedical Circuits, 2014, 8 (1): 4-14.

[6] LIU Q, CAI H, XU Y, et al. Olfactory cell-based biosensor: a first step towards a neurochip of bioelectronic nose [J]. Biosensors & Bioelectronics, 2006, 22 (2): 318-322.

[7] QIN C, QIN Z, ZHAO D, et al. A bioinspired in vitro bioelectronic tongue with human T2R38 receptor for high-specificity detection of N-C=S-containing compounds [J]. Talanta, 2019, 199: 131-139.

[8] GAO K, GAO F, DU L, et al. Integrated olfaction, gustation and toxicity detection by a versatile bioengineered cell-based biomimetic sensor [J]. Bioelectrochemistry, 2019, 128: 1-8.

[9] LIU Q, YE W, YU H, et al. Olfactory mucosa tissue-based biosensor: a bioelectronic nose with receptor cells in intact olfactory epithelium [J]. Sensors and Actuators B: Chemical, 2010, 146 (2): 527-533.

[10] ZHUANG L, WEI X, JIANG N, et al. A biohybrid nose for evaluation of odor masking in the peripheral olfactory system [J]. Biosensors & Bioelectronics, 2021, 171: 112737.

[11] LIU Q, ZHANG F, ZHANG D, et al. Bioelectronic tongue of taste buds on microelectrode array for salt sensing [J]. Biosensors & Bioelectronics, 2013, 40 (1): 115-120.

[12] LESLIE K, GAO S P, BERISHAJ M, et al. Differential interleukin-6/Stat3 signaling as a function of cellular context mediates Ras-induced transformation [J]. Breast Cancer Research: BCR, 2010, 12 (5): R80-R.

[13] CANCELLIERE R, ZURLO F, MICHELI L, et al. Vegetable waste scaffolds for 3D-stem cell proliferating systems and low cost biosensors [J]. Talanta, 2021, 223: 121671.

[14] BERG J, HILLER T, KISSNER M S, et al. Optimization of cell-laden bioinks for 3D bioprinting and efficient infection with influenza A virus [J]. Scientific Reports, 2018, 8.

[15] CURTO V F, FERRO M P, MARIANI F, et al. A planar impedance sensor for 3D spheroids [J]. Lab Chip, 2018, 18 (6): 933-43.

[16] PAN Y X, HU N, WEI X, et al. 3D cell-based biosensor for cell viability and drug assessment by 3D electric cell/matrigel-substrate impedance sensing [J]. Biosensors & Bioelectronics, 2019, 130: 344-351.

[17] SATO T, VRIES R G, SNIPPERT H J, et al. Single Lgr5 stem cells build crypt-villus structures in vitro without a mesenchymal niche [J]. Nature, 2009, 459 (7244): 262-265.

[18] JESIONOWSKI T, ZDARTA J, KRAJEWSKA B. Enzyme immobilization by adsorption: a review [J]. Adsorption-Journal of the International Adsorption Society, 2014, 20 (5-6): 801-821.

[19] LIU X, GAO X, YANG L, et al. Metal-organic framework-functionalized paper-based electrochemical biosensor for ultrasensitive exosome assay [J]. Analytical Chemistry, 2021, 93 (34): 11792-11799.

[20] WU C, BRONDER T, POGHOSSIAN A, et al. Label-free electrical detection of DNA with a multi-spot LAPS: first step towards light-addressable DNA chips [J]. Physica Status Solidi a-Applications and Materials Science, 2014, 211 (6): 1423-1428.

[21] WEI L, LEUNG H M, TIAN Y, et al. Fully integrated liquid-core waveguide fluorescence lifetime detection microsystem for DNA biosensing [J]. IEEE Access, 2019, 7: 111944-111953.

[22] LIU Y, KONG L, LI H, et al. Electrochemical aptamer biosensor based on ATP-induced 2D DNA structure switching for rapid and ultrasensitive detection of ATP [J]. Analytical Chemistry, 2022, 94 (18): 6819-6826.

[23] WU J, AHMAD W, OUYANG Q, et al. Regenerative flexible upconversion-luminescence biosensor for visual detection of diethylstilbestrol based on smartphone imaging [J]. Analytical Chemistry, 2021, 93 (47): 15667-15676.

[24] KUZNETSOV A E, KOMAROVA N V, KUZNETSOV E V, et al. Integration of a field effect transistor-based aptasensor under a hydrophobic membrane for bioelectronic nose applications [J]. Biosensors & Bioelectronics, 2019, 129: 29-35.

[25] ROTHEMUND P W K. Folding DNA to create nanoscale shapes and patterns [J]. Nature, 2006, 440 (7082): 297-302.

[26] BELL N A W, ENGST C R, ABLAY M, et al. DNA origami nanopores [J]. Nano Letters, 2012, 12 (1): 512-517.

[27] WEI R, MARTIN T G, RANT U, et al. DNA origami gatekeepers for solid-state nanopores [J]. Angewandte Chemie-International Edition, 2012, 51 (20): 4864-4867.

[28] HERNANDEZ-AINSA S, BELL N A W, THACKER V V, et al. DNA origami nanopores for controlling DNA translocation [J]. ACS Nano, 2013, 7 (7): 6024-6030.

[29] SEMPIONATTO J R, KHORSHED A A, AHMED A, et al. Epidermal enzymatic biosensors for sweat vitamin C: toward personalized nutrition [J]. ACS Sensors, 2020, 5 (6): 1804-1813.

[30] HAN W, HE H, ZHANG L, et al. A self-powered wearable noninvasive electronic-skin for perspiration analysis based on piezo-biosensing unit matrix of enzyme/ZnO nanoarrays [J]. ACS Applied Materials & Interfaces, 2017, 9 (35): 29526-29537.

[31] MARTIN A, KIM J, KURNIAWAN J F, et al. Epidermal microfluidic electrochemical de-

tection system: Enhanced sweat sampling and metabolite detection [J]. ACS Sensors, 2017, 2 (12): 1860-1868.

[32] ZHU L, YE J, YAN M, et al. Electrochemiluminescence immunosensor based on Au nanocluster and hybridization chain reaction signal amplification for ultrasensitive detection of cardiac troponin I [J]. ACS Sensors, 2019, 4 (10): 2778-2785.

[33] MAITY S, GHOSH S, BHUYAN T, et al. Microfluidic immunosensor for point-of-care-testing of beta-2-microglobulin in tear [J]. ACS Sustainable Chemistry & Engineering, 2020, 8 (25): 9268-9276.

[34] ZHENG L, CAI G, WANG S, et al. A microfluidic colorimetric biosensor for rapid detection of escherichia coli 0157: H7 using gold nanoparticle aggregation and smart phone imaging [J]. Biosensors & Bioelectronics, 2019, 124: 143-149.

[35] LIU R, CHEN R J, ELTHAKEB A T, et al. High density individually addressable nanowire arrays record intracellular activity from primary rodent and human stem cell derived neurons [J]. Nano Lett, 2017, 17 (5): 2757-2764.

[36] HONDRICH T J J, LENYK B, SHOKOOHIMEHR P, et al. MEA recordings and cell-substrate investigations with plasmonic and transparent, tunable holey gold [J]. ACS Applied Materials & Interfaces, 2019, 11 (50): 46451-46461.

[37] YUAN X, SCHR TER M, OBIEN M E J, et al. Versatile live-cell activity analysis platform for characterization of neuronal dynamics at single-cell and network level [J]. Nature Communications, 2020, 11 (1): 4854.

[38] BANERJEE P, BHUNIA A K. Mammalian cell-based biosensors for pathogens and toxins [J]. Trends in Biotechnology, 2009, 27 (3): 179-188.

[39] TIRUPPATHI C, MALIK A B, DEL VECCHIO P J, et al. Electrical method for detection of endothelial cell shape change in real time: assessment of endothelial barrier function [J]. Proceedings of the National Academy of Sciences, 1992, 89 (17): 7919.

[40] WANG X, LIU A, XING Y, et al. Three-dimensional graphene biointerface with extremely high sensitivity to single cancer cell monitoring [J]. Biosensors & Bioelectronics, 2018, 105: 22-28.

[41] PAN Y, JIANG D, GU C, et al. 3D microgroove electrical impedance sensing to examine 3D cell cultures for antineoplastic drug assessment [J]. Microsystems & Nanoengineering, 2020, 6 (1): 23.

[42] SCURATTI F, BONACCHINI G E, BOSSIO C, et al. Real-time monitoring of cellular cultures with electrolyte-gated carbon nanotube transistors [J]. ACS Applied Materials & Interfaces, 2019, 11 (41): 37966-37972.

[43] ZHANG Y, CLAUSMEYER J, BABAKINEJAD B, et al. Spearhead nanometric field-effect transistor sensors for single-cell analysis [J]. ACS Nano, 2016, 10 (3): 3214-3221.

[44] ÖZSOYLU D, KIZILDAG S, SCHÖNING M J, et al. Differential chemical imaging of extracellular acidification within microfluidic channels using a plasma-functionalized Light-Addressable Potentiometric Sensor (LAPS) [J]. Physics in Medicine, 2020, 10: 100030.

[45] CHEN P, LIU X D, WANG B, et al. A biomimetic taste receptor cell-based biosensor for electrophysiology recording and acidic sensation [J]. Sensors and Actuators B: Chemical, 2009, 139 (2): 576-583.

[46] ZHANG W, LI Y, LIU Q, et al. A novel experimental research based on taste cell chips for taste transduction mechanism [J]. Sensors and Actuators B: Chemical, 2008, 131 (1): 24-28.

[47] LIU Q, WU C, CAI H, et al. Cell-based biosensors and their application in biomedicine [J]. Chemical Reviews, 2014, 114 (12): 6423-6461.

[48] HU J, FU K, BOHN P W. Whole-cell pseudomonas aeruginosa localized surface plasmon resonance aptasensor [J]. Analytical Chemistry, 2018, 90 (3): 2326-2332.

[49] HIDE M, TSUTSUI T, SATO H, et al. Real-time analysis of ligand-induced cell surface and intracellular reactions of living mast cells using a surface plasmon resonance-based biosensor [J]. Analytical Biochemistry, 2002, 302 (1): 28-37.

[50] LEE J Y, KO H J, LEE S H, et al. Cell-based measurement of odorant molecules using surface plasmon resonance [J]. Enzyme and Microbial Technology, 2006, 39 (3): 375-380.

[51] BAE J, LIM J-W, KIM T. Reusable and storable whole-cell microbial biosensors with a microchemostat platform for in situ on-demand heavy metal detection [J]. Sensors and Actuators B: Chemical, 2018, 264: 372-381.

[52] COURBET A, ENDY D, RENARD E, et al. Detection of pathological biomarkers in human clinical samples via amplifying genetic switches and logic gates [J]. Science Translational Medicine, 2015, 7: 289ra83.

[53] VISSER C W, KAMPERMAN T, KARBAAT L P, et al. In-air microfluidics enables rapid fabrication of emulsions, suspensions, and 3D modular (bio) materials [J]. Sci Adv, 2018, 4 (1): eaao1175.

[54] ADLY N, WEIDLICH S, SEYOCK S, et al. Printed microelectrode arrays on soft materials: from PDMS to hydrogels [J]. NPJ Flexible Electronics, 2018, 2 (1): 15.

[55] RAJENDRAN S T, HUSZNO K, DĘBOWSKI G, et al. Tissue-based biosensor for monitoring the antioxidant effect of orally administered drugs in the intestine [J]. Bioelectrochemistry, 2021, 138: 107720.

[56] XIAO S, ZHANG Y, SONG P, et al. The investigation of allosteric regulation mechanism of analgesic effect using SD rat taste bud tissue biosensor [J]. Biosensors & Bioelectronics, 2019, 126: 815-823.

[57] YAKOH A, PIMPITAK U, RENGPIPAT S, et al. Paper-based electrochemical biosensor for diagnosing COVID-19: Detection of SARS-CoV-2 antibodies and antigen [J]. Biosensors & Bioelectronics, 2021, 176: 112912.

[58] MISHRA R K, HUBBLE L J, MARTIN A, et al. Wearable flexible and stretchable glove biosensor for on-site detection of organophosphorus chemical threats [J]. ACS Sensors, 2017, 2 (4): 553-561.

[59] KIM J, CAMPBELL A S, DE AVILA B E-F, et al. Wearable biosensors for healthcare monitoring [J]. Nature Biotechnology, 2019, 37 (4): 389-406.

[60] KIM J, SEMPIONATTO J R, IMANI S, et al. Simultaneous monitoring of sweat and interstitial fluid using a single wearable biosensor platform [J]. Advanced Science, 2018, 5 (10).

[61] WANG S, XU J, WANG W, et al. Skin electronics from scalable fabrication of an intrinsically stretchable transistor array [J]. Nature, 2018, 555 (7694): 83-88.

[62] YANG T, JIANG X, ZHONG Y, et al. A wearable and highly sensitive graphene strain sensor for precise home-based pulse wave monitoring [J]. ACS Sensors, 2017, 2 (7): 967-974.

[63] Zhang Y S, Alemant J, Shin S R, et al. Multisensor-integrated organs-on-chips platform for automated and continual in situ monitoring of organoid behaviors [J]. Proceedings of the National Academy of Sciences of the United States of Americal: 2017, 114 (12): E2293-E2302.

[64] XUE L, JIN N, GUO R, et al. Microfluidic colorimetric biosensors based on MnO2 nanozymes and convergence-divergence spiral micromixers for rapid and sensitive detection of salmonella [J]. ACS Sensors, 2021, 6 (8): 2883-2892.

[65] Zheng L, Cai G, Wang S, et al. A microfluidic colorimetric biosensor for rapid detection of Escherichia coli O157:H7 using gold nanoparticle aggregation and smart phone imaging [J]. Biosensors & Bioelectronics 2019, 124-125: 143-149.

[66] VAQUER A, BARON E, DE LA RICA R. Wearable analytical platform with enzyme-modulated dynamic range for the simultaneous colorimetric detection of sweat volume and sweat biomarkers [J]. ACS Sensors, 2021, 6 (1): 130-136.

[67] WANG F, LIU Y, FU C, et al. paper-based bipolar electrode electrochemiluminescence platform for detection of multiple miRNAs [J]. Analytical Chemistry, 2020.

[68] MUSTAFA F, ANDREESCU S. Paper-based enzyme biosensor for one-step detection of hypoxanthine in fresh and degraded fish [J]. ACS Sensors, 2020, 5 (12): 4092-4100.

[69] SAPELNIKOVA S, DOCK E, SOLN R, et al. Screen-printed multienzyme arrays for use in amperometric batch and flow systems [J]. Analytical and Bioanalytical Chemistry, 2003, 376 (7): 1098-1103.

[70] JAWAHEER S, WHITE S F, RUGHOOPUTH S D D V, et al. Development of a common biosensor format for an enzyme based biosensor array to monitor fruit quality [J]. Biosensors & Bioelectronics, 2003, 18 (12): 1429-1437.

[71] HEO J, CROOKS R M. Microfluidic biosensor based on an array of hydrogel-entrapped enzymes [J]. Analytical Chemistry, 2005, 77 (21): 6843-6851.

[72] HAL MEK J, BOCHAROVA V, CHINNAPAREDDY S, et al. Multi-enzyme logic network architectures for assessing injuries: digital processing of biomarkers [J]. Molecular bioSystems, 2010, 6 (12): 2554-2560.

[73] OZTURK G, FELLER K-H, DORNBUSCH K, et al. Development of fluorescent array based on sol-gel/chitosan encapsulated acetylcholinesterase and pH sensitive oxazol-5-one derivative [J]. Journal of Fluorescence, 2011, 21 (1): 161-167.

[74] PILAS J, YAZICI Y, SELMER T, et al. Application of a portable multi-analyte biosensor for organic acid determination in silage [J]. Sensors, 2018, 18 (5): 1470.

[75] ROWE C A, TENDER L M, FELDSTEIN M J, et al. Array biosensor for simultaneous identification of bacterial, viral, and protein analytes [J]. Analytical Chemistry, 1999, 71 (17): 3846-3852.

[76] LIGLER F S, TAITT C R, SHRIVER-LAKE L C, et al. Array biosensor for detection of toxins [J]. Analytical and Bioanalytical Chemistry, 2003, 377 (3): 469-477.

[77] LIU L, ZHOU X, LU M, et al. An array fluorescent biosensor based on planar waveguide for multi-analyte determination in water samples [J]. Sensors and Actuators B: Chemical, 2017, 240: 107-113.

[78] MORENO-BONDI M, ALARIE J, VO-DINH T. Multi-analyte analysis system using an antibody-based biochip [J]. Analytical and Bioanalytical Chemistry, 2003, 375 (1): 120-124.

[79] LI C, MA X, GUAN Y, et al. Microcantilever array biosensor for simultaneous detection of carcinoembryonic antigens and α-fetoprotein based on real-time monitoring of the profile of cantilever [J]. ACS Sensors, 2019, 4 (11): 3034-3041.

[80] ZHANG X, CHEN G, BIAN F, et al. Encoded microneedle arrays for detection of skin interstitial fluid biomarkers [J]. Advanced Materials, 2019, 31 (37): 1902825.

[81] CHEN X, BAI X, LI H, et al. Aptamer-based microcantilever array biosensor for detection of fumonisin B-1 [J]. RSC Advances, 2015, 5 (45): 35448-35452.

[82] QIN C, GAO Y, WEN W, et al. Visual multiple recognition of protein biomarkers based on an array of aptamer modified gold nanoparticles in biocomputing to strip biosensor logic operations [J]. Biosensors & Bioelectronics, 2016, 79: 522-530.

[83] LIU R, LI W, CAI T, et al. TiO_2 nanolayer-enhanced fluorescence for simultaneous multiplex mycotoxin detection by aptamer microarrays on a porous silicon surface [J]. ACS Ap-

plied Materials & Interfaces,2018,10(17):14447-14453.
[84] YANG X, ZHAO Y, SUN L, et al. Electrogenerated chemiluminescence biosensor array for the detection of multiple AMI biomarkers [J]. Sensors and Actuators B: Chemical, 2018, 257: 60-67.
[85] BIRAN I, WALT D R. Optical imaging fiber-based single live cell arrays: a high-density cell assay platform [J]. Analytical Chemistry, 2002, 74 (13): 3046-3054.
[86] SUKEKAWA Y, MITSUNO H, KANZAKI R, et al. Odor discrimination using cell-based odor biosensor system with fluorescent image processing [J]. IEEE Sensors Journal, 2019, 19 (17): 7192-7200.

第3章

离子敏传感器的研究与应用

3.1 概述

离子敏传感器是最早研究、开发、应用的一类化学传感器,它能在复杂的被测物质中快速、灵敏、定量地检测出离子的浓度。离子传感器的分类通常是根据敏感膜的种类或换能器的类型来划分的。本章根据换能器的不同,分别介绍了电位型电化学离子传感器、伏安型电化学离子传感器、比色法光学离子传感器和荧光法离子传感器。随着微电子技术和微处理技术的飞速发展,传感器越来越小型化、集成化,结合新型信息处理技术,电子舌等智能传感器阵列也相继成为新的研究方向。因此,本章也介绍了离子传感器阵列、智能感知系统及电子舌在生物医学和环境检测中的应用。

3.2 电位型电化学离子传感器

3.2.1 电化学测量技术概述

电化学是研究两类导体形成的带电界面现象及其上所发生变化的科学。随着电化学学科的发展,电化学测量技术作为一类试验方法和研究手段得到了越来越广泛的应用。根据不同离子检测过程中产生的信号不同,可以将电化学测量技术分为以下四类：电位法、电流法、阻抗法和电化学发光法。

电位法可以分为静态法和恒电流法两种。静态法指测量零电流时的电动势，也称电位测定法；恒电流法是使用恒电流仪来控制工作电极和对电极之间的电流，从而在工作电极和参考电极之间测量产生的电位，一般通过计时电位法完成分析过程。电位测定法主要通过电极对溶液中离子的选择性而进行定量分析，具有成本低、响应时间短、选择性高、响应范围广的优势，但同时也存在检测限较高、灵敏度较低、电极小型化困难等局限性。本节所指的电位型电化学离子传感器主要指这类基于电位测定法的传感器。

电位型电化学离子传感器是一种将电解质溶液中的离子作用于电极产生的电动势作为输出信号，并通过能斯特方程将测得的电动势与被测离子浓度相联系的电化学传感器。在理想情况下，电极电位服从以下方程，即能斯特方程：

$$\varphi = \varphi^\theta + \frac{RT}{nF}\ln a_I \tag{3-2-1}$$

式中：φ 为电极电位；φ^θ 为标准电极电势；a_I 为活度；n 为被分析物的电荷数；R 为气体常数；T 为绝对温度；F 为法拉第常数。由于单个电极的电势无法检测，实际应用中通过测量溶液中两个电极之间的电位之差，即电动势。这样，两个电极和电解质溶液就组成了原电池体系。如果原电池中一个电极（即指示电极）遵循能斯特方程，另一个电极的电位（即参比电极）恒定，那么可以得到：

$$E = E^\theta + S\lg a_I \tag{3-2-2}$$

式中：E 为测量电动势；E^θ 为标准电动势；S 为响应斜率。通过线性回归获得标准曲线，即可将测得的电动势与被测离子浓度（严格意义上是活度）联系起来。值得注意的是，与电动势呈线性关系的是被测离子浓度的对数。电位型电化学离子传感器主要有离子选择电极、离子敏场效应晶体管传感器、光寻址电位传感器三类。

电流法的主要原理是使用恒电位仪来控制参考电极和工作电极之间的电位，以保持电极之间的电位差，测量和记录离子反应产生的电流，从而分析被测离子的浓度。这种测量技术也称为恒电位技术。根据所应用的电压信号类型和所测得的电流波形的不同，电流法可以进一步分为电流分析法、计时库仑法、极谱法和伏安法。很多电化学离子传感器是通过电流法测得的，其中伏安法又占了大部分，有关伏安型电化学离子传感器的原理及应用将于3.3节专门叙述。

阻抗法是电化学测量技术中一种十分重要的研究方法。以小振幅的正弦波电压或电流为扰动信号，使电极系统产生近似线性关系的响应，测量电极系统在很宽频率范围的阻抗谱，以此来研究电极系统的方法就是电化学阻抗谱（Electrochemical Impedance Spectroscopy，EIS）。电化学阻抗谱是交流电理论的一个分支，它将电路对交流电压或电流的响应描述为频率的函数。在电化学阻抗谱中，溶液中发生的电化学反应以等效电路表示。由于电化学反应，电流在带电界面中流动，导致电荷沿带电界面转移，进一步生成法拉第和非法拉第元件。通过确定等效电路中的阻抗参数和其他阻性容性参数，可以预测溶液中的离子浓度。

郑州轻工业学院的 Liu 等[1]采用一步还原法制备了氧化亚铜-纳米壳聚糖复合材料，并将其作为检测水溶液中 Hg^{2+} 的高灵敏度电化学传感器。采用电化学阻抗法研究了电化学生物传感器对 Hg^{2+} 的整个检测过程。结果表明，与原始氧化亚铜和纳米壳聚糖相比，复合电极表面固定了一个富含胸腺嘧啶的单链 DNA，DNA 修饰的氧化亚铜-纳米壳聚糖复合材料在检测 Hg^{2+} 方面表现出了显著的敏感性。这种行为导致了 Hg^{2+} 检测过程中电荷转移电阻的高差异。此外，这一材料对 Hg^{2+} 的检测具有较高的灵敏度和稳定性，且检出限较低，可作为一种新型的生物传感器用于检测水中或环境中的离子。但正由于电化学阻抗谱的技术特点，电化学阻抗谱技术主要应用于研究电极的界面性能，特别是多层膜的界面性能，同时也作为一种识别合适界面性质的有效工具，尤其是应用于生物传感领域。

含有自由基离子的溶液中发生的一些均质电子转移反应会产生化学发光效应，这种化学发光通常是由自由基在化学反应中电解而触发的，因此称为电化学发光法（Electrochemiluminescence，ECL）。这种基于荧光检测的技术可以用于检测某些溶液中的特定离子，具有相当高的灵敏度，而且简单、廉价。另外，对于 ECL，量子点是一种常用的材料，但量子点的毒性，使得量子点在离子检测方面的使用受到一定的限制，而且 ECL 能够检测的离子种类有限，该方法多用于免疫分析。

3.2.2 离子选择电极及其应用

离子选择电极（Ion-selective Electrode，ISE）又称为膜电极，是一种十分常用的离子传感器，测量 pH 值的玻璃电极就是离子选择电极的一种。离子选择电极的历史要回溯到 1906 年，这一年，Cremer 发现玻璃膜的电位取决于溶液的 pH 值。在此基础上，1909 年，Haber 和 Klemensienwicz 发明了玻璃 pH

电极。1936年，Beckman开始商业化生产玻璃pH电极，玻璃pH电极得到了广泛应用。20世纪60年代以来，其他类型的离子选择电极也得到了广泛的发展。如图3-2-1所示，为离子选择电极的一般结构。电极膜固定在管状腔体的末端，内部电极常选用Ag/AgCl，内部溶液则选用相应的含Cl^-和响应离子的电解质溶液以获得稳定的电位。

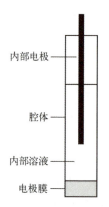

图3-2-1 离子选择电极的结构

电极膜作为敏感元件，是离子选择电极的关键。根据膜材料，离子选择电极一般可以分为玻璃膜电极、流动载体电极和晶体膜电极，此外，还有敏化电极。

玻璃膜电极是历史最悠久的一种离子选择电极。玻璃膜的主要成分一般是二氧化硅，具有优异的抗腐蚀性，也有少数的磷玻璃膜。玻璃膜电极会同时掺杂一些金属氧化物，如Li_2O、Na_2O和K_2O，以改变电极的选择性，用于测定除pH外的钠、钾、锂、银等离子。

俄罗斯圣彼得堡国立大学（St Petersburg State University）Karpukhina等[2]通过在含有多种玻璃成形剂和改进剂的碱金属硅酸盐玻璃中加入氟成分来改变其电极性能，并研究了具有初始氢和金属电极函数的模型系统。合成了含氟量不同的硅酸锂、钠和钾玻璃，同时研究了它们的电位特性。结果表明，氟的引入对碱铝硅酸盐玻璃的电极性能影响最大，同时含氟的强酸基团可以在玻璃网络中形成这一假设得到了间接的证实。该研究使电极玻璃的工艺性能显著提高，说明将氟引入电极玻璃具有相当的前景。

晶体膜电极是由单晶或者多晶材料制成的。晶体膜电极发展过程中很重要的一步是1966年Frant和Ross提出的一种由掺杂了EuF_2的单晶LaF_3制成的膜电极，这种电极对 F^- 具有极高的选择性。但事实上晶体膜电极中单晶膜是少数，后来发展的晶体膜电极以多晶膜为主。由硫化银和另一种低溶性银盐（卤化物或硫氰酸盐）组成的晶体膜多用于测定阴离子，另一类晶体膜则是硫化银与金属硫化物的混合物，用于检测 Hg^{2+}、Ag^+、Cu^{2+}、Pb^{2+}、Cd^{2+} 等重金属阳离子。另外，虽然硫属玻璃包括含有非晶相，但由于化学性质的相似性，有时也将硫属玻璃列入晶体膜电极讨论。硫属玻璃通常含有金属硫化物，但也常使用 Se 和 Te 等其他 VI 族元素。与晶体膜电极相比，硫属玻璃含有许多 III~V 族元素，如 B、Al、Ga、Ge、Sn、As、Sb、Bi 等，尤其适用于重金属阳离子的检测。

保加利亚索非亚技术大学 Boycheva 等[3]提出了一种基于多组分硫属玻璃膜的化学传感器，对重金属离子具有选择性。合成了含 $GeSe_2$ 成玻璃材料 Sb_2Se_3（Sb_2Te_3）网络改性剂以及含重金属硫族化合物 MeCh（Me = Zn、Cd、Sn、Pb；Ch = Se、Te）的硫属玻璃，并作为活性膜组分应用于化学传感器中。分析测试结果显示该新型膜材料对重金属离子具有可逆作用。该装置在酸性介质中具有良好的选择性，检测限较低，在痕量浓度水平检测和快速响应方面具有一定的优势。

流动载体电极是最丰富的一类离子选择电极，也称液膜电极。离子载体是选择性结合离子的有机亲脂物质，大体可分为带电离子载体和中性离子载体两类。最初，以离子载体为基础的膜由液体组成，但现在应用更多的是在基质中加入增塑剂、同时掺杂离子载体和离子交换剂的溶剂-聚合物膜。用于离子膜的聚合物中，聚氯乙烯的应用最为广泛。

俄罗斯圣彼得堡国立大学 Peshkova 等[4]研究了 Ba^{2+} 选择性中性离子团 2,2'-[1,2-苯基双(氧乙烷-2,1-二氧基)]双(N-苄基-N-苯基乙酰胺)及其甲基、丁基和己基衍生物的合成方法，并与常用的离子载体 N,N,N',N'-四环己基氧基双(邻苯乙氧基)二乙酰胺的 Ba^{2+} 选择性电极进行了比较。结果表明，在酸性溶液中和 Ca^{2+} 存在时，各离子团特别是其甲基衍生物，对于测量 Ba^{2+} 的性质十分优秀。分段夹层膜研究则表明，Ba^{2+}、Ca^{2+}、Mg^{2+} 能与离子团甲基衍生物形成络合物 IL_2^+，H^+ 则形成络合物 H_2L^{2+}。

同济大学 Huang 等[5]对作为固体离子载体（聚磺胺蒽醌）离子交换剂（油酸和四苯基硼酸钠）、增塑剂和膜厚度、内填充离子种类和浓度等因素进行了组合筛选，制备了一种电位型 Pb^{2+} 选择性传感器。聚磺胺蒽醌/聚氯乙烯/邻苯二甲酸二辛酯/油酸比例为 1∶33∶61∶5 组合的膜传感器表现出了最佳性能，测量浓度范围内斜率大，检出限低，响应时间短，寿命可达 5 个月，且响应的可逆性好。而且，该传感器对其他一价、二价和三价干扰离子具有良好的选择性，可在 3.62~5.22 的 pH 范围内使用。这一传感器已成功地应用于实际样品中 Pb（II）浓度的测定，并可作为铅离子电位滴定的指示电极。

导电聚合物表现为阴离子或阳离子交换剂，当离子靠近或远离掺杂的电活性聚合物主链时，氧化还原过程就会发生，离子到电子的转导就会发生。然而，导电聚合物也有一些缺点，如与氧化还原干扰的二次反应和对 CO_2 和 O_2 的高敏感性，以及半导体导电聚合物的光敏性，大多数化合物的价带和导带之间的能量差与日光中接近紫外光的可见光波长相匹配，这显然会影响测量结果。纳米材料作为新型换能器被引入离子选择电极中，有望克服导电聚合物所表现出的主要缺点。

希腊克里特大学（University of Crete）Fouskaki 等[6]将富勒烯（C_{60}）作为全固态离子选择电极的电化学介质。富勒烯独特的电化学特性允许离子到电子通过离子活性聚合物离子选择膜和电化学活性玻碳换能器转导。采用电化学阻抗谱研究了界面离子-电子电荷转移，同时研究了典型钾离子选择电极的分析特性，揭示了界面 C_{60} 的电化学活性层促进了离子到电子的转换，提供了一个稳定和可逆的固态离子选择电极系统，为设计新的对阳离子和阴离子敏感的离子选择电极提供了平台。

西班牙罗维拉-威尔吉利大学（University Rovira I Virgili）Crespo 等[7]基于多壁碳纳米管是一种有效的离子-电子电流转换器，开发了一种固态接触 pH 选择电极。该电极是在丙烯酸离子选择膜和用作导电体的玻璃碳棒之间沉积 35μm 厚的多壁碳纳米管层。离子选择膜的制备方法是在聚合甲基丙烯酸甲酯和丙烯酸正丁酯基质中将三月桂胺作为离子载体，四[3,5-双(三氟甲基)苯基]硼酸钾作为亲脂性添加剂。电位响应显示其线性动态范围的 pH 值在 2.89~9.90，且在整个工作范围内的响应时间小于 10s。该电极对干扰离子具有很高的选择性。

通常，纳米材料以几微米厚的层沉积在导电基板上。富勒烯以晶体层的形式沉积，碳纳米管随机缠绕在一起，形成意大利面状的薄膜，大孔碳是一个整体，在玻碳结构中表现为一排均匀的球形纳米孔。纳米材料和离子选择膜之间的接触面都非常大，转导机制非常相似。所有纳米结构材料所表现出的记录电位的高稳定性是由于它们非常大的比表面积所产生的巨大的双层电容。

从物理角度来看，传感器层中涉及大量的单个纳米结构，这意味着产生的器件是非常健壮的。此外，只要提供高度精确的仪器，它们的沉积很容易复制。此外，所有碳基纳米结构都表现出疏水性，这对于防止离子选择膜与转导层之间形成水层很重要,而且,它们对光和表现出氧化还原行为的物种都不敏感。因此,尽管离子选择电极中的纳米材料与分析离子不直接接触,但它们确实具有一系列独特的特性,使得它们非常有价值,可以作为导电聚合物的替代品。

更进一步地,纳米材料也可以用作离子选择电极中离子选择膜的一个组分。北京理工大学 Zhu 等[8]提出了一种简单的制备具有良好电位稳定性和传感性能的全固态离子选择性传感器的方法。可以在包括塑化聚氯乙烯、无塑化甲基丙烯酯共聚物和聚氯乙烯离子液体等不同的聚合物基质中,借助嵌段共聚物聚氧乙烯-聚氧丙烯-聚氧乙烯多层碳纳米管促进离子到电子的转换,这是一种通过简单的一步滴铸法制造全固态离子选择性传感器的一般方法。

伊朗设拉子大学(Shiraz University) Abbaspour 等[9]将基于 1,5-二苯基卡巴肼的复合多壁碳纳米管-聚氯乙烯作为铬离子载体,应用于铬离子的电位测量。对于 $Cr(NO_3)_3$,在宽线性范围内,该传感器显示了良好的能斯特斜率,同时具有低检测限,适用的 pH 范围为 3.0~6.8,且响应时间很短,大约为 10s。这种铬电极对 16 种不同的金属离子有良好的选择性。通过对饮用水和矿泉水样品中 Cr(III) 的测量,以及对复合维生素中铬的测量,证明了该电极在分析方面的实用价值。

3.2.3 离子敏场效应晶体管传感器及其应用

除了电极,另一种测量电位的重要方法是金属氧化物半导体场效应晶体管(Metal Oxide Semiconductor Field-Effect Transistor, MOSFET)。这是一种三端器件,由栅极电压控制源极和漏极之间的电流。1970 年,Bergveld 通过去掉金属栅极制造了离子敏场效应晶体管(Ion Sensitive Field-Effect Transistor, ISFET),两种器件的结构对比如图 3-2-2 所示。在器件的源极和漏极之间施加电压并将其放入溶液中,使用二氧化硅作为离子敏感层,从而使电流随着溶液的 pH 值变化。

离子敏场效应晶体管具有以下特点和优势:全固态离子敏场效应晶体管传感器非常坚固耐用,探针可以用牙刷清洗,消除了破碎玻璃污染产品的可能性;可干燥储存,无须日常维护;在极端 pH 值范围内酸性和碱性误差较小;可在极宽的温度范围内使用。与普通的金属氧化物半导体场效应晶体管一样,离子敏场效应晶体管中的通道电阻取决于垂直于电流方向的电场。溶液中的电荷积聚在绝缘膜上,而不通过离子敏感膜。界面电位与电荷浓度的关系可以用著名的位点结合理论来解释。

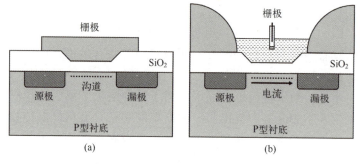

图 3-2-2　场效应晶体管结构的对比
（a）MOSFET；（b）ISFET。

如图 3-2-3 所示，在电化学活性表面和电解液的接触界面存在各向异性的离子积累。由于离子的大小和电荷不同，它们在接近表面的地方形成了双电层，同时，根据古伊-查普曼理论，在亥姆霍兹面和电解液之间存在一层扩散的外部电荷。

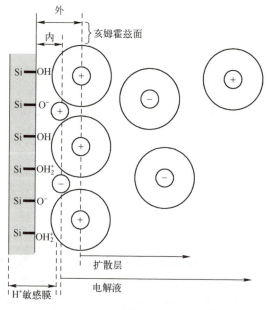

图 3-2-3　靠近 SiO_2 表面的双电层

当 SiO_2 作为绝缘体时，栅极氧化物表面含有-OH 官能团，与溶液中的 H^+ 和 OH^- 处于电化学平衡。栅极氧化物表面的羟基可以被质子化和去质子化，因此当栅极氧化物与水溶液接触时，pH 值的变化会改变 SiO_2 的表面电位。因此，信号转导可以用两性表面 SiOH 基团的电离状态描述：

$$SiOH \Leftrightarrow SiO^- + H^+ \qquad (3-2-3)$$

$$SiOH + H^+ \Leftrightarrow SiOH_2^+ \qquad (3-2-4)$$

对于氮化硅（Si_3N_4）层作为绝缘体，表面电位由溶液与 Si_3N_4 表面结合位点之间的 H^+ 交换决定。氮化硅具有硅醇（SiOH）和伯胺（$SiNH_2$）基团两种 H^+ 特异性结合位点，它们在介电界面发生下列反应而产生表面电位：

$$SiOH \Leftrightarrow SiO^- + H^+ \qquad (3-2-5)$$

$$SiOH + H^+ \Leftrightarrow SiOH_2^+ \qquad (3-2-6)$$

$$SiNH_2 + H^+ \Leftrightarrow SiNH_3^+ \qquad (3-2-7)$$

离子敏场效应晶体管的选择性和化学敏感性完全由电解质/绝缘子界面的性质控制。许多不同类型的无机材料的氧化物涂层可用于获得 pH 响应，如 SiO_2、Si_3N_4、Al_2O_3、Ta_2O_5。栅材料的质子化/去质子化受到栅区 pH 值的影响，并控制着表面电位。传感器响应服从能斯特定律（理论值为 59.2mV/pH）。

早期离子敏场效应晶体管的工作集中在测量 pH 值上。由于二氧化硅对 pH 值的敏感性较低，Matsuo 和 Wise 将其用氮化硅代替，通过在热生长的栅氧化层顶部沉积一层氮化物而制成器件。氮化硅直到目前仍作为钝化层而广泛用于保护器件，还有许多其他材料也已经用于离子敏场效应晶体管的制造，如 Al_2O_3、Ta_2O_5、SiO_xN_y、ZrO_2、SnO_2、PtO、TiN、Ir_2O_3 等，甚至类金刚石。器件制造的流程也得到了发展。最典型的是 Wong 和 White，他们通过湿法蚀刻的方法来去除氧化层、多晶硅栅电极和栅氧化层，使其变薄，然后再在其上沉积 Si_3N_4 或 Ta_2O_5。

场效应晶体管的发展中，很重要的一点就是纳米材料的引入，集中体现在以下方面：半导体通道不是由掺杂的硅制成的，而是由不同的半导体纳米材料制成，如纳米线、纳米颗粒、纳米管或薄膜；当纳米材料的尺寸减小时，传感器检测极少量目标分析物的能力通常会增强，部分原因是单个纳米结构材料的非常高的比表面积，同时，与大块材料相比，一些纳米材料的电荷转移特性在检测较低数量的目标分析物方面发挥了额外的作用；纳米通道连接源极和漏极，不埋在介电层之下，而是与包含目标分析物的测试样品接触；纳米结构场效应管可以通过电解质溶液进行外部门控，这些传感器能够检测到更低数量的目标分析物，但由于难以减小参考电极的尺寸，在器件的小型化方面存在困难；栅电极可以作为后电极集成到所述器件中，从而避免了外部电极的需要,在小型化传感器时,内部门控器件明显优于外部门控;识别层直接固定在纳米材料中作为半导体通道,基于纳米结构材料的场效应晶体管可以利用对不同目标分析物有选择性的各种分子受体,这一策略导致了新型生物传感器的发展,这些传感器能够检测从小分子到微生物的大范围的目标;识别层可以由包埋在典型聚合膜中的化学受体构成,电化学膜电位在聚合物膜与溶液的界面产生,并产生电场,影响源极与栅极之间的电位差。

韩国首尔国立大学(Seoul National University)Kim 等[10]开发了一种高选择性、灵敏、快速的单壁碳纳米管场效应晶体管传感器用于 Hg^{2+} 检测。该传感器基于单壁碳纳米管电导对 Hg^{2+} 暴露的异常响应,通过单壁碳纳米管和 Hg^{2+} 之间的强氧化还原反应提供了对 Hg^{2+} 相对于其他各种金属离子的选择性。这一传感器系统对水中的 Hg^{2+} 的检测限低,可测量的检测范围较宽,对 Hg^{2+} 的检测具有灵敏的定量范围,且测量斜率较大。总体来说,离子敏场效应晶体管的体积小、响应速度快、稳定性好、操作温度范围宽、寿命长、可干燥储存,比传统的离子选择电极更方便使用,并将随着小型化和集成技术的改进而取得更为广泛的应用。

浙江大学 Tu 等[11]制备了一种液控石墨烯场效应晶体管阵列生物传感器(芯片上有 6×6 个石墨烯场效应晶体管),并将其应用于基于单链 DNA 适配体的 Hg^{2+} 定量检测。在含有多种金属离子的混合溶液中,该生物传感器对 Hg^{2+} 表现出优异的选择性。该生物传感器具有较低的检测限、较宽的检测范围和较短的响应时间。这些结果表明,基于单链 DNA 适配体的石墨烯场效应晶体管阵列生物传感器制备工艺简单,检测速度快,具有广阔的应用前景。

西班牙巴塞罗那微电子研究所 Ipatov 等[12]设计了一个电子舌系统,该系统由多传感器离子敏场效应晶体管阵列、顺序注射分析和偏最小二乘法的数据处理方法组成,可实现多组分液体分析的自动化。此外,该系统还携带一个用于传感器阵列的定制流动池和一个用于混合液体样品的池。该系统可以用于分析矿泉水中的钠、钾、氯化物成分。用电位法测定样品中离子的精密度具有代表性,标准偏差小。该方法可用于实际样品分析时需要多个多组分校准溶液的情况下的自动分析。

3.2.4 光寻址电位传感器及其应用

光寻址电位传感器(LAPS)是美国分子器件公司 Hafeman 等在 1988 年提出的一种基于半导体的化学传感器。与场效应晶体管传感器类似,光寻址电位传感器也具有电解质-绝缘体-半导体(EIS)结构,不同点在于光寻址电位传感器是用一束光照射该半导体层,以产生依赖于目标离子的光电流信号。如图 3-2-4 所示,典型的光寻址电位传感器是由半导体衬底和绝缘体材料组成的夹层结构。通常,绝缘层由高质量的 SiO_2 层和对特定分析物敏感的换能层组成,这种组合同时保证了良好的电气和化学性能。在传感器的背面,通过适当的金属层形成欧姆接触。绝缘层与分析物溶液保持直接接触,形成 EIS 结构。参考电极通常选用 Ag/AgCl,用于在分析物溶液和传感器背面的欧姆接触点之间施加偏置电压。

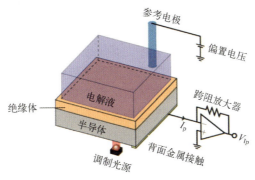

图 3-2-4 光寻址电位传感器的结构

用一束光照射测量区域,如果光束的强度被连续调制,就可以在传感器结构中产生交流光电流。为了避免分析物溶液可能造成的影响(如杂光的吸收),光源通常放置在传感器下方。为了产生交流光电流,光源发出的光子能量需要高于所使用半导体材料的带隙。对于硅材料,波长需要小于 1100nm,因此在可见光范围内直到近红外区域都满足要求。因此,可以从广泛的商业光源中进行选择,从传统的气体激光器、激光二极管和飞秒激光器,到发光二极管、有机 LED 显示屏和基于数字微镜设备的光源,都已经被成功地用于光寻址电位传感器。

用于检测所产生的交流光电流的测量电路需要连接到背面的金属接点上。通常,交流光电流的振幅在几纳安到几微安之间。因此,需要将光电流放大,并通过跨阻抗放大级将其转换为几百毫伏的电压。由于得到的交流信号的幅值和相位值代表了实际的测量信息,这个初始放大阶段必须精心设计,以避免测量信号的失真。同时采用滤波技术有助于抑制测量噪声。然后将所得的电压进行模数转换,再由数字滤波器作进一步处理,或输入外部滤波电路以隔离交流信号,例如在模数转换之前通过锁相放大器电路。最后对获得的振幅和相位信息作进一步的数据处理和分析。

根据半导体的掺杂情况为 n 型或 p 型，对其施加负的或正的直流偏置电压，在绝缘体和半导体界面形成空间电荷区。为方便叙述，下面的讨论以 p 型为例，n 型类推即可。改变直流偏置电压由负到正，产生电容电压特性，显示了半导体的积累、耗尽和反型。然而，由于电解质溶液在换能器上的表面相互作用会形成空间分布的表面电位，并局部叠加到所施加的直流偏置电压上，因此，空间电荷区域的厚度取决于表面电位的局部值。

用高于半导体带隙能量的光束照射传感器的一小块区域，光电效应会产生电子-空穴对，光子被吸收，电子被激发从价带进入导带。因此产生的电子-空穴对在半导体中扩散并最终重新结合。然而，在耗尽或反型的情况下，少量产生的载流子将到达空间电荷区，其中电子和空穴被垂直电场分开。电子将向绝缘体界面移动，而空穴将被推回到半导体中。为了补偿发生的充电效应，这种电荷分离将产生外部可测量的瞬态电流。在恒定光照下，电荷效应将开始抵消电荷分离，并最终导致分离的电子空穴对数量和电荷引起的电子回流之间的内部平衡。这样，系统就将处于平衡状态，不再有外部电流。停止光照后，绝缘体-半导体界面上多余的电子最终会回到半导体中并重新组合。这就需要用反向的瞬态电流进行补偿，直到达到一个新的平衡点。

为了获得连续可测的交流光电流，通常需要对光源的强度进行调制，以重复充电放电循环。外部交流光电流的幅值和相位取决于空间俘获区的厚度，而空间俘获区的厚度局部受到表面电位的改变：空间电荷区域厚度的增加使外部交流光电流的振幅和相位增大，反之亦然。因此，外部交流光电流的振幅和相位的测量包含了光照区域的局部表面电位的信息。因此，经过校准步骤，表面电位可以映射到分析物浓度的分布。

当传感器表面的一点受到光照时，就可以记录所产生的交流光电流与直流偏置电压的函数关系。通过幅值、相位与偏置电压的对比图，可以得到光电流电压特性和相位电压特性。在负偏置电压下，半导体处于积累状态，没有形成空间电荷区，因此几乎没有外部交流光电流。随着偏置电压的增加，在耗尽时出现空间电荷区。空间电荷区厚度的增加导致交流光电流的增加和相位差的减小。最后，在更大的正偏置电压下，反型将开始，空间电荷区域的厚度将达到最大饱和，从而产生最大的光电流振幅和最小的相位。

在耗尽状态下，分析物浓度的变化将改变表面电位，从而导致光电流电压曲线沿偏置电压轴发生位移。当正电荷增加时，在相同的偏置电压下产生的光电流会更高，从而使光电流电压曲线有效地向左移动；当负电荷增加时，光电流的振幅会降低，从而使光电流电压曲线向右移动。因此，光电流电压曲线的位移与分析物浓度相关。

光寻址电位传感器适用于检测 pH 和其他离子浓度的变化。为了实现对分析物的特定灵敏度和选择性，需要对传感器的换能层进行替换、修改或进一步功能化。因此，为了使其对不同的离子敏感，常在传感器的顶部额外沉积包含特定离子团的有机层。这种方法需采用稳定的标准技术，如旋转涂层或浸涂。

浙江大学 Ha 等[13]提出了一种基于 PVC 膜的光寻址电位传感器阵列结构，用于同时检测重金属离子。在阵列制作中，定义为非敏感区的部分硅衬底用硼掺杂，氧化层较厚。然后在相应的敏感区域上均匀地制备出相应阳离子 Pb^{2+}、Cb^{2+}、Zn^{2+} 的聚氯乙烯膜。通过新的结构，精细的传感阵列具有良好的校准稳定性和合理的选择性。基于这些膜的传感器在一定浓度范围内表现出了具有一定斜率的能斯特响应。同时，从检出限、线性响应范围、响应时间、长时间稳定性和硅烷化效果等方面对其电化学行为进行了研究。

台湾长庚大学 Wang 等[14]提出了一种基于氮等离子体浸没离子注入处理的陶瓷氧化钐（Sm_2O_3）传感膜光寻址电位传感器用于氯离子检测。氧化钐敏感膜经氮等离子体浸没离子注入处理后，X 射线光电子能谱观察到 N-O 峰，表明氧化钐膜内形成了正电荷 $(N-O)^+$ 和 $(N-O-N)^+$。正电荷可以吸引氯离子与表面的 OH_2^+ 反应，提高对氯离子的灵敏度。陶瓷氧化钐传感膜的光寻址电位传感器结构可用于未来的生物传感应用，特别是用于检测血清中的钾离子和氯离子。

此外，多年来，固相膜也不断发展，这一类膜对目标离子具有特殊的敏感性，通常采用常规的薄膜沉积技术将其沉积在包覆层表面，如溅射、蒸发、脉冲激光沉积等。例如，将硫属玻璃与光寻址电位传感器测量原理相结合，开发出检测重金属离子的装置，离子交换导致表面电位的变化，从而导致产生的光电流的变化。

浙江大学 Hu 等[15]设计了一种新型的对重金属离子敏感的线性扫描可寻址电位传感器阵列，利用脉冲激光沉积技术在其上沉积了对 Fe^{3+}、Pb^{2+} 和 Cr^{6+} 敏感的三种固体薄膜材料。与多光源相比，单光束激光器具有更好的波长一致性。利用基于微机电系统技术的微透镜阵列，将单光束激光器分离成线阵聚焦激光器。每个聚焦激光器由光学斩波器分别被调制到 8 个不同的频率。该装置可以用线扫描的方法同时检测传感器的几个区域。仅通过 3 次扫描就可以得到一个 3×3 的阵列。并在此基础上研制了一种集成的超小型电子舌，可以测量海水和废水中的重金属离子。

3.3 伏安型电化学离子传感器

3.3.1 伏安测量技术的原理

伏安法是一类电化学方法,其主要原理是当施加在电极上的电压变化时,对通过电极的电流响应进行测量并分析。1922 年,捷克斯洛伐克化学家海罗夫斯基发现了极谱现象,他也因此获得 1959 年诺贝尔化学奖。随后,极谱法逐渐发展为伏安法。现在一般认为,极谱法是伏安法的一个特例。国际纯粹与应用化学联合会(International Union of Pure and Applied Chemistry,IUPAC)的建议是,伏安法是研究电流-电位关系时使用的通用术语,只有当流动导电液体电极用作工作电极时,才应使用极谱法这一术语。如滴汞电极就是极谱法的一种,此时,汞以细小毛细管中缓慢下降的小液滴的形式在溶液中作为电极。伏安法和库仑法等其他动电位扫描技术的本质区别在于,库仑法使用的大电极会将所有物质氧化或还原,而伏安法使用的电极表面积较小,在电极上发生反应的物质量可以忽略不计。

伏安法中,用于检测分析物响应的电极称为工作电极(Working Electrode, WE),它的小尺寸确保了其表面的高电流密度,常见的导电材料包括汞、石墨、金和铂。伏安法的另一个电极称为对电极(Counter Electrode, CE),用于控制施加到工作电极上的电位,并形成电流的传输回路。在现代测量系统中,通过引入第三电极,将原先对电极的载流作用和电位控制作用分离,即对电极仅用于与工作电极形成回路,而第三电极用于提供一个参考电位,因此称为参比电极(Reference Electrode, RE),最常见的参比电极是银-氯化银电极。

当施加在电极上的电压使分析物氧化或还原时,就产生了法拉第电流。由于氧化或还原,电极界面区的分析物浓度暂时下降,那么分析物会从溶液向界面区扩散,而这种扩散将发生在一个厚度一定的溶液层。对于扩散,有以下两个方程:

$$i = \frac{dN}{dt} nFA \qquad (3\text{-}3\text{-}1)$$

式中:N 为摩尔数;t 为时间;n 为参与电极反应的电子数;F 为法拉第常数;A 为工作电极的表面积。

$$\frac{dN}{dt} = D\left(\frac{dc}{dx}\right) \qquad (3\text{-}3\text{-}2)$$

该式也称为菲克（Fick）第一定律，式中：D 为扩散系数；dc 为距离电极表面 dx 的浓度变化。同时，根据扩散层的理论，我们可以将 dc/dx 用 $(c_a - c_s)/\delta$ 代替，由此可得

$$i(t) = DnFA\frac{c_a - c_s}{\delta} \qquad (3\text{-}3\text{-}3)$$

浓度梯度随着电压的增加而增大，当所有物种通过扩散达到电极后立即参与电子转移反应时，浓度梯度达到最大值，令 $c_s = 0$，因此有

$$i(t) = DnFA\frac{c_a}{\delta} \qquad (3\text{-}3\text{-}4)$$

在这种情况下，电流也称为极限扩散电流，其值随着电压的进一步增加而保持不变。因此，电流的最大值与浓度成比例。需要指出的是，这只适用于扩散层保持不变的情况下，如电极以恒定速度移动或溶液以恒定速度搅拌或流过电极。此时，电流与电压的伏安曲线图，在理想情况下，达到极限扩散电流时，就会得到一条与电压轴平行的线。但是，根据菲克第二定律，在电极反应过程中，扩散层的厚度会逐渐增加，这意味着扩散电流达到极限值后会随时间减小。因此，我们可以在伏安曲线图中获得一个峰值电流，这个信号与分析物浓度成比例，这是伏安法分析的重要理论依据。

自 1923 年直流极谱法提出以来，伏安测量技术不断改进，发展出了线性扫描伏安法、循环伏安法、脉冲伏安法、溶出伏安法等一系列测量技术。线性扫描伏安法（Linear Sweep Voltammetry，LSV）和循环伏安法（Cyclic Voltammetry，CV）都是基于记录工作电极在电压线性变化期间电流的方法，其不同点在于循环伏安法的电压要返回起始电位，即电压随时间以三角波形扫描。一般而言，循环伏安法多用于研究电极过程的可逆性和动力学观察，提供识别反应中间体或后续产物的可能性。

脉冲伏安法（Pulse Voltammetry，PV）是一种减小不必要的噪声电流，降低检测极限的重要方法。由于电压阶跃后，产生的充电电流很快衰减，而法拉第电流下降缓慢，因此在脉冲后期取样电流就可以避开充电电流的影响。在此基础上提出的差分脉冲伏安法（Differential Pulse Voltammetry，DPV）更是成为检测痕量物质的常用技术。该方法将阶梯电压与幅值固定的脉冲电压之和作为激励信号，在即将脉冲之前和脉冲末期对电流两次取样，以两个电流的差值作为得到的电流信号，这样就进一步减小了背景电流对检测的影响。

溶出伏安法（Stripping Voltammetry，SV）是一种尤其适合检测痕量离子的电化学技术，由于在分析前进行了预浓缩步骤，因此检测极限大大降低。伏安曲线图中的电流峰是由沉积物的还原或氧化引起的，据此可以分为阳极溶出伏安法（Anodic Stripping Voltammetry，ASV）和阴极溶出伏安法（Cathodic Stripping Voltammetry，CSV）。以汞电极为例，阳极溶出伏安法中，金属离子通过扩散和对流到达汞电极，并在汞电极上被还原浓缩成汞齐，再进行扫描使其氧化溶出，产生电流信号，可测定的金属离子包括铅、铜、镉、锑、锡、锌等；阴极溶出伏安法中，分析物先与汞形成不溶性盐，再进行扫描得到还原峰电流，可用于检测卤素离子、氧化金属酸盐（如钒酸盐、铬酸盐、钨酸盐、钼酸盐）等。以上的一些方法可以相互结合、同时使用，如阳极差分脉冲溶出伏安法（Anodic Differential Pulse Stripping Voltammetry，ADPSV）等，进一步降低检测极限。

表面修饰可以提高某些电极的灵敏度。根据工作电极内部或表面反应的不同，构建修饰电极所需的制备方法可分为吸附、共价键形成、电化学聚合和电化学沉积四种。需要注意的是，丝网印刷等技术一般认为是工作电极的制备方法，而不是修饰方法。

吸附是一种通过非共价相互作用将用于修饰的悬浮液固定在工作电极表面的方法，可分为化学吸附、自组装单分子膜和包覆三种类型。化学吸附是一种直接修饰电极的不可逆方法，电极通过固体材料和溶液界面之间的自然相互吸附进行修饰。石墨中含有大量具有高度共轭体系的小有机分子，因此石墨具有很高的稳定性和电子转移效率，可以在共轭键的作用下被碳原子不可逆地附着在工作电极的表面。目前，这种方法的应用并不多，仅限于热解石墨和玻碳等几种有限的材料。而自组装单分子层在电极表面的形成则是通过官能团与成膜分子之间的物理化学作用或官能团与金、银或铂电极之间的自发吸附作用。常用的成膜材料有五种：有机硫化合物、有机硅、脂肪酸、烷烃和双磷脂。自组装单分子层可以保证官能团的结构、热和电子性能，以加强结合相互作用。包覆是最简单、最常用的吸附方法。该方法是将溶液与材料混合，然后将该混合物覆盖在裸露的电极表面。当溶剂完全蒸发时，只有一层由修饰化合物形成的稳定膜保留在表面。

共价键形成是将修饰的物质通过化学反应附着在表面。在此过程中，一些含氧基团通过氧化还原反应与电极表面结合，与修饰后的物质结合形成载体。电化学聚合和电化学沉积是电化学中两种类似的电极修饰方法。前者将预处理电极置于含有一定浓度的单体和电解质的电解池体系中。通过电解，电活性单体分为自由基和离子，开始聚合，形成均匀稳定的聚合物膜。而电化学沉积则依赖于溶液中的电化学氧化还原反应，由于氧化态中心离子和外部离子的变化，在电极表面形成不溶性沉积。常见的用于修饰电极的材料包括各类金属纳米颗粒、金属氧化物、碳质纳米材料、生物分子及导电聚合物。

3.3.2 金属及金属氧化物纳米材料修饰电极的应用

纳米颗粒特别是金属纳米颗粒在电化学传感领域具有许多优势。由于纳米颗粒的尺寸较小，可以增加所使用电极的表面积。此外，金属纳米颗粒可以提高质量传输速率并提供快速的电子转移，两者都增加了使用电极的灵敏度。常见的金属纳米材料包括金纳米颗粒、银纳米颗粒、铋纳米颗粒、铂纳米颗粒等。

在电化学检测中最常用的纳米粒子是金纳米颗粒（AuNP）。其性质因大小而异，但无论大小，金纳米颗粒都具有生物相容性和低毒性。合成金纳米颗粒最常用的方法是电沉积或还原。然而，不同的合成条件导致金纳米颗粒的形状和大小不同。在电化学检测中最常用的形状是球形的。也有美国马萨诸塞大学洛厄尔分校 Dutta 等[16]合成了星形金纳米颗粒，并比较了球形与星形的检测性能。星形金纳米颗粒是在不搅拌或摇动的情况下，将氯金酸溶液与4-(2-羟乙基)-1-哌嗪磺酸混合制备的。将合成的星形金纳米颗粒煮沸5min就得到球形金纳米颗粒。他们对丝网印刷电极进行了修饰，并优化了一些条件，得出结论认为星形金纳米颗粒能更好地检测砷。

值得注意的是，只有少部分研究仅使用金纳米颗粒，大部分都是与其他材料联合使用，金纳米颗粒的使用大大增加了电化学响应。例如，新加坡南洋理工大学 Ting 等[17]合成了新的石墨烯量子点和金纳米颗粒，并用于对重金属离子 Hg^{2+} 和 Cu^{2+} 的敏感电化学检测。对于修饰电极的制备，首先用氧化铝粉末抛光玻碳电极，然后用乙醇和去离子水彻底清洗和超声波处理。使用氮气吹干后，将 3μL 制备好的石墨烯量子点和金纳米颗粒滴到电极表面，晾干 30min。电极进一步真空干燥 10min。最后，3μL 的 5% 全氟磺酸溶液滴滴包裹到修饰电极作为质子交换膜和防护层。在 HCl 电解液中使用方波阳极溶出伏安法，实现了高灵敏度和选择性地检测 Hg^{2+} 和 Cu^{2+}（见图3-3-1）。

银纳米颗粒（AgNP）是最成熟的纳米颗粒之一。银纳米颗粒具有独特的化学和物理特性，因此在各类催化、光学和化学应用中发挥作用。可以通过还原和电沉积两种方法合成球形银纳米颗粒，前者的粒径相对较小，约 10~20nm，后者则可达 30~50nm。

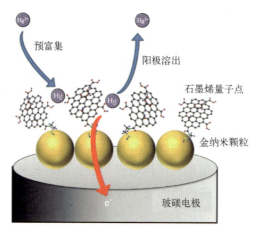

图 3-3-1 金纳米颗粒的应用

西班牙布尔戈斯大学（Universidad De Burgos）Renedo 等[18]利用银纳米颗粒修饰的碳丝网印刷电极，并采用差分脉冲阳极溶出伏安法测定锑。银纳米颗粒是通过使用 $AgClO_4$ 溶液在工作电极表面直接电化学沉积的方法制备得到的。而以往的经验表明，在 pH 为 2 的 Britton-Robinson 溶液中施加 -0.8V 的电压并搅拌是沉积银纳米颗粒容易且合适的最佳条件。同时，对由溶液中存在外来离子而引起的不当影响进行了分析，以确保测定时锑等常见的干扰因素不影响锑的电化学响应。该方法实现了对海水样品和药物制剂中锑含量的测定。

在电分析化学中，铋纳米颗粒因其低毒性和极好的峰分辨率而被用作电极涂层，以取代汞电极。早期的电化学分析方法多采用悬挂汞滴和汞膜电极，但随着人们对汞的毒性的认知，汞的使用逐渐减少。其替代方案是由铋纳米颗粒制成的铋膜电极，并配合阳极溶出伏安法联合使用，铋膜电极不仅制备简单、灵敏度高，而且操作电位窗口宽与汞相似，但相比毒性更低。电极表面的铋膜可以通过两种电沉积方法进行修饰：原位和非原位。非原位法就是先在工作电极的表面镀上铋，然后让铋膜电极在样品溶液中进行电化学检测。这项技术通常在酸性条件下进行，因为铋在碱性和中性环境中容易水解。原位法则是通过负电位沉积扫描将铋膜与被测物质同时在电解质溶液中沉积，相对更简单且省时。但由于水解反应，原位法需要对溶液的 pH 值、沉积电位等实验参数作更多的优化。

印度莫纳什研究院 Sahoo 等[19]使用原位修饰的方法将铋纳米颗粒沉积在还原氧化石墨烯薄片表面。对纳米复合材料的表征显示，还原氧化石墨烯/铋纳米复合材料的形貌优于铋膜电极，为重金属离子检测提供了较好的电极材料选择。采用还原氧化石墨烯/铋纳米复合材料作为电极材料，采用溶出伏安法对水中 Cd^{2+}、Pb^{2+}、Cu^{2+}、Zn^{2+} 等重金属离子进行痕量分析。此外，该方法还在一定程度上解决了铋氧化峰和铜溶出峰重叠的问题。

铂金属在催化领域受到了广泛的关注。铂纳米颗粒（Platinum Nanoparticle，PtNP）由于其稳定性和导电性也在电化学分析中得到了广泛的应用。加拿大国家研究委员会生物技术研究所 Hrapovic 等[20]采用多电位步进电沉积技术电沉积铂纳米颗粒，用于对硼掺杂金刚石的宏、微电极进行修饰，用于氧化测定亚砷酸盐 As（III）。在 H_2PtCl_6 和 H_2SO_4 溶液中分别进行循环电位、恒电位沉积或多电位步进电沉积技术使铂纳米颗粒沉积。而多电位步进电沉积技术是在固定周期内施加一个还原电位，然后在重复循环中施加一个弛豫电位，这一方法提供了最稳定的铂纳米颗粒，其尺寸和密度可控，有利于电极的寿命和重复使用。线性扫描伏安法的结果显示，硼掺杂金刚石微电极的表现优于其宏电极，可以达到非常低的检测电流与增强信噪比，适用于自来水和河流水样的处理。通过对铂的电化学蚀刻，硼掺杂金刚石微电极可重复使用。

近年来，金属氧化物纳米颗粒在电化学检测领域得到了广泛的研究。具有纳米结构的金属氧化物具有明显的电子转移动力学特性，比表面积大，因此工作电极表面的吸附位点较多，可以积累更多的检测离子。用于检测离子最常见的金属氧化物是不同形式的铁的氧化物，包括 $MnFe_2O_4$、Fe_2O_3、Fe_3O_4 等。一些金属氧化物如 ZnO、CuO、SnO_2、ZrO_2、TiO_2、MgO、MnO_2 等，因其优异的催化性能，也在离子鉴定和检测中有所应用。

首尔国立大学 Lee 等[21]制备了一种结合原位镀铋的氧化铁/石墨烯纳米复合电极，该电极可作为电化学传感器用于测定痕量 Zn^{2+}、Cd^{2+} 和 Pb^{2+}。采用差分脉冲阳极溶出伏安法检测金属离子。由于石墨烯和 Fe_2O_3 纳米颗粒的协同作用，修饰电极具有更好的电化学催化活性，对微量重金属离子灵敏度高。仔细优化了富集电位、铋浓度、富集时间和 pH 值等参数，在此条件下，Zn^{2+}、Cd^{2+} 和 Pb^{2+} 的线性范围宽、检出限低，并成功地应用于实际样品中痕量金属离子的分析。

3.3.3 碳质纳米材料修饰电极的应用

碳质纳米材料易于修饰，同时具有导电性好、重现性高等独特的理化性质，是十分适合用于电化学检测的材料。碳质纳米材料的种类很多，如碳纳米管、石墨烯、氧化石墨烯、石墨烯纳米带，此外还有富勒烯、碳纳米角、碳纳米金刚石颗粒、碳量子点、石墨烯量子点、碳纳米纤维和介孔碳等（见

图 3-3-2)。

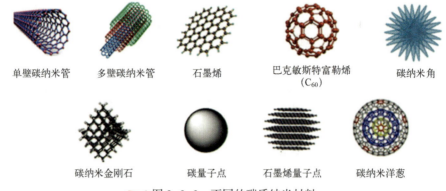

图 3-3-2 不同的碳质纳米材料

碳纳米管(Carbon Nanotube,CNT)发现于 1991 年,可以看作由石墨烯片层卷曲而成,根据层数差异可以分为单壁碳纳米管(Single-Walled Carbon Nanotube,SWCNT)和多壁碳纳米管(Multi-Walled Carbon Nanotube,MWCNT)。合成碳纳米管的方法有电弧放电、激光烧蚀/蒸发和化学气相沉积。由于碳纳米管通常是在金属催化剂的作用下通过化学气相沉积制备的,因此碳纳米管中含有各种金属、纳米和碳基无定形杂质,影响了碳纳米管的电化学性能。因此,结构和成分的异质性是影响碳纳米管在传感应用中作用的两个主要方面。结构异质性通常包括管壁和管端之间的结构差异,而组成异质性则表明由于在制备过程中使用了金属催化剂,碳纳米管中存在杂质。然而,碳纳米管在电分析应用中具有独特优势,如硬度、生物相容性和弹道电导率。经功能化后,碳纳米管对检测离子的亲和力更强,在灵敏度、检测范围等方面具有相当的优势。

罗马尼亚巴比什-波雅依大学(Babis-Boyayi University)Turdean 等[22]制成了单壁碳纳米管和肌红蛋白修饰的电极,用于检测肉制品中的亚硝酸盐。制备工作电极的主要过程是将单壁碳纳米管分散在含有十二烷基硫酸钠的水溶液中,经匀浆和超声处理后,将得到的单壁碳纳米管悬浮液离心,并取上层液体,与肌红蛋白彻底混合,涂在石墨电极的表面,在室温下干燥,并重复上述操作 3 次,最后将全氟磺酸滴在电极表面,在 4℃ 干燥条件下储存。然后,在 pH 为 7 的 0.1mol/L 磷酸盐缓冲液中对电极进行了循环伏安法的扫描,可以观察到由于肌红蛋白的氧化还原反应而产生的一对氧化还原峰,这是由于 Fe^{3+}/Fe^{2+} 的电子转移造成的。检测亚硝酸盐使用的电化学方法则是方波伏安法,并与标准分光光度法比较,表明了这一电化学方法测定亚硝酸盐的有效性和灵敏度,这也同时证明了在亚硝酸盐还原过程中使用固定化肌红蛋白作为电催化剂的适用性。

石墨烯(Graphene,GR)是研究最多的碳材料之一,具有独特的催化性能。石墨烯以 sp^2 杂化连接碳原子,具有大量离域 π 电子的蜂窝状晶格结构。石墨烯的制备可以分为自上而下和自下而上两种,区别在于合成是从石墨还是碳的化合物出发。自上而下的方法包括通过机械、化学和电化学过程对石墨进行剥离,但常含有干扰其传感性能的杂质。自下而上的方法则包括化学气相沉积、热分解 SiC 和化学有机合成。石墨烯的结构构象也会改变其电化学性能,石墨烯的边缘平面比基平面促进更快的电子转移动力学。此外,石墨烯除开放边外,还具有折叠边、单环、双环或多环等结构,对传感性能有显著影响。为了进一步增强石墨烯的催化性能,提出了各种各样的功能化策略。

中国科学院大学化学化工学院 Wen 等[23]制备了氮掺杂石墨烯修饰的玻碳电极,并采用差分脉冲阳极溶出伏安法用于铅离子的敏感电化学研究。工作电极的制备方法是在玻碳电极的表面加入氮掺杂石墨烯溶液。修饰电极在室温下干燥后,在 0.10mol/L,pH=4.0 的 HOAc-NaOAc 缓冲液中进行 DPASV 测量。通过改变电解液的种类、不同的富集电位和富集时间,对伏安检测实验条件进行了优化。由于氮掺杂纳米片具有较大的表面积、优异的导电性和良好的吸附能力,Pb^{2+} 可以积累并通过增强的伏安响应进行检测,并将该方法应用于鱼粉样品的测定。

氧化石墨烯(Graphene Oxide,GO)是具有高催化功能的纳米材料之一,通常由天然石墨化学氧化合成。美国梅隆工业研究所 Hummers 和 Offeman 开发了一种氧化法来替代 Brodie 和 Staudenmaier 合成氧化石墨烯的方法,使用溶解在浓硫酸中的 $NaNO_3$ 和 $KMnO_4$ 氧化石墨合成氧化石墨烯。改良的方法包括去除 $NaNO_3$、在 $KMnO_4$ 氧化前加入预氧化步骤、增加 $KMnO_4$ 的用量以及用 K_2FeO_4 代替 $KMnO_4$,这一方法克服了 NO_2、N_2O_4 等有毒气体的产生、硝酸盐的残留和回收率低等问题。改良的方法所得到的氧化石墨烯具有丰富的缺陷位点以及环氧、羧基、羟基等含氧基团,在电化学过程中起到催化活性中心的作用,同时也是功能化的锚定位点。然而,由于 sp^2 键合网络的中断,氧化石墨烯往往是绝缘的,需要通过还原为还原氧化石墨烯(Reduce Graphene Oxide,rGO)将 sp^3 结构重新杂化到 sp^2。还原氧化石墨烯与原始石墨烯和氧化石墨烯相比,具有优良的电导率、大表面积、高电化学活性和易于功能化的独特组合,在电化学分析中具有压倒性的优势。由于氧化石墨烯和还原氧化石墨烯表面存在缺陷和氧官能团，有望支持各种受体的成核、生长和附着。

韩国首尔国立大学 Lee 等[24]通过电沉积氧化石墨烯和原位镀铋膜，制备了一种新型的电化学沉积石墨烯/铋纳米复合膜修饰的玻碳电极。制备的主要过程如下：以石墨粉为原料，采用改进的方法制备氧化石墨烯，然后通过超声形成氧化石墨烯悬液。将在毡垫上用氧化铝打磨好的电极在氧化石墨烯分散溶液中进行循环伏安法，同时进行磁性搅拌，使氧化石墨烯在电极表面发生电化学还原。最后用双蒸馏水清洗工作电极，在红外热灯下干燥 2min。该电极作为电化学传感器，对其沉积电位和铋浓度等实验变量进行了优化，用于测定微量锌、镉和铅离子，并成功应用于实际环境中的微量金属分析。

石墨烯纳米带（Graphene Nanoribbon，GNR）是准一维石墨化碳同素异形体。制备石墨烯纳米带的合成方法有很多种，如化学气相沉积、石墨的化学处理和碳纳米管的解压缩。石墨烯纳米带的边缘具有高活性位点，可用于调节其电子特性。丰富的边缘代表石墨烯的延伸和伸长形态，可用于设计新的传感器。

奥地利格拉茨大学（University of Graz）Mehmeti 等[25]采用石墨烯纳米带修饰的玻碳电极，建立了一种新的测定自来水中亚硝酸盐的高灵敏度电化学方法。石墨烯纳米带的主要合成过程如下：首先，将多壁碳纳米管溶解在浓硫酸中，所得悬浮液超声 1h，然后置于冰浴中剧烈搅拌，并加入硝酸钠和高锰酸钾。经 2.5~5h 反应完成后，转移至 5%硫酸溶液，冷却。观察到气泡时，滴加过氧化氢。30min 后，将所得悬浮液离心，先后用硝酸和去离子水洗涤，最后在 90℃的烘箱中真空干燥 12h。将玻碳电极表面用 Al_2O_3 抛光至镜面状，用硝酸溶液超声清洗，再加水清洗两次，室温干燥。直接取制备的石墨烯纳米带悬液修饰在玻碳电极表面的活性区域，干燥约 4h 后可用于测量。检测时，利用循环伏安法研究电化学行为和实验条件的优化，而安培检测则用于定量研究，结果显示在 pH 为 3 的伯瑞坦-罗宾森缓冲溶液中，亚硝酸盐在+0.9V 时显示了一个清晰的氧化峰。同时，干扰实验显示大多数可能的干扰离子对其影响可以忽略不计。该方法和构建的传感器成功地应用于自来水样品中亚硝酸盐的检测，无须任何预处理。与其他分析方法相比，这是一种廉价的分析替代方法。

3.3.4　生物分子及导电聚合物修饰电极的应用

除了各类纳米材料，其他材料也可以用于修饰电极，最常见的包括生物分子以及导电聚合物两类。其中，生物分子包括 DNA、酶、多肽等，因此广义上来说这也是一种生物传感器。在离子检测中，使用 DNA 探针作为离子识别元素，主要包括三种原理：离子与特定的 DNA 碱基选择性结合并形成稳定的 DNA 双链，离子促进脱氧核酶的裂解，离子造成稳定的富鸟嘌呤探针 DNA 的 G 四联体结构的切换。

某些离子对特定的 DNA 碱基具有选择性亲和力，可以通过配位键形成甚至强于沃森-克里克碱基对的稳定碱基对。Ono 和 Togashi 于 2004 年首次报道了汞离子与胸腺嘧啶碱基的特异性配位能力，他们后来用氢-1(^{1}H) 和氮-15(^{15}N) 核磁共振谱证明了胸腺嘧啶-Hg^{2+}-胸腺嘧啶碱基对结构的存在。除了胸腺嘧啶-Hg^{2+}-胸腺嘧啶，胞嘧啶-Ag^+-胞嘧啶也可以用于设计选择性的 DNA 生物传感器。因此，以富胸腺嘧啶或富胞嘧啶的单链 DNA 作为探针，以互补单链 DNA 作为靶标，在对应金属离子存在的情况下，可以形成稳定的双相结构，从而实现对金属离子的检测。

中国南京大学 Zhu 等[26]提出了一种高灵敏度的电化学传感器，采用富胸腺嘧啶的汞特异性寡核苷酸探针和用于信号放大的金纳米颗粒，使用方波伏安法，用于检测水溶液中的 Hg^{2+} 离子。这一探针两端含有 7 个胸腺嘧啶碱基，Hg^{2+} 存在时，通过 Hg^{2+} 介导的胸腺嘧啶-Hg^{2+}-胸腺嘧啶碱基对的配位形成发夹结构。巯基化的探针固定在金电极上用于捕获水中游离的 Hg^{2+}，结合的 Hg^{2+} 可以被电化学还原为 Hg^+，为 Hg^{2+} 的定量检测提供信号。为了提高灵敏度，采用探针修饰的金纳米颗粒对电化学信号进行放大，这种基于金纳米颗粒传感策略的放大倍数超过 3 个数量级。同时，这一传感器对干扰金属离子也表现出优异的选择性，有望成为环境毒性汞现场检测的一种候选方法（见图 3-3-3）。

脱氧核酶（Deoxyribozyme，DNAzyme）是具有催化特性的序列，如促进 DNA 或 RNA 链断裂。自 20 世纪 80 年代发现核酶后，人们认为 DNA 既可以作为催化剂又可以作为遗传载体。金属辅因子存在时，很多脱氧核酶表现出了催化活性，且对金属离子具有高选择性。基于此原理，许多电化学离子传感器已经成功地研制出来。

中国云南民族大学 Zhang 等[27]提出了一种基于单链脱氧核酶催化信标的新型电化学铅离子传感策略。通过在金电极表面的 S-Au 键，使氧化还原活性二茂铁标记的单链脱氧核酶完成自组装。在 Pb^{2+} 的存在下，脱氧核酶催化了底物链的水解裂解，导致衬底链连同氧化还原活性二茂铁从金电极表面去除。这一解离引起电化学信号的降低。在最佳条件下，差分脉冲伏安法的电化学信号随 Pb^{2+} 浓度的增加而直接减小，在一定范围内呈线性响应。该方法具有简单、灵敏、选择性强、试剂和工作步骤少的特点，在实际环境样品分析中对 Pb^{2+} 的检测具有很大的潜力（见图 3-3-4）。

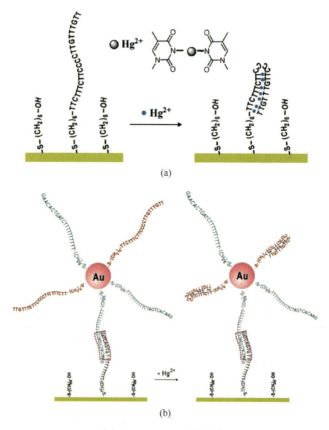

图 3-3-3　DNA 的应用

(a) 直接固定探针；(b) 纳米金介导的固定化探针。

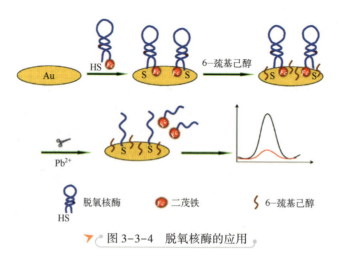

图 3-3-4　脱氧核酶的应用

鸟嘌呤（G）丰富的寡核苷酸和多核苷酸具有很强的自结合和聚集倾向，形成一个模型结构，其中四条链被四鸟嘌呤基团之间的氢键束缚在一起。这种多态四链模型结构称为 G 四联体。一些金属离子如 K^+、Na^+ 和 Pb^{2+} 可以影响富 G 的 DNA 从随机卷曲到 G 四联体结构的构象切换，基于此开发了一系列离子传感器。

山东师范大学 Li 等[28]基于 Pb^{2+} 诱导的富 G 的 DNA 构象转换，以结晶紫作为 G 四联体结合指示剂，开发了一种灵敏、选择性的 Pb^{2+} 安培传感平台。T30695 分子 3'端含有硫醇基团，在 Pb^{2+} 存在下可诱导折叠成分子内 G 四联体结构。通过 Au 和 S 相互作用自组装在电极表面后，表面用 2-巯基乙醇封闭，形成混合单层。Pb^{2+} 的加入会导致 DNA 从随机卷曲到稳定的 G 四联体的构象转换。由于 G 四联体的数量依赖于 Pb^{2+} 的浓度，循环伏安法的电化学响应随着 Pb^{2+} 浓度的增大而增大。这一传感平台简单、方便、可靠，而且省去了繁琐的程序或精密设备的使用，有望量化更广泛的分析物。

酶也可以修饰电极，用于检测部分离子，其主要原理是酶抑制。一些酶，如乙酰胆碱酯酶和碱性磷酸酶等，对重金属离子等有毒物质极为敏感。重金属离子对酶的毒性作用通常是由于它们与活性位点/中心或附近的硫醇基团结合，产生不可逆抑制，从而使对应的氧化电流降低。印度浦那大学 Bagal-Kestwal 等[29]利用超微电极制备和表征了电化学蔗糖生物传感器，用于检测重金属离子 Hg(Ⅱ)，Ag(Ⅰ)，Pb(Ⅱ) 和 Cd(Ⅱ)。用包埋在琼脂糖瓜尔胶中的蔗糖酶和葡萄糖氧化酶修饰直径 $25\mu m$ 的超微电极，并通过水接触角的测定，观察了琼脂糖瓜尔胶复合基体的亲水性，良好的亲水性使基质和抑制剂在膜上的快速扩散成为可能，并可能提高该传感器的灵敏度。分光光度法和电化学循环伏安法研究表明，重金属离子浓度与转化酶抑制程度呈线性关系，且毒性顺序为 $Hg^{2+}>Pb^{2+}>Ag^+>Cd^{2+}$。通过对样品的检测，验证了该电化学生物传感器的可靠性，其检测结果与传统光度法的检测结果具有可比性。

多肽也是电极修饰的研究对象之一。多肽由氨基酸连接形成，20 种主要氨基酸分别是：丙氨酸、精氨酸、天冬酰胺、天冬氨酸、半胱氨酸、谷氨酸、谷氨酰胺、甘氨酸、组氨酸、异亮氨酸、亮氨酸、赖氨酸、甲硫氨酸、苯丙氨酸、脯氨酸、丝氨酸、苏氨酸、色氨酸、酪氨酸和缬氨酸。韩国成均馆大学 Su 等[30]发现了一种七肽，可以选择性地结合 Pb^{2+}，然后将这种 Pb^{2+} 亲和肽作为探针固定在多孔金电极上。电极修饰时，首先，打磨金电极并在过氧化氢/硫酸溶液中清洗 15min，用蒸馏水冲洗，然后在硫酸溶液中进行循环伏安法扫描直到曲线稳定。电极在进一步修饰之前再次用蒸馏水清洗。以

HAuCl$_4$ 和 NH$_4$Cl 为电解质，采用电化学沉积法制备多孔金电极。对修饰的外加电位、沉积时间和电极距离等进行优化，以获取更好的多孔金层的形貌，并利用硫酸的循环伏安法还原峰来计算多孔金层电化学沉积后电极表面积的增加。洗涤干燥后，将多孔金电极浸入已用氮气除气的含有 TAA 的 LiClO$_4$/ACN 溶液中，并在室温下施加 1.5V 的恒定电势 15s。电极在 MES 缓冲液中孵育 15min，引入活性羧基团，然后转移到含 Pb^{2+} 亲和肽的 MES 缓冲液中孵育 1h，使肽与聚噻吩乙酸共价结合，最后在 BSA/PBS 溶液中封闭 1h，并置于 4℃醋酸铵缓冲液中保存。该生物传感器采用方波伏安法检测 Pb^{2+}，具有快速、选择性好和可重复性高等优点，而且，再生后可以多次使用，具有拓展实际应用的潜力。

导电聚合物（Conducting Polymer，CP）是一类重要的有机功能材料，因其独特的物理和电学特性、价格低廉、易于合成而得到了广泛的应用，同时，导电聚合物作为一种适合生物分子固定化的基质，在生物传感器领域的应用更为广泛[31]。导电聚合物的导电性首次在聚乙炔中观察到，聚乙炔被碘蒸汽氧化后电导率提高了 10 个数量级。聚乙炔在空气中的不稳定性促进了各种新型导电聚合物的发现，包括聚吡咯、聚苯胺、聚薁、聚芴、聚噻吩、聚对噻吩、聚三噻吩和聚萘胺等。导电聚合物在其原始状态下通常表现出半导电性，但可以通过掺杂使其导电性增强，特别是在电化学应用领域。同时，为了克服导电聚合物的这一缺点，人们也对导电聚合物的复合材料进行了研究，使其应用领域更为广泛。

聚吡咯（Polypyrrole，PPy）是最有前途的导电聚合物之一，它是由吡咯通过化学或电化学聚合形成的。聚吡咯及其与各类纳米材料的复合材料已作为电化学电极材料，用于电化学检测。中国科学院智能机器研究所仿生功能材料与传感器件研究中心 Zhao 等[32]利用聚吡咯/还原氧化石墨烯纳米复合材料对 Hg^{2+} 的高选择性吸附实现了 Hg^{2+} 的电化学选择性检测。实验发现，由于聚吡咯/还原氧化石墨烯对 Hg^{2+} 的亲和力更大，Cu^{2+}、Pb^{2+}、Cd^{2+}、Zn^{2+} 和 Hg^{2+} 混合溶液中的金属离子 Hg^{2+} 能与吡咯单元中的氮以 1:4 的比例选择性地络合，对 Hg^{2+} 的吸收几乎与在裸汞离子溶液中观察到的吸收相同。当采用方波阳极溶出伏安法时，吸附的 Hg^{2+} 在一定电位下还原为 Hg^0，并在鉴定 Hg^{2+} 的电位范围内得到阳极溶出电流。这一方案也为提高离子的电化学传感的选择性开辟了一条新途径。

3.4 比色法光学离子传感器

3.4.1 概述

比色法光学传感器是一种化学传感器，利用识别元件选择性地与待分析物发生物理、化学反应，从而发生理化性质的改变，经过信号转换器将这些改变的信号参数转化为光学信号（颜色变化，吸光度改变等）用于定性与定量分析，是可选择性对目标检测物产生响应和分析检测的一类装置。比色分析具有简单、快速、灵敏度高等特点，广泛应用于微量组分的测定。

1. 比色法的分类

常用的比色法有两种：目视比色法和光电比色法。目视比色法是将物体反应后颜色同之前利用标准试样溶液配制而成的标准色阶进行比较，目视找出最相近的颜色，确定待测组分的含量。最开始的目视比色法为标准系列法。在比色管中分别加入一系列体积相同浓度不同的标准溶液和待测液，在实验条件相同的情况下，再加入等量的显色剂和其他试剂，然后从管口垂直向下观察，比较待测液与标准溶液颜色的深浅。若待测液与某一标准溶液颜色深度一致，则说明两者浓度相等，若待测液颜色介于两标准溶液之间，则取其算术平均值作为待测液浓度。

光电比色法是在光电比色计上测量一系列标准溶液的吸光度，将吸光度对浓度作图，绘制工作曲线，然后根据待测组分溶液的吸光度在工作曲线上查得其浓度或含量的方法。与目视比色法相比，光电比色法消除了主观误差，提高了测量准确度，而且可以通过选择滤光片和参比溶液来消除干扰，从而提高了选择性。随着光学仪器制造技术的发展，光电比色计，紫外-可见分光光度计应用日益普及，分光光度法也随之逐渐代替了目视比色法。

目视比色法和光电比色法都以朗伯-比尔定律（Lambert-Beer law）为基本定律。朗伯-比尔定律是描述物质对某一波长光吸收的强弱与吸光物质的浓度及其液层厚度间的关系的规律。物理意义是当一束平行单色光垂直通过某一均匀非散射的吸光物质时，其吸光度 A 与吸光物质的浓度 c 及吸收层厚度 b 成正比，而与透光度 T 成反相关。其数学表达式为

$$I_0 = I_t + I_a \quad (3-4-1)$$

$$T = I_t / I_0 \quad (3-4-2)$$

$$A = \log(I_0/I_t) = \log(1/T) \tag{3-4-3}$$

$$A = \varepsilon bc \tag{3-4-4}$$

式中：I_0 为入射光光强；I_t 为透射光光强；I_a 为吸收光光强；T 为透光度；A 为吸光度；ε 为吸光系数；b 为介质厚度；c 物质浓度。朗伯-比尔定律的使用条件为：①入射光为平行单色光且垂直照射；②吸光物质为均匀非散射体系；③吸光质点之间无相互作用；④辐射与物质之间的作用仅限于光吸收，无荧光和光化学现象发生；⑤适用范围，吸光度在 0.2~0.8 之间。

2. 比色法的显色剂

比色法是以生成有色化合物的显色反应为基础的，一般包括两个步骤：首先是选择适当的显色试剂与待测组分反应，形成有色化合物，然后再比较或测量有色化合物的颜色深度。比色分析对显色反应的基本要求是反应具有较高的选择性，即选用的显色剂只与待测组分反应，而不与其他干扰组分反应或其他组分的干扰很小；反应生成的有色化合物有恒定的组分和较高的稳定性；反应生成的有色化合物有足够的灵敏度，摩尔吸光系数一般应在 10^4 以上；反应生成的有色化合物与显色剂之间的颜色差别较大。选用的显色剂可以是一种试剂，也可以是两种不同的试剂。常用的显色剂有氧化还原指示剂、纳米颗粒、有色配合物化合物、化学响应性染料等。

氧化还原指示剂通过底物和指示剂发生氧化还原反应时氧化形式和还原形式之间溶液颜色发生急剧变化来检测底物的浓度。其中应用最广泛的氧化还原指示剂是 3,3′,5,5′-四甲基联苯胺（Tetramethylbenzidine，TMB）。TMB 是辣根过氧化物酶的底物。TMB 稳定性好，成色无须避光，无致突变作用，广泛运用于酶联免疫吸附测定试剂盒，是最常见的氧化还原指示剂。TMB 具有高度的脂溶性，易形成多聚体，会在辣根过氧化物酶活性部位产生深蓝色沉淀物。深蓝色产物目视明显，因此常用于比色分析中。加强酸终止反应，产物由蓝色变为黄色，利于吸光光度法的检测。

另一种常用的比色检测是使用纳米颗粒。纳米颗粒在生物分子检测中起着至关重要的作用，因为纳米颗粒可以用抗体、抗原或寡核苷酸标记，并且它们的光学特性可以肉眼观察识别。金属纳米粒子的光学特性归因于表面等离子共振效应（Surface Plasmon Resonance，SPR），这会在可见光-紫外吸收光谱中产生明确定义的吸收带。但是许多特性会影响 SPR 效应，进而影响其带强度和最大波长，包括周围介质的介电常数，纳米颗粒组成的特定特征以及纳米颗粒的大小和形状。

金纳米颗粒具有独特的物理和化学特性，使其成为检测中最常见的金属颗粒。与将其用作生物传感器的同类产品相比，金纳米颗粒具有许多优势。首先，金纳米颗粒化学性质稳定，并且有多种合成途径。其次，它们具有独特的光学和电化学性质，这在很大程度上取决于颗粒的大小，形状和聚集状态，并且可以轻松进行微调。金纳米颗粒的颗粒大小，几何形状的任何变化会改变局部电子状态，从而表面等离子共振吸收最大值和胶体溶液的颜色也随之改变。例如，13nm 大小的金纳米颗粒溶液为红色，在 520nm 处有一个吸收峰，随着颗粒大小的增加，吸收峰出现红移，溶液逐渐变为蓝色。而且，金纳米颗粒可以和各种有机和生物配体分子缀合，从而达到检测各种分子的目的。

银纳米颗粒胶体悬浮液最常见的颜色是黄色，但它们可以呈现多种颜色，包括橙色、红色、绿色甚至灰色。通常的做法是采用银来增强胶体金溶液形成核-壳颗粒。此过程可大大提高胶体金的可见度，从而可以将检测限提高几个数量级（从纳摩尔到皮摩尔范围）。

纳米颗粒也可以从非金属来源制备，包括聚合乳胶或碳点。乳胶纳米颗粒具有均一的尺寸分布，可以用不同的颜色染色，因此可以用于在单个平台上检测不同的分析物（多重测定）。这些聚合物颗粒具有较大的表面积，可以吸附蛋白质。其主要受介质的 pH 和离子强度影响。碳点具有多种形式和粒径，是金属纳米颗粒的低成本且无毒的替代品。

有色配合物化合物是比色检测的另一种有用方法。化合物和目标分子发生络合反应，可产生有色产物。也可以使用金属络合指示剂，是由于当金属中心与目标分析物相互作用时，金属离子从先前的络合物释放出来，可用于选择性检测阴离子，例如硫化物。

化学响应性染料是由于其所暴露的化学环境的变化而改变颜色的化合物。这些物质包括金属卟啉、pH 指示剂和溶剂变色染料。当使用带有多变量数据分析的数组时，系统的功能将最大化。随着科技的发展，比色法又有了新的发展，由于平板扫描仪、数码相机或手机摄像头等便携式仪器的普及，可以将颜色变化通过红色、绿色、蓝色通道转化为数据，通过数据分析方法和软件分析输出结果，避免了因为眼睛观察存在主观误差，提高检测准确性。接下来将介绍几种基于不同便携式仪器的离子比色传感器。

3.4.2 基于智能手机的比色传感器

利用智能手机的检测是一种低成本检测方法，可用于定量分析。手机轻巧、便携、便宜，几乎不需要培训即可操作，并且具有数据传输的能力。智能手机是具有类似的操作系统、内部存储器和高品质相机镜头的微型计算机。

智能手机结合纸基微流控传感器可使传感器进一步便携化。纸基传感器通过毛细作用使分析物溶液移动到测试区域，从而与反应区的试剂发生反应，然后出现明显的颜色变化，利用智能手机自带的摄像头进行拍摄，并用软件分析，可对多种分析物进行完全定量分析，增加准确性。以下介绍了几种基于智能手机和纸基微流控检测离子的例子。

复旦大学 Chen 等[33]使用切割机将玻璃纤维纸切割开发了纸基比色传感器检测 Hg^{2+} 离子。检测区预装有受体 TMB 和过氧化氢（H_2O_2），以提高催化活性。将铂纳米颗粒与含有 Hg^{2+} 离子的水混合，孵育 2min 后加入到检测区域，铂纳米颗粒会催化 TMB 的氧化，在纸基上出现蓝色，但是溶液中的 Hg^{2+} 会和铂纳米颗粒相互作用，从而抑制氧化能力，导致蓝色强度降低。该传感器对 Hg^{2+} 检出限为 0.01μmol/L。西班牙巴伦西亚大学 Chaiyo 团队[34]用蜡印刷法制成纸基比色传感器，基于十六烷基三甲基溴化铵修饰的银纳米颗粒检测 Cu^{2+} 离子。将改性的银纳米颗粒涂在纸的测试区上，加入硫代硫酸盐用作催化剂，在存在铜离子的情况下，Cu^{2+} 可氧化改性银纳米颗粒/硫代硫酸盐导致粒径减小，纸基颜色瞬间从紫红色变为无色。该设备可以检测高达 $1.0×10^{-3}$ mg/L 的铜离子。蒙古特国王理工大学通布里分校 Ratnarathorn 等[35]同样使用银纳米颗粒比色检测铜离子。合成的银纳米颗粒被 L-半胱氨酸和二硫苏糖醇修饰，并装载在检测区。在铜离子的存在下，由于 L-半胱氨酸的氧化和银纳米颗粒的聚集，颜色从黄色变为橙色甚至绿褐色。铜离子的检出限为 $5.0×10^{-4}$ mg/L。大连化学物理研究所 Feng 等[36]用蜡印刷法制造了富集型纸基微流控传感器，使用吡啶基偶氮螯合指示剂形成比色传感器阵列检测重金属离子。与常规的纸基微流控传感器相比，该传感器最多可保留 800μL 的样品溶液，表现出了出色的灵敏度。由于重金属离子的相似性，通常不容易通过简单使用比色试剂来区分。该比色传感器阵列可对银、镉、铜、汞、镍、铅、锌、钴八种重金属离子同时检测，浓度皆低至 50μmol/L。这些吡啶基偶氮螯合指示剂均未显示出对任何单个重金属离子的特异性选择性，但八种指示剂的组合交叉反应提供了对多种重金属离子的区分能力，可以在不到 5min 的时间内从阵列颜色变化中轻松识别大多数重金属离子。但基于手机摄像头的方法仍具有一些缺点，由于光照条件，成像角度，阴影和焦距的变化，会导致检测差异较大。通过固定设备、光照条件和角度或者和其他设备耦合可以改善这个问题。

浙江大学开发了一种基于智能手机的仿生电子眼，如图 3-4-1 所示，可实现智能高通量的同时检测，系统组成如图 3-4-1（a）所示。其结构中包括硬件装置和智能手机，硬件装置可将智能手机固定，从而固定其拍照角度和焦距，同时提供了稳定的光照，隔绝外部光源的干扰。智能手机实现数据采集、数据分析和数据分享等功能，检测和数据分享流程图如图 3-4-1（b）所示。通过在智能手机中编写相应的算法程序，能实现对样品的快速检测。算法同时采用两种颜色模型，RGB（Red、Green、Blue，即红、绿、蓝）和 HSV（Hue、Saturation、Value，即色调、饱和度、明度）模型。HSV 颜色模型通过 RGB 颜色模型公式转换，能够有效抑制 RGB 中重叠的敏感波长范围，使结果更逼近窄带光源透射结果，提高检测灵敏度。

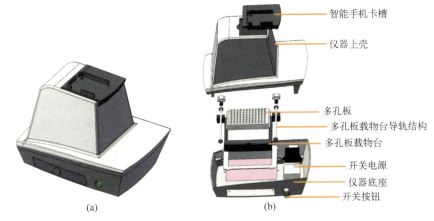

图 3-4-1　基于智能手机的仿生电子眼
（a）仪器结构示意图；（b）仪器结构分解示意图。

$$H' = \begin{cases} 0 & \max(R,G,B) = \min(R,G,B) \\ 60 \times \dfrac{(G-B)}{\max(R,G,B) - \min(R,G,B)} & R = \max(R,G,B) \text{ 且 } G \geqslant B \\ 60 \times \dfrac{(G-B)}{\max(R,G,B) - \min(R,G,B)} + 360 & R = \max(R,G,B) \text{ 且 } G \leqslant B \\ 60 \times \dfrac{(B-R)}{\max(R,G,B) - \min(R,G,B)} + 120 & G = \max(R,G,B) \\ 60 \times \dfrac{(R-G)}{\max(R,G,B) - \min(R,G,B)} + 240 & B = \max(R,G,B) \end{cases}$$

(3-4-5)

$$H=\frac{H'}{360} \tag{3-4-6}$$

$$S=\begin{cases}0, & \max(R,G,B)=0\\ \dfrac{\max(R,G,B)-\min(R,G,B)}{\max(R,G,B)}, & 其他\end{cases} \tag{3-4-7}$$

$$V=\frac{\max(R,G,B)}{255} \tag{3-4-8}$$

美国康奈尔大学 Erickson 团队[37]利用智能手机结合其他设备，开发了一种新型的比色传感器检测汗液和唾液的 pH。系统由智能手机外壳、应用程序和测试条组成。外壳上有一个插槽，可在其中插入测试条，以使用手机相机进行比色分析；还设有一个空间可储存 6 条其他测试条。测试条用于收集汗液或唾液样本，然后将测试条插入设备中进行分析。测试条包含三维打印的指示条、参考条和闪光扩散器。指示条包括 9mm×4mm 检测范围为 5.0~9.0 和 1.0~14.0 的 pH 试纸，分别用于检测汗液和唾液。参考条由白色塑料制成，用于检测由于光线条件不同或用户错误而导致的智能手机相机白平衡的变化。闪光扩散器由 2mm 厚的聚二甲基硅氧烷膜组成，目的是减少在不同光照条件下读数的变化，它可以使智能手机闪光灯发出的光线扩散并均匀地照亮测试条的背面。此外，外壳由不透明的黑色材料三维打印而成，以隔绝外部干扰。

大多数基于智能手机的离子检测传感器都基于漫反射光谱法，即通过纸基表面等反射的光进行检测，浙江大学开发了一种新颖的基于智能手机的 CD（Compact Disk）光谱仪，利用分光光度法用于高灵敏度和超便携式比色分析，具有成本低和操作简便等优势。基于智能手机的 CD 光谱仪（SCDS）的设计如图 3-4-2 所示，智能手机选用 Vivo X7 型号，定制设计的不透明外壳用于连接智能手机的后置摄像头和避免环境光的干扰。CD 腔室两端分别为一个 0.2mm 高，8mm 宽的狭缝以供光线通过，另一个末端是一个倾斜度为 60°的斜面，斜面上 CD 片段作为透射光栅，并用胶带将反射层除去，以便通过互补金属氧化物半导体（Complementary Metal Oxide Semiconductor，CMOS）传感器捕获一阶衍射光谱。检测过程为：光源透过紧贴狭缝的石英比色皿，落在 CD 腔室的 CD 段上，CD 片段将光分散到智能手机的 CMOS 传感器上，从而将光谱分量分离成一个多色带，并用手机摄像头拍摄下多色带的照片。光源与狭缝之间的距离以及相机的参数均经过优化，以实现最佳分析性能。从原始图像中选择 530 像素×150 像素的重点区域，采用从原始 RGB 颜色模型转换而来的 HSV 颜色模型，并使用 V 值计算图像分析中的强度。

$$V=\frac{\max(R,G,B)}{255} \quad (3-4-9)$$

式中：R、G、B 分别代表红色、绿色、蓝色通道的值；V 代表亮度值。波长值与像素位置值之间的变换关系是通过使用 5 个不同波长的常规激光二极管在相同的实验条件下进行试验建立的。当 5 个具有不同波长的激光二极管依次在 CD 光谱仪上照明时，会在每个采集的图像中沿光谱方向的不同位置产生一条清晰的带，利用已知的激光波长和其对应的像素位置，可以建立波长值与像素位置值之间的线性关系。最终，CD 光谱仪覆盖的光谱范围从 400nm～680nm，单像素波长分辨率为 0.4330nm/像素。

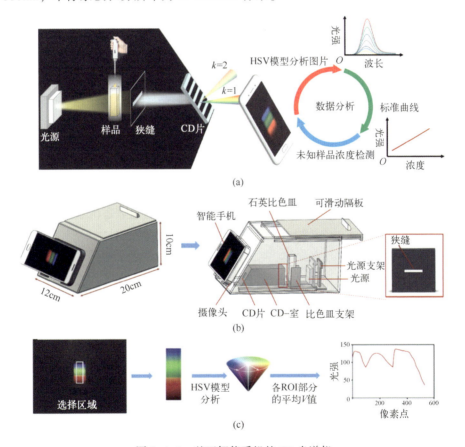

图 3-4-2　基于智能手机的 CD 光谱仪
（a）SCDS 系统的工作原理图；（b）SCDS 系统结构；（c）SCDS 系统的图像处理。

CD光谱仪首先用于牛血清白蛋白的比色检测，检测限为0.0073mg/mL，比微量滴定板读数器优越。此外，通过结合3,3',5,5'-四甲基联苯胺-二氧化锰（TMB-MnO$_2$）纳米片反应，建立了高灵敏，特异性强的抗坏血酸检测系统。检测范围为0.6250~40μmol/L，抗坏血酸检出限为0.4946μmol/L。与其他研究相比，CD光谱仪具有广泛的检测范围、低成本、检测敏感等优点。

3.4.3 基于扫描仪的比色传感器

扫描仪同样具有成本低，便携化的优点，与智能手机不同的是，扫描仪的环境光照都是可控且固定的。扫描仪使用与漫反射光谱相同的原理，但是利用滤光片将光分为3或4个波长范围。无论是一次读取还是连续读取，平板扫描仪在整个测试板的焦距和照明条件是固定的，意味着该方法具有更好的重现性和更好的品质因数。如图3-4-3所示，当前主要有两种类型的平板扫描仪技术：①基于电荷耦合器件（Charge-Coupled Device，CCD）的系统，该系统将单个成像镜头与一维传感器阵列结合使用；②基于接触式图像传感器（Contact Image Sensor，CIS）的系统，使用梯度折射率透镜阵列（也称为自聚焦透镜阵列）来创建单位放大图像。在基于CCD的扫描仪中，CCD芯片的长度通常在几厘米的数量级上，因此，通过透镜进行放大以能够成像样品的整个视场。通常基于CCD的扫描仪系统具有更长的景深，这使其适合用于平面之外的图像样本，例如培养皿中的样本。但由于光学系统被设计为可对

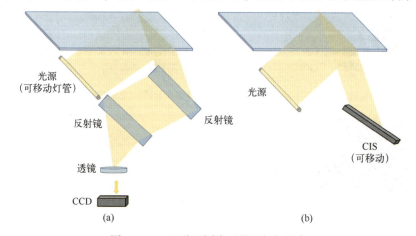

图3-4-3　两种不同类型的平板扫描仪

(a) 基于CCD的扫描仪中的光学设置示意图；(b) 基于CIS的扫描仪中的光学设置示意图。

纸张成像，较厚的物体可能会导致严重的变形，尤其是在物体边缘附近。

在基于 CIS 的扫描仪设备中，传感器的长度与成像区域的长度相同。这通常是通过使用多个较短的光电传感器并排放置而实现的。这会导致在传感器阵列连接点处出现小间隙（40μm），从而产生空间不连续性（即死点），通常可以忽略不计。这些传感器的像素大小约为 5~10μm。大幅面像素具有更好的噪声特性和灵敏度，通常可以减少扫描时间。此外，由于样品平面的图像是通过梯度折射率透镜阵列中继的，因此基于 CIS 的光学系统的景深比基于 CCD 的扫描仪小得多。

在比色实验中，通常需要使用工厂提供的扫描仪软件获取图像，并利用各种颜色模型进行后期处理。最常使用的模型为 RGB 模型，其他例如 CYMK（青、品红、黄、黑）模型或 HSV 模型也均有使用。美国伊利诺伊大学 Suslick 研究小组开发了各种比色测定法，并使用平板扫描仪将其数字化。最先是利用金属卟啉染料选择性响应蒸汽中的醇、胺、芳烃、醚、卤代烃、酮、膦等物质，利用疏水膜上印刷疏水染料制备传感器阵列定量识别溶解在水中的各种有机物，使用多孔纳米颜料增加阵列的稳定性和耐用性，以鉴定毫摩尔浓度的天然和人造甜味剂。

其他研究小组也已使用平板扫描仪将比色测定数字化。俄罗斯莫斯科国立大学 V. V. Apyari[38-39] 提出聚氨酯泡沫作为用于测定亚硝酸盐的固体聚合物试剂。该测定基于在酸性介质中聚氨酯泡沫的末端甲苯胺基团与亚硝酸盐的重氮化，然后将聚合的重氮阳离子与 3-羟基-7，8-苯并-1，2，3，4-四氢喹啉偶联形成聚合偶氮染料，检出限为 4~0.7ng/mL。若聚氨酯泡沫末端甲苯胺基团也可和测定芳族醛反应生成有色的聚合物 Shiff 碱，有望用于监测环境中的芳香醛。

伊朗设拉子大学 Abdolkarim Abbaspour 等[40] 通过将离子载体固定在不透明的多孔材料上，利用平板扫描仪构建了传感器阵列检测 pH 值、Fe（II）和 Fe（III）。pH 的检测基于商用的多色 pH 试纸，通过平板扫描仪检测试纸的图像，利用编写的软件将色带的图像转换为 RGB 数据，使用带有 Solver 的多线性数学模型分析了所得图案，可高精度的分析样品 0~14 范围内的 pH 值，精确度到小数点后两位。1，10-菲咯啉作为 Fe（II）的显色试剂，与 Fe（II）形成红色络合物，4-甲基-2，6-双（羟甲基）苯酚，4-氯-2，6-双（羟甲基）苯酚和 4-溴-2，6-双（羟甲基）苯酚用作 Fe（III）的显色试剂，与 Fe（III）形成紫色络合物。将生色试剂分别多次滴加在 TLC 的表面上，形成传感器阵列，使用扫描仪记录每个色带的图像。用光点上空白的 RGB 颜色强度

参比,通过公式来确定 R、G、B 三个"有效强度"值。公式如下:

$$A_R \approx -\log \frac{I_R}{I_{R0}} \tag{3-4-10}$$

$$A_G \approx -\log \frac{I_G}{I_{G0}} \tag{3-4-11}$$

$$A_B \approx -\log \frac{I_B}{I_{B0}} \tag{3-4-12}$$

式中:A_R、A_G 和 A_B 是指三个原色的有效吸光度值;I_R、I_G 和 I_B 分别对应红色、绿色和蓝色光强度的平均值;I_{R0}、I_{G0} 和 I_{B0} 为空白对照组的平均光强度。最终 Fe(II)和 Fe(III)的检测范围分别为 $1.0×10^{-2} \sim 5.0×10^{-5}$ mol/L 和 $1.0×10^{-2} \sim 1.0×10^{-4}$ mol/L。

澳大利亚墨尔本大学 Jayawardane 等[41]利用纸基材料和扫描仪检测土壤中的磷酸盐。纸基微流控系统由两层滤纸组成,每层滤纸均具有 5×3 的亲水性区域。疏水层印刷烷基烯酮二聚体,亲水层加入酸性钼酸盐和抗坏血酸还原剂。将滤纸仔细折叠,使相应的钼酸盐和还原剂区域对齐。在两层滤纸之间插入一层聚合物片,然后将整个组件层压在一起,使用普通的有光泽或耐紫外线的小袋包装。用活检打孔器在每个隔片的一侧打孔,以利于添加样品。使用前撕下叠层末端,去除衬纸。孵育 10min 后用平板扫描仪扫描。使用 Image J 软件分析 15 个点的扫描图像,获得了红绿蓝颜色强度分布图。最终该方法对磷酸根的检测范围为 $0.1 \sim 10.0$ mg/L,检出限为 0.05 mg/L,和标准的分光光度法获得的结果之间具有一致性。该传感器相较于普通纸基微流控传感器做出了两个重要修改,以使其更适合现场应用:①在相邻的试剂区域之间添加一块聚合物片,以通过防止试剂过早混合来增强稳定性;②使用抗紫外线的层压材料来提高其光稳定性。

板扫描仪也已用于基于光吸收的分析。在这些类型的测定中,通常使用一种染料对样品染色,并且通过透射率的变化对应于目标化学物质/分析物的浓度。西班牙格拉纳达大学 Vallvey 团队[42]利用脂溶化的尼洛蓝作为生色团旋涂在聚酯基材料形成 5μm 厚的钾离子敏感膜,其传感机制依赖于含钾离子的水溶液和传感膜之间的离子交换平衡,钾离子和离子载体结合后,使生色团去质子化,随着钾离子浓度的增加,更多的生色团去质子化,使其从紫色变为蓝色。通过半透射模式的扫描仪检测传感膜的比色变化,可检测钾离子浓度。初步测试表明,不同的扫描仪,尤其是来自不同制造商的扫描仪,会产生不同的结果。Vallvey 团队通过校准使得不同扫描仪产生的色彩响应均匀化。

通过扫描仪输出的颜色生成国际色彩协会配置文件,并通过一些颜色管理软件如 Silverfast 等计算转换比率。这样,将克服每个设备的输入和输出的差异,并将图像数据转换为正确的颜色。

3.4.4 基于示数型试纸条的比色传感器

智能手机、扫描仪、手持比色计等手持设备的可访问性和成本对于资源贫乏地区的应用仍然是一个很大的挑战,因此无设备检测也显示了广阔的实际应用前景。无设备检测一般使用的材料为试纸。纸无处不在,低成本、灵活、可抛弃、环保,作为一种新兴的微流体平台,在现场即时检测中引起了广泛的关注。此外,纸受益于其毛细管现象在构建用于一步测定和无须设备测定的集成设备方面显示出巨大的潜力。但是,无设备试纸的检测通常仅限于定性结果,即通过提供"是"或"否"信号进行读数,或是通过将反应区的比色输出与预先建立的校准色卡进行比较,从而估算出样品中分析物的浓度范围的半定量读数。pH 试纸是具有半定量比色读数的最著名示例之一。酸碱指示剂固定在试纸上,与样品接触后,与样品 pH 值相关的颜色会发生变化,用户可通过与印在纸上的色标进行比较来估算样品中 H^+/OH^- 的浓度范围。近年来,由于具有价格便宜,突出的便携性和出色的用户友好性等特点,具有定量读数功能的纸质设备受到了广泛的关注。这些无须设备的策略已被证明能够在检测各种分析物中具有良好的性能,例如金属离子、核酸和细胞,因此在资源有限的环境中这种即时检验方式显示出了巨大的潜力。这些定量试纸输出其定量结果的方式包括距离、计数、颜色显示时间和文本,如图 3-4-4 所示。

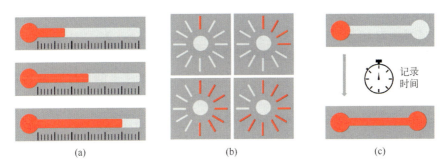

图 3-4-4 基于示数型试纸条的比色传感器
(a)基于距离定量输出试纸条;(b)基于计数定量输出试纸条;(c)基于时间定量输出试纸条。

1. 基于距离的定量读出试纸条

在基于距离的定量读出策略中,检测信号被转换为纸张上颜色变化的距离,其中视觉上有色区域的长度与目标浓度有关。为了实现此策略,通常需要在纸上使用微通道来预先存储显色剂。将样品引入通道后,分析物沿通道迁移并与生色剂反应,从而导致纸张网络中出现不溶的有色沉淀。直到分析物完全耗尽,反应才停止,并且可以用肉眼捕获距离。

第一个基于距离的读数概念是由美国科罗拉多州立大学 Henry 小组[43]于 2013 年提出的。该设计涉及由疏水蜡制成的类似温度计的通道,该通道包含用于样品引入的圆形储液槽和用于反应的直线通道。显色剂沿直线路径均匀地预先沉积在通道中,然后样品在毛细管力的驱动下与分析物发生反应,产生有色沉淀或聚集现象,反映出颜色变化的距离。可以通过沿着检测通道标记的标尺来测量距离,从而无须进行定量分析的设备。另外,Henry 小组还提出可以在这样的平台上实现多个目标的同时检测。例如在具有三个独立通道的基于距离的纸张设备上同时测量了三种金属离子(Ni^{2+}、Cu^{2+} 和 Fe^{2+}),其检出限分别为 1μg、5μg、1μg。

通过这种基于距离的试纸条更易于间接测量作为反应中间产物的目标分析物。瑞士日内瓦大学 Soda 等[44]开发了一种基于离子置换反应的间接检测 K^+ 的方法,该方法首先将 K^+ 用毛细管中的离子染料选择性取代,然后将这种有色染料(也用作比色指示剂)引入基于距离的纸平台上用于定量读出,可反映 K^+ 的初始浓度。此方法显示了 K^+ 检测的高选择性和高稳定性,但检测范围较窄($1\times10^{-3} \sim 6\times10^{-3}$ mol/L)。此外,厦门大学 Wei 等[45]引入酶嵌入的水凝胶以识别目标,适体对目标的特异性反应发生交联,水凝胶塌陷并释放出嵌入的酶,此时,应释放酶的量可以间接反映靶标的浓度。此外,该检测信号可以通过级联酶促反应进行扩增,具有优越的检测范围和检测限。例如,可卡因的检测范围为 $10^{-6} \sim 400\times10^{-6}$ mol/L,检测限为 3.8×10^{-6} mol/L。

2. 基于计数的定量读出试纸条

在基于计数的定量读出策略中,检测信号根据纸张上的目标转换为单独的检测区域中的颜色变化,其中通过计算颜色变化区域的数量来量化目标浓度。靶标浓度越高,着色区域的数量越多。

第一个基于计数的读出概念是由美国宾夕法尼亚州立大学 Lewis 团队[46]提出的。该设计由 8 层三维滤纸组成,包含一个中央样本加载区,该区域被 16 个均匀间隔的检测区径向包围。过氧化氢样品在中央样本加载区添加,首先垂直向下流动,然后均匀流动到 16 个区域。在其流动过程中,过氧化氢氧化裂解自制的疏水化合物,疏水化合物裂解为亲水的小分子化合物,使疏水性发生改变,预先沉积的绿色的食用色素显现出来。过氧化氢的数量在检测区上依次叠加，较高浓度的靶标消耗了更多数量的化合物，从而触发了更多区域中润湿性的变化并产生了更多有色区域。尽管此方法对于实现定量测定很简单，但三维纸设备的制造却很复杂，因为需要组装、黏合和对齐许多层。为了克服这一局限性，桂林理工大学 Zhang 等[47]提出了一种在蜡纸上的二维单纸设备。该试纸具有 24 个检测区，这些区域分别以相同浓度的 KI 和乙酸和浓度递增的 $Na_2S_2O_3$ 进行预沉积。当过氧化氢到达检测区时，首先将无色 KI 还原为一定量的有色碘化物，碘化物随后被 $Na_2S_2O_3$ 氧化为无色碘化物，但是，未反应的有色碘化物保留在检测区中，以形成有色区。因此，由于 $Na_2S_2O_3$ 在不同区域的含量梯度，较高的 H_2O_2 浓度会产生更多的有色检测区域。

3. 基于时间的定量读出试纸条

另一种无须设备的读数方式是将时间用作定量标尺。目前，有两种基于时间的策略：测量两个检测区域之间颜色出现的时间差，以及通过示踪剂从起点到终点流动来测量时间。两种基于时间的策略都依赖于目标参与反应引起的纸通道润湿能力的改变。

首次基于时间的读出方式基于疏水性聚氨基甲酸苄酯低聚物的级联解聚，该聚合能够将纸张的润湿性能从疏水性转变为亲水性。这种反应是由过氧化氢的存在引发的，过氧化氢的浓度与目标生物标志物的量呈正相关。为了进一步扩展检测到的生物标志物，桂林理工大学 Zhang 等[47]利用 3 层蜡图案纸制成利用时间检测 H_2O_2 的试纸条，如图 3-4-5 所示。试纸条由 3 层图案纸堆叠形成，第 1 层为硝酸纤维素膜，含有辣根过氧化物酶（Horseradish Peroxidase，HRP）和 TMB，第 2 层和第 3 层选择低成本滤纸制作，第 2 层滤纸含有预沉积的红色墨水，第 3 层滤纸不含试剂，用作读出层。加入样品后，水溶液从竖直方向向下浸润，将第 2 层滤纸中的红墨水溶解，使第 3 层滤纸变色，当样品中不存在 H_2O_2 时，加入的样品可以润湿其整个圆形亲水区，仅需 2.5s 即可使第 3 层滤纸全部变色，当样品中存在 H_2O_2 时，H_2O_2 与第 1 层滤纸中的 HRP 和 TMB 反应，产生有色疏水产物 TMB 聚合物，使纸张的亲水性发生了改变，使溶液浸润滤纸的时间变长，流过时间与 H_2O_2 浓度正向相关。因此，样品中的 H_2O_2 可以通过测量读出层颜色变化时间定量测量。

美国宾夕法尼亚州立大学 Lewis 团队[48]开发了另一种基于时间的纸基微流控试纸条以实现 Pd^{2+} 和 Hg^{2+} 两种类型金属离子的多重检测。其检测原理为当 Pd^{2+} 存在时，DNA 酶能够裂解非互补配对的 DNA 序列，释放与 DNA 序列结合的葡萄糖氧化酶，葡萄糖氧化酶氧化底物形成双氧水，Hg^{2+} 可与三个独立的 DNA 序列组合在一起形成双链体 DNA，从而防止带有葡萄糖氧化酶的

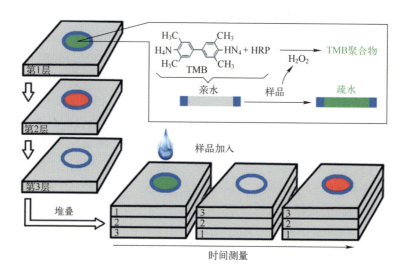

图 3-4-5　基于检测区域颜色出现的时间差定量读出试纸条检测 H_2O_2

DNA 序列流入后续通道，因此，Pd^{2+} 的存在将使下游通道变为亲水性，而 Hg^{2+} 将阻止下游通道从疏水性转变为亲水性。通过构建两组通道，可以在此试纸上同时检测 Pd^{2+} 和 Hg^{2+}。

3.5　荧光法离子传感器

　　荧光传感是基于分析物所引起的荧光团的物理化学性质变化，包括荧光强度，寿命和各向异性，这些变化与电荷转移或能量转移过程有关。相较于其他的分析方法，荧光法具有灵敏度高、选择性好以及原位实时检测等优点。近年来，国内外研究人员发展出许多种基于荧光法的离子传感器，其原理主要包括基于能量转移和电子转移。根据荧光变化的机理和现象，本节将荧光法离子传感器分为荧光"开-关"离子传感器、比率荧光离子传感器和荧光共振能量转移（Fluorescence Resonance Energy Transfer，FRET）离子传感器。荧光"开-关"和比率荧光传感器，荧光变化的机理在于待测离子直接作用于荧光团本身，引起荧光的变化。"开-关"模式的荧光传感器只有单一波长处荧光强度的变化，表现出荧光的明暗变化；比率荧光传感器表现为两个波长处荧光强度的变化，或一个波长处强度保持不变，而另一处发生改变，利用两个波长处荧光强度的比值作为测量信号，表现出荧光强度及颜色的改变。与上述两种荧光传感器不同的是，FRET 传感器同时具有荧光供体和受体，待测离子所改变的是供体和受体之间的能量传递，从而引起荧光的变化。在荧光传感器中，荧光团也从传统的有机染料发展到先进纳米材料如量子点（Quantum Dot，QD）、氧化石墨烯（Graphene Oxide，GO）、碳纳米材料、金属团簇及上转换发光纳米材料等。

3.5.1 单荧光团"开-关"离子传感器

有机物香豆素类化合物，由于具有很高的光量子产率、斯托克位移大以及光化学稳定性高等优点，被广泛应用于荧光传感器的设计中，如图 3-5-1 所示。韩国京畿大学 Kim 等[49]合成了基于香豆素的化合物Ⅰ，化合物Ⅰ分子中的硫缩醛与汞离子发生脱硫作用，硫缩醛基团水解为醛基，从而引起了荧光的猝灭。使用 393nm 的激发光，在 481nm 处检测发射光，通过荧光"开-关"实现水溶液中重金属汞的检测。韩国浦项科技大学 Cho 等[50]合成了另一种化合物Ⅱ，化合物Ⅱ本身没有荧光现象，但化合物Ⅱ在汞离子的作用下发生水解，生成具有强荧光效应的香豆素衍生物，以此原理设计了荧光"关-开"模式的荧光传感器，实现对汞离子的检测。

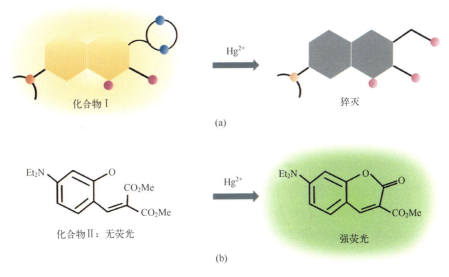

图 3-5-1 基于香豆素类化合物的荧光传感器
(a) 香豆素化合物Ⅰ荧光"开-关"传感器检测 Hg^{2+} 原理图；
(b) 香豆素化合物Ⅱ荧光"关-开"传感器检测 Hg^{2+} 原理图。

过去研究者们已经开发了许多基于荧光猝灭或增强法测定重金属离子的有机染料。但是,对于大多数有机染料来说,明显的缺点是它们的激发光谱窄,发射光谱宽和易光漂白。近年来,具有优良光学和电子性能的量子点受到广泛的关注。量子点是一种半导体纳米结构,它限制了导带电子、价带空穴或激子(导带电子和价带空穴的束缚对)在所有三个空间方向上的运动。与有机染料相比,量子点具有激发光谱宽,发射光谱窄且可调,光化学稳定性好和亮度高的优点。许多功能化的量子点如 CdS、CdSe 和 CdTe 等都被报道用于重金属离子的检测。如利用 Pb^{2+} 对巯基修饰的 CdTe 量子点的荧光猝灭作用,华中农业大学 Wu 等[51]设计了一种"开-关"模式的 Pb^{2+} 检测方法,检测的线性范围为 $2\times10^{-6}\sim1.0\times10^{-4}$ mol/L,检出限为 2.7×10^{-7} mol/L。浙江大学 Wang 等[52],设计了一种基于乙二胺四乙酸(Ethylenediaminetetraacetic Acid,EDTA)刻蚀的"关-开"模式的 CdTe/CdS 核壳量子点荧光传感器用于检测水溶液中的 Cd^{2+},乙二胺四乙酸通过在 CdTe/CdS 量子点表面进行化学刻蚀,使得量子点表面出现空穴(Cd^{2+} 识别位点),从而导致荧光的猝灭,Cd^{2+} 的引入可以选择性识别这些位点,使得乙二胺四乙酸-量子点体系的荧光恢复(检测原理如图 3-5-2 所示)。利用该体系,对 Cd^{2+} 的检出限达到 0.26μg/L,线性范围为 1~250μg/L。

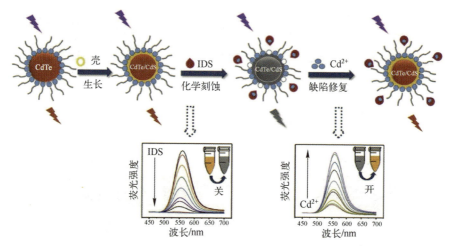

图 3-5-2 CdTe/CdS 核壳量子点传感器检测 Cd^{2+} 原理图

除了量子点之外,还有其他的纳米材料如氧化石墨烯,金属有机框架(Metal Organic Framework,MOF)等被用于设计"开-关"模式荧光传感器用于离子的检测。印度科学培养协会 Nandi 团队[53]提出了一种制备高荧光氧化石墨烯杂化物（氧化石墨烯-聚乙烯醇（Polyvinyl Alcohol，PVA））的策略，其中聚乙烯醇既充当隔离物，防止氧化石墨烯的重新堆积，也导致电子-空穴复合过程钝化，从而产生很高的荧光强度。实验发现 Au^{3+} 可以有效猝灭氧化石墨烯-聚乙烯醇的荧光，使氧化石墨烯-聚乙烯醇系统可以充当重金属离子 Au^{3+} 的特异性传感器。美国罗格斯大学 Rudd 等[54]设计和合成了新的发光金属有机框架材料 LMOF-263，该材料对重金属有极高的响应度（Hg^{2+}：3.3ng/mL；Pb^{2+}：19.7ng/mL），对重金属的响应明显高于轻金属。除此之外，LMOF-263 还可以选择性吸附 Hg^{2+}，对 Hg^{2+} 的最大吸附量达到 390mg/g，可以同时实现检测和去除水中的重金属污染物。

3.5.2 比率荧光离子传感器

比率荧光传感器通过两个特定发射波长处荧光强度的比值达到自校正效果，可以有效消除绝大多数的环境干扰，并且有明显的颜色变化而不仅是强度变化，可用于可视化检测。中国科学技术大学 Bao 等[55]设计并制备了基于 bis-Oxn 的衍生物 I 作为一种新型传感器，该传感器可以将 Cd^{2+} 与 Zn^{2+} 区分开（如图 3-5-3（a）所示），同时具有荧光强度和发射峰位移的变化。衍射物 I 的荧光图谱只在 443nm 处有微弱的蓝色荧光发射峰，但当溶液中加入 Cd^{2+} 时，产生出强烈的黄绿色荧光。在荧光图谱上表现为，随着 Cd^{2+} 浓度的增加，在 443nm 处的发射强度逐渐降低，并在 525nm 处出现一个新的强度显著增强且伴随红移的峰（如图 3-5-3（b）所示）。两处荧光强度的比值（F_{525nm}/F_{443nm}）与 Cd^{2+} 浓度存在线性相关性，检出限可以达到 20nmol/L。

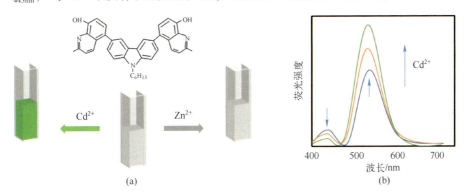

图 3-5-3　比率荧光传感器
(a) 衍生物 I 检测 Cd^{2+} 及其对 Zn^{2+} 的区分能力示意图；
(b) 衍生物 I（20μmol/L）传感器对不同浓度 Cd^{2+} 响应的荧光光谱图（激发波长为 360nm）。

兰州大学 Dong 等[56]报道了一种基于 1,8-萘酰亚胺和炔烃共轭物的非硫探针Ⅰ,通过调节 pH 值,实现了对 Hg^{2+} 和 Au^{3+} 的比率荧光传感。pH 在中性条件下传感器对 Hg^{2+} 有特异性,通过调节 pH 到碱性,传感器又对 Au^{3+} 表现出选择性(如图 3-5-4 所示)。在 4-(2-羟乙基)-1-哌嗪乙磺酸(4-(2-hydroxyethyl)-1-piperazineethanesulfonic acid,HEPES)缓冲液(0.01M,pH=7.4)(0.05% 二甲基亚砜(Dimethyl Sulfoxide,DMSO))中使用 5μM 探针Ⅰ溶液进行 Hg^{2+} 的荧光滴定。当 Hg^{2+} 加入到溶液中时,荧光强度在 543nm 处显著降低,在 486nm 处的荧光增加,509nm 处保持恒定,显示出明显的比例荧光变化。486nm 和 543nm 处的荧光强度比率随 Hg^{2+} 浓度线性增加(0.01~10μmol/L),检出限为 0.05μmol/L。而在 MeOH~H_2O(95:5v/v,pH=9.0)缓冲液中,随着 Au^{3+} 浓度(100~150μmol/L)的增加,509nm 和 473nm 处的荧光强度比率呈线性增加,并且还观察到荧光颜色由绿色变为蓝色。这项工作提供了一种新颖的基于反应原理选择性识别离子的方法,并且有显著的荧光颜色变化。

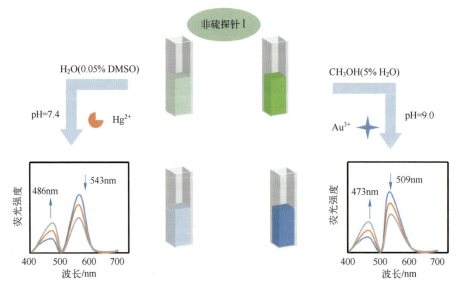

图 3-5-4 非硫探针Ⅰ通过调节 pH 值实现对 Hg^{2+} 和 Au^{3+} 的比率荧光传感示意图

浙江大学 Wang 等[57]在之前的乙二胺四乙酸刻蚀的"关-开"模式的 CdTe/CdS 核壳量子点荧光传感器基础上,继续探究了基于量子点的比率荧光传感器。通过聚乙烯醇连接 CdTe/ZnS/CdS 量子点和异硫氰酸荧光素(Fluorescein Isothiocyanate,FITC),聚乙烯醇在 QD-PVA 聚合物连接中具有低成本和绿色环保的优点,且连接过程中没有多余的配体交换和纯化,荧光的损耗也非常低。检测的原理如图3-5-5(a)所示,在CdTe/ZnS/CdS QD荧光团的表面上使用乙二胺四乙酸刻蚀产生Cd^{2+}识别位点,导致620nm处的荧光猝灭,这可以被Cd^{2+}特异性识别。而在此过程中,FITC在520nm处的荧光强度基本上保持不变,这提供了内置校正功能以实现参比效果。随着Cd^{2+}的浓度逐渐增加,量子点荧光团的荧光强度(620nm)逐渐恢复,异硫氰酸荧光团的荧光强度(520nm)依旧保持不变(如图3-5-5(b)所示)。利用520nm和620nm发射波长处的荧光强度比值(F_{QD}/F_{FITC})作为检测信号。F_{QD}/F_{FITC}与Cd^{2+}的浓度呈线性关系且表现为两段线性(如图3-5-5(c)所示),线性范围为1~800μg/L和800~2000μg/L,检出限为0.3μg/L。此外,该研究使用智能手机作为便携式检测工具,使用红色(Red,R)和绿色(Green,G)通道的比值R/G作为检测信号,同样也发现其与Cd^{2+}的浓度呈线性关系,实验结果也十分可观(如图3-5-5(d)所示)。

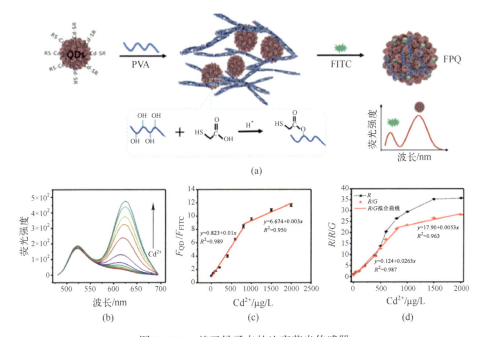

图3-5-5 基于量子点的比率荧光传感器

(a) PVA连接的CdTe/ZnS/CdS量子点和FITC纳米复合材料合成过程示意图;
(b) Cd^{2+}诱导的620nm处荧光恢复(520nm处保持不变);
(c) 酶标仪测得的F_{QD}/F_{FITC}对Cd^{2+}浓度的响应曲线;
(d) 基于智能手机的便携式检测仪测得的Cd^{2+}浓度响应曲线。

3.5.3 FRET 离子传感器

FRET 是一个非辐射过程,激发态的供体 D(通常是荧光团)通过长距离偶极-偶极相互作用将能量转移到附近的基态受体 A。受体必须在供体的发射波长处吸收能量,即受体的激发带与供体的发射带有重叠,但不一定要以荧光的方式释放能量(如图 3-5-6 所示)。FRET 分析的性能主要由三个因素决定:荧光供体、荧光受体和供体与受体之间的距离[58]。能量传递效率为

$$E = \frac{1}{1 + \left(\dfrac{R}{R_0}\right)^6} \qquad (3\text{-}5\text{-}1)$$

式中:R 代表供体和受体之间的距离;R_0 即福斯特(Forster)半径,是当能量传递效率为 50% 时的距离。FRET 能量传递效率与距离的六次方之间存在近似反比关系,R_0 为

$$R_0^6 = \frac{9(\ln 10)}{128\pi^5 N_A} \frac{k^2 Q_D}{n^4} J \qquad (3\text{-}5\text{-}2)$$

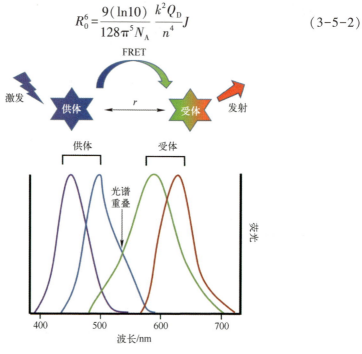

图 3-5-6 FRET 原理示意图

式中：n 为介质的折射率；Q_D 为没有受体吸收时供体的量子产率；k^2 为供体和受体分子的偶极角取向因子；N_A 为阿伏伽德罗常数；J 为供体-受体对的光谱重叠积分。因此，通常，FRET 能量传递效率取决于供体分子的量子产率、介质的折射率、供体受体分子之间的光谱重叠程度、供体与受体偶极子的方向以及供体与受体分子之间的距离。FRET 在离子分析领域非常有吸引力，因为它对 D/A 间隔距离的纳米级变化具有很强的敏感度。

传统的荧光团，包括有机荧光染料和荧光蛋白，在基于 FRET 的离子传感中得到了广泛的应用，香豆素就是其中的一种。大连理工大学 He 等[59]开发了一种基于 FRET 机制的通用系统，该系统由香豆素供体和罗丹明受体组成，通过调节 FRET 从"关"到"开"，实现对金属离子的选择性和定量检测。此外，通过改变该 FRET 系统的连接方式和结合位点，实现了对金属离子 Cu^{2+} 和 Hg^{2+} 的高选择性和灵敏度的检测。厦门大学 Shang 等[60]利用分子内部 FRET 机理，设计并合成了一种不可逆的 Hg^{2+} 选择性比率荧光探针，一种通过硫脲间隔基与罗丹明 B 酰肼连接的荧光素，Hg^{2+} 通过改变分子的结构，触发了分子内部的 FRET，产生很强的比率荧光（F_{591nm}/F_{520nm}）增强和显著的颜色变化（黄色至品红色），检出限可以达到 $5\times10^{-8}\,mol/L$，并且对 Hg^{2+} 的比率荧光响应不受其他金属离子的干扰。

传统有机染料的局限在上文中已经有提及，纳米材料的发展提供了开发多种类型的纳米颗粒作为 FRET 供体和受体的基础，这些新型 FRET 传感器也被应用于离子的检测中。许多光致发光纳米粒子已被用作 FRET 分析中的供体，包括基于半导体量子点，上转换纳米粒子，石墨烯量子点（GQD）和二维纳米荧光材料。与传统的荧光团相比，光致发光纳米粒子具有发光强度高，量子产率高，荧光寿命长和光稳定性高的特点，使其成为 FRET 分析中理想的荧光供体。此外，具有强光吸收能力的纳米颗粒也在 FRET 分析中用作高效淬灭剂，包括金纳米颗粒（AuNP），氧化石墨烯和类石墨烯的二维纳米材料。纳米材料的使用，在 FRET 分析中可以带来高能量转移效率，出色的光稳定性和针对各种离子的超灵敏检测的优势。

由于 AuNP 具有很高的摩尔消光系数和宽的能量带宽，它们可以取代传统有机荧光染料用作出色的 FRET 荧光猝灭剂。厦门大学 Wang 等[61]制备了带正电的量子点 CA-CdTe-QD 和带负电的纳米金 MUA-AuNP，由于静电相互作用，CA-CdTe-QD 充当能量供体，MUA-AuNP 充当能量受体，产生 FRET 效应，从而导致量子点的荧光猝灭（见图 3-5-7（a））。在 Pb^{2+} 存在下，

MUA-AuNP 通过离子螯合作用而聚沉，从而阻碍了 FRET 效应，使得量子点的荧光恢复，荧光的强度与 Pb^{2+} 浓度有相关性，该方法对 Pb^{2+} 检出限可以达到 30μg/L。除了纳米金，二维石墨烯或掺杂石墨烯也被广泛用作一种高效且环保的荧光猝灭剂。氧化石墨烯可以通过疏水和 π-π 堆叠相互作用吸附染料标记的单链 DNA（ssDNA）。这些特性使氧化石墨烯成了一种有效的基于 DNA 的荧光传感平台，可用于低背景下的重金属离子检测。例如，中国科学院合肥智能机械研究所的 Kong 等[62]提出了一种含有氧化石墨烯和各向异性壳绝缘金属纳米颗粒（SIMN）的 FRET/壳绝缘金属纳米颗粒表面增强荧光光谱（FRET/SIMNSEF）方法，用于 Hg^{2+} 的检测（见图 3-5-7（b））。在没有 Hg^{2+} 的情况下，修饰在 SIMN 表面的荧光团标记的 ssDNA 可以吸附在氧化石墨烯表面，从而使荧光猝灭；当有 Hg^{2+} 时，富含 T 的 DNA 单链由于 $T-Hg^{2+}-T$ 配位形成了发卡结构，削弱了氧化石墨烯与 DNA 之间的相互作用，从而导致了荧光的恢复。此外，表面增强荧光效应将增强和放大荧光信号，实现对 Hg^{2+} 的灵敏检测，检测下限可以达到 0.2nmol/L。荧光猝灭 FRET 方法除了检测重金属无机离子，也有用于检测有机小分子，如硫醇、胆固醇、葡萄糖等。

纳米材料除了作为高效荧光淬灭剂担当荧光受体角色，也可作为出色的 FRET 荧光供体。石墨烯量子点是氧化石墨烯的小碎片，其横向尺寸小于 20nm，厚度为单层或几层石墨烯的厚度。由于尺寸小，石墨烯量子点可以视为 0 维材料。与氧化石墨烯相似，石墨烯量子点包含 sp^2 碳域，并被官能团如环氧基和羧基包围。由于周长比较大，石墨烯量子点表面存在较多的氧和其他官能团缺陷，从而使石墨烯量子点由于量子限制效应和边缘效应而具有良好的光致发光性能。南昌大学 Zhang 等[63]通过石墨烯量子点与 FeTMPyP 的 π-π 堆积与静电相互作用合成了非共价复合材料 GQD/FeTMPyP。由于 FeTMPyP 的吸收带与石墨烯量子点的发射带具有互补的重叠，因此 FeTMPyP 通过 FRET 作用会导致石墨烯量子点的荧光猝灭。而当体系中存在 H_2O_2 时，H_2O_2 会与 FeTMPyP 反应，而使得 FeTMPyP 分解为无色双吡咯和单吡咯，导致荧光的恢复。利用葡萄糖氧化酶对葡萄糖氧化过程中会产生 H_2O_2，该传感器可进一步扩展到葡萄糖检测中（见图 3-5-7（c））。

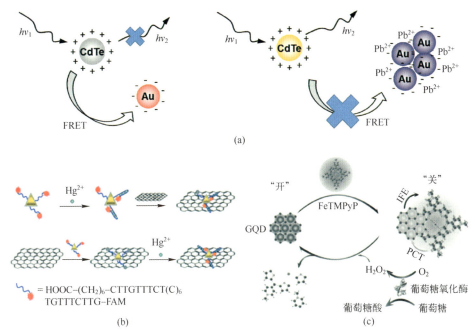

图 3-5-7　基于 FRET 的离子传感器

（a）带正电的 CA-CdTe-QDs 和带负电的 MUA-AuNPs 的 FRET 供体-受体用于 Pb^{2+} 检测原理图；（b）FRET/SIMNSEF 方法用于 Hg^{2+} 的检测原理图；（c）复合材料 GQD/FeTMPyP 检测葡萄糖原理图。

3.6　离子传感器阵列及智能感知系统

本书前面内容介绍了基于不同敏感机理的离子传感器，但是，大多数方法通常依赖于"锁钥"原理实现离子的识别，很少能检测出多种离子或识别出包含离子混合物的复杂样品。为了解决这个问题，传感器阵列系统（也称电子舌）成为检测和区分各种分析物的有力工具。传感器阵列方法是 20 世纪 90 年代末兴起的一个快速发展的研究领域。电子舌的定义为：由具有非特异性或低选择性、对溶液中不同组分（离子和非离子、有机和无机）具有高度交叉敏感性的传感器单元组成的传感器阵列，结合适当的模式识别算法和多变量分析方法对阵列数据进行处理，从而获得样本溶液定性定量信息的一种分析仪器。它的显著优点有：可以对真实复杂混合物中的几种分析物同时进行选择性定量分析；量化复杂整体的质量参数（例如味道、毒性）的可行性；

简单且廉价的检测仪器。与基于特定受体相互作用的传感器不同，这些基于传感单元交叉响应的传感器阵列模拟哺乳动物的嗅觉和味觉系统，以产生对靶标独特的复合响应。在哺乳动物的鼻子和舌头区域，有数以百万计的非特异性受体，它们能对气相和液相中的不同物质做出响应。然而，已知的嗅觉感受器只有大约 100 种，而且在哺乳动物舌头上发现的味蕾也只有几十种。味觉和气味信号从受体传递到大脑，在那里由神经元网络处理，最后形成被感对象的信息。电子舌正是模拟这一过程，其最早于 1995 年提出，在复杂样品溶液的定量和定性分析中被认为是一种很有前途的设备。电子舌的主要特点包括两方面：①应用由一定数量的非特异性、低选择性化学传感器组成的传感器阵列；②应用模式识别（Pattern Recognition，PARC），包括人工神经网络（Artificial Neural Networks，ANN）、主成分分析（Principal Component Analysis，PCA）等，处理传感器阵列产生的高维信号。本节根据传感器敏感机理及器件的不同，我们分为电极阵列离子传感器，场效应管（Field Effect Transistor，FET）阵列离子传感器及光学阵列离子传感器来介绍，最后论述智能感知原理及其在离子传感器阵列上的应用。

3.6.1 电极阵列离子传感器

美国加利福尼亚大学 Gao 等[64]开发了一种灵活的多功能微量重金属监测仪，可以提取相关体液（如汗液和尿液）中重金属含量的有用信息。它还可以作为一种可穿戴设备，实时监测人体汗液中的重金属。利用微传感器阵列，通过方波阳极溶出伏安法同时选择性地测量锌、镉、铅、铜、汞等多种重金属元素，并通过皮肤温度实时校准重金属传感器数值。微传感器阵列由四个微电极组成：生物相容性金和铋工作电极（Working Electrode，WE），银参比电极（Reference Electrode，RE）和金对电极（Counter Electrode，CE）。此外，由于温度对电化学过程有显著的影响，系统中还集成了基于蒸发 Cr/Au 微线的电阻式皮肤温度传感器来补偿传感器的数值。此外，通过在人体皮肤上直接安装集成传感器，对运动期间的汗液中微量金属进行在体测量。这种对汗液中重金属含量的实时监测，可以对重金属的接触给出早期预警。

西班牙巴塞罗那自治大学 Gutiérrez 等[65]首次提出使用电子舌监测施肥系统中的营养液成分。这种新的化学分析方法由一系列非特异性传感器和一个多变量校准工具组成。所提出的系统是由 8 个基于聚合物膜的电位传感器阵列构成的，所用的传感器都是离子选择性电极（Ion Selective Electrode，ISE），带有由导电环氧复合材料制成的固体电触点（见图 3-6-1（a））。随后的交叉响应处理是基于多层人工神经网络模型（见图 3-6-1（b））。为了获得系统建模的主要参数，在背景溶液中添加不同离子的标准溶液来制备不同的混合物，每种离子溶液都有一个已知的浓度值，用于对神经网络的模型训练。研究人员还将溶液温度和测量日期作为输入，以补偿老化和温度漂移，算法模型如图 3-6-1 所示。该模型可以测量营养液、排水液和自来水中 NH_4^+、K^+、NO_3^- 的浓度值以及 Na^+ 和 Cl^- 的浓度值。结果表明，除氯化物外（无法平衡硝酸盐的强干扰作用），该电子舌对不同化学成分的检测能力良好。该方法为在线评价施肥系统中的营养物质和有害物质提供了一种可行的方法。

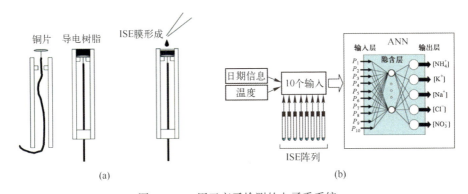

图 3-6-1 用于离子检测的电子舌系统
（a）固态静电传感器 ISEs 结构图；（b）多层人工神经网络模型用于营养液成分分析。

俄罗斯圣彼得堡大学 Legin 团队[66]探讨了多传感器阵列在工厂出水水质连续在线监测中的应用前景。研究人员使用 23 个电位传感器（8 个聚合物阳离子敏感，8 个聚合物阴离子敏感，7 个硫属玻璃传感器（具有氧化还原敏感性和重金属敏感性））组成阵列传感器（电子舌（Electronic - Tongue，eTongue）），放在一个连接出水管线的特殊容器中（浸没深度为 3~4cm），每 7s 连续记录一次响应，连续监测 26 天，电位"电子舌"用来评价水质的两个重要参数：铵态氮 N（NH_4^+）和硝态氮 N（NO_3^-）。所有传感器的内部接触均牢固：对于聚合物膜传感器，通过石墨-PVC-环己酮悬浮液来连接铜线和聚合物膜；对于硫属玻璃，通过将 Ag 真空沉积到膜表面上并随后使用银导电胶连接铜线来产生固体接触；对于金属传感器，则直接焊接。由于数据量较大（295828×23 个数据），传统的 PCA 方法会出现重叠现象，此外，观察到的尖峰使方差结构变形，并阻碍了与可能的化学变化相关的细节信息。因此研究者使用拓扑数据分析方法（Topological Data Analysis，TDA），拓扑数据分析可以以简单的形式表示大型数据集，可以将其可视化为简单的无向图（顶点和边)。与经典投影方法(如 PCA)不同,图形的重要特征不是点的位置及其坐标,而是顶点之间是否存在连接(边)。每个顶点对应于某个数据子集,其中样本具有相似的变量值。样本的相似性可以用不同的方法进行评估,这是拓扑数据分析参数之一。估计相似性的最常用方法是计算变量空间中样本之间的欧式距离。研究人员首先以测量的周作为透镜(lens),间隔为 500,重叠为 50%,所有数据被分为 9 个独立的测量组。图形中以彩色表示对应星期的测量结果,灰色表示非对应星期的测量,紫色表示特定顶点的最小值,红色表示最大值。通过与原始数据的比较,研究人员发现数据被分为九个组与每次传感器的清洗和断电有关,因此使用拓扑数据分析方法可以跟踪系统响应的急剧变化,而这是 PCA 方法无法达到的。后面,研究者又使用透镜变换函数,将整个数据集分为几个组,主要组是一个"Y"型和两个独立小星团。以周一的图像为例进行分析,数据分布在"Y"型两端以及一个独立小星团。通过与实际测量过程对照,发现小星团是因为在第二周的星期一,有一个 2h 的长时间断电和系统清洁,导致传感器读数突然变化并随后恢复正常功能。而"Y"型两端的数据则表示清洗前后的数据差异。该阵列传感器结合拓扑数据分析方法实现了数据的可视化,可以在实时模式下进行水质分析,所获得的精度足以监视可能的超标警报事件。

3.6.2　FET 阵列离子传感器

韩国全北大学 Ahmad 等[67]开发了一种同时固定葡萄糖氧化酶、胆固醇氧化酶和尿素酶的 ZnO 纳米棒集成-FET(Integrated-FET,i-FET)阵列生物传感器。i-FET 阵列生物传感器对葡萄糖、胆固醇和尿素的线性范围响应快、灵敏度高、检测限低。此外,i-FET 阵列生物传感器成功地用于测定小鼠血液样品中葡萄糖、胆固醇和尿素的浓度。因此,作者认为这种方法具有巨大的潜力,不仅可以成为生物医学研究的有用工具,而且可以成为患有葡萄糖、胆固醇、尿素相关疾病的患者的有用工具。

英国华威大学 Covington 等[68]开发了用于检测有机气凝胶的聚合物栅极 FET 阵列传感器。该器件包括四个"N"型增强型 MOSFET 传感器阵列以及一个 P-N 热敏二极管,设计了典型尺寸为 $10\mu m \times 300\mu m$(长/宽)的 MOSFET 沟道,以减小聚合物栅极的电阻,减小器件的整体物理尺寸。该器件是使用金电极(Au:120nm/Ti:30nm)在 PECVD 工艺制备的氮氧化物或氮化物钝化层上制成的。当钝化膜在栅极区域上被蚀刻掉时,金电极可保护氧化硅绝缘层(80nm)。然后将金蚀刻掉以暴露出栅极氧化物(打开)或留下金（关闭）。这样的设计允许聚合材料敏感物沉积在栅极氧化物或金膜上。4 个 MOSFET 配置有公共栅极和漏极，并通过恒定电流在饱和区域工作。3 种聚合物敏感膜是以 20% 的炭黑分别混合聚乙烯-醋酸乙烯酯、苯乙烯-丁二烯和聚 9-乙烯基咔唑制备的，用于有机气凝胶的检测。测量过程，首先将传感器放入恒定温度和湿度的环境中一段时间，以获得稳定的基线，之后用于对甲苯和乙醇的测量。实验结果观察到阈值电压随甲苯的浓度线性变化（亨利定律），电压灵敏度高达 2.8μV/ppm。

3.6.3 光学阵列离子传感器

过去，研究者们探索了各种阵列传感器，最常见的就是上述所列举的电化学阵列传感器，而近年来也有许多基于光学的阵列传感器相继被报道，这类传感器有显著的简单易操作和便宜的优点。美国伊利诺伊大学香槟分校 Suslick 团队[69]通过在疏水膜上印刷疏水染料，可以轻松制备传感器阵列，从而为识别和定量溶解在水中的各种有机物（单一化合物和复杂混合物）提供有效手段。研究者选择了三类化学响应性染料：①含金属离子染料，响应 Lewis 碱的染料（即电子对得失，离子连接）；②pH 指示剂，响应 Brønsted 酸/碱（即质子酸和氢键）；③具有大的永久电偶极子的染料（例如，两性离子溶剂变色染料），对局部极性响应。使用这些染料，研究者设计了 6×6 的传感器阵列（如图 3-6-2 所示）。检测的过程，首先将阵列传感器浸入水溶液（未溶解有机物），并通过普通平板扫描仪成像；之后暴露于分析物溶液，并进行数字成像。简单地从最终样品图像中减去原始对照图像，就可以提供分析物溶液的颜色图案变化。利用该方法，测试了具有不同官能团的有机化合物的水溶液。结果发现不同的有机化合物会产生完全不同的颜色图案变化，即使不进行统计分析，肉眼也很容易区分。结果也有明显的规律，例如：胺类有其相似的图案，羧酸类也有其相似的图案等。使用层序聚类分析（Hierarchical Cluster Analysis，HCA）方法以树状图的形式，对颜色图案变化的相似性进行定量测量。

首都师范大学 Li 等[70]设计了一个由三种识别受体（半胱氨酸、L-谷胱甘肽和三聚氰胺）组成的比色传感器阵列，用于有毒金属离子的快速识别（见图 3-6-3）。研究人员首先将 AuNP 与三种识别受体混合，获得三种不同受体功能化的 AuNP，不同的识别受体对金属离子表现出不同的亲和力。当溶液中不存在金属离子，功能化的 AuNP 保持分散状态；而金属离子的加入会触发 AuNP 的聚沉，AuNP 的聚沉程度与受体和金属离子之间的结合能力直接

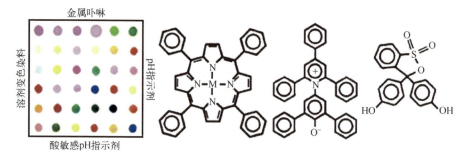

图 3-6-2　光学阵列离子传感器

相关。通过监测吸光度变化（$\Delta_0-\Delta_i$；$\Delta=OD_{520nm}-OD_{620nm}$）来捕获每种分析物独特的比色响应图谱。通过线性判别分析方法（Linear Discriminant Analysis，LDA），对重金属的种类以及浓度进行区分。利用该传感器阵列，即使在河水的加标实验中，也表现出优异的性能。

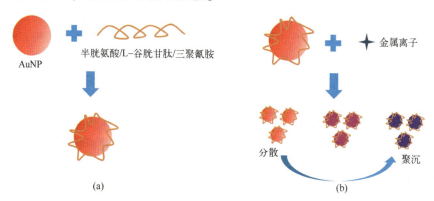

图 3-6-3　三种识别受体（半胱氨酸、L-谷胱甘肽和三聚氰胺）组成的比色传感器阵列

(a) 纳米金合成方法；(b) 检测重金属离子的原理。

新加坡国立大学 Xu 等[71]设计并开发了一种用于快速识别 7 种重金属离子的小分子荧光传感器阵列 SGT（Singapore Tongue），模拟舌头的感知机理。SGT 传感器阵列由 5 个荧光传感器（SGT1～SGT5）组成，荧光传感器由一个荧光团（P_1-P_3）通过苯乙烯基偶联到金属螯合剂上（1b，2d，3d）（见图 3-6-4）。这些苯乙烯基是由金属螯合剂的芳香醛经 Knoevenagel 缩合反应合成的，偶联结果导致 π 共轭的扩展，使荧光团的发射波长发生红移。吡啶、喹啉和 BODIPY 作为荧光团，以覆盖超过 50nm 的宽发射波长范围。N,N,N',N'-四（2-吡啶基甲基）乙二胺（N, N, N′, N′-tetrakis（2-pyridylmethyl ethylenediamine，TPEN）及其衍生物作为金属螯合剂，这些螯合剂是由短的烷基胺链连接几个吡啶环组成的，这些吡啶环成为与过渡金属离子强结合的配体。重金属离子与这些金属螯合剂的相互作用可以建立苯乙烯基扩展的 π-共轭，从而通过分子内电荷转移（Intramolecular Charge Transfer，ICT）和光诱导电子转移（Photoinduced Electron Transfer，PET）来调节荧光团的荧光。ICT 会导致不同的亚激发态（电荷转移态），从而引起波长偏移；PET 仅包含荧光团和受体之间已建立的电子状态之间的电子转移，因此 PET 只会引起荧光强度的变化。传感器与金属离子之间的相互作用，导致荧光波长偏移和强度变化，通过 ICT 和 PET 作用增强金属离子的选择性。

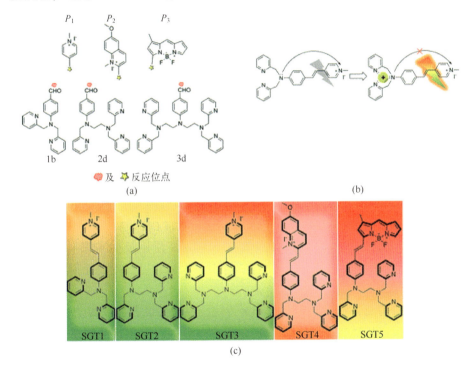

图 3-6-4　小分子荧光传感器阵列 SGT

(a) SGT 阵列组成单元；(b) 重金属通过 ICT 及 PET 方式引起荧光变化；(c) SGT1~SGT5 的结构。

为了建立基于多变量分析的重金属识别模型，可通过 PCA 来分析荧光传感器阵列对重金属离子（Zn^{2+}、Cu^{2+}、Hg^{2+}、Fe^{3+}、Cr^{3+}、Pb^{2+}、Cd^{2+}）的响应。从 5 个通道记录信息，其中 4 个通道代表光谱可以覆盖的 4 种颜色：蓝色（480nm）、绿色（530nm）、黄色（580nm）和红色（630nm）；另一个通道记录，对应重金属下每个传感器最高发射强度。5 个通道和 5 个传感器以多维格式（5×5 维度）产生信号输出，通过 PCA 分析后，每个簇代表一种重金属离子，结果产生明显的差异和区分。研究者进一步探索该模型对重金属浓度的依赖性，该模型可以区分 7 种重金属浓度范围为 0.1~90μmol/L，涵盖了废水中典型金属离子污染范围。每个重金属离子的所有数据点都用相同颜色的线连接，以更好地区分。在较低的金属离子浓度下，数据点彼此接近；随着浓度的增加，7 种重金属离子都向不同方向伸展，表现出不同的响应。因此，研究者认为该荧光传感器阵列在重金属离子定性和定量测量方面有很大的潜力。

3.6.4 智能感知及其在离子传感器阵列上的应用

传感器阵列产生复杂而庞大的信号，为了从电子舌测量数据中获得最终的分析结果，必须应用一定的数据处理手段。模式识别方法和多元校正技术常用于分析传感器阵列的响应，因为在大多数情况下，混合样品溶液中传感器阵列的输出很复杂，无法用理论方程（例如，能斯特方程或尼科尔斯基-艾森曼方程）来描述。最常用的方法是偏最小二乘回归（Partial Least Squares，PLS）、PCA 和人工神经网络（如误差反向传播（Back Propagation Neural Network，BPNN）、自组织映射（Self-Organizing Map，SOM）等）。一般当数据不是高度非线性时采用投影方法，如 PCA 和 PLS 即可成功地拟合出结果。PCA 常用于数据结构的探索和可视化，基于 PCA 进行建模的类比软独立建模（Soft Independent Modelling of Class Analogies，SIMCA）是功能强大的分类工具。但在某些情况下，应该使用反向传播神经网络，其中 Kohonen 网络对于结果可视化特别有用，因为它可以生成任何维度的二维数据表示。

对于定量检测，通常可以使用 PLS 方法，或者如果数据是高度非线性的，则可以使用反向传播神经网络进行定量校准。然而，人工神经网络缺乏重要的特征，如：解释、评价和模型诊断工具等。为了达到精确的性能，应针对每种实际情况选择特定的数据处理方法，这种方法的选择往往取决于数据结构特点。下面讨论面向不同任务的数据处理方法。

1. 定性分析

多组分溶液定性分析的目标包括对不同样品的区分、分类或识别。这类分析最典型的对象是食品。电子舌已被应用于区分不同类型的咖啡、啤酒、葡萄酒、饮用水、苏打水等。电子舌的应用使人们能够区分不同类别的饮料以及每种产品的质量。俄罗斯圣彼得堡大学 Legin 团队[72]使用由 30 个电位传感器组成的电子舌用于分析矿泉水、咖啡、软饮料和鱼肉。电子舌能够区分不同种类的饮料：天然和人工矿泉水、不同品牌的咖啡，以及含有不同甜味剂的软饮料。对 11 个咖啡样品（8 种自制的和 3 种商业咖啡）的 PCA 处理结果显示，电子舌可区分所有咖啡样品。他们还研究了咖啡浓度和水质对识别结果的影响，结果显示电子舌能够不依赖于浓度和水质识别所有咖啡样品。

PCA、聚类分析和 SOM 等非监督学习方法，在电子舌的识别能力和结果可视化方面都有各自的特点和差异。PCA 是众所周知的，并广泛应用于处理化学分析所生成的多维数据的方法，PCA 的优点是结果比较容易理解和解释。SOM 则是一种不常用但很有前景的化学数据拟合方法。SOM 的一个优点是它的非线性，它允许将高维的数据简化为二维形式，而在线性 PCA 中，有效数据的维度往往超过三维。Legin 等通过对意大利红葡萄酒样品进行电子舌测量，对 PCA 和 SOM 两种方法进行了比较[73]。实验分析了两种意大利不同地区、所产的不同葡萄酿制的葡萄酒。这两种葡萄酒分别标记为 B 和 C。使用 PCA 方法处理的 C 型红酒和白葡萄酒以及 20 种 B 型红酒样品的结果显示，两种样品——C 型酒和 B 型酒很容易被区分。此外 20 种 B 型葡萄酒样品的 PCA 结果显示，虽然 20 种葡萄酒样品在口感和化学成分上都非常接近，但使用电子舌仍然可以成功进行识别和区分。作者还通过 SOM 方法对上述 20 种 B 型葡萄酒进行分析，通过比较可以发现，两种方法都能对所有样本进行正确分类和可靠区分。

2. 定量分析

电子舌的一个重要应用领域是多组分溶液中离子和不带电成分的定量检测。电子舌的定量标定可以采用不同的方法，最典型的是 PLS 和 BP 神经网络。PLS 是化学数据处理中广泛使用的多元校正方法。近年来，人工神经网络被报道应用于传感器阵列数据分析。在某些情况下，人工神经网络特别适用于处理显著的非线性数据，但在许多情况下，PLS 和人工神经网络方法都会产生相似的结果。对于 PLS，数据被分成两组，一组用于模型的校准和验证，另一组用于模型的测试。为了建立可靠的校准模型，需要使用交叉验证。对于人工神经网络，数据被分成三个子集，一个用于校准，另一个用于模型验证，最后一个用于测试。为了避免人工神经网络过度训练，必须进行交叉验证。通过交叉验证选择的最佳网络结构将被应用于测试数据的预测。

俄罗斯圣彼得堡大学 Legin 等通过用电子舌测定乙醇、有机酸等有机物含量的实例，比较了 PLS 和人工神经网络方法在定量检测方面的性能[73]。利用 29 个电化学电位传感器组成的电子舌测量总酸度、乙醇、酒石酸和莽草酸的含量，以及葡萄酒样品的 pH 值，并对比 PLS 和人工神经网络两种不同算法的效果。结果表明，PLS 和人工神经网络计算得到的葡萄酒中物质含量虽不完全相同，但非常接近，其精度和误差值也具有可比性。因此，PLS 和人工神经网络都可用于定量分析电子舌的检测数据，并且具有相似的性能。

3.7 电子舌在生物医学和环境、食品检测中的应用

近年来，电子舌（Electronic-Tongue，eTongue）作为一种新型的分析测试仪器，发展十分迅速。根据国际纯粹与应用化学联合会（IUPAC）在 2005 年的定义，电子舌是一种分析仪器，其包括一系列对溶液中不同物质具有非特异性、低选择性的高稳定和交叉敏感的化学传感器，并配以适当的模式识别和/或多元校准方法进行量化分析。

电子舌模拟人体味觉系统，从传感器的化学信号获得"味道"信息并进行感官评价。它得到的不是单个成分的定量结果，而且整个体系的评价分析，通过模式识别或多元统计方法，给出样品的味觉特性。受人的舌头启发，电子舌可以检测到五种基本口味：酸味、甜味、苦味、咸味和鲜味。

自 1990 年第一个电子舌原型问世以来，电子舌已经成为食品分析和风味评估领域中最有前景的监测系统之一。日本九州大学的 Kiyoshi Toko 教授团队开发了一种味觉传感系统来模拟人的味觉，检测食物的味道并进行风味评估。尽管电子舌的最初目的是食品和味觉分析，但它也是一种很有前景的环境监测工具。虽然传统的化学分析方法（质谱、色谱、磁共振、X 射线等）非常精确，但电子舌具有其自身的优势，例如快速、实时检测和长期环境监测等。与人类的舌头相比，电子舌具有客观性强、重复性好、抗疲劳工作、检测响应快、标准化控制、对人健康危害小等优点。迄今为止，电子舌已经被广泛地用于环境检测、农业应用、食品安全、味觉分析、生物医学、药物分析等多个领域。

3.7.1 电子舌在生物医学中的应用

抗生素作为一种抗细菌药物，已经广泛应用于医疗领域中。然而抗生素

已经成为一种新的污染物，滥用会导致大量抗药性细菌的出现，而处理不当则对环境和人类健康造成不利影响。因此，开发能够以高灵敏度，低检测限和合理的成本检测抗生素的装置或技术变得至关重要。近日，巴西农业纳米技术国家实验室的 Correa 团队[74]开发了一种基于二硫化钼和氧化石墨烯的阻抗式电子舌，并用于检测四种不同的抗生素，即苄星氯唑西林、红霉素、硫酸链霉素和盐酸四环素。这项研究将二硫化钼（MoS_2）和氧化石墨烯（GO）结合，使用 MoS_2 和 GO 材料通过滴落涂布法修饰金叉指电极，由修饰过的金叉指电极和阻抗分析仪组成的电子舌系统，如图 3-7-1 所示。构建的阻抗电子舌的传感单元（工作电极）由五个经上述材料修饰的金叉指电极组成，每个金叉指电极包含 50 对金电极，长 4mm，间距 10μm，并连接阻抗分析仪进行实验。四种抗生素在磷酸盐缓冲溶液中的主成分分析结果表明该电子舌系统有能力识别并区分抗生素溶液和磷酸盐缓冲溶液。此外，该系统还能够检测和区分不同的抗生素浓度（0.5nmol/L、1.0nmol/L 和 5.0nmol/L），并且同一样品的三个重复点的接近程度表明了电子舌的高度可重现性。在河水和人类尿液的实际样品中，各添加两种浓度的红霉素和硫酸链霉素。将其磷酸盐缓冲溶液的结果汇总，得到三种介质（磷酸盐缓冲溶液、人尿、河水）中抗生素的分类结果。结果表明，该电子舌除了能够区分不同介质（如河水和尿液）中的抗生素外，还可以从不含抗生素的实际样品中区分出受污染的样品，同时也能够区分含不同浓度抗生素的样品。

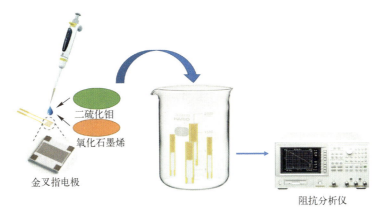

图 3-7-1 用于抗生素检测的电子舌系统

电子舌也可以用于检测细胞代谢情况。浙江大学生物传感器国家专业实验室的研究团队[75]采用重掺杂和热氧化工艺，制造了一种光寻址电位传感器阵列芯片，并成功用于细胞外酸化率的检测。这项研究在传统的 P 型硅光寻址电位传感器芯片基础上，通过 P^+ 重掺杂和厚氧化将耗尽层分割，耗尽层中局部产生的电流被重掺杂的壁垒阻挡，限制了横向扩散，从而使得芯片的敏感区域被划分为若干个独立检测位点。同样，在芯片的背面也形成重掺杂，可以与铝层（工作电极）形成更好的欧姆接触。与传统的非阵列光寻址电位传感器检测系统不同，添加了继电器使得计算机程序可以选择控制多路开关的导通，实现不同检测位点的分时复用。此外，程序还可以控制注射泵和电磁阀来供给培养基或药物。使用无毒胶将传感器件和培养腔室黏合，并以合适的密度培养大鼠肾细胞。由于细胞代谢产生的酸性产物在细胞外微环境中积累，pH 逐渐下降至较低水平，P 型光寻址电位传感器的电流信号会上升，直到注射泵开启，新鲜培养基通入并将酸性产物洗出，微环境的 pH 才恢复到原始状态。而对照组除了传感器漂移外，电流信号几乎没有反映出 pH 的变化，这说明光寻址电位传感器可以实时监测细胞的酸化。通过控制继电器来切换 LED 和信号输出，可以实现多检测位点的分时复用。每个检测位点都可以通过分时复用来检测细胞的新陈代谢。

电子舌在药物分析领域也有相关应用。日本丰桥工业大学材料科学学院 Okamoto 等[76]利用类脂膜电子舌对口服药中的法莫替丁进行了定量分析和苦度预测。结果表明，基因类药物中的法莫替丁含量比普通药物高，并且药品保存时间越长，法莫替丁的苦度越低。传感器的苦度预测与人的口尝法具有良好的相关性，对苦味标志物具有较高的灵敏度。

对于口服药物，可能会对苦味的掩蔽效果有一定的要求。苦味掩蔽策略是将口腔中的苦味物质降低到人类的感知阈值。通常由人类味觉进行评估。但是，该方法不够客观，且可能会有伦理上的争议，因此用仪器来进行味觉评估更加有优势。美国制药科学研发实验室的 Zheng 等[77]以商业化的电子舌为基础，研究了乙酰舒泛、醋酸钠、氯化钠、甜味剂、苦味抑制剂、软饮料等对药物中以奎宁为典型的苦味物质的掩蔽效果，并且以分析图中检测点的偏移距离为度量，分析苦味掩蔽程度的变化过程。结果表明，脱氢皮质和奎宁比咖啡因具有更长的偏移距离，意味着这两种物质均比咖啡因苦度强，与口尝法的结论相符。基于距离分析，化合物的苦度值排序为：盐酸雷尼替丁>脱氢皮质>盐酸奎宁>扑热息痛≥蔗糖乙酸酯>咖啡因。

恰当地监测药物的溶解度是评估药物掩味功效的先决条件，大多数评估使用水来充当溶剂。然而该测试的目的是检查口腔中的药物溶解状况，因此选择水作为溶剂并不合适，因为人类唾液的理化性质与水相差甚远，药物在水中的溶出曲线可能与在口腔中的情况明显不同。为了解决这一问题，俄罗斯圣彼得堡国立大学化学研究所的 Andrey Legin 团队[78]使用多通道电子舌进行了三种不同成分人工唾液的溶解度测试。第一种人工唾液模拟了天然唾液的 pH 和黏度，第二种人工唾液的组成与第一种人工唾液相同，但是还包含无机盐（Na^+、K^+、Ca^{2+}、Cl^-等）。第二种人工唾液不包含碳酸根和碳酸氢根，因为会影响 pH。第三种人工唾液包含黏蛋白和 α-淀粉酶，以便更真实地模拟唾液的蛋白质和酶组成。使用含有盐酸奎宁二水合物和布洛芬钠二水合物的片剂作为药物模型进行溶解度测试，每个片剂的重量为 200mg。在这项研究中使用的多通道电位传感器系统包含 24 个 PVC 增塑膜传感器（13 个阳离子敏感电极和 1 个阴离子敏感电极）和一个标准 pH 玻璃电极，使用高阻抗多通道数字电压表对 Ag/AgCl 参比电极进行传感器电势测量，电压表连接到计算机以进行数据采集和处理。将电子舌的传感器阵列放置在 25±0.1℃的水浴中，每 8s 记录一次传感器电势，重复三次测量。盐酸奎宁二水合物片剂在含蛋白质的人工唾液中的溶解度大大降低，而布洛芬钠二水合物在第三种人工唾液中的释放速度只是略微降低。在第一种人工唾液和第二种人工唾液中，盐酸奎宁二水合物和布洛芬钠二水合物片剂的溶解速度都是最慢的，几乎为 0。研究的结果表明，与黏度相比，离子强度的影响较小，因为第一种和第二种人工唾液都具有高黏度。这项研究所使用的方法有利于更可靠的苦味掩蔽技术的开发，因为药物在水和在人工唾液中获得的溶解曲线有很大的差异。由于电子舌对被分析介质的物理性能具有耐受性，它可以成为开发生物相关介质中溶解度测试的优秀工具。

3.7.2　电子舌在环境检测中的应用

近期，俄罗斯圣彼得堡国立信息技术、机械学与光学研究型大学（ITMO）大学人工感觉系统实验室 Evgeny Legin 等使用多通道电位传感器系统对废水的水质进行了快速评估[79]。该研究检测了不同地区河流、湖泊和池塘中天然水样的毒性，对空化超声处理前后的毒性均进行了评估。多通道传感器系统（见图 3-7-2（a））由 20 个电位传感器组成，超声处理设备如图 3-7-2（b）所示。对于未经处理的样品，多通道传感器系统的检测结果与大型蚤毒性测试的结果高度相关。对于处理后的样品，其主要来自圣彼得堡，同样与大型蚤方法测定的毒性结果建立了良好的相关性。

此外，该多通道电位传感器系统还被用于评估圣彼得堡附近的两个污水处理厂的废水质量[66,80]。传感器系统的检测结果与标准化学分析方法获得的化学需氧量值具有很好的相关性（交叉验证 $R^2=0.85$）。此外，该系统还可以对众多水质参数进行高精度地检测，例如铵盐和硝酸盐中的氮和磷含量。这表明该多通道传感器系统在水质分析中具有很好的应用前景，并且该系统的所有测量都可以在无人值守和远程模式下自动完成。因此，经过适当设计和训练，该传感器系统可用于执行各种水质监测任务。

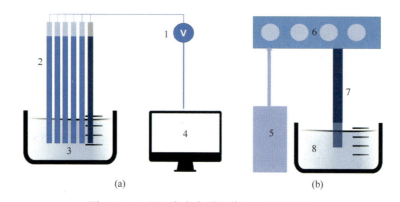

图 3-7-2　用于废水水质评估的电子舌系统
（a）多通道电位传感器系统原理图；（b）超声处理设备（UST）原理图。
1—多通道数字电位计；2—多电位传感器；3—待测样品；4—计算机；5—超声波发生器；6—磁致伸缩换能器；7—波导；8—样本溶液。

　　除了电位传感器，也有使用伏安电子舌追踪湖水中微藻降解的报道。这项工作的重点是使用伏安电子舌和电阻抗谱监测微藻的降解过程，并使用核磁共振谱评估微藻样品上清液中的化学变化。伏安电子舌和电阻抗谱的测量在聚丙烯烧杯中进行，样品置于 24℃ 的水浴中。在伏安电子舌测量中，工作电极和对电极由一对长 1.5cm，直径 1mm，相距 1cm 的平行不锈钢针组成。电阻抗谱系统基于脉冲伏安法，工作电极由四种金属电极（铱、铑、铂和金）组成，纯度为 99.9%，直径为 2mm。这四个电极固定在对电极的不锈钢管内。参比电极为饱和甘汞电极。伏安电子舌、电阻抗谱和核磁共振谱在偏最小二乘回归模型的验证中均显示出良好的结果，预测均方根误差分别为 0.961/1.51、0.956/1.67 和 0.969/1.25。

　　除了水质分析，电子舌也可以应用于环境土壤检测。土壤是岩石圈表面的松散层，是陆生植物的基质，是生态系统中物质和能量交换的重要场所。土壤是植物生长发育的基础，它为植物的正常生长发育提供了所需的水、肥料和热量。详细精准的土壤分析结果对于农业管理非常重要。同时土壤分析也是土壤测绘、土地规划中的关键步骤，精度、速度、成本和多样本处理是现代土壤分析的重要特征。

传统的土壤分析方法通常在实验室内进行，并且在此之前需要进行采样和预处理。虽然传统的检测方法准确度很高，但通常成本高且费时，并且可能会损坏样品并造成二次污染。这些问题都推动了传感技术在农业领域的发展[81]。为了实现土壤的快速、实时、无损分析，光谱检测已被广泛使用，只需要一次测量就可以分析土壤性质。中国山西农业大学 Chen 等开发了一种同时使用红外衰减全反射和漫反射红外傅里叶变换分析土壤养分含量的方法，并应用化学计量学定量获得了土壤中有机物，有机碳和总氮的含量[82]。虽然光谱法可以便捷地分析土壤的主要成分，但非特异性光谱会受土壤中养分浓度影响，导致预测误差较高，因此该方法具有局限性。

对于已经萃取的土壤样本，可以使用电子舌进行土壤分类和肥力评估，使用的传感器阵列由 20 个使用聚合物膜的全固态离子选择电极组成。电极由导电的环氧树脂-石墨复合材料制成，敏感膜由聚氯乙烯、增塑剂和离子载体的混合物滴涂成型[83]。这项研究选择了来自加泰罗尼亚不同气候地区的六种土壤样本，主要根据土壤的性质（质地、pH、有机质和石灰含量）进行分类判别。样品萃取的过程如下：首先，在塑料无菌容器中以 1∶5 的质量体积比（例如，$10\mu g$ 土壤和 $50\mu mL$ 萃取剂）进行液体萃取；其次，用摇床混合 1h，然后静置 30min 等待沉淀。然后在沉淀后进行测量，无须任何过滤步骤。将传感器阵列浸入样品中至少 5min 以使电位稳定。作者评价了三种萃取剂的性能：乙酸（0.4mmol/L），双蒸馏水和氯化钡（0.01mol/L），所有的萃取和测量重复六次。结果显示，乙酸提取的分类结果也比其他方法要好。从每种土壤中随机选择数据，并细分为两个子集进行训练和测试，使用人工神经网络作为分类器。乙酸萃取达到最佳性能，显示出 94% 的灵敏度和 100% 的特异性。这项工作使用多通道电子舌作为分类器来区分 6 种土壤，其实际分类结果与预期结果具有很高的一致性。

随着微加工技术的发展，结合微流控器件的电子舌已被用于土壤分析，其具有体积小，结构紧凑，所需样品量少和成本低等优点。此处使用的微流控电子舌由四个传感单元组成，并放置于聚二甲基硅氧烷制成的微流体通道内。每个传感单元由 30 对自组装层堆叠膜覆盖的金叉指电极组成。每一对叉指电极长 3mm，宽 $40\mu m$，等间距排列。其中三个传感单元的金叉指电极分别覆盖了双层膜，整个系统由这三个镀膜的金叉指电极和一个裸金叉指电极组成。使用注射泵将成膜材料依次通过微流体通道来沉积膜。

为了验证微流控电子舌系统的性能，准备了分别含有较高浓度氮、磷、钾、钙、镁和硫元素的土壤样品（从同一区域采集，分为 6 部分，分别添加

NH_4NO_3、$NH_4H_2PO_4$、KCl、$CaCl_2(H_2O)_2$、$MgCl_2(H_2O)_6$和$(NH_4)_2SO_4$并混合均匀,然后置于温室中40天,使得化合物与土壤之间充分反应)。最后,将上述6种添加了不同元素的土壤样品和一种没有额外添加的土壤样品(对照组)分别溶解在去离子水中,并通过注射泵进入微流控通道进行测量。在所有电容谱中,膜与土壤样品之间的相互作用可引起$10^2 Hz \sim 10^4 Hz$的偏移量。在每次土壤测量约15min后,将蒸馏水注入微通道,高度重合的曲线表明没有交叉污染,这验证了传感器的可重复使用性。分别分析了整个电容-频率谱(1Hz~1MHz)的归一化土壤数据。此外,使用了平行坐标技术来优化79Hz~25kHz的频率范围。同一土壤的数据点更集中,不同数据点的分布更容易区分,结果令人满意。除了水质分析与土壤检测,电子舌在农业领域也获得了广泛的应用。近年来,多种电化学技术(伏安法、电位法、电化学阻抗谱、差分脉冲极谱法等)已被广泛应用于农药和除草剂的检测,温室培养中的营养液监测和施肥策略。

3.7.3 电子舌在食品检测中的应用

20世纪80年代以来,提出了通过非特异性传感器阵列和模式识别方法结合(人工神经网络、主成分分析等)的传感技术,具有全局选择性的味觉传感器可以将味觉物质信息转换为电信号。电子舌和味觉传感器本质上是相同的仪器,主要有电位型和伏安型两类,并且在本书之前的章节已经进行了详细介绍。电位型电子舌已用于对从不同橄榄品种制成的橄榄油进行分类、区分美国不同州生产的蜂蜜、区分不同的啤酒和葡萄酒等。与标准分析方法相比,这些研究都显示出良好的准确性。

电位传感器的主要优点是,可以为其工作电极修饰多种不同的敏感膜,包括特异性和非特异性的膜。因此,电位传感器可以测量溶液中非常多的化合物。电位传感器的主要缺点之一是它们对温度敏感。敏感膜可能吸附溶液成分,这会影响电荷转移的性质。因此,需要控制温度,并且需要清洗电极以减小物质吸附的影响。

基于脂质/聚合物膜修饰的传感器阵列,日本九州大学信息科学与电气工程研究生院Toko团队发明了TS-5000Z电位型电子舌。该装置最多可连接8个味觉传感器,以及参比电极和温度传感器,以提供有关味觉感官信息,例如酸味、咸味、鲜味、苦味、涩味和浓郁度[84]。该电子舌由味觉传感器探头、控制器和数据处理终端组成,传感器探头由其内部的Ag/AgCl导线,聚丙烯外壳以及人造类脂膜/聚合物组成的敏感膜。味觉传感器的检测原理如

图 3-7-3 所示，探头的内部充满了参比液，当人工类脂膜与样品溶液中的"味道物质"反应时，膜电位就会发生变化，称之为 CPA 值。传感器的输出信号（如相对值和 CPA 值），会转换为多种味觉信息，根据味觉信息绘制出"雷达图"和"味觉图谱"，可以提供令人满意的风味评估结果。

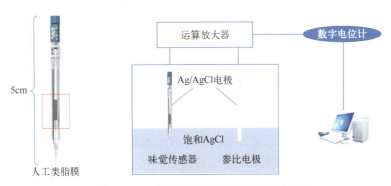

图 3-7-3　基于脂质/聚合膜修饰的电子舌

上述味觉传感器可用于饮品制造业，包括啤酒、葡萄酒、绿茶、清酒、咖啡、牛奶等。所谓的"雷达图"是一种清晰直观地理解多元味觉信息的方式。味觉传感器检测日本地区销售的多种啤酒和绿茶的雷达图，显示了"酸味""酸性苦味的余味""涩味的余味""鲜味"和"浓郁"这五种味觉信息。雷达图中的每个单位的差异对应于人可以分辨的最小味道差异。另外，使用由 30mmol/L KCl 和 0.3mmol/L 酒石酸组成的参考溶液作为对照样品，并将该参考溶液的雷达图的数据都设置为零，这种方式为"绝对比较"。结果表明所有的啤酒样品都具有强烈的酸味、苦味和鲜味，可以清晰地反映出啤酒的味道。同时，所有绿茶样品均具有很强的涩味、鲜味和浓郁口感，这表明味觉传感器可提供有关绿茶口味的明确信息[85]。

另一种评估方法是同时使用两种味觉信息进行风味评估的"味觉图谱"。拉格啤酒和伊右卫门茶饮料分别用作啤酒和绿茶的对照样品，所有口味信息均设为零。这种方法将一种产品用作对照组，是"相对比较"，与上一段中描述的"绝对比较"不同。所有啤酒样品都易于区分，结果与人类口味得分相符。另外，味觉图谱可以衡量两个样品之间的味道差异是否显著。例如，本轮蓝和黑标啤酒的酸味值都接近 -1.5，酸性苦味的余味都接近 -3。每种味觉信息的差异都在 1 个单位以内，表明人类无法区分这两个样品的苦味和酸味，但味觉传感器可以。相反，绿茶样品在两个轴上的距离都超过 1 个单位，这意味着涩味和鲜味存在明显差异，任何人都可以区分。值得注意的是，该电子舌系统并非精准地检测样品中的特定成分,所用的味觉传感器也多为非特异性,通过传感器阵列和模式识别方法,其输出味觉信息结果,旨在给出与人类味觉相符的感官评价。

除了味觉信息的感官评价,电子舌在食品安全指数的定性和定量分析中也起着重要作用。微生物污染、滥用食品添加剂、药物残留、食品掺假等问题都是影响食品安全的重要因素。由于色谱和分光光度法之类的常规分析方法会受到各种限制(例如,耗时、高费用、烦琐的预处理以及无法进行在线检测),因此电子舌的优点愈发显著。微生物和药物检测的应用在之前的内容中已经介绍过,因此,接下来主要介绍电子舌在食品掺假检测中的应用。

不法商家会在牛奶中添加三聚氰胺和尿素以提高蛋白含量。通常使用凯氏定氮法估算样品中的蛋白质含量,但此方法无法区分氮的来源(蛋白质/非蛋白质),因此无法检测到尿素或三聚氰胺等化合物。而电子舌相对易于操作,可以在短时间内量化和区分样品。为了对牛奶中的掺假物进行定量分析,巴西奎米卡学院 Bueno 等[86]使用了由三个工作电极(铂、金、铜)的电子舌来检测和鉴别添加到牛奶中的有害物质。该仪器从记录在纯假和掺假牛奶中的循环伏安图中提取信息,并使用无监督模式识别方法:主成分分析和层次聚类分析来处理数据,结果表明可以区分甲醛、尿素和三聚氰胺的最低浓度分别为 10.0mmol/L、4.16mmol/L 和 0.95mmol/L。

牛奶样品的掺假是通过将适量的固体试剂(三聚氰胺或尿素)或甲醛标准溶液混合到牛奶样品中完成的。在全脂牛奶样品中存在三种掺假物的情况下,使用三个不同工作电极进行伏安测量获得的电流值用作主成分分析和层次聚类分析的输入数据。对于 Au 电极,几个掺假样品未正确分组,特别是尿素和三聚氰胺;使用 Cu 电极时,掺有三聚氰胺的样品可以与其他牛奶样品区分开,但无法区分某些含有甲醛和尿素的样品,这表明单独使用铜电极不足以区分掺假的样品。Pt 电极的结果显示,所有样品都可以成功区分,但层次聚类分析的结果表明主成分分析对三个纯牛奶样品进行了错误分类,这意味着该方法的误差为 25%(即 12 个样本中有 3 个不正确)。使用金和铜电极的层次聚类分析误差分别为 8.3% 和 16.7%。由于单个电极的信号都难以获得满意的分类效果,因此建议使用多个电极的组合,即传感器阵列,以同时区分三种掺假物和纯样品。使用了铂、金、铜电极的组合电流值获得的主成分分析表明未掺杂的样品和每种掺杂物样品之间的清晰分类结果。层次聚类分析验证了此结果,样品的分组没有错误,并证明了从三种电极提取的信息中得到的分类结果可用于区分未掺假的纯牛奶样品和添加了甲醛,三聚氰胺或尿素的牛奶样品。

除了检测酒水饮料这类液体样品,电子舌还可以检测肉类的新鲜度和蔬菜水果的成熟度,以评估合适的收获时间。影响肉类产品新鲜度的关键因素包括挥发性盐基氮、菌落总数、亚硝酸盐残留和三甲胺。传统的微生物检测方法包括浇注平板法、稀释涂布平板法和螺旋平板法,但是这些方法的缺点是操作复杂且费时,并且需要相关专业知识。电子舌系统通过检测样品或样品溶液中的味觉物质变化,可以快速评估新鲜度。有文献报道使用由7个工作电极组成的电子舌系统可以快速、无损地得到三种碎肉样品(绵羊肉、山羊肉和牛肉)的电化学指纹图谱,并通过支持向量机对这三种肉进行区分[87]。在监测牛肉新鲜度的过程中,研究人员开发了基于胺的伏安型电子舌,传感器使用聚吡咯和双酞菁修饰的丝网印刷电极。氨和腐胺的检出限分别为 $1.85\mu mol/L$ 和 $0.34\mu mol/L$ [88]。西班牙分子侦察与技术开发研究所 Gil 等[89]使用六个工作电极(金、铜、银、铅、锌、碳)组成的电位型电子舌,利用人工神经网络监测鲜猪肉冷藏期间的理化参数和微生物指标的变化。通过使用偏最小二乘法分析,发现 pH 值和电位值数据之间具有很好的相关性。另外,电子舌的测量结果与三磷酸腺苷降解产物变化的 K 指数之间具有显著的相关性。预测模型的结果表明,电子舌有助于肉类新鲜度的定性或半定量分析。

电子舌也可用于鱼类等海产品的新鲜度检测。江苏大学食品与生物工程学院 Han 等[90]使用电位型电子舌与线性和非线性多元算法相结合,并与化学和微生物学测试得到的鱼类新鲜度进行匹配。使用线性判别分析对不同存储日期的样品进行分类。这项研究表明,结合线性判别分析和支持向量回归,电子舌在检测鱼类新鲜度方面具有巨大潜力。

除了肉类,也有使用电子舌进行水果成熟度监测的报道。水果的成熟日期需要由诸如果实重量,糖含量与总酸度之间的关系等参数确定。西班牙巴伦西亚理工大学分子识别和技术开发中心 Campos 等报道的伏安法电子舌由装在不锈钢圆筒内的8个金属电极组成,用来监测葡萄成熟度。除了电化学研究以外,还确定了葡萄的理化参数,例如总酸度、pH 值和白利糖度。从理化和电化学数据获得的主成分分析模型显示出成熟度随时间的变化,并使用回归分析建立了电子舌响应与总酸度、pH 值和白利糖度值之间的关系。这些结果表明,可以使用电子舌来监测葡萄的成熟度,并评估合适的收获时间[91]。

与单一的电子舌系统相比,电子舌与电子鼻组成的融合系统已经成为一种快速、客观的方法,适用于水果供应链任何阶段的常规质量控制。新鲜水果的新鲜度和成熟度受各种储存条件（包括保质期、储存温度、打蜡等）的影响。浙江大学生物系统工程系 Qiu 等[92]使用电子鼻和电子舌结合双向多元方差分析，研究了存储温度和时间对柑橘内部品质（维生素 C、总可溶性固形物和总酸度）的影响。在存储条件识别方面，电子鼻表现出比电子舌更好的性能，基于随机森林算法的电子鼻比电子舌具有更好的预测性能。但是，与单个系统相比，融合系统的预测精度更高。此外，多项研究已经证明，电子鼻和电子舌的组合是传统果汁新鲜度分析的一种有效的替代方法。

电子舌由于高灵敏度，快速检测以及对食品感官的低检测限，正在成为传统分析方法的有力补充。本节介绍了电子舌在生物医学、环境检测和食品领域中的主要应用，包括药物分析、生物标志物检测、水环境分析、土壤检测、感官评价、掩味效果、食品掺假、新鲜度和储存时间评估等。目前电子舌的体积限制了其日常使用的便捷性，未来可以使用不同类型的传感器组合来搭建通用的小型便携式电子舌。便携式电子舌在食品工业中可能具有广泛的应用。电子舌与其他检测技术（如化学计量和电子鼻）相结合可用于更准确地监控和优化日常生产过程，具有广阔的应用前景。

参 考 文 献

[1] LIU S, KANG M, YAN F, et al. Electrochemical DNA biosensor based on microspheres of cuprous oxide and nano-chitosan for Hg（Ⅱ）detection [J]. Electrochimica Acta, 2015, 160: 64-73.

[2] KARPUKHINA N G, KIPRIANOV A A. Electrode properties of fluorine-containing alkali silicate glasses [J]. Glass Physics and Chemistry, 2001, 27（1）: 69-73.

[3] BOYCHEVA S, VASSILEV V. Multicomponent chalcogenide glasses: advanced membrane materials for chemical sensors and nanosensors [J]. Springer Netherlands, 2011: 175-180.

[4] PESHKOVA M A, TIMOFEEVA N V, GREKOVICH A L, et al. Novel ionophores for barium-selective electrodes: synthesis and analytical characterization [J]. Electroanalysis, 2010, 22（19）: 2147-2156.

[5] HUANG M R, DING Y B, LI X G. Combinatorial screening of potentiometric Pb（Ⅱ）sensors from polysulfoaminoanthraquinone solid ionophore [J]. ACS Comb Sci, 2014, 16（3）: 128-138.

[6] FOUSKAKI M, CHANIOTAKIS N. Fullerene-based electrochemical buffer layer for ion-selective electrodes [J]. Analyst, 2008, 133（8）: 1072-1075.

[7] CRESPO G A, GUGSA D, MACHO S, et al. Solid-contact pH-selective electrode using

multi-walled carbon nanotubes [J]. Anal Bioanal Chem, 2009, 395 (7): 2371-2376.

[8] ZHU J, QIN Y, ZHANG Y. Preparation of all solid-state potentiometric ion sensors with polymer-CNT composites [J]. Electrochemistry Communications, 2009, 11 (8): 1684-1687.

[9] ABBASPOUR A, IZADYAR A. Carbon nanotube composite coated platinum electrode for detection of Cr (III) in real samples [J]. Talanta, 2007, 71 (2): 887-892.

[10] KIM T H, LEE J, HONG S. Highly selective environmental nanosensors based on anomalous response of carbon nanotube conductance to mercury ions [J]. The Journal of Physical Chemistry C, 2009, 113 (45): 19393-19396.

[11] TU J, GAN Y, LIANG T, et al. Graphene FET array biosensor based on ssDNA aptamer for ultrasensitive Hg^{2+} detection in environmental pollutants [J]. Front Chem, 2018, 6: 333.

[12] IPATOV A, ABRAMOVA N, BRATOV A, et al. Integrated multisensor chip with sequential injection technique as a base for "electronic tongue" devices [J]. Sensors and Actuators B: Chemical, 2008, 131 (1): 48-52.

[13] HA D, HU N, WU C X, et al. Novel structured light-addressable potentiometric sensor array based on PVC membrane for determination of heavy metals [J]. Sensors and Actuators B: Chemical, 2012, 174: 59-64.

[14] WANG J C, YE Y R, LIN Y H, et al. Light-addressable potentiometric sensor with nitrogen-incorporated ceramic Sm_2O_3 membrane for chloride ions detection [J]. Journal of the American Ceramic Society, 2015, 98 (2): 443-447.

[15] HU W, CAI H, FU J, et al. Line-scanning LAPS array for measurement of heavy metal ions with micro-lens array based on MEMS [J]. Sensors and Actuators B: Chemical, 2008, 129 (1): 397-403.

[16] DUTTA S, STRACK G, KURUP P. Gold nanostar electrodes for heavy metal detection [J]. Sensors and Actuators B: Chemical, 2019, 281: 383-391.

[17] TING S L, EE S J, ANANTHANARAYANAN A, et al. Graphene quantum dots functionalized gold nanoparticles for sensitive electrochemical detection of heavy metal ions [J]. Electrochimica Acta, 2015, 172: 7-11.

[18] RENEDO O D, JULIA ARCOS MART NEZ M. A novel method for the anodic stripping voltammetry determination of Sb (III) using silver nanoparticle-modified screen-printed electrodes [J]. Electrochemistry Communications, 2007, 9 (4): 820-826.

[19] SAHOO P K, PANIGRAHY B, SAHOO S, et al. In situ synthesis and properties of reduced graphene oxide/Bi nanocomposites: as an electroactive material for analysis of heavy metals [J]. Biosensors & Bioelectronics, 2013, 43: 293-296.

[20] HRAPOVIC S, LIU Y, LUONG J. Reusable platinum nanoparticle modified boron doped diamond microelectrodes for oxidative determination of arsenite [J]. Analytical Chemistry,

2007, 79 (2): 500-507.

[21] LEE S, OH J, KIM D, et al. A sensitive electrochemical sensor using an iron oxide/graphene composite for the simultaneous detection of heavy metal ions [J]. Talanta, 2016, 160: 528-536.

[22] TURDEAN G L, SZABO G. Nitrite detection in meat products samples by square-wave voltammetry at a new single walled carbon naonotubes-myoglobin modified electrode [J]. Food Chem, 2015, 179: 325-330.

[23] WEN Z. Nitrogen-doped graphene modified glassy carbon electrode for anodic stripping voltammetric detection of lead ion [J]. International Journal of Electrochemical Science, 2016: 6648-6654.

[24] LEE S, PARK S-K, CHOI E, et al. Voltammetric determination of trace heavy metals using an electrochemically deposited graphene/bismuth nanocomposite film-modified glassy carbon electrode [J]. Journal of Electroanalytical Chemistry, 2016, 766: 120-127.

[25] MEHMETI E, STANKOVIC D M, HAJRIZI A, et al. The use of graphene nanoribbons as efficient electrochemical sensing material for nitrite determination [J]. Talanta, 2016, 159: 34-39.

[26] ZHU Z, SU Y, LI J, et al. Highly sensitive electrochemical sensor for mercury (ii) ions by using a mercury-specific oligonucleotide probe and gold nanoparticle-based amplification [J]. Analytical Chemistry, 2009, 81 (18): 7660-7666.

[27] ZHANG Y, XIAO S, LI H, et al. A Pb^{2+}-ion electrochemical biosensor based on single-stranded DNAzyme catalytic beacon [J]. Sensors and Actuators B: Chemical, 2016, 222: 1083-1089.

[28] LI F, FENG Y, ZHAO C, et al. Crystal violet as a G-quadruplex-selective probe for sensitive amperometric sensing of lead [J]. Chem Commun (Camb), 2011, 47 (43): 11909-11911.

[29] BAGAL-KESTWAL D, KARVE M S, KAKADE B, et al. Invertase inhibition based electrochemical sensor for the detection of heavy metal ions in aqueous system: application of ultra-microelectrode to enhance sucrose biosensor's sensitivity [J]. Biosensors & Bioelectronics, 2008, 24 (4): 657-664.

[30] SU W, CHO M, NAM J D, et al. Highly sensitive electrochemical lead ion sensor harnessing peptide probe molecules on porous gold electrodes [J]. Biosensors & Bioelectronics, 2013, 48: 263-269.

[31] NAVEEN M H, GURUDATT N G, SHIM Y-B. Applications of conducting polymer composites to electrochemical sensors: a review [J]. Applied Materials Today, 2017, 9: 419-433.

[32] ZHAO Z Q, CHEN X, YANG Q, et al. Selective adsorption toward toxic metal ions results

in selective response: electrochemical studies on a polypyrrole/reduced graphene oxide nanocomposite [J]. Chem Commun (Camb), 2012, 48 (16): 2180-2182.

[33] CHEN W, FANG X, LI H, et al. A simple paper-based colorimetric device for rapid mercury (II) assay [J]. Scientific Reports, 2016, 6 (1): 31948.

[34] VAZQUEZ-POIG P, PICÓ Y. Pressurized liquid extraction of organic contaminants in environmental and food samples [J]. TrAC Trends in Analytical Chemistry, 2017, 76: 83-110.

[35] RATNARATHORN N, CHAILAPAKUL O, HENRY C S, et al. Simple silver nanoparticle colorimetric sensing for copper by paper-based devices [J]. Talanta, 2012, 99: 552-557.

[36] FENG L, LI X, LI H, et al. Enhancement of sensitivity of paper-based sensor array for the identification of heavy-metal ions [J]. Analytica Chimica Acta, 2013, 780: 74-80.

[37] ONCESCU V, O'DELL D, ERICKSON D J L O A C. Smartphone based health accessory for colorimetric detection of biomarkers in sweat and saliva [J]. Lab on a Chip, 2013, 13 (16): 3232-3238.

[38] APYARI V V, DMITRIENKO S G, OSTROVSKAYA V, et al. Use of polyurethane foam and 3-hydroxy-7, 8-benzo-1, 2, 3, 4-tetrahydroquinoline for determination of nitrite by diffuse reflectance spectroscopy and colorimetry [J]. Analytical and Bioanalytical Chemistry, 2008, 391 (5): 1977-1982.

[39] APYARI V V, DMITRIENKO S G, ZOLOTOV Y, et al. Assessment of condensation of aromatic aldehydes with polyurethane foam for their determination in waters by diffuse reflectance spectroscopy and colorimetry [J]. International Journal of Environmental and Analytical Chemistry, 2009, 89 (8-12): 775-783.

[40] ABBASPOUR A, MEHRGARDI M A, NOORI A, et al. Speciation of iron (II), iron (III) and full-range pH monitoring using paptode: a simple colorimetric method as an appropriate alternative for optodes [J]. Sensors and Actuators B: Chemical, 2006, 113 (2): 857-865.

[41] JAYAWARDANE B M, WONGWILAI W, GRUDPAN K, et al. Evaluation and application of a paper-based device for the determination of reactive phosphate in soil solution [J]. Journal of Environmental Quality, 2014, 43 (3): 1081-1085.

[42] LAPRESTA-FERNANDEZ A, CAPITAN-VALLVEY L F. Scanometric potassium determination with ionophore-based disposable sensors [J]. Sensors and Actuators B: Chemical, 2008, 134 (2): 694-701.

[43] CATE D M, DUNGCHAI W, CUNNINGHAM J C, et al. Simple, distance-based measurement for paper analytical devices [J]. Lab on a Chip, 2013, 13 (12): 2397-2404.

[44] SODA Y, CITTERIO D, BAKKER E. Equipment-free detection of K^+ on microfluidic paper-based analytical devices based on exhaustive replacement with ionic dye in ion-selective

[45] WEI X, TIAN T, JIA S, et al. Microfluidic distance readout sweet hydrogel integrated paper-based analytical device (μDiSH-PAD) for visual quantitative point-of-care testing [J]. Analytical Chemistry, 2016, 88 (4): 2345-2352.

[46] LEWIS G G, DITUCCI M J, PHILLIPS S T. Quantifying analytes in paper-based microfluidic devices without using external electronic readers [J]. Angewandte Chemie International Edition, 2012, 51 (51): 12707-12710.

[47] ZHANG Y, ZHOU C, NIE J, et al. Equipment-free quantitative measurement for microfluidic paper-based analytical devices fabricated using the principles of movable-type printing [J]. Analytical Chemistry, 2014, 86 (4): 2005-2012.

[48] LEWIS G G, ROBBINS J S, PHILLIPS S T. A prototype point-of-use assay for measuring heavy metal contamination in water using time as a quantitative readout [J]. Chemical Communications, 2014, 50 (40): 5352-5354.

[49] KIM J H, KIM H J, KIM S H, et al. Fluorescent coumarinyldithiane as a selective chemodosimeter for mercury (II) ion in aqueous solution [J]. Tetrahedron Lett, 2009, 50 (43): 5958-5961.

[50] CHO Y S, AHN K H. A "turn-on" fluorescent probe that selectively responds to inorganic mercury species [J]. Tetrahedron Lett, 2010, 51 (29): 3852-3854.

[51] WU H M, LIANG J G, HAN H Y. A novel method for the determination of Pb^{2+} based on the quenching of the fluorescence of CdTe quantum dots [J]. Microchim Acta, 2008, 161 (1-2): 81-86.

[52] WANG X Y, KONG L B, GAN Y, et al. Microfluidic-based fluorescent electronic eye with CdTe/CdS core-shell quantum dots for trace detection of cadmium ions [J]. Anal Chim Acta, 2020, 1131: 126-135.

[53] KUNDU A, LAYEK R K, KUILA A, et al. Highly fluorescent graphene oxide-poly (vinyl alcohol) hybrid: An effective material for specific Au^{3+} ion sensors [J]. ACS Applied Materials & Interfaces, 2012, 4 (10): 5576-5582.

[54] RUDD N D, WANG H, FUENTES-FERNANDEZ E, et al. Highly efficient luminescent metal-organic framework for the simultaneous detection and removal of heavy metals from water [J]. ACS Applied Materials & Interfaces, 2016, 8 (44): 30294-30303.

[55] BAO Y Y, LIU B, WANG H, et al. A highly sensitive and selective ratiometric Cd^{2+} fluorescent sensor for distinguishing Cd^{2+} from Zn^{2+} based on both fluorescence intensity and emission shift [J]. Anal Methods-UK, 2011, 3 (6): 1274-1276.

[56] DONG M, WANG Y W, PENG Y. Highly selective ratiometric fluorescent sensing for Hg^{2+} and Au^{3+}, respectively, in aqueous media [J]. Org Lett, 2010, 12 (22): 5310-5313.

[57] WANG X Y, KONG L B, ZHOU S Q, et al. A QDs nanocomposites-based photolumines-

cence ratiometric method for selective and visual cadmium detection combining with smart-phone-based PL e-eye [J]. J Electrochem Soc, 2020, 167 (14): 147520.

[58] SAPSFORD K E, BERTI L, MEDINTZ I L. Materials for fluorescence resonance energy transfer analysis: Beyond traditional donor-acceptor combinations [J]. Angew Chem Int Edit, 2006, 45 (28): 4562-4588.

[59] HE G J, ZHANG X L, HE C, et al. Ratiometric fluorescence chemosensors for copper (Ⅱ) and mercury (Ⅱ) based on FRET systems [J]. Tetrahedron, 2010, 66 (51): 9762-9768.

[60] SHANG G Q, GAO X, CHEN M X, et al. A novel Hg^{2+} selective ratiometric fluorescent chemodosimeter based on an intramolecular FRET mechanism [J]. J Fluoresc, 2008, 18 (6): 1187-1192.

[61] WANG X, GUO X Q. Ultrasensitive Pb^{2+} detection based on fluorescence resonance energy transfer (FRET) between quantum dots and gold nanoparticles [J]. Analyst, 2009, 134 (7): 1348-1354.

[62] KONG L T, WANG J, ZHENG G C, et al. A highly sensitive protocol (FRET/SIMNSEF) for the determination of mercury ions: a unity of fluorescence quenching of graphene and enhancement of nanogold [J]. Chem Commun, 2011, 47 (37): 10389-10391.

[63] ZHANG L, PENG D, LIANG R P, et al. Graphene quantum dots assembled with metalloporphyrins for "turn on" sensing of hydrogen peroxide and glucose [J]. Chem-Eur J, 2015, 21 (26): 9343-9348.

[64] GAO W, NYEIN H Y Y, SHAHPAR Z, et al. Wearable microsensor array for multiplexed heavy metal monitoring of body fluids [J]. ACS Sensors, 2016, 1 (7): 866-874.

[65] GUTIÉRREZ M, ALEGRET S, CACERES R, et al. Application of a potentiometric electronic tongue to fertigation strategy in greenhouse cultivation [J]. Comput Electron Agr, 2007, 57 (1): 12-22.

[66] BELIKOVA V, PANCHUK V, LEGIN E, et al. Continuous monitoring of water quality at aeration plant with potentiometric sensor array [J]. Sensor Actuat B-Chem, 2019, 282: 854-860.

[67] AHMAD R, TRIPATHY N, PARK J H, et al. A comprehensive biosensor integrated with a ZnO nanorod FET array for selective detection of glucose, cholesterol and urea [J]. Chem Commun, 2015, 51 (60): 11968-11971.

[68] COVINGTON J A, GARDNER J W, BRIAND D, et al. A polymer gate FET sensor array for detecting organic vapours [J]. Sensor Actuat B-Chem, 2001, 77 (1-2): 155-162.

[69] ZHANG C, SUSLICK K S. A colorimetric sensor array for organics in water [J]. J Am Chem Soc, 2005, 127 (33): 11548-11549.

[70] LI X, LI S Q, LIU Q Y, et al. Electronic-tongue colorimetric-sensor array for discrimina-

tion and quantitation of metal ions based on gold-nanoparticle aggregation [J]. Analytical Chemistry, 2019, 91 (9): 6315-6320.

[71] XU W, REN C L, TEOH C L, et al. An artificial tongue fluorescent sensor array for identification and quantitation of various heavy metal ions [J]. Analytical Chemistry, 2014, 86 (17): 8763-8769.

[72] RUDNITSKAYA A L A, SELEZNEV B, VLASOV Y. Recognition of liquid and flesh food using an 'electronic tongue' [J]. Int J Food Sci Tech, 2002, 37 (4): 375-385.

[73] LEGIN A, RUDNITSKAYA A, VLASOV Y, et al. Application of electronic tongue for quantitative analysis of mineral water and wine [J]. Electroanal, 1999, 11 (10-11): 814-820.

[74] FACURE M H M, SCHNEIDER R, DOS SANTOS D M, et al. Impedimetric electronic tongue based on molybdenum disulfide and graphene oxide for monitoring antibiotics in liquid media [J]. Talanta, 2020, 217: 121039.

[75] HU N, HA D, WU C X, et al. A LAPS array with low cross-talk for non-invasive measurement of cellular metabolism [J]. Sensor Actuat a-Phys, 2012, 187: 50-56.

[76] OKAMOTO M, SUNADA H, NAKANO M, et al. Bitterness evaluation of orally disintegrating famotidine tablets using a taste sensor [J]. Asian J Pharm Sci, 2009, 4: 1-7.

[77] ZHENG J Y, KEENEY M P. Taste masking analysis in pharmaceutical formulation development using an electronic tongue [J]. Int J Pharm, 2006, 310 (1-2): 118-124.

[78] KHAYDUKOVA M, KIRSANOV D, PEIN-HACKELBUSCH M, et al. Critical view on drug dissolution in artificial saliva: a possible use of in-line e-tongue measurements [J]. Eur J Pharm Sci, 2017, 99: 266-271.

[79] LEGIN E, ZADOROZHNAYA O, KHAYDUKOVA M, et al. Rapid evaluation of integral quality and safety of surface and waste waters by a multisensor system (electronic tongue) [J]. Sensors (Basel), 2019, 19 (9): 2019.

[80] GRIGORIEV G Y, LAGUTIN A S, NABIEV S S, et al. Water quality monitoring during interplanetary space flights [J]. Acta Astronautica, 2019, 163: 126-132.

[81] VISCARRA ROSSEL R, TAYLOR H, MCBRATNEY A. Multivariate calibration of hyperspectral γ-ray energy spectra for proximal soil sensing [J]. European Journal of Soil Science, 2007, 58 (1): 343-353.

[82] CHEN C, DONG D M, LI Z W, et al. A novel soil nutrient detection method based on combined ATR and DRIFT mid-infrared spectra [J]. Anal Methods-UK, 2017, 9 (3): 528-533.

[83] GALLARDO J, ALEGRET S, DE ROMAN M A, et al. Determination of ammonium ion employing an electronic tongue based on potentiometric sensors [J]. Anal Lett, 2003, 36 (14): 2893-2908.

[84] TAHARA Y, IKEDA A, MAEHARA Y, et al. Development and evaluation of a miniaturized taste sensor chip [J]. Sensors-Basel, 2011, 11 (10): 9878-9886.

[85] KOBAYASHI Y, HABARA M, IKEZAZKI H, et al. Advanced taste sensors based on artificial lipids with global selectivity to basic taste qualities and high correlation to sensory scores [J]. Sensors-Basel, 2010, 10 (4): 3411-3443.

[86] BUENO L, DE ARAUJO W R, SALLES M O, et al. Voltammetric electronic tongue for discrimination of milk adulterated with urea, formaldehyde and melamine [J]. Chemosensors, 2014, 2 (4): 251-266.

[87] HADDI Z, EL BARBRI N, TAHRI K, et al. Instrumental assessment of red meat origins and their storage time using electronic sensing systems [J]. Anal Methods-UK, 2015, 7 (12): 5193-5203.

[88] APETREI I M, APETREI C. Application of voltammetric e-tongue for the detection of ammonia and putrescine in beef products [J]. Sensor Actuat B-Chem, 2016, 234: 371-379.

[89] GIL L, BARAT J M, BAIGTS D, et al. Monitoring of physical-chemical and microbiological changes in fresh pork meat under cold storage by means of a potentiometric electronic tongue [J]. Food Chem, 2011, 126 (3): 1261-1268.

[90] HAN F K, HUANG X Y, TEYE E, et al. A nondestructive method for fish freshness determination with electronic tongue combined with linear and non-linear multivariate algorithms [J]. Czech J Food Sci, 2014, 32 (6): 532-537.

[91] CAMPOS I, BATALLER R, ARMERO R, et al. Monitoring grape ripeness using a voltammetric electronic tongue [J]. Food Res Int, 2013, 54 (2): 1369-1375.

[92] QIU S S, WANG J. Effects of storage temperature and time on internal quality of satsuma mandarin (Citrus unshiu marc.) by means of e-nose and e-tongue based on two-way MANOVA analysis and random forest [J]. Innov Food Sci Emerg, 2015, 31: 139-150.

第 4 章

生物和离子敏传感器微系统及其应用

4.1 概 述

随着微/纳机电系统（BioMEMS 和 BioNEMS）技术的出现，传统的生物和离子传感器逐渐被高性能微型传感器所取代，具有体积小、重量轻、灵敏度高、反应快、成本低，并可与其他电路部分集成等优点，兼具基础研究价值和产业化前景。本章首先简要介绍生物微/纳机电系统的基本概念和发展概况，进一步介绍若干典型的生物与离子敏传感器与微系统，及其在医学与环境检测领域中的应用。

生物微机电系统（Bio-Micro-Electro-Mechanical System，BioMEMS）是一种基于 MEMS 技术，特征尺寸在 $1\sim100\mu m$ 量级的微型生物传感器，利用 MEMS 技术实现所有生物量检测的微型化与集成化，从而降低生物医学检测的成本，具有显著的产业化前景；而生物纳机电系统（Bio-Nano-Electro-Mechanical System，BioNEMS）是一种基于 NEMS 技术，特征尺寸在 $1\sim100nm$ 量级的微型生物传感器，NEMS 的特征尺寸相比 MEMS 的特征尺寸更小，因此 BioNEMS 主要是基于纳米结构效应的器件来实现生物分子的检测。

4.2 BioMEMS 与 BioNEMS 原理

对于 BioMEMS 或 BioNEMS 来说，作为一门跨学科的技术，其结合了生物医学传感、力学、材料、结构、电子系统、微/纳米制造以及物理和化学等学科。微/纳米机电系统技术在单个芯片上集成了各种微/纳米传感器和执行器,作为用于分子级机械传感和操作的生物探针正变得越来越重要。本章节将主要讨论 BioMEMS 和 BioNEMS 各种生物传感器的基本工作原理,包括简单的微机电系统、将电子和机械系统扩展到微/纳米级生物传感器、材料问题以及微机械结构和执行器与简单电子设备的集成。

4.2.1 BioMEMS 原理

生物微机电系统(BioMEMS)是将生物学、微电子学、物理学、化学、计算机科学融为一体的面向生物医学的 MEMS 器件与系统,集成了微传感器、微驱动器、微流体系统、微光学系统及微机械元件[1],工作原理如图 4-2-1 所示。微加工技术使 BioMEMS 具有微米量级的特征尺寸,得以实现器件和系统的微型化,使生物医学的检测、诊断和治疗可以自动化、高通量、低损耗地完成。BioMEMS 技术的批量生产能力极大地降低了生物医学诊断和治疗的成本,因此 BioMEMS 不仅具有非常重要的基础研究价值,而且具有显著的产业化前景。

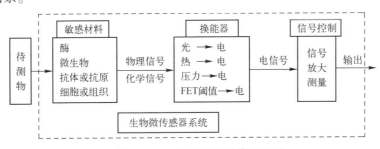

图 4-2-1 BioMEMS 工作原理图

基于研究对象的不同,BioMEMS 主要可以分为两类,分别是在生物医学方面,面向体内检测、诊断和治疗的 In vivo BioMEMS,和在生化分析方面,面向体外检测、诊断和治疗的 In vitro BioMEMS(见表 4-2-1)。

表 4-2-1 BioMEMS 的主要分类

In vivo BioMEMS	In vitro BioMEMS
植入式微器件	基因芯片
微型给药系统	蛋白芯片
精密外科工具	细胞芯片
微型人工器官	组织芯片

In vivo BioMEMS 是指在生物体内进行生物医学诊断和治疗的微系统，研究内容主要包括植入式微器件、微型给药系统、精密外科工具、微型人工器官、微型成像器件等。这些微系统中融入了关键的 MEMS 技术，如微传感器、微驱动器、微泵、微阀、微针等。与传统的器件和系统相比，In vivo BioMEMS 具有尺寸小、质量轻、可靠性高、低成本、功能或性能优异、可以与生物技术相结合等优点。如图 4-2-2 所示为 In vivo BioMEMS 的典型应用图[2-3]。

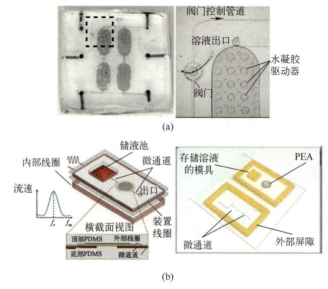

图 4-2-2　In vivo BioMEMS 典型应用研究
(a) 利用对 pH 敏感的水凝胶制作的微阀；(b) 通过磁场控制压电微阀示意图。

植入治疗微系统包括胸腔镜、内窥镜等，这些 In vivo BioMEMS 通过触觉或视觉传感器、驱动器、人-机对话界面等实现人体内器官的诊断和治疗。给药微系统包括植入式给药微系统和注射式给药微系统，基于 MEMS 技术制备的微型给药系统可以精确控制药物的剂量，减少病人的疼痛，减小药物的毒副作用，提高治疗效果。用于注射给药的微针主要以氮化硅为材料，同时利用牺牲层技术制备微流道，微针的直径可以减小到几十微米，长度几百微米，可以在没有触及病人皮肤神经的情况下完成注射。

大脑深部刺激探针是植入式微器件的另一个研究成果，该研究采用掺杂多晶硅制备电极和微孔，用于神经的再生长，帮助帕金森氏综合症患者调节脑内信号的正常传输，减小病人的物理震颤。人工视网膜是最具代表性的微型人工器官，基于 CMOS 技术研制的人工视网膜由微阵列式光电二极管组成，将光信号转换微电流信号，通过微电极，电流信号再传输到组织或神经细胞，是改善失明患者视力的途径之一。

In vitro BioMEMS 指的是面向生化分析的 MEMS 器件与系统，主要包括生物芯片、生物微传感器和生物微流控系统。其中生物芯片技术最具代表性，它为药品开发、疾病诊断、DNA 测序等提供了必不可少的工具，主要有基因芯片、蛋白芯片、细胞芯片和组织芯片组成。其中，生物微流控系统包含并集成微驱动泵、微控制阀、通道网络、样品处理器、混合器、计量器、反应器、分离器以及微检测器等部件于一体，实现生物和化学等领域中微升、纳升、皮升级样品的进样、稀释、混合、反应、分离、检测和后处理等全过程分析，将整个生化实验室中的功能微缩到一块芯片上。如图 4-2-3 为 In vitro BioMEMS 典型应用图[4-5]。

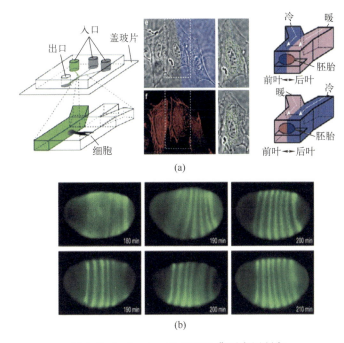

图 4-2-3　In vitro BioMEMS 典型应用研究
（a）研究细胞中线粒体运动的 BioMEMS 装置示意图；
（b）通过调节不同温度研究胚胎发育的 BioMEMS 装置。

In vitro BioMEMS 以分析科学为基础，以微电子加工技术为依托，以微管道网络为结构特征，以微流控技术为核心。具体优势包括：容纳流体的有效结构至少在一个维度上为微米级尺度，流体环境的面积/体积比显著提高；试样和试剂的消耗量显著下降；反应/分离等分析效率显著提高；分析设备易于实现低成本、多功能、高精度、集成化、自动化；可以实时、原位、连续检测，实现分析实验室的微型化、个性化、家用化。

In vitro BioMEMS 研究的主要挑战表现在对流体的精确操控。微尺度下，构成微系统的许多关键组件的制造、驱动、控制和检测都变得更加困难，在微流体系统中主要表现为不同组件（不同组件通常采用不同的材料制备而成）之间的接口、封装，系统与驱动、控制模块的接口，微流体的显示、检测以及如何有效降低预料之外的作用因素影响等。

4.2.2 BioNEMS 原理

纳机电系统（Nano-Electromechanical System，NEMS）是 20 世纪 90 年代末、21 世纪初提出的一个新概念，特征尺寸在 1~100nm、以机电结合为主要特征，基于纳米级结构新效应的器件和系统。从机电这一特征来讲，可以把 NEMS 技术看成是 MEMS 技术的发展。但是，MEMS 的特征尺寸一般在微米量级，其大多特性实际上还是基于宏观尺度下的物理基础，而 NEMS 的特征尺寸达到了纳米数量级，一些新的效应如尺度效应、表面效应等突显，解释其机电耦合特性等需要应用和发展微观、介观物理。也就是说，NEMS 的工作原理及表现效应等与 MEMS 有本质性差异。因此，NEMS 技术已经是纳米科技的一个重要组成部分和方向。

BioNEMS 是面向生物医学的 NEMS 器件与系统，以生物传感器为主。工作原理方面，以基于场效应晶体管的 NEMS 生物传感器为例，被测物质与一维纳米敏感材料表面结合后，改变了一维纳米材料的电学特性，从而实现被测物质的特异性检测。传感器的设计过程主要包括选择特定标志物，对纳米表面进行材料修饰以实现特异性检测，一维纳米材料的构建和信号检测电路的设计加工。如图 4-2-4 所示为 BioNEMS 的工作原理及特征示意图。

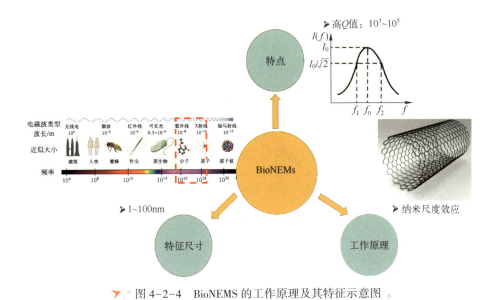

图 4-2-4　BioNEMS 的工作原理及其特征示意图

4.3　BioMEMS 与 BioNEMS 应用

基于上述原理，BioMEMS 与 BioNEMS 产生了诸多应用。其中对于 BioMEMS，主要从 In vivo BioMEMS 和 In vitro BioMEMS 的代表性应用（心脏起搏器、胶囊内镜、人工耳蜗和微型手术刀等）展开。而对于 BioNEMS，则主要从面向不同检测对象的传感器代表性应用（光学、电极和场效应晶体管纳米生物传感器等）展开。

4.3.1　BioMEMS 应用

In vivo BioMEMS 的应用以植入式微器件为核心，用于诊断和闭环控制治疗系统，几乎涉及医学的所有领域。具有功耗低、尺寸小、灵敏度高、特异性强、精确性好、稳定性强等优点，测量参数包括压力、加速度、生化标志物等。In vitro BioMEMS 原则上适用于从有机、无机小分子到核酸、蛋白质的不同类型分子的反应、分离和检测，涉及几乎全部生物和非生物过程中的化学问题。应用领域包括：疾病诊断、药物筛选、环境检测、发酵工业、食品工业、司法鉴定等。BioMEMS 典型应用如图 4-3-1 所示。

心脏起搏器以一定形式的电脉冲刺激心脏，使之按一定频率有效收缩，

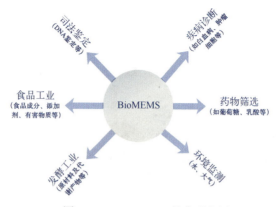

图 4-3-1　BioMEMS 的典型应用

对心律失常有良好疗效。BioMEMS 工艺制成的微型集成电路加速度传感器极大改善了心脏起搏器的工作性能。微型加速度传感器由内置数字化单晶硅电极组成，它将其感受到的细微位移量转换为电容值变化，可检测微米级的水平振动量以及振动频率和振幅，并在稳态下决定倾斜角和每次振动或脉搏的振幅。心脏起搏器设计中的一个主要问题是在佩戴者运动状态发生改变时控制心跳。加速度传感器可检测病人位置的微小变化，安装于不同轴向的敏感 MEMS 传感器可检测病人处在运动状态还是睡眠状态。采用加速度传感器的移动敏感型心脏起搏器系统，以加速度传感器联合微处理器检测病人的运动水平并适当调整各个输出信号，调整心脏起搏器速率，使其更加接近正常心脏的功能。

胶囊内镜以 BioMEMS 技术为核心，又称为"智能胶囊消化道内窥镜系统"或"医用无线内窥镜系统"，由胶囊和记录分析系统组成。胶囊为药丸形，内置有摄像与信号传输等智能装置，外包无毒耐酸碱塑料，为一次性使用品。它通过受检者口服进入人体消化道系统，借助消化道蠕动使其在消化道内运动并拍摄沿途肠道内壁图像，医生在受检者体外借助图像记录仪和影像工作站系统就可清楚地了解受检者的整个消化道情况，从而对其病情做出诊断，胶囊最后自行排泄出体外。胶囊内镜具有检查方便、无创伤、无导线、无痛苦、无交叉感染、不影响患者的正常工作等优点，克服了传统方法不能完整检查小肠部位的"盲区"弊端，扩展了医生的消化道检查视野，是当今消化道疾病尤其是小肠疾病诊断的重要方法。

人体腔道生理参数检测微系统主要由"微型电子胶囊""便携式数据记录仪""数据处理系统"等部分组成。大多由微型压力传感器功能模块、微型温度传感器功能模块、微处理功能模块、微信号发射功能模块、微型电源管理模块组成，只要患者将其吞下，它就会通过传感器检测患者体内器官的酸性程度或其他参数，并根据预置程序分析处理检测结果。目前，用于人体生理参数检测的微系统种类较多，如"血液分析微系统""糖尿病检测微系统""肾病检测微系统""尿蛋白检测微系统""肿瘤细胞凋亡参数检测微系统""智能胶囊式测压系统""胶囊复合维生素检测微系统"等。

电子耳蜗是一种植入式电子装置和仿生人造器官，能将声能转换为电能。通过植入电极直接刺激耳蜗内残余听神经纤维，使双耳听阈提高到90dB以上，使即使佩戴大功率助听器仍无改善的极重度耳聋患者也能产生听觉。电子耳蜗由体内和体外两部分组成，体外部分包括微型话筒、言语处理器和信号发生器，体内部分包括接收器、刺激器和电极。现代电子耳蜗采用复杂电子学技术处理声学信息，产生可翻译的编码电信号以及多导电极系统，包括微驱动装置、微型麦克风及微型刺激器等。微驱动装置用于传输驱动器和内耳流质产生的颤动波，微型麦克风中产生电信号刺激耳蜗周围区域，穿过内耳产生声音。MEMS技术可改善植入式耳蜗的设计，以MEMS工艺加工的三维刺激微针可实现1024个电刺激位点，高聚物修饰微针表面可改善与人体组织的兼容性。

由BioMEMS组成的微型手术刀可用于精细手术，可切除视网膜上的伤疤组织。由MEMS组成的注入式微型医疗器械可进入血管之中，刮除导致心脏病的油脂沉积物，也可除去人体动脉里的胆固醇或疏通被堵塞的血管，甚至可探测并清除人体内的癌细胞，在一定程度上能够取代某些疾病传统的外科手术治疗和介入治疗。基于BioMEMS技术的微胶囊化组织细胞移植方法，可在人体颅内、腹腔、血管内、肌肉内、皮下、脊髓蛛网膜下等部位进行组织细胞的移植，在治疗糖尿病、帕金森氏症、甲状腺机能减退症、顽固性疼痛等疾病方面，开辟了全新的治疗方法与途径。

微加工技术制造的各种微泵、微阀、微摄、微沟槽、微器皿和微流量计等器件适合于操作生物细胞和生物大分子。针对社区、农村与家庭对疾病检测与早期预警微系统的需求，围绕心血管疾病、恶性肿瘤、糖尿病、肝炎和艾滋病等传染病的检测与早期预警，基于微纳制造技术，研究开发高性能低成本生化分析微系统、面向急救的血气/电解质快速分析微系统、便携式分子诊断生化检测微系统、心血管疾病多参数监测微系统、冠心病快速检测微系统等。

为保证食品加工业产品的安全、合格，必须对发酵程度、有害物质含量等进行实时检测。BioMEMS 系统已用于啤酒中乙醇含量的检测,可在发酵过程中对啤酒中的几种主要成分进行在线实时监测。工业生产中的高温、高污染等恶劣工作环境更需要具有监测与控制功能的 BioMEMS 系统。在汽车工业中,BioMEMS 的器件数量与技术含量是衡量高级轿车电子化水平的重要指标。

4.3.2 BioNEMS 应用

NEMS 的研究工作主要应用在传感器方面,包括质量传感、磁传感、惯性传感等;单分子、单 DNA 检测传感器以及 NEMS 生化分析系统;利用微探针的生化检测、热探测技术;热式红外线传感器。与 MEMS 传感器相似,NEMS 在某种程度上也可以看作是集成电路的扩展,实现传感器的体积微小化、性能集成化及可批量制作的优势。但是由于纳米级结构所产生的量子效应、界面效应和纳米尺度效应等,使 NEMS 传感器具有更优异的性能,与 MEMS 传感器相比,NEMS 具有更高的灵敏度、更低的功耗、更小的体积及更高的频率。其中 BioNEMS 主要采用纳米管、纳米线、纳米薄膜、纳米孔等敏感单元,基于纳米材料电学/光学特性的变化完成生物量的检测,下文将探讨其代表性的应用。

面向 BPT(人类遭受致癌物质攻击的指示物)检测的光学纳米生物传感器,其制作一般分为三步,包括拉伸、固定和包被纳米纤维,实现纳米纤维与光源、光电倍增管的连接从而实现光信号传导,与抗体的结合实现光信号的调制,将 BPT 浓度变化转化为光信号强度变化。

面向葡萄糖/血清蛋白检测的三电极纳米生物传感器,包括采用经过硼修饰的硅纳米线薄膜、双石墨的三电极结构。在葡萄糖溶液中,葡萄糖分子与纳米薄膜上的受体结合改变了薄膜自身电导率,通过测量纳米薄膜电极与石墨电极,以及石墨电极之间的电导,可以获得纳米薄膜电导的变化量[6],从而检测葡萄糖的浓度,如图 4-3-2(a)所示。一些学者进一步使用纳米线表面包覆金属纳米粒子的敏感电极,基于循环伏安法,检测葡萄糖/血清蛋白的浓度[7],具有较高的灵敏度和较快的响应速度,如图 4-3-2(b)所示。

面向凝血酶/钙离子检测的场效应晶体管纳米生物传感器,采用微电子工艺加工源极、漏极和栅极,以单壁碳纳米管连接源漏极构成导电通道。通过对纳米材料的凝血酶受体修饰,选择性的捕获凝血酶,器件电导迅速减小,获得较高的灵敏度。同时,抗原修饰的硅纳米线呈现可逆的抗体结合和实时浓度监测,实现代谢指示剂钙离子的检测。

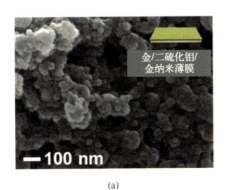 

图 4-3-2 BioNEMS 的典型应用
(a) 纳米薄膜；(b) 纳米线。

4.4 生物敏与离子敏传感器及其微系统的研究进展

随着生物微机电系统的不断进步，关于生物敏与离子敏传感器与微系统的研究近年来也发展迅猛。其中主要包括电化学离子与生物敏传感器及其微系统（电位型、电流型和电导型）、热量型生物传感器及其微系统、声表面波生物传感器及其微系统、悬臂梁式生物传感器及其微系统以及场效应晶体管式生物敏与离子敏传感器及其微系统（离子敏 ISFET、生物敏 BioFET 和光寻址电位型 LAPS）等方面。

4.4.1 电化学离子敏与生物敏传感器及其微系统

1) 电位型离子敏与生物敏传感器及其微系统

随着半导体工艺和微机械加工技术的飞速发展，MEMS 技术与半导体精密加工技术使原有电化学传感器的特征尺寸缩小到毫米级、微米级甚至纳米级，促使这类传感器进一步向微型化、数字化和高可靠性发展，从而发展出当前的电化学微传感技术。

根据产生电信号的类别，电化学微传感技术可分为电位型、电流型和电导型等。电位型电化学微传感器是指在外加电压下，通过将待测物质与敏感材料上的生物分子上发生的识别反应通过模/数转换及放大电路，转化为电位信号进行测量的微传感器。根据电位型微传感器所测物质的不同，可分为电位型离子微传感器和电位型生物微传感器。

传统的液接离子选择性电极发展相对成熟且广泛，但内参比液渗漏问题一直影响着检测的准确性和电极的进一步微型化。介于以上缺点，将液接部分转化为固态即固态离子选择性电极已成为一大趋势。相比于传统的离子选择性电极，基于全固态离子选择性电极的电位型离子微传感器具有受外界环境影响小、易储存维护、使用寿命长、检测限低、易微型化、集成化的优点。它的组成与传统的离子选择性电极类似，也是由三电极体系（工作电极、参比电极、对电极）组成，但其液接部分被转为固态以提高其检测准确性。通过待测离子在微型工作电极上发生的氧化还原反应，形成电子得失从而得到电位信号的变化，实现待测离子浓度的检测。其中，波兰华沙大学 R. Toczylowska 等[8]提出了一种用于生理离子测量的电位型离子微传感器（见图4-4-1（a））。该传感器由离子液体参比电极、全固态离子选择性微电极和对电极组成。他们利用掩膜版，通过光刻和刻蚀技术制备铜电极，使用刻蚀液去除被光刻胶覆盖的铜层，剩余的铜电极依次使用电化学的方法电镀上镍、金和银。使用环氧玻璃层覆盖在成型的电极表面以确保整个金属的绝缘性，通过在0.1mol/L氯化钾和氯化钠的溶液中对含有换能器的银层持续加0.5V电压变成 Ag/AgCl 电极进行检测。测量结果显示该微传感器对钠、钾、氯离子测量可分别达到 55.2±1mV/dec、56.3±2mV/dec、58.4±1mV/dec[①]的灵敏度。同时实现了低响应时间（不超过10s）和电位的高稳定性（28h内电位漂移不超过±2mV）。

由于纸基材料本身具有制作简单、成本低、便携等多种优点，电位型离子微传感器常用纸基材料作为基底，以三电极体系为主进行待测离子浓度检测。其中西班牙洛维拉·依维尔基里大学 M. Novell 等[9]提出了基于碳纳米管的纸基电位型离子微传感器，他们将水-表面活性剂混合物（碳纳米管油墨）中的碳纳米管悬浮液涂覆到常规滤纸上使其导电，将其用作基底，通过在导电纸的小圆形区域上滴涂敏感膜来制造离子选择性电极。测量得到的铵根离子检测限为 $7.2×10^{-6}$mol/L，灵敏度为 56.4±0.8mV/dec。

澳大利亚新南威尔士大学 E. Chow 等[10]在 M. Novell 等工作基础上进一步改进，将 pH 电位离子微传感器与电致变色读出系统集成在纸上，开发了基于金纳米颗粒薄膜的电位型 pH 微传感器（见图4-4-1（b））。电致变色读出系统包含四段电致变色普鲁士蓝/聚苯胺，通过石墨阻隔板连接的金纳米颗粒导电薄膜，将微传感器输出电压经运算放大器放大后输入电压致变色读出系统，不同的输入电压将产生不同的颜色，根据系统颜色变化即可确定样品的 pH 范

---

① dec 为角度单位，表示"十分之一"，1mV/dec 即表示每0.1°时电压变化1mV。

围。微传感器对于 pH 的灵敏度达到了 56mV/pH。同时整个传感器的制作成本只需 5.94 美元，相比同类型的数字读数固态离子选择性电极，成本大幅度降低。

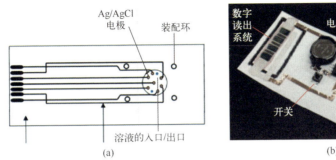

图 4-4-1　电位型离子微传感器
（a）基于全固态离子选择性电极的电位型离子微传感器；
（b）基于金纳米颗粒的电位型离子微传感器。

与电位型离子微传感器的工作原理类似，电位型生物微传感器是一类通过测量电极电位变化来测定待测物的浓度或活性的一类生物微传感器。它的原理是通过待测生物物质与固定在微电极表面的生物敏感元件进行特异性结合，形成电子得失导致电极输出电位发生变化从而实现对生物分子的检测，主要应用于多巴胺、DNA、蛋白质的检测。

台湾大学 C. Wu 等[11]提出了一种将聚二甲基硅氧烷和三电极体系集成的电位型生物微传感器，用于检测多巴胺（见图 4-4-2 (a)）。他们在玻璃芯片上制造三电极电化学检测器和电去耦器，并使用微加工技术将聚二甲基硅氧烷和三电极集成在一起形成毛细管电泳芯片。在 10mmol/L 的乙磺酸溶液中，工作电极的本底电流基线偏移保持在 0.05pA 以下。测量结果显示，在信噪比为 4 时，多巴胺的检出限为 $0.125\mu M$。该传感器对不同浓度的多巴胺（$0.25 \sim 50\mu mol/L$）呈线性响应，相关系数能达到 0.9974，灵敏度能达到 $11.76 pA/\mu mol/L$。

美国密歇根大学 J. Jin 等[12]提出一种基于三电极体系结合聚二甲基硅氧烷材料的电位型生物微传感器，用于实现 DNA 分子的电驱动（见图 4-4-2 (b)）。他们通过光刻技术和反应溅射沉积技术在二氧化硅表面沉积了铱、二氧化铱和 Ag/AgCl 电极的三电极芯片，Ag/AgCl 电极作为工作电极，铱用作辅助电极，pH 敏感的二氧化铱用作参比电极，并结合流控装置，参比电极的头部插入叉形的辅助电极头部形成响应/反应区域，工作电极的头部形成控制区域，整个芯片被聚二甲基硅氧烷覆盖（响应/反应区域的 pH 值变化将电位变化转移向不可极化的 Ag/AgCl 电极实现电位检测，同时也会影响 DNA 序列的折叠结构从而由电位变化实现 DNA 的电驱动）。测量结果显示该传感器响应十分迅速，通过在 −304~−149mV 之间切换工作电极和参比电极间的电势差，可在几秒之内完成 DNA 检测，响应灵敏度可达到 52mV/pH。

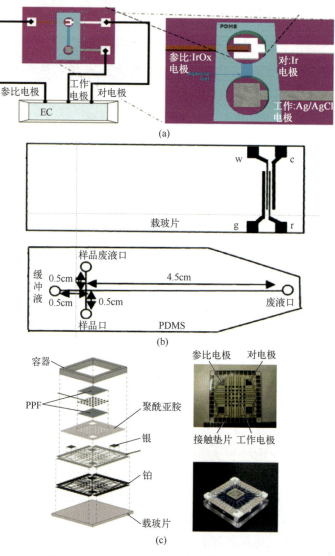

图 4-4-2　电位型电化学生物微传感器的应用
(a) 检测多巴胺；(b) 检测 DNA；(c) 检测蛋白质。

日本东京大学 K. Kojima 等[13]提出了一种薄膜三电极系统的电位型生物微传感器，用于甲胎蛋白和微球蛋白的检测（见图 4-4-2（c））。该芯片最底层由 36 个铂工作电极、一组薄膜 Ag/AgCl 电极和铂辅助电极阵列集成在玻璃基板上组成。然后在电极阵列上沉积厚度为 4.5nm 的六甲基二硅氧烷等离子体聚合膜，使用该膜高度交联的网状结构固定甲胎蛋白和微球蛋白的抗体，使用特异性抗体分别捕获甲胎蛋白和微球蛋白，发生抗原和抗体结合免疫反应，产生电子转移形成三电极上的电位变化从而实现蛋白质的检测。测量结果显示该传感器对不同浓度的甲胎蛋白和微球蛋白（0.5~70μmol/L）呈线性响应，相关系数能达到 0.999。

2）电流型离子敏与生物敏传感器及其微系统

电流型离子与生物微传感器是指利用微机械加工工艺制作尺度在微米量级的微电极体系，当在工作电极和对电极上施加有效电压时，工作电极上发生氧化还原反应，而后产生氧化还原电流，该电流的高低与测量待测物浓度成正比。

根据检测分子不同，电流型离子与生物微传感器可分为电流型离子微传感器和电流型生物微传感器。电流型离子微传感器是以离子种类或离子浓度作为检测对象，主要应用于气体（如氧气、二氧化氮等）和液体离子（如汞离子、铅离子、铜离子等）的检测；电流型生物微传感器则是待测物与固定在微电极表面的生物敏感元件进行特异性结合，发生生物化学反应，从而对生物分子进行检测。

电流型离子传感器对气体分子的检测是其典型应用之一。电流型气体微传感器利用尺寸微小的工作电极，一般由疏水膜、电极、电解液组成，在工作电极和参比电极表面施加一个固定电压，气体扩散通过膜材料，在工作电极表面发生氧化/还原反应，将气体信号转换为电流信号并输出。疏水膜覆盖在工作电极上，可以控制到达电极表面的气体分子总量、滤掉非目标物；工作电极上常修饰待测气体的催化剂，电解液包括传统的液态电解液和新型的固态电解质，氧化钇-氧化皓和钠离子超导体已成为常用的两种固态电解质。为了提高检测精度和使用寿命，有的气体微传感器在微传感器前增加滤片，滤掉无须检测的气体。

氧气的检测被广泛应用于环境监测、生命科学、工业控制等各个领域，电流型氧微传感器由于构造简单、操作方便等优势，得到广泛应用。葡萄牙阿威罗大学 E. Silva 等[14]提出了基于针形的电流型氧气微传感器，利用硼掺杂的金刚石作为工作电极，用于检测电解质溶液中的溶解氧（见图 4-4-3（a））。

利用热丝化学气相沉积在电化学锐化的钨丝上涂覆一层硼掺杂的金刚石，用四氟化碳等离子体对金刚石基微电极进行氟化作用，在金刚石表面形成功能化的氟化碳基团，从而提高灵敏度、响应速度和稳定时间。利用商用光学氧气传感器进行校准，硼掺杂金刚石工作电极的灵敏度为 0.1422 ± 0.006 nA/单位，检测极限可达到 $0.63\mu mol/L$，且氟化处理后的硼掺杂金刚石相较未氟化的硼掺杂金刚石电极表现出检测电流与氧气浓度呈更好的线性关系。

电流型氧化氮微传感器也有十分广泛的应用，美国俄亥俄州立大学 J. Yang 等[15]介绍了一种利用氧化钇-稳定氧化锆电解质、铂钯催化剂的电流型氧化氮微传感器，以实现一氧化氮的电化学氧化平衡（见图4-4-3（b））。铂钯在超过400℃下可以快速实现二氧化氮、氧气和一氧化氮的动态平衡，实验利用厚度为 $50\mu m$ 的氧化钇-稳定氧化锆层，将铂钯沉积在氧化钇-稳定氧化锆表面并覆盖基于铂的三电极体系，施加80mV的阳极电位，铂工作电极将氧化氮平衡混合物中的一氧化氮氧化，产生的电流可用于检测气流中氧化氮浓度。该微传感器的电流响应与氧化氮的浓度呈线性关系，且检测限小于 0.0001%。

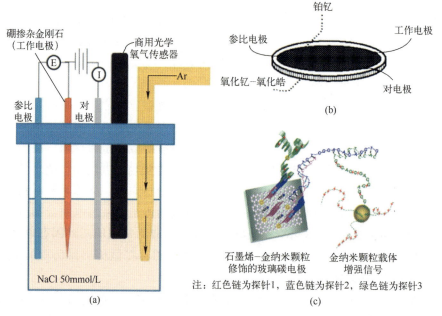

图 4-4-3　电流型电化学离子微传感器的应用
（a）检测氧气；（b）检测氧化氮；（c）检测汞离子。

电流型离子微传感器对重金属离子分析的方法具有选择性好、分析速度快、成本低廉及易实现自动化等优点，日益受到重视。中国湖南大学 Y. Zhang 等[16]提出了一种使用石墨烯-复合金纳米颗粒的电流型微传感器，可用于检测汞离子（见图4-4-3（c））。其主要原理是基于界面材料的碱基T-汞离子-碱基T结构与作为电化学指示信号的修饰物之间的特异性结合作用。将石墨烯与金纳米颗粒先后沉积在玻碳电极表面，固定汞离子功能化的含T碱基的DNA探针1，探针1和富含碱基T的探针2是不完整的互补链，金纳米颗粒作为载体吸附汞离子功能化的含G碱基的DNA探针3，并利用亚甲基蓝标记探针3以产生响应信号。在没有汞离子的情况下，探针1和探针2无法在电极表面形成双链DNA，也没有来自亚甲基蓝标记的探针3的信号响应。当汞离子存在时，由于碱基T-汞离子-碱基T的配位化学作用，探针1与探针2之间的化学结合作用使得双链DNA上的T-T碱基对发生错配，探针3提供可用的检测信号，利用伏安法检测探针3与探针2杂交反应产生的电流信号，响应电流与汞离子浓度对数呈线性相关。在最佳条件下，汞离子的检测范围为 1.0amol/L~100nmol/L。

与电流型离子微传感器的工作原理类似，电流型生物微传感器通常工作在选定的某一特定电位，是一类通过测量电极电流变化来测定待测物的浓度或活性的生物传感器。电流型酶微传感器响应速度快、选择性好且具有较高的灵敏度，将生物活性酶固定在敏感膜表面，待测物与酶电极接触后发生酶促反应产生电流作为测量信号，利用测得的电流信号得到样品中特定生物成分的浓度。

葡萄糖酶微传感器属于研究最早、技术成熟并得到批量生产的电流型酶微传感器，由葡萄糖氧化酶膜和电化学微电极组成。中国吉林大学 S. Zhao 等[17]将利用质子交换膜固定的葡萄糖氧化酶/胶状金纳米颗粒修饰在玻碳电极上，实现葡萄糖氧化酶的直接电子转移。金纳米颗粒可以吸附氧化还原酶而不损害其生物活性，还可以促进电子转移。循环伏安结果显示：固定的葡萄糖氧化酶在pH为7.0的磷酸缓冲液中显示出一对清晰且几乎可逆的氧化还原峰，在15s内达到95%稳态电流，在线性范围内灵敏度为 6.5μA/mmol/L。

波兰波兹南工业大学 A. Jędrzak 等[18]利用二氧化硅/木质素杂化材料固定葡萄糖氧化酶，并与单壁碳纳米管/铂纳米颗粒结合，构建二茂铁氧化还原介质Fc的葡萄糖氧化酶-二氧化硅/木质素/碳糊电极的电流型葡萄糖传感器（见图4-4-4（a））。葡萄糖的氧化过程由葡萄糖氧化酶中的活性成分黄素腺嘌呤二核苷酸（Flavinadeninedinucleotide，FAD）引起，FAD_{ox}被还原为$FADH_{2red}$，最后被媒介体Fc^+氧化成FAD_{ox}，在电极上 Fc 直接氧化成Fc^+，通过循环伏安法检测电荷转移形成的电流，结果表明电化学响应电流的大小随阳极范围内葡萄糖浓度的增加而增加，灵敏度为 0.78μA/mmol/L，线性响应范围为 0.5~9mmol/L，检测限可达 145μmol/L。

还原态的烟酰胺腺嘌呤二核苷酸（Nicotinamide Adenine Dinucleotide，NADH）是一种还原性辅酶，在生物系统的电子转移过程中起着关键作用。中国山东大学 H. Qiu 等[19]提出利用多孔纳米金修饰的玻璃碳电极的电流型酶传感器。多孔纳米金具有三维海绵状形态和极好的催化活性，其孔结构、大比表面积和大比孔体积使其成为生物大分子的良好载体。多孔纳米金/玻璃碳电极对 NADH 和过氧化氢的氧化表现出较高的电催化活性，通过在多孔纳米金中掺入乙醇脱氢酶或葡萄糖氧化酶以实现对乙醇或葡萄糖的检测。与仅有酶修饰的金电极相比，多孔纳米金/玻璃碳电极具有更高的峰值电流和更小的超电位，即提高标准氧化还原电位。检测 NADH 氧化过程中，使用多孔纳米金/玻璃碳电极的酶传感器线性响应范围为 0.02~1.0mmol/L，检测限为 9.5μmol/L；检测过氧化氢时，多孔纳米金/玻璃碳电极的氧化峰为 0.4V，而使用金电极却几乎没有观察到信号。

中国山东大学 X. Huang 等[20]在-0.3V（相对于 Ag/AgCl 电极）电位下，利用过氧化氢生物传感器检测含亚甲基蓝缓冲液中的 NADH（见图 4-4-4（b））。该酶传感器将碳纳米管/四硫富瓦烯和辣根过氧化物酶修饰在电极上。为提高灵敏度，水溶性亚甲基蓝溶解在溶液里而不是直接修饰在电极上，NADH 被亚甲基蓝氧化释放出过氧化氢，通过间接检测含亚甲基蓝的水溶液中的过氧化氢可确定 NADH 含量。该微传感器的灵敏度为 4.76μA/mmol/L，检测限为 1.53μmol/L。

特异性核酸序列的分析在临床医学中具有重要的研究意义，用于检测特异性核酸序列的电流型核酸传感器以其高灵敏度、方便快捷的检测优点，得到广大研究学者的关注。中国福州大学 X. Chen 等[21]开发了一种无酶、无标记的电化学 DNA 传感器，能够对人类免疫缺陷病毒的 DNA 序列进行检测（见图 4-4-4（c））。研究团队在金电极表面修饰捕获 DNA 探针，设计了两种辅助 DNA 探针，利用巯基己醇封闭多余的结合位点。目标 DNA 序列会与捕获 DNA 探针通过碱基互补原则进行结合，两个辅助探针之间的杂交链式反应可导致自组装形成一个 DNA 长链。氧化还原指示剂可以静电结合到 DNA 长链上，并放大电化学信号，以实现对人类免疫缺陷病毒的 DNA 序列的超灵敏检测，检测限可达到 5amol/L。

蛋白质是生命的物质基础，是人体疾病中最常见的生物分子，对蛋白标志物的检测尤为重要。电流型蛋白质传感器由于其灵敏、高效和简便的优点得以广泛应用。中国青岛大学 M. Cui 课题组[22]提出了一种防止非特异性蛋白吸附的电化学蛋白质传感器，可以检测人体血液中的肝癌标志物——甲胎蛋白（见图 4-4-4（d））。该传感器基于目标适配体和两性离子多肽在金电极上的自组装，适配体链和两性离子多肽通过金-硫键自组装在金电极表面，甲胎蛋白的特异性适配体以其强特异性和亲和力与目标甲胎蛋白结合，强亲水的两性离子多肽在金电极表面形成水合层以阻止血液中其他非特异性蛋白的污染。随甲胎蛋白浓度增加，适配体与甲胎蛋白结合会降低电子传递的速率，检测的电流信号减小，基于此可实现对甲胎蛋白的快速检测，最低检测限可达到 3.1fg/mL。

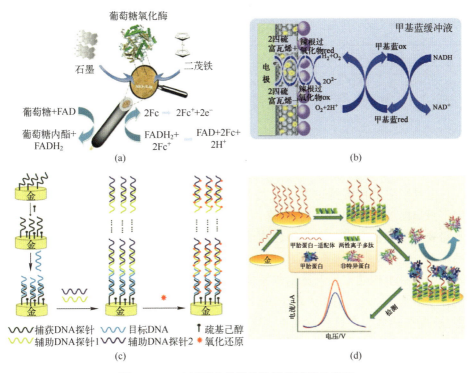

图 4-4-4　电流型电化学生物微传感器的应用
(a) 检测葡萄糖；(b) 检测 NADH；(c) 检测 DNA；(d) 检测甲胎蛋白。

3）电导型离子与生物敏传感器及其微系统

电导型离子与生物传感器是在外加电压下,将待测物的变化转变为电导信号并输出的微传感器。在电极上施加一定电压时,溶液中的离子在电场作用下迁移形成电流,电流大小与溶液电导率成正比。当离子电荷和温度等参数恒定时,检测溶液的电导率可以得到离子浓度。由于电解质溶液中的离子均参与导电,因此电导型离子微传感器的特异性较低,这在一定程度上限制了电导型离子微传感器的应用和发展。

多数生物化学反应过程中,待测物的浓度变化通常会引起电导改变,因此电导型生物微传感器通过测量电导可实现对生物化学反应的测量,具有较为广泛的应用。包含明显离子变化的氧化还原反应通常可以利用电导检测,酶的带电产物通常能引起电解质溶液中离子强度的变化,因此电导型生物微传感器常常利用酶作为敏感元件,常见的适合电导测量的酶的种类及其敏感机理如表 4-4-1 所列。

表 4-4-1 电导型酶微传感器的种类及敏感机理

酶的种类	敏感机理
酰胺酶	产生离子基团
脱氢酶、脱羧酶	不同电荷的分离
酯酶	涉及质子迁移
激活酶	离子缔合度变化
磷酸酯酶、硫酸盐酶	电荷负载基团尺寸变化

电导型生物传感器也可用于检测尿素,因为它具有检测酶促反应过程中溶液电阻变化（电导率的倒数）的能力。这些传感器的构造也很简单,不需要使用参比电极,不受颜色或浊度的影响,适合于小型化和批量生产。韩国 LG 企业技术研究所 W. Lee 等[23]用溶胶-凝胶固定的脲酶在微细的叉指阵列金电极上构建电导型尿素传感器（见图 4-4-5）。该传感器在芯片末端制作了宽为 $10\mu m$、间隔为 $6\mu m$ 的叉指阵列金电极,使用四甲氧基硅烷作为溶胶-凝胶前体,在这种情况下,脲酶催化尿素水解的带电产物增加了传感器表面附近溶液的电导率,并且通过差分测量成功测得电导率与尿素浓度有关。该微传感器在 pH 为 7.5 的 5mmol/L 咪唑-盐酸缓冲液中显示出 0.2~50mmol/L 的相对较宽的动态范围,具有良好的传感器重现性和存储稳定性。

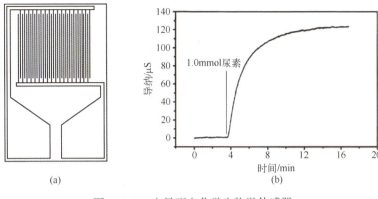

图 4-4-5　电导型电化学生物微传感器
（a）叉指阵列金电极示意图；（b）检测结果。

4.4.2　热量型生物传感器及其微系统

热量型生物传感器是为测量生化反应过程中所吸收或释放的热量而产生的一类传感器。热量型生物传感器的测量原理主要是根据塞贝克效应，即热电偶两端的温度差异引起热电偶两端的电压差。通过测量热电偶材料两端的电压差得到热电偶材料两端的温度差，温度差主要是由于两端发生的酶促反应产生的，从而可通过温度差计算得到发生反应的酶促反应的底物浓度。热量型生物传感器所测量的生化反应主要是以酶促反应为主，所以测量的温度范围要受到对应底物、酶、抗原、抗体等分子活性的限制。

最早有关于热量型生物传感器的报道是 1992 年瑞典隆德大学 B. Xie 等[24]利用互补金属氧化物半导体（Complementary Metal Oxide Semiconductor，CMOS）工艺制作的一种热量型生物传感器（见图 4-4-6（a））。该传感器的主要原理是通过测量酶促反应的热交汇点与冷交汇点的电压输出值，根据塞贝克效应由电压输出值得到两点之间的温度差，再由温度差得到酶促反应的底物浓度，从而能够直接使用电压输出值表示对应底物浓度值。最后他们使用制备的热量型生物传感器进行葡萄糖和青霉素的测定，整个线性范围可以达到 0.5～100mmol/L，进样体积缩小到 20nL，甚至 1nL。

1993 年，瑞士西巴-盖吉公司 P. Bataillard 等[25]在 B. Xie 等的工作上进一步提出了一种改进的集成式硅热电偶热量型生物传感器，用于葡萄糖、尿素的检测（见图 4-4-6（b））。传感器的整体结构图所示，在硅片上有一层 N 型硅外延层，同时还在外延层中再做了一层 P 型硅，再与铝串联组成 P 型硅/

铝热电偶的热量型生物微传感器。他们在微传感器上分别固定葡萄糖氧化酶和过氧化氢酶检测葡萄糖、固定脲酶检测尿素,测量结果焓变值分别为 −180kJ/mol、−67kJ/mol。

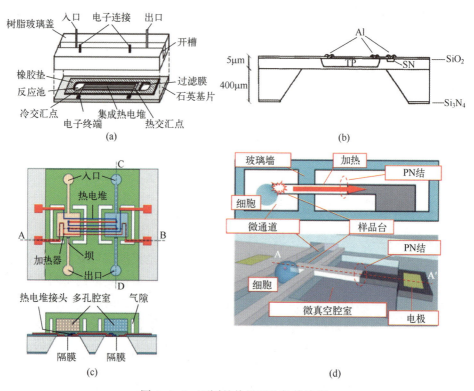

图 4-4-6　不同的热量型生物传感器

(a) 热电偶型热量型生物微传感器;(b) 集成硅热电偶型热量型生物微传感器;(c) 集成微流体腔室的热电偶型;(d) 基于PN结二极管的热量型生物微传感器。

2008 年,美国卡耐基梅隆大学 L. Wang 等[26]提出了一种基于微加工工艺的差分热量型生物传感器(见图 4-4-6 (c))。器件由两个相同的独立式聚合物膜片、电阻加热器和膜片间的热电偶组成,将其与基于聚合物的微流体测量室集成。当包含分析物的样品溶液被引入设备时,通过热电堆检测分析物的酶促反应释放的热量。L. Wang 等使用该传感器在流动注射模式下进行葡萄糖的检测,整个设备的灵敏度达到 2.1μV/mmol/L,分辨率达到 0.025mmol/L。

2012 年,西班牙马塞大学 J. Donner 等[27]提出一种基于热纳米探针的热量型生物传感器,他们将金纳米棒作为热纳米探针并标记上绿色荧光蛋白进行细胞内温度的表征。通过监测绿色荧光蛋白的荧光偏振各向异性和加热细胞周围的金纳米棒来实现温度的探测和热传递的监测，实现了 300nm 的空间分辨率和 0.4℃ 的温度精度。

2016 年，日本东北大学 T. Yamada 等[28]提出了一种基于 PN 结二极管的热量型生物传感器（见图 4-4-6（d））。整个传感器的工作原理是先利用微通道进行细胞捕获，来自细胞的热量通过硅由工作台传到传感器上，然后通过 PN 结二极管的电阻变化进行单个细胞的热量测量。测量结果显示其温度分辨率和热分辨率分别可达到 1.1mK 和 73.6nW。

4.4.3 声表面波生物传感器及其微系统

声表面波生物传感器是指利用声表面波，即一种在固体浅表面传播的弹性波，进行生物分子检测的微型传感器。它由压电基片、叉指换能器、发射栅、敏感薄膜和天线构成。当声表面波基片或其表面吸附膜吸附物质后，会对压电基片的物理参数产生影响，进而影响传播于其表面的声表面波信号的速度、幅度及相位等参数。通过检测声表面波信号这些参数的变化，即可实现对生化物质的检测。

声表面波生物传感器结构主要采用谐振器和延迟线两种。两种结构的声表面生物微传感器的基本组成相同，但放置方式不同。谐振式声表面波生物传感器是将叉指换能器置于 2 个全反射的发射栅之间。它的测量原理主要是当其压电基片的敏感薄膜表面吸附生化物质时，压电基片会将压力变化转换为变化的电信号，输入叉指换能器将变化的电信号转换为不同速度的声表面波，声表面波沿传感器表面向两边传播，当声表面波的频率与谐振器的频率相等时，声表面波在反射栅间形成驻波经两侧反射栅反射叠加，反射栅反射的能量就能达到最大，此时再由输出叉指换能器输出电信号，就可实现高精度的测量。延迟线结构的声表面波生物传感器是在输入与输出叉指换能器之间固定延迟线，延迟线上固定有敏感薄膜。它的主要工作原理是使用天线接收正弦激励信号，传递至输入叉指换能器将电信号转换为声表面波，声表面波再沿延迟线方向进行传播，再由输出叉指换能器将声表面波转换成电信号进行输出。由于在延迟线方向上的敏感薄膜进行检测时会吸附上生化物质产生压力变化，从而影响声表面波在延迟线方向的传播速度，所以可由输出叉指换能器检测到变化的电信号，从而实现生化物质的检测。

谐振式声表面波生物传感器具有低插入损耗、高频稳定、制作成本低和结构简单的特点，可通过振荡器电路实现谐振频率偏移的检测。但它也有一些不可避免的缺点，原因是声波在敏感膜材料上的多次反射，导致整个声波有较大程度上的衰减；同时谐振器结构较为敏感，容易受到振荡环路相位变化的影响，因此需要对电路进行严格和标准的设计以消除和弥补对应相位变化的影响，导致整体的电路设计较为复杂。而声表面波延迟线结构生物传感器具有高选择性、高灵敏度、高信噪比等优点，且能够实现连续测定，得到研究学者的广泛关注，被广泛应用于 DNA、蛋白质、细菌检测等相关领域。

韩国庆北国立大学 Y. Roh 等[29]制作了采用镀金薄膜的 $LiTaO_3$ 声表面波生物延迟线结构传感器，将探针 DNA 直接固化在金薄膜表面上的方法检测 DNA（见图 4-4-7（a））。该传感器由工作在 100MHz 的声表面波双延迟线振荡器组成，通过监测两个振荡器频率的相对变化来检测固定在声表面波生物微传感器延迟线上的目标 DNA 和探针 DNA 之间的杂交情况。测量结果表明，该传感器对 DNA 杂交有良好的响应，灵敏度最高可达 1.55ng/mL/Hz。

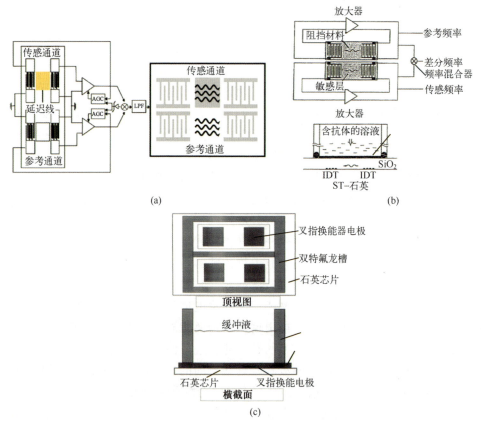

图 4-4-7　声表面波生物微传感器的应用
（a）检测 DNA；（b）检测蛋白质；（c）检测细菌。

日本静冈大学 T. Kogai 等[30]制作出了一种声表面波延迟线结构免疫传感器（见图 4-4-7（b））。他们将免疫球蛋白固定在微传感器的表面作为受体层，用于检测缓冲溶液中的抗免疫球蛋白的抗体浓度。该传感器由工作频率为 110MHz 的声表面波双延迟线振荡器组成。他们使用该传感器得到了声表面波频率与抗体浓度的校准曲线，通过检测声表面波的频率和校准曲线能得到待测抗体的浓度值。测量结果显示该传感器具有良好的可靠性和重复性，在 1ng/mL 浓度范围内有较好的响应。

澳大利亚食品科学学会 E. Howe 等[31]制作了基于石英基片的声表面波延迟线结构生物传感器（见图 4-4-7（c））。该传感器由石英基板、发射与接收叉指换能器以及宽带放大器组成，将大肠杆菌和军团菌的抗体固定在发射叉指换能器，当对应抗体与不同浓度的大肠杆菌和军团菌结合时，发射叉指换能器就会产生不同频率的声表面波被叉指换能器接收到，转换成不同的电信号，进行数据处理，得到大肠杆菌和军团菌的浓度。测量结果显示，该传感器最终可测到大肠杆菌浓度范围在 $1.3\times10^6 \sim 2\times10^8$ cell/mL，军团菌浓度范围在 $2.5\times10^6 \sim 7.5\times10^8$ cell/mL。

4.4.4 悬臂梁式生物传感器及其微系统

悬臂梁式生物传感器是一种新兴的传感器技术，通常在微悬臂梁表面涂覆一层与待测物特异性结合的分子探针，分为静态和动态两种传感模式。静态模式是指分子探针吸附待测分子引起微悬臂梁表面的应力变化，使得悬臂梁发生弯曲形变，需要使用一个长且柔软的微悬臂梁以实现较大的挠度；动态传感模式是指微悬臂梁的谐振频率发生改变，当分子探针与待测物特异性结合引起质量变化，从而导致微悬臂梁的谐振频率偏移，通过检测谐振频率的改变即可对待测物进行分析，需要一个短且刚性大的微悬臂梁实现高工作频率。这些变化可以通过光学偏转法、激光干涉法、压电法、压阻法、电容法等进行检测。

光学偏转法的测量原理是将激光二极管发出的激光束聚焦在微悬臂梁的自由端并反射到位置探测器上，通过检测位置探测器上反射的激光束的位移测量微悬臂梁的角度偏转。激光干涉法是将原光纤光束和从微悬臂梁背面反射的光发生干涉，干涉条纹的改变则反映了悬臂梁的弯曲情况。

压电法是利用压电效应，在微悬臂梁表面淀积压电材料，悬臂梁弯曲引起感应电荷聚集在压电层上，可通过测量电荷的多少测量微悬臂梁的弯曲程度。压阻法则是利用压阻材料的压阻效应，利用应力和电阻值的关系得到微悬臂梁的形变情况。电容法将微悬臂梁作为平行板电容器的1个或2个极板，悬臂梁发生弯曲时，极板间距改变则使得电容值发生变化，电容的变化值就可反映微悬臂梁的弯曲程度。

基于静态传感模式，美国橡树岭国家实验室 J. Pei 等[32]提出了一种基于微悬臂梁的葡萄糖传感器（见图 4-4-8（a））。通过将葡萄糖氧化酶固定在微悬臂梁表面，检测葡萄糖存在下微悬臂梁表面发生的酶催化反应引起的机械弯曲，微悬臂梁的机械运动与葡萄糖浓度相关，通过将激光束从悬臂梁表面反射到位置探测器检测微悬臂梁的弯曲，以实现对葡萄糖的检测。使用的微悬臂梁的尺寸为 $350×35×1\mu m^3$，将酶溶液滴到表面镀金的微悬臂梁上，当葡萄糖溶液流经微悬臂梁时，酶的催化反应导致微悬臂梁的挠度有明显变化且不断向铬侧弯曲。

随着微机械加工工艺的发展，在一片硅片上制作多个微悬臂梁可组成微悬臂梁阵列，这大大提高了检测通量，在生物分子检测领域得到广泛关注。中国科学技术大学 G. Zhang 等[33]提出一种无标记的基于适配体的8个微悬臂梁，组成悬臂梁式生物传感器阵列，用于检测藻毒素-亮氨酸-精氨酸（见图 4-4-8（b））。该微悬臂梁阵列使用特异性识别藻毒素-亮氨酸-精氨酸且易合成的巯基修饰的适配体作为探针，并固定在微悬臂梁的金表面。固定后的适配体与藻毒素-亮氨酸-精氨酸之间的相互作用能够改变微悬臂梁的表面应力，使微悬臂梁发生弯曲。该微悬臂梁阵列的检测上限可达 $500\mu g/L$，且在 $1\sim50\mu g/L$ 范围内具有良好的线性关系。

基于静态的敏感机理，应力主要取决于分子的物理特性，例如分子的长度、每个分子之间的静电相互作用以及氢键的形成。通常，小分子在膜中产生的应力较小，基于静态传感模式的悬臂梁式生物传感器较难检测低分子量的物质，因此具有良好相容性、稳定性和亲和力的金纳米颗粒-DNA 偶联物已被广泛用于放大生物分子的检测信号。

中国科学院 C. Li 等[34]利用金纳米颗粒-DNA 偶联物进行信号放大，提出了基于适配体的八通道微悬臂梁阵列，可用于检测多巴胺（见图 4-4-8（c））。微悬臂梁阵列中分为四个参考悬臂梁和四个检测悬臂梁，参考悬臂梁表面通过巯基己醇消除非特异性结合的干扰；在检测微悬臂梁表面通过金-硫键固定单链多巴胺适配体，利用碱基互补配对原则，将一段与多巴胺适配体互补序列的金纳米颗粒-DNA 偶联物杂交到微悬臂梁表面。由于多巴胺与其适配体之间具有较高的亲和常数，多巴胺可以取代金纳米颗粒-DNA 偶联物，从而改变了微悬臂梁的表面应力。该生物传感器的表面应力提高了约15倍，检测限可达到77.3nmol/L，可用于小分子的高灵敏度、高选择性检测。

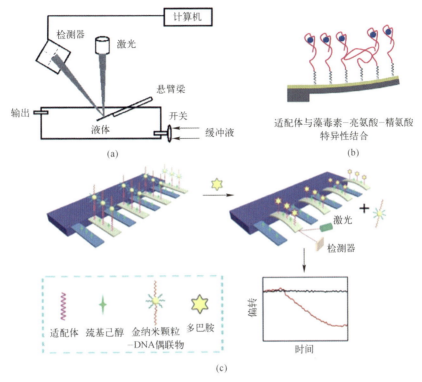

图 4-4-8　静态悬臂梁式生物微传感器的应用
(a) 检测葡萄糖；(b) 检测藻毒素-亮氨酸-精氨酸；(c) 检测多巴胺。

基于动态的传感模式，美国西北大学 M. Su 等[35]提出了一种悬臂梁式传感器，可用于检测金纳米颗粒修饰且具有特定序列的 DNA 链（见图 4-4-9）。捕获 DNA 通过金-硫醇共价键连接在微悬臂梁上，与靶 DNA 溶液的一端杂交。金纳米颗粒标记的 DNA 探针通过互补碱基配对在靶 DNA 的另一端杂交。靶 DNA 与标记后的待测 DNA 链的杂交通过金纳米颗粒附着在悬臂上反映出来，当暴露于照相显影液时，金纳米颗粒充当成核剂，用于银的生长，以增加微悬臂梁的有效质量，从而获得可检测到的频移，该方法可以检测浓度低至 0.05nmol/L 的目标 DNA。

意大利都灵理工大学 C. Ricciardi 等[36]提出了在微悬臂梁表面固定抗体以检测血清中的 17β-雌二醇的悬臂梁式免疫传感器。17β-雌二醇与固定抗体结合后引起谐振频率变化，该微传感器可检测血清中 40ng/L 以下的 17β-雌二

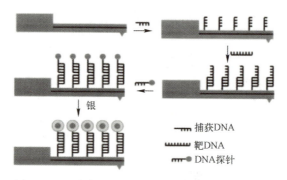

图 4-4-9　动态悬臂梁式生物微传感器用于检测 DNA

醇浓度。将特异性结合后的质量变化与谐振频率的变化量联系起来，该悬臂梁式免疫传感器的检测结果表明：浓度在小于 50ng/L 范围内，平均相对频移与 17β-雌二醇浓度线性相关，浓度大于 50ng/L 则呈现饱和状态。

由于悬臂梁式生物传感器常在液体环境中工作，受到的阻尼远大于空气中的阻尼，因此微悬臂梁在液体中的品质因数远小于其在真空状态下的品质因数，因此悬臂梁式生物传感器需要增益反馈回路来提高其品质因数。美国橡树岭国家实验室 A. Menta 等[37]对微悬臂梁的布朗运动进行放大，以提高动态响应的灵敏度。布朗运动信号被反馈输入到可变增益的放大器和移相器中，移相器的输出信号反馈到悬臂梁的压电元件。移相器能够实现驱动信号的相位与测得的微悬臂梁响应相匹配，使得悬臂梁的振荡频率在谐振曲线的峰值处，从而可以选择性地增强谐振峰的幅值。这种方式使得悬臂梁的振幅相较于布朗运动的振幅扩大 3 个数量级，有效品质因数增加 2~3 个数量级。

为简便谐振式微悬臂梁的品质因数控制，西班牙马德里微电子研究所 J. Tamayo 等[38]提出用数字电路组成反馈控制电路，以实现对微悬臂梁更精确的动态控制。利用单一驱动力将微悬臂梁置于谐振态，驱动力的大小取决于悬臂梁的幅值和相移。将生物传感器与微机连接，利用软件实现比模拟方式更有效的增益控制和锁相控制，品质因数能够提高 2 个数量级。

4.4.5　场效应晶体管式生物与离子敏传感器及其微系统

1) 离子敏场效应晶体管（ISFET）

场效应晶体管式生物与离子敏微传感器主要包括离子敏场效应晶体管（Ion Sensitive Field Effect Transistor，ISFET）、生物敏场效应晶体管（Bio-Field Effect Transistor，BioFET）和光寻址电位型传感器（Light Addressable Potentiometric

Sensor，LAPS)，其中离子敏场效应晶体管是指将离子敏感膜直接固定在场效应晶体管的氧化物表面的一种场效应晶体管式离子微传感器（见图4-4-10）。

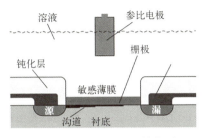

▼ 图4-4-10 ISFET结构图

场效应晶体管由三个部分组成：源极、漏极和栅极。一般通过控制场效应晶体管源极和漏极间的电压来调控栅极电压中的电流。根据场效应晶体管的类型（n型或者p型），栅极中的电流只能由载流子（电子或空穴）进行传导。当在栅极电压上施加足够大的正电压时，电子会从衬底区域进入到沟道区域中而正电荷会被向下推入衬底中形成载流子耗尽区，当电子足够多时衬底表面会从p型反转形成一个薄n型沟道，从而实现源极和漏极区域的电连接。在p型半导体中施加正栅极电压会耗尽载流子并降低电导率（在n型半导体中则相反），由此就有一个使导电沟道积累足够数量电子的栅极电压（阈值电压V_{th}）。基于这些特性，可以通过用被分析物的分子受体或离子选择性膜修饰栅极形成ISFET。带电荷的生物分子的相互结合产生变化电场，类似于直接向栅极施加电压，从而引起ISFET栅极上载流子的耗尽或者积累形成变化电流以实现检测。一般来说，ISFET的漏极电流[39]如下：

$$I_{DS} = \frac{1}{2}\mu \frac{CW}{L}(V_{GS}-T_{TH})^2 \quad (V_{DS} \geqslant V_{GS}-V_{TH}) \quad (4-4-1)$$

$$I_{DS} = \mu \frac{CW}{L}\left[(V_{GS}-T_{TH})V_{DS}-\frac{1}{2}V_{DS}^2\right] \quad (V_{DS} \leqslant V_{GS}-V_{TH}) \quad (4-4-2)$$

$$C = \frac{1}{\sum \frac{d_i}{\varepsilon_0 \varepsilon_1}} \quad (4-4-3)$$

式中：μ为沟道迁移率；W和L分别为沟道的宽度和长度；C为栅极和通道在单位面积上形成的栅电容；d_i为电介质的厚度；$\varepsilon_0 \varepsilon_1$分别为真空的介电常数和沉积材料的介电常数。

ISFET与传统的离子选择电极相比，它具有体积小、灵敏度高、检测仪器简单方便、输入阻抗高、输出阻抗低,可进行阻抗变换和信号放大,可避免外界感应与次级电路的干扰等优势。根据敏感膜的不同和对应检测功能与机理的不同,ISFET 可分为无机绝缘栅 ISFET、固态敏感膜 ISFET 和有机高分子膜 ISFET。其中无机绝缘栅 ISFET 是将普通 MOSFET 的金属铝栅去掉,让其绝缘体氧化层(氧化硅或氧化铝)直接与溶液相接触,与外参比电极组成测量电池,对待测溶液中的氢离子产生能斯特响应;有机高分子膜 ISFET 的敏感材料是液态离子交换剂,这种材料是一种带有正电荷或负电荷的有机离子或络离子;而固态敏感膜 ISFET 可以通过半导体集成电路工艺技术,如真空蒸发、直流或射频溅射以及化学气相沉积等将敏感膜沉积在 ISFET 的绝缘栅上制得。ISFET 以其高信噪比、小敏感区面积、宽检测范围、快速响应、高灵敏度、低输出阻抗、低样品消耗量等优势,被广泛应用于硝酸根、氨根、氢离子的检测。

1970 年,美国德州大学 P. Bergveld 等[40]将普通的金属-氧化物-半导体场效应晶体管的金属栅极使用离子敏感膜代替,使绝缘体直接与溶液接触,并使用这种新型器件进行离子浓度的检测,由此正式揭开了 ISFET 的研究序幕。意大利罗马大学 L. Campanella 等[41]提出了一种基于聚氯乙烯癸二酸酯膜的硝酸根离子敏感膜 ISFET 用于硝酸根离子的检测。将 ISFET 和参考电极一起插入溶液当中并连接到测量仪器和记录仪器上进行测量,然后将梯度浓度的硝酸盐浓度加入到溶液当中,测量和记录 ISFET 的栅极输出电压变化值,绘制硝酸盐浓度和电压变化的校准曲线,然后就可根据测得的电压值和校准曲线得到待测的硝酸盐浓度大小。最终测量结果显示该传感器可实现小于 25s 的快速响应,最低检测限为 $10\mu mol/L$。

法国国家科学研究中心 I. Humenyuk 等[42]提出了一种基于聚硅氧烷离子聚合物的氨根离子敏感膜 ISFET(见图 4-4-11(a))。他们在 ISFET 上热生成了 30nm 的二氧化硅层,再在二氧化硅层使用 LPCVD(Low Pressure Chemical Vapor Deposition)沉积一层 80nm 的氮化硅形成 ISFET 敏感栅结构的基底,通过旋涂和光刻技术在基底上沉积上一层 10mm 厚的聚硅氧烷形成完整的 ISFET 敏感栅用于氨根离子检测。测试结果显示该传感器具有良好的灵敏度,在 pNH_4(1~4)范围内可达到 $47mV/pNH_4$。日本大阪大学 S. Wakida 等[43]提出了一种基于氮化钛敏感膜的 ISFET。他们使用四氯化钛、氮气和氢气的气体混合物产生等离子体,使用等离子体增强化学气相沉积的方法将氮化钛敏感膜沉积到 ISFET 的栅极表面。测量结果显示该 pH-ISFET 表现出良好的线性度。灵敏度可达到 59mV/pH,且响应时间不到 10s。德国罗斯托克大学 M. Lehmann 等[44]将 ISFET 与温度传感器、电导传感器和电极结构集成到同一芯片上，使用 ISFET 测量活性瘤细胞表面的 pH 和总体细胞外酸化率（见图 4-4-11（b））。在距细胞质膜 10~100nm 的距离内测量了（5~10 个）黏附的肿瘤细胞的 pH，最终平均 pH 值在 6.68±0.06 范围内。

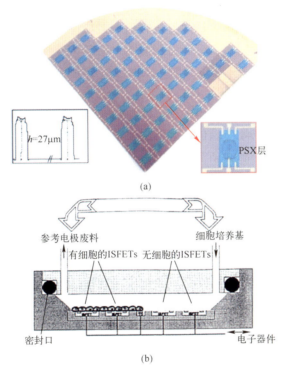

图 4-4-11　ISFET 的应用
(a) 检测 NH_4^+；(b) 检测 H^+。

2) 生物敏场效应晶体管（BioFET）

生物敏场效应晶体管（BioFET）源于 CMOS 集成电路技术和离子敏场效应晶体管 ISFET 这两种成熟的技术，由感受器和场效应晶体管组成。感受器通常指生物敏感物质附着其上或被包含其中的膜；场效应晶体管是一种利用电场效应控制输出电流大小的半导体电子器件，由源极、栅极和漏极组成，通过改变其栅极电压控制其漏极输出电流。测量时，待测物与生物敏感物质接触发生物理或化学变化，利用生物反应过程影响场效应晶体管的栅极电压，从而改变场效应晶体管的输出电流大小，实现对待测物的高灵敏检测。

BioFET 具有诸多优点，结构简单、便于大批量生产；体积小，便于携带、微型化和集成化；可在同一基板上集成多种功能的生物微传感器，实现多功能化；检测灵敏度高、响应速度快等。融合纳米技术的 BioFET 的性能得到了显著提高，特别是采用了纳米材料，如石墨烯、金属纳米颗粒、单壁和多壁碳纳米管、纳米棒和纳米线等。因此 BioFET 具有非常广泛的应用前景，也得到国内外研究学者的广泛关注。

作为最成熟的半导体生物传感器，酶场效应晶体管由场效应晶体管和酶膜两部分组成，酶膜固定在栅极绝缘膜上，酶的催化作用引起离子浓度的变化。当绝缘膜表面离子浓度改变时，表面电荷发生变化，从而改变栅极电压，通过检测电位或漏-源电流分析待测物。

1980 年，美国犹他大学 S. Caras 和 J. Janata[45]将场效应晶体管与酶结合，将青霉素酶固定在场效应晶体管表面，成功检测到了青霉素。1983 年，日本三菱电机公司 Y. Hanazata 等[46]提出了尿素-酶场效应晶体管，利用半导体工艺制造的尿素-酶场效应晶体管得到研究学者的广泛关注。

中国南京大学 X. Luo 等[47]在 ISFET 的栅极表面修饰二氧化硅纳米颗粒和葡萄糖氧化酶，提出了用于检测葡萄糖的酶场效应晶体管。葡萄糖内酯水解成葡萄糖酸而产生氢离子，ISFET 通过检测栅极表面的氢离子变化实现对葡萄糖的响应。随着葡萄糖浓度增加，栅极表面附近的氢离子浓度增加，开环电压随之增加，通过检测开环电压确定葡萄糖的浓度。研究团队使用的二氧化硅纳米颗粒具有较大的表面积，可以大量吸附葡萄糖氧化酶并防止其解离，此外，二氧化硅纳米颗粒良好的生物相容性可以保持葡萄糖氧化酶的生物活性。该酶场效应晶体管的线性范围为 $0.05 \sim 1.8\text{mmol/L}$，检测限可达 0.025mmol/L。

石墨烯上的所有原子都直接暴露于待测物中，能将酶的生物催化反应转化为高灵敏度的电信号，大大提高了 BioFET 的性能。由于石墨烯的零带隙，基于石墨烯的 BioFET 在电荷中性点附近同时具有空穴积累和电子积累通道，所以可通过检测差分漏/源电流和石墨烯的电荷中性点的偏移量测量栅极附近 pH 的改变，检测待测物。韩国高丽大学 X. You 等[48]提出了用于检测葡萄糖的基于石墨烯的酶场效应晶体管，利用丝蛋白作为器件基底并固定葡萄糖氧化酶（见图 4-4-12 (a)）。葡萄糖氧化酶催化葡萄糖并产生过氧化氢，当过氧化氢吸附到石墨烯上时，电子自发地从石墨烯转移到过氧化氢，过氧化氢接收氢离子并产生水，石墨烯表面键合羟基。羟基可作为石墨烯的 p 型掺杂剂，从而导致电导率变化。当栅极电压为 0 时，石墨烯通道的电导随葡萄糖浓度线性增加。提出的酶场效应晶体管的线性范围为 $0.1 \sim 10\text{mmol/L}$，信噪比为 3 时检测限可达 0.1mmol/L，在漏极电压为 100mV、栅极电压为 0 时平均灵敏度为 2.5μA/mmol/L。

韩国庆熙大学 M. Chae 等[49]提出了基于还原氧化石墨烯的酶场效应晶体管，可以检测与阿尔茨海默病相关的乙酰胆碱酯酶与乙酰胆碱之间的酶催化作用（见图 4-4-12（b））。一般通过检测溶液的酸度实现乙酰胆碱分子检测，这是由乙酰胆碱分子水解产生氢离子引起的，乙酰胆碱酯酶催化乙酰胆碱水解成乙酸和胆碱，同时在溶液中生成氢离子。因此，可以检测还原氧化石墨烯表面的 pH 变化，由此检测乙酰胆碱，pH 在 4~10 范围内时，还原氧化石墨烯-酶场效应晶体管的 pH 灵敏度为 24.12mV/pH。

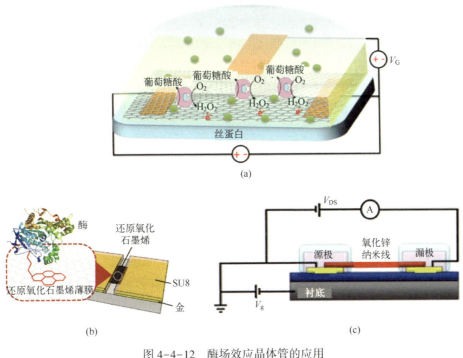

图 4-4-12　酶场效应晶体管的应用
（a）检测葡萄糖；（b）检测乙酰胆碱；（c）检测尿酸。

氧化锌纳米线具有良好的电性能和生物相容性，且其活性表面可以相对容易地修饰和固定生物分子，最重要的是基于氧化锌纳米线的 BioFET 可以与基于硅的信号处理电路集成。中国北京科技大学 X. Liu 等[50]提出了基于氧化锌纳米线的 BioFET，可以同时检测不同浓度的尿酸溶液（见图 4-4-12（c））。通过化学气相沉积获得单晶纳米线，使用共价修饰的方法在其表面固定尿酸酶，尿酸酶催化尿酸的过程中会释放电子和氢离子，影响溶液中的电导率，可利用漏极电流/漏极电压的关系检测溶液中电导率的变化。尿酸浓度从1pmol/L 变化为 0.5mmol/L 时引起的电导率变化为 227ns，检测限达到 1pmol/L。

免疫场效应晶体管由 ISFET 和具有免疫反应的敏感膜组成，通常可分为标记免疫场效应晶体管和非标记免疫场效应晶体管。其中，标记免疫场效应晶体管是在抗原中加入一定量的酶标记抗原，酶标记的抗原与未标记的抗原均可与敏感膜表面的抗体结合，两者相互竞争，形成抗体-抗原复合物，通过对标记的酶量的测量而获得待测抗原的信息；非标记免疫场效应晶体管是将抗体固定在膜上，从而可将抗原结合到膜表面，形成抗体-抗原复合物，引起膜的电荷密度和离子迁移的变化，从而导致膜电位的变化。

泰国玛希隆大学 P. Saengdee 等[51]提出了一种基于 Si_3N_4-ISFET 的标记免疫场效应晶体管，用于检测抗原 Ag85B（见图 4-4-13）。利用 Ag/AgCl 为参考电极，对栅极表面的 Si_3N_4 层进行硅烷化修饰，并固定抗 Ag85B 的单克隆抗体。当漏电流保持恒定时，栅极电压的变化与抗 Ag85B 抗体固定后的界面电位有关，反映了抗体与抗原的相互作用，该 Ag85B 免疫传感器的分析准确度为 95.29%。

俄罗斯莫斯科罗蒙诺索夫国立大学 G. Presnova 等[52]提出了一种非标记免疫场效应晶体管，使用肖特基接触的硅纳米线场效应晶体管以实时监测人类血清中的前列腺特异性抗原。利用含巯基和金纳米颗粒的 3-缩水甘油丙氧基三甲氧基硅烷修饰硅纳米线并在其上固定抗体，金纳米颗粒可以改善晶体管的电学性能，并提高其对 pH 的敏感性。纳米线通道的电导率取决于电场的局部变化或者与硅表面连接的氢离子的浓度，前列腺特异性抗原的检测基于抗原与抗体或其片段的直接结合，抗原与抗体结合引起纳米线表面电场的变化，从而导致明显的电流变化。该非标记免疫场效应晶体管对前列腺特异性抗原的检测限为 23fg/mL，检测范围为 23fg/mL~500ng/mL。

3）光寻址电位型传感器（LAPS）

作为一种具有光寻址能力和多参数检测能力的场效应传感器，光寻址电位型传感器的核心为电解液/绝缘层/半导体结构，以硅片为基底材料，表面生长一层致密的氧化硅层和氮化硅层作为绝缘层，可在同一块芯片的不同位置固定不同的生物敏感膜形成阵列单元（见图 4-4-14）。外加电场使电解液/绝缘层/半导体结构偏置于耗尽态，利用半导体的内光电效应，采用强度可调制的光源选择性照射 LAPS 的背面或正面的选定区域，即可得到能够反映待测物浓度的光电流[53]。当敏感膜上的生物识别探针与待测物质接触时，利用调

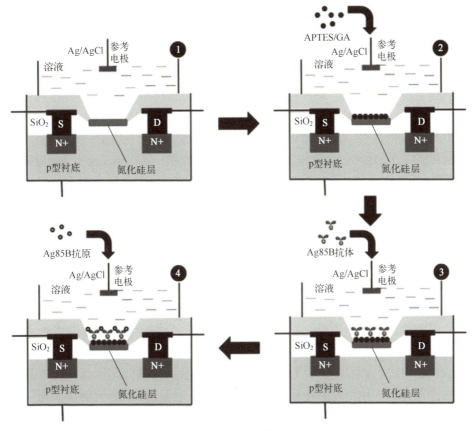

▼ 图 4-4-13　免疫场效应晶体管用于检测 Ag85B

制激光束二维寻址敏感膜区域,可测量由酶促反应、免疫反应、氧化还原反应等引起的表面电位幅值和相位等多种参数的变化。LAPS 易于微型化、阵列化,并且具有制备工艺简单、光寻址能力强、稳定性好、灵敏度高、响应时间短、测量范围广等优点,已被广泛应用于生物化学以及医学等领域。

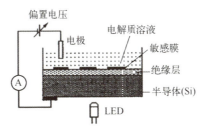

▼ 图 4-4-14　LAPS 结构图

LAPS 技术研究最多、应用最广泛的是离子敏传感器，如 pH 传感器等。日本大阪大学 M. Nakao 等[54]提出了基于 LAPS 的化学图像传感器，利用这种方法获得 LAPS 表面的二维 pH 图像，并成功观察到活细胞在生长代谢过程中的分布情况。在电解液/绝缘层/半导体结构的背面通过氦-氖激光束照射，测量流过电解液/绝缘层/半导体结构的光电流，通过扫描激光束，可以得到 pH 的二维图像，并观察到酵母菌菌落的 pH 分布。

日本大阪大学 A. Ismail 等[55]利用脉冲激光沉积技术，在 LAPS 表面制备了一层氧化铝代替传统的氮化硅作为高灵敏的 pH 敏感膜，氮化硅表现出灵敏度随时间漂移的特性，而氧化铝的灵敏度漂移小且对 pH 更为灵敏（见图 4-4-15（a））。利用红外激光束照射硅衬底的背面，使用 Ag/AgCl 作为参比电极、铂作为对电极，利用恒电位仪向氧化铝表面施加偏置电压，偏置电压能够改变硅衬底中耗尽层的厚度，通过检测感应得到光电流幅值以确定溶液的 pH 值。实验结果表明，溶液的 pH 值与偏置电压之间有很好的线性关系，且灵敏度漂移小，在几周时间后该微传感器的平均 pH 灵敏度从超过 57mV/pH 降低至约 56.3mV/pH。

巴西圣保罗大学 J. Siqueira 等[56]在 p 型硅/氧化硅/五氧化二钽电极表面修饰由单壁碳纳米管和聚酰胺的树状聚合物组成的层层交叠的薄膜，以提高对 pH 的灵敏度（见图 4-4-15（b））。层层交叠膜的多孔结构显著提高了电极的比表面积，因此电极对氢离子的响应明显提高。恒定电流测量表明，在 LAPS 结构上包含多达 6 个双层聚酰胺/单壁碳纳米管的层层交叠膜可实现 pH 检测的灵敏度为 58mV/pH。

LAPS 不仅可用于测量 pH 的分布情况，通过在 LAPS 表面加工不同的生物敏感膜，还可以用来检测生物分子甚至细胞生理活动。中国南开大学 Y. Jia 等[57]提出了一种氧化石墨烯-LAPS，利用氧化石墨烯的羧基与探针 DNA 的氨基共价连接后，对互补 DNA 进行检测（见图 4-4-16（a））。氧化石墨烯可以促进单链 DNA 结合、目标单链 DNA 检测以及提高 LAPS 的电流。利用银/氯化银作为参考电极，铂为对电极，单链 DNA 探针的阴离子磷酸骨架与目标单链 DNA 中的阳离子之间存在静电相互作用，这种静电效应会吸引更多的正电荷，使 LAPS 带更多的正电荷，从而引起电流的增大。实验结果表明，对于相同的单链 DNA 探针，较长的目标单链 DNA 在 1pmol/L 处饱和，而较短的目标单链 DNA 的检测范围为 1pmol/L~10nmol/L。

中国浙江大学 C. Wu 等[58]将细胞阻抗技术和 LAPS 结合，提出了可同时检测细胞生长和代谢的生物传感系统（见图 4-4-16（b））。细胞放置在

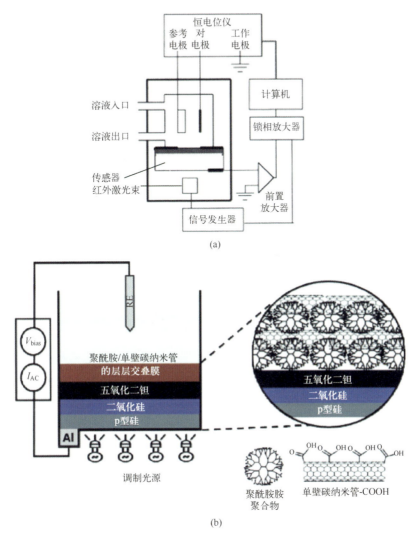

图 4-4-15 LAPS 检测 pH 的应用
（a）检测 pH 敏感膜；（b）检测层层交叠膜。

LAPS 的栅极上，在绝缘层上涂覆一层氢离子敏感膜，细胞代谢过程中会释放氢离子，影响电解液/绝缘层/半导体的表面电势，从而导致光电流的变化。当检测细胞阻抗时，将小幅度的调频电压通过对电极叠加到对电极和工作电极之间的电压上以测量电解液/绝缘层/半导体结构的阻抗。当细胞开始附着在电解液/绝缘层/半导体结构的表面上时，阻抗变化的程度受到细胞黏附紧密度、细胞形态变化、细胞间紧密连接和细胞数量的影响。其研究了小鼠胚胎成纤维细胞的正常生长及镉处理引起的凋亡。结果表明，细胞的正常生长可导致细胞指数升高 2.65，镉处理后 24h，细胞指数从正常生长条件下的 1.96 降至 0.64，48h 后降为 0.16。

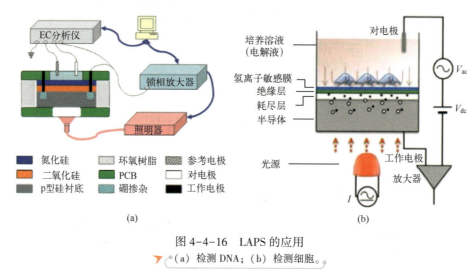

图 4-4-16　LAPS 的应用
（a）检测 DNA；（b）检测细胞。

4.5　生物与离子敏传感器及其微系统在环境检测中的应用

4.5.1　生物与离子敏传感器及其微系统在环境检测中的应用

1）生物化学需氧量微系统的检测

水体有机污染程度的衡量可以依据生物化学需氧量（Biochemical Oxygen Demand，BOD）检测。传统采用生化需氧量标准稀释测定法进行 BOD 的检测，不但操作繁琐、耗时长，而且准确度相对较差。马来西亚理工大学 K. Hooi 等[59]利用海藻酸钙将微生物固定在超微电极上研制了一种用于 BOD 检测的生物传感器（见图 4-5-1（a））。该传感器利用超微电极扩散传质快的特点，有效缩短了响应时间，实现了对 BOD 的快速检测。中国国家纳米科学中心 J. Wang 等[60]基于磁性修饰微生物的技术制备无膜式 BOD 微生物传感器，研究以枯草芽孢杆菌为代谢有机物的微生物，将四氧化三铁纳米颗粒（带正电）吸附在枯草芽孢杆菌（带负电）表面形成磁性微生物（见图 4-5-1（b））。利用超微电极阵列和纳米钯/还原羧基石墨烯修饰的超微电极阵列作为换能器，在超微电极阵列底部设计一个磁性基底,通过磁场将磁性微生物固定在超微电极阵列表面作为敏感膜,并通过调控外部磁场实现敏感膜的更新。该传感器具有制备简单、易更新等特点,有利于实现 BOD 的现场快速检测。

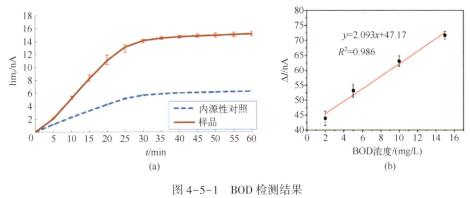

图 4-5-1　BOD 检测结果
(a) 基于海藻酸钙;(b) 基于枯草芽孢杆菌。

2) 苯酚类化合物的检测

酚类物质是水环境中常见的高毒污染物,对酚类物质进行检测具有重要的意义。印度阿啦噶帕大学 V. Sethuraman 等[61]基于聚 3,4-乙烯二氧噻吩(Poly 3,4-ethylenedioxythiophene)-还原氧化石墨烯(Reduced Graphene Oxide)-三氧化二铁(Polyphenol Oxidase)-多酚氧化酶(PEDOT-rGO-Fe_2O_3-PPOx)复合改性玻璃碳电极,邻苯二酚进行了特异性检测(见图 4-5-2)。所制备的复合电极酶的负载能力高、电子转移速率快,邻苯二酚的检测线性范围为 $4 \times 10^{-8} \sim 6.20 \times 10^{-5}$ mol,检测下限为 7×10^{-9} mol。当储存在约 4℃的缓冲液中时,该生物传感器的稳定性可长达 75 天。韩国嘉泉大学 T. Tran 等[62]通过 DNA 和铜离子的简单自组装制备的 DNA-铜杂化纳米花表现出内在的漆酶模拟活性,最大反应速度比游离漆酶高 3.5 倍,且在 pH、温度、离子强度和孵育时间方面表现出显著增强的稳定性。基于这些优势,该材料被应用于纸微流体装置,用于比色检测多种酚类化合物,如多巴胺、儿茶酚和对苯二酚等,并成功地快速催化了中性红染料的脱色,这有助于促进纳米花型纳米酶在生物传感器和生物修复中的广泛应用。

3) 硝酸盐的检测

利用生物传感器对水环境里面的硝酸根进行测量,需要测定还原成亚硝酸根时的还原电流大小,以此来反映硝酸根含量。印度甘地拉姆农业研究所 K. Rajalakshmi 等[63]使用功能化多壁碳纳米管的高分子复合材料以修饰电极,

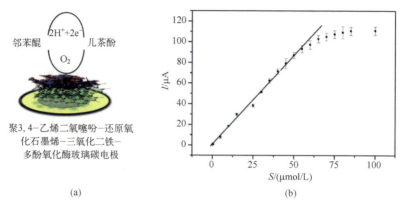

图 4-5-2 邻苯二酚检测的应用
(a) 检测复合改性玻璃碳电极示意图；(b) 检测结果。

与裸露碳电极相比氧化电流大两倍，可利用复合材料的高比表面积，在 pH 值为 7.2 的 0.2mol/L 磷酸盐缓冲溶液中检测亚硝酸盐。此外，在上千倍过量干扰物作用下，亚硝酸盐在复合改性电极上被选择性氧化，可实现 3 个量级（10~1000nmol/L）的亚硝酸盐线性检测，以及低至 0.2nmol/L 检测限的高灵敏度检测，并应用到牛奶样品中亚硝酸盐的检测。日本山形大学 M. Tsuyoshi 等[64]首次报道了一种基于延长栅型的有机场效应晶体管酶生物传感器，对硝酸盐检测的下限低至 45μg/L，灵敏度可以与一些传统的检测方法相媲美（见图 4-5-3（a））。由于场效应晶体管具有可印刷性、机械灵活性、拉伸性和一次性使用等特点，该研究为低成本、现场检测的硝酸盐传感器的研制开辟了一条新途径。美国爱荷华州立大学 M. Ali 等[65]基于氧化石墨烯（GO）纳米片和 PEDOT 纳米纤维（PEDOT-NF（Nanofiber））设计了一种微流控阻抗型硝酸盐传感器，其中 PEDOT-NFs-GO 复合物用于固定硝酸还原，研究表明 GO 和 PEDOT-NF 之间存在协同作用（见图 4-5-3（b））。该传感器在 0.44~442mg/L 的硝酸盐离子浓度范围内，检测限为 0.135mg/L，并具有良好的特异性、可靠性和重现性。中国武汉大学 F. Wang 等[66]基于三维双微结构辅助反应器（DMARs, Double Microstructured Assisted Reactors）的便携式片上装置，在 DMARs 中进行片上硝酸盐还原和显色反应，反应产物流入 PMMA（聚甲基丙烯酸甲酯, Polymethyl Methacrylate）光学检测芯片进行吸光度测量。利用 DMARs 较大的比表面积使得反应速率和效率得到了显著提高，获得了 94.8% 的最高还原率。该装置检测速度快（115s/样品），有毒试剂消耗小（0.38μL/样品），重现性好且相对标准偏差低（0.5%~1.38%）。

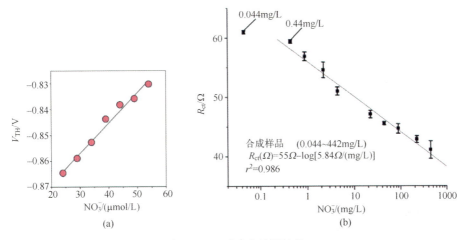

图 4-5-3 硝酸盐检测结果
(a) 基于有机场效应晶体管；(b) 基于微流体阻抗。

4）重金属离子的检测

伴随着工业化进程，含有重金属离子的污水大量排放，严重危害着水环境及水生生物。中国西南大学 Q. Shu 等[67]利用小鼠抗 Cu^{2+}-EDTA 单克隆抗体来捕获 Cu^{2+}-EDTA 螯合物，然后利用紫外线辐射降解免疫复合物以释放游离的铜离子，基于铜离子对 CdSe/ZnS 量子点的荧光猝灭效应，实现对于铜离子的高特异性和高灵敏度检测（见图 4-5-4（a）和图 4-5-4（b））。该免疫传感器的检测下限为 0.33ng/mL。由于采用抗体捕获铜离子，避免了其他重金属离子对量子点荧光淬灭效应的干扰，提高了传感器的选择性。中国兰州大学 X. Zuo 等[68]提出一种基于 WS_2 纳米片的双色荧光生物传感器，用于检测汞离子和银离子（见图 4-5-4（c）和图 4-5-4（d））。该传感器利用 WS_2 纳米片的荧光淬灭能力和 WS_2 纳米片与 DNA 分子之间的相互作用而实现检测。通过监测 525nm 和 583nm 处的荧光强度的变化，可以实现对汞离子和银离子的同时检测。汞离子和银离子的线性检测范围分别为 6~650nmol/L 和 5~1000nmol/L，检测下限分别为 3.3nmol/L 和 1.2nmol/L。

5）有机磷农药的检测

针对有机磷农药检测的生物传感器，通常利用有机磷农药对乙酰胆碱酯酶活性的抑制作用，通过检测电流实现对有机磷农药的检测。近年来涌现出了许多用于乙酰胆碱酯酶固定的新型材料，如金纳米颗粒、银纳米线等纳米材料。中国河南工业大学 M. Wei 和 S. Feng[69]研究了一种基于乙酰胆碱酯酶/氮掺杂多孔碳/硼掺杂金刚石电极的电化学生物传感器，氮掺杂多孔碳的孔状

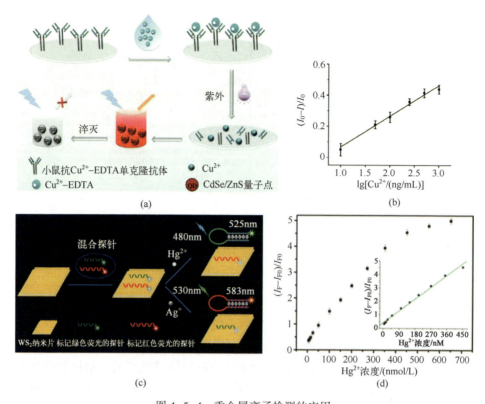

图 4-5-4 重金属离子检测的应用

(a) Cu^{2+} 检测示意图；(b) 检测结果；(c) Hg^{2+} 和 Ag^+ 检测示意图；(d) 检测 Hg^{2+} 结果。

结构和良好的生物相容性为乙酰胆碱酯酶的固定提供了大量的反应位点，有效维持了乙酰胆碱酯酶的活性（见图 4-5-5（a-b））；同时氮的引入提高了电极表面的电导率，加速了电子传递速率。测试结果表明，敌敌畏和杀螟松的检测范围均为 0.1~10000ng/L，检测限分别低至 1.50pg/L 和 4.40pg/L。为了降低酶固定化的难度，充分利用酶的特异性作用，西班牙科尔多瓦大学 E. Caballero-Díaz 等[70]利用氮掺杂石墨烯量子点和乙酰胆碱酯酶作为生物识别元件，开发了荧光纳米传感器，用于河水中杀虫剂苯氧威的测定（见图 4-5-5（c-d））。该传感器利用酶的产物对氮掺杂石墨烯量子点荧光的淬灭作用实现检测，传感器无须固定酶。测试结果表明，研制传感器对苯氧威的检测线性范围为 6~70μmol/L，检出限为 3.15μmol/L，并具有较好的重现性。中国东南大学 T. Hu 等[71]提出了一种基于量子点（Quantum Dots，QDs）气凝胶和乙酰胆碱酯酶（Acetylcholinesterase，AChE）的微流控阵列传感器用于有机磷农药（Organophosphorus Pesticides，OPs）图像检测。该微传感器利用 AChE 催化的水解反应使其部分猝灭，OPs 的存在使 QDs 气凝胶的荧光恢复，从而使得微流控阵列传感器对 OPs 检测限为 0.38pmol/L，检测范围为 $10^{-5} \sim 10^{-12}$mol/L，并应用于监测水果样品中的有机磷农药混合物。

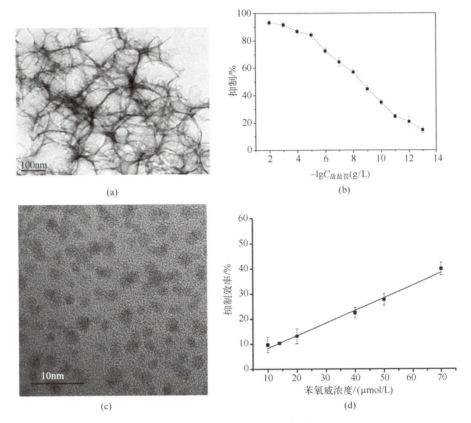

图 4-5-5　有机磷农药检测
（a）氮掺杂多孔碳的透射电镜图像；（b）敌敌畏检测结果；
（c）氮掺杂石墨烯量子点的透射电镜图像；（d）苯氧威检测结果。

6) 大分子标志物的检测

癌症是威胁全球健康的主要疾病，由于缺乏对特定癌症类型适用的血清检测，准确检测癌症可能是一项临床挑战，而生物和离子敏传感器与微系统因其固有的特异性和准确性，兼具简单、快速、可靠、廉价的特点，在癌症检测中的应用越来越广泛。中国科学院 D. Zeng 等[72]开发了一种用于检测多靶点 miRNA 的无聚合酶链反应电化学微纳生物传感器，利用 16 通道 SPGE

(Screen-Printed Gold Electrode) 检测平台，实现了同时检测 4 种与胰腺癌相关的 miRNA 生物标志物（见图 4-5-6 (a) 和图 4-5-6 (b)）。实验采用 DNA 四面体纳米结构，保证了分析的高灵敏度，检测限达到 10fM，响应范围大。该方法操作简单、成本低、检测效率高，并且已经成功地用于评估人类血清样本中与胰腺癌相关的 miRNA。结合传感器对这 4 种 miRNA 的分析，可以从健康对照组中识别出胰腺癌样本，具有良好的敏感性，达到了即时检验的高标准。

中国首都师范大学 X. Jia 等[73]研制了一种基于石墨烯纳米复合材料的简易无标记电化学多路复用微纳传感器用来检测癌胚抗原和甲胎蛋白（见图 4-5-6 (c) 和图 4-5-6 (d)）。实验利用氧化铟锡片作为传感器的工作电极，将合成的还原氧化石墨烯/硫氨酸/金纳米颗粒纳米复合材料涂覆于氧化铟锡片表面，用于固定癌胚抗原，而还原氧化石墨烯/普鲁士蓝/金纳米颗粒用于固定抗甲胎蛋白，实验结果表明，该方法可以同时测定癌胚抗原和甲胎蛋白，其线性工作范围为 0.01~300ng/mL。癌胚抗原的检出限为 0.65pg/mL，甲胎蛋白的检出限为 0.885pg/mL。该免疫传感器不用标记抗原或抗体，简化了操作，避免了不同分析物之间的干扰，稳定性好，线性工作范围宽，可用于临床诊断。

中国济南大学 D. Wu 等[74]制备了一种新型、灵敏的非酶三明治式电化学生物传感器，用于检测胃癌生物标志物癌抗原 72-4（见图 4-5-6 (e) 和图 4-5-6 (f)）。在此生物传感器中，一抗与还原氧化石墨烯-四乙烯五胺酰胺化反应后固定到电极上，二抗吸附到 $PtPd-Fe_3O_4$ 纳米粒子上，该生物传感器线性范围为 0.001~10μg/mL，检出限低至 0.0003μg/mL。该生物传感器具有灵敏度高、选择性好、重复性强、操作简单等优点，为临床研究和诊断提供了一种新的检测方法。

7) 微生物的检测

中国江南大学 H. Kuang 等[75]首先对具有磁性的纳米粒子用单克隆抗体进行包被处理，再将其与抗体量子点进行结合组装成荧光传感器，用于沙门氏菌的检测，检测时间仅为 30min，且整个检测过程与其他菌种无交叉反应，大大提高了检测结果的准确性。该方法线性范围为 $2.5×10^3 \sim 1.95 ×10^8$ CFU/mL，检出限为 500CFU/mL。

印度普纳大学 A. Morarka 等[76]通过水热法合成 CdTe 量子点，将其与聚二甲基硅氧烷材质的 3D 循环微通道非均相免疫芯片相结合并标记大肠杆菌特异性抗体，测定大肠杆菌的线性范围为 $10^2 \sim 10^8$ cells/μL，且整个过程操作灵活、简单。中国重庆大学 R. Wang 等[77]设计了集成有 3 个挡板型微混合器和 6 个免疫反应室的微流控多通道免疫芯片，通过自组装的发光二极管对检测微

第4章 生物和离子敏传感器微系统及其应用

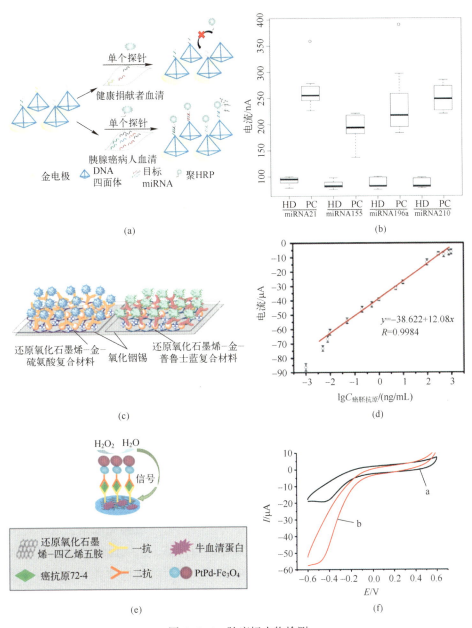

图 4-5-6 肿瘤标志物检测

(a) 胰脏癌相关 microRNA 检测示意图;(b) 检测结果;(c) 癌胚抗原检测示意图;(d) 检测结果;(e) 胃癌抗原检测示意图;(f) 检测结果。

系统进行荧光诱导，以三明治夹心法模式为基础，实现了 CdSe/ZnS 量子点对鼠伤寒沙门氏菌的原位标记和检测，检出限达到 37CFU/mL（见图 4-5-7）。

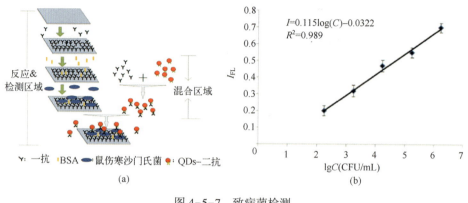

图 4-5-7　致病菌检测
(a) 沙门氏菌检测示意图；(b) 检测结果。

4.5.2　生物与离子敏传感器微系统在军事领域的应用

继信息技术之后，生物科技的迅猛发展引领了新的科技浪潮，而信息技术、生物技术、新能源技术、新材料技术的交叉融合正在引发新一轮科技革命和产业变革，对国防军事领域也带来了巨大冲击。美国国防高级研究计划局（Defense Advanced Research Projects Agency，DARPA）作为世界顶级的军事技术研发机构，在 2014 年专门成立生物技术办公室，将原来分散于其他部门管理的生物与医学技术进行统一管理，加大了对生物技术领域的资助支持和管理力度，研究项目涵盖了从基因和蛋白质到神经元和器官再到传染病和全球健康的生物学范畴，这成为 DARPA 对生物技术管理的分水岭，突显出生物技术在国防科技中的战略重要性。作为生物技术领域领先国家，近年美国已在生物电子材料、生物传感器、生物存储与计算、生物燃料电池等多个领域取得重大突破，推动了士兵作战效能倍增、武器装备性能提升、战场医疗水平改善，加快"改变游戏规则"技术向军事服务转化，引发新一轮军事科技变革。美国在"9·11"事件以后正式实施了"生物监测计划（Project Bin-Watch）""生物盾牌计划（Project Bio-Sense）""生物传感计划（Project Bio-Shield）"三大政策，DNA 芯片、人工突触、生物传感器、新型生物电池等一大批具有重大军事应用前景的产品取得突破性进展。欧盟在"地平线 2020 计划"框架下针对生物电子技术和产品等主题部署研究项目，将生物传感器平台、纳米生物芯片开发等列为优先发展事项。英国成立生物技术和生物科学研究理事会，2017 年宣布投入 4.24 亿美元支持未来 5 年生物技术发展。

生物传感器作为一种新型的分析方法，把生物活性物质，如受体、酶、细胞等与信号转换电子装置相结合，不但能准确识别、分析各种生化战剂，而且探测速度快，与计算机配合可及时提出最佳防护和治疗关键技术。传感器不仅能探测生化战剂，而且能完成许多与军事有关的探测任务，如监测土壤、地下水、工业用水的污染，并可通过测定炸药、火箭推进剂的降解情况来发现敌人库存的地雷、炮弹、炸弹、导弹等的数量和位置，是实施战场侦察的有效手段。生物传感器技术一直是 DARPA 生物防御项目的重点研究领域，2000 年以前 DARPA 部署有"生物传感器技术"和"基于组织的生物传感器（Tissue-Based Biosensors）"等项目；2000 年以来，DARPA 生物防御项目共立项 48 项，其中生物监测相关项目有 15 项，约占到所有项目的 1/3。

1. 生物传感器在单兵状态监测中的应用

单兵生命状态监测装备主要用于对战场一线战士生命体征状态进行实时和远程监测，监测内容通常包括心率、心电、呼吸和体温等重要生命体征数据。生命体征数据是由传感器采集生理信号，再经处理而获得，通常利用无线通信方式传输给视距外的监视点使用。当人员出现伤情时，可根据监测装置反映的数据判断伤员当前机体生命状态，及时组织并采取救援措施，缩短作战人员从受伤到接受救治的时间，降低作战人员的死亡率。此外，一些系统已经将功能扩展到对战场数据分析和挖掘利用，如美军正在采用数据挖掘等技术对战时采集到的人员生理参数进行分析研究，以确定哪些数据在战时急救过程中更具有价值与意义，并根据这些数据来修正改进以往由经验设计的战伤救治方案。

20 世纪 80 年代初，以美国为首的一些发达国家便开始研发单兵生命状态监测系统，到 20 世纪 90 年代，已有多个国家的系统投入实战使用，分别实现了对人体的血压、心电、脉搏、体温、呼吸率以及血氧饱和度的监测，这些系统一般都具有可穿戴、无线通信的特点，实用性极高。1996 年美国乔治亚理工学院成功研制了智慧衫（Smart T-Shirt）系统，将多生理参数监测设备内置到士兵作战服中，该衫集成了大量光纤线路，由外围部署的传感器完成对多种生理信号的采集，并能通过传感装置同时监测作战人员是否中弹。类似装备还有意大利 Milior of Prado 公司于 2005 年发布的 Wealthy System，其外观和质感与普通衣物几乎没有区别，衣内集成了包括心电电极、压力传感器等，经与外围数据处理设备的配合，对穿戴者心电、呼吸信号进行采集和处理。此类装备具有便携性和穿戴舒适性等特点，对作战人员执行各种战术动作的影响很小。Empirical Technologies 公司于 1996 年研制了一种具有无线通信功能的腕表装置，可用于战场监测单兵脉搏、呼吸频率。2002 年美国陆军提出了作战人员生理状态监测器系统（Warfighter Physiological Status Monitor, WPSM），可为指挥官和医务人员提供主动监测士兵生命体征、核心温度和皮肤温度的能力，并逐渐将其真正应用于实战。几乎在同一时间，美国海军医疗研究中心于 2003 年研制了无线生命体征系统（Wireless Vital Signs System, WVS）。2009 年美国陆军发布战场无线健康监视系统（The Combat-Wireless Health Monitoring System, C-WHMS），将传感器置入作战人员必备的头盔中，通过感受外来冲击信号，监视单兵头部中弹或受到其他重力打击等情况，以判断人员生命状态。上述系统以生命体征监测为主，同时可监测生理疲劳状态，这些参数普遍具有采集容易、采样率要求低、数据量小的特点，因此应用比较广泛，设计成本较低。近年来，人体精神状态监测逐渐成为国外热点研究问题，主要包括疲劳及情绪状态，监测方法以脑电信号分析为主。对于疲劳状态的监测，目前国外已取得较好的成果，鉴于脑电信号具有高维度、非线性的特点，国外学者普遍采用 BP 神经网络、支持向量机等模式识别方法，将疲劳程度进行分类，选取的特征值主要包括脑电的功率谱密度、幅值、平稳性等，除此之外，还有学者将眼电、心率等信息与脑电进行结合分析。公开的数据显示，在美国国防部的支持下，Matthews 等公司通过在士兵头盔中布设电极，开发出了可以实时监测士兵工作压力的可移动系统，这也是目前全球唯一的单兵情绪监测系统。

如图 4-5-8 所示为一种用于血糖检测的传感器，探头长 1mm、宽 20μm，大约和一便士上"FAITH"中的"T"一样大。传感器位于传感器条的末端，有一层薄膜涂层，可启动葡萄糖氧化酶与血浆中的葡萄糖的反应。反应的部分产物是葡萄糖内酯和一个电子，传感器的电子元件将释放的电子感应为电流，并以此测量血液样本中的葡萄糖含量。随着技术和工艺提升，新探头的尺寸还将进一步减小。由于采用 MEMS 技术大幅度减小了传感器尺寸，更小的传感器和可植入的生物相容性传感器得以生产，从而使全天 24h 的生理监测和治疗成为可能。

2. 生物传感器在战场救助中的应用

对于军队来说，在大多数战场环境中执行实验室中的检测方案是不可行的，在资源有限的作战环境下，士兵需要具备自主快速检测的能力。另一个挑战在于训练有素的实验室人员获取战场生物样本的途径有限，因此需要一

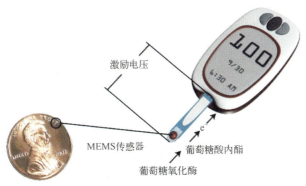

图 4-5-8　血糖检测传感器

些方法使作战人员能够收集生物样品进行现场分析或将其稳定地运送到远程站点。为了应对这些挑战，需要能够从单个生物样品中对蛋白质和/或核酸进行高效多路测量的标准化仪器，以使临床行动成为可能。DARPA 投入项目资金，支持基于 BioMEMS 技术的军用便携式医疗诊断装置的研发，在严酷环境条件下，如野外、战场，来完成需要良好实验室环境和大型试验分析仪器才能完成的检测工作。其中微分析系统 μTAS（Micro-Total-Analysis Systems）和芯片实验室（LOC，Lab On a Chip）已经由概念变为现实，它既便于携带使用，也不需要训练有素的医疗技术人员，可以在没有临床实验室的偏远地区或事故现场使用，大幅降低了检测成本。

2011 年 DARPA 发布兼具预防、治疗功能的自动诊断技术项目，希望找到一种能够从液体或干燥样品中高效提取和制备样品的新方法，这种方法既对蛋白质和核酸有效，又能实现自动化。在项目的支持下，Tasso 公司开发了一种可穿戴的抽血装置，可通过微流体平台收集 200μL 的抽血；Ceres 公司发明了纳米捕获技术，可以更好地捕获低丰度蛋白生物标志物并保护其免受降解；加拿大多伦多大学的研究人员开发了一种用于病原体检测的传感器，能够成功地分析未纯化的样本，并在临床相关浓度下准确地分类病原体（在样品引入后 2min，可以准确读取特征分子）。

图 4-5-9 展示了一种可以进行连续血糖监测和药物输送的微医疗系统，图中 C 为微型的植入式血糖传感器，D 为传感器信号转换装置，将采集到的血糖信息通过无线方式发送给 A，A 中的微型泵根据治疗算法通过导管 B 及时地将胰岛素泵入病人体内，形成一个 24h 不间断的闭环的检测和治疗系统。在过去 10 年中，这些设备借助 MEMS 技术有了很大的进步，BioMEMS 大幅改善了病人生活质量。

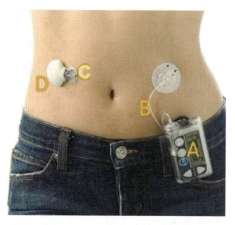

▼ 图 4-5-9　糖尿病微医疗系统

　　图 4-5-10 是一个胃肠道检测"胶囊"，在直径 25mm 的小体积里，集成了镜头、光源、CMOS 图像传感器、电池、天线等元件，吞下该"胶囊"，即可沿着胃肠道（包括小肠），将胃肠道内表面高分辨率图像发送至外部接收器，最后由人体自然排出。

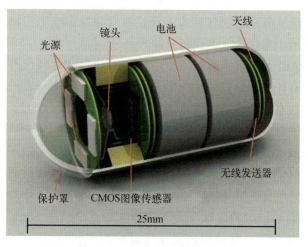

▼ 图 4-5-10　胃肠道检测"胶囊"

3. 生物传感器在生化战剂侦检中的应用

　　生化战剂是在军事行动中用以伤害人、畜和毁坏农作物的化学毒素、致病微生物及生物毒素的统称，也被称为化学武器和细菌武器，具有制造成本低、施放方式多样、污染面积大、传染性强及影响时间长的特点。同等重量条件下，与化学战中的神经毒剂相比，生物战剂危害更大，覆盖范围更广。此外，因为生物战剂多为自然产生的，而化学战剂多为人造化学物质（如神经毒剂），因此，前者可能更加有效。随着常规武器技术之间不对称性的增加，生物武器被使用的可能性越来越大。生化战剂作为一种大规模杀伤性武器，会在短时间内造成大量伤病员的出现，给战场救治、护送和其他后勤保障工作带来极大的困难，同时也会给整个战役带来严重后果。因此，提高对各种生化战剂的实时探测和环境空气的监测能力，是现代战争必须确保的一项重要任务。

有效的生物武器防御（Biological Warfare Defense，BWD）的一个关键环节是对孢子、细菌、病毒和毒素等各种威胁进行即时的检测、识别和鉴定。生物传感器研究人员认为，可以利用生物剂的光学特征来检测生物气溶胶，这种方法有望极快地远距离探测和识别生物剂，并有助于提高选择性、减少误报率。2003年DARPA开始实施生物气溶胶的光谱传感（Spectral Sensing of Bio-Aerosols Program，SSBA）计划，开发具有快速响应时间和低误报率的传感器（要求响应时间少于一分钟，并且与当前传感器相比，误报率至少降低一个数量级），以满足美军对生物武器传感器和探测-预警（Detect to Warn）传感器的迫切需求。2009年DARPA启动抗体技术计划（Antibody Technology Program，ATP），开发高度稳定的抗体，同时增强抗体的亲和力，目标是使基于抗体的生物传感器能够在恶劣的环境下工作，并可以在20～25℃的温度下存储，在未来5年的使用中不损失性能。此外，增强抗体亲和力将使生物传感器的开发和部署成为可能，可在单一平台上检测多种试剂。2018年DARPA在SIGMA项目（目标是开发探测放射性及核物质威胁的传感器和网络系统）基础上，发布"西格玛+"（SIGMA+）项目，开发探测生物、化学和爆炸物威胁的新型传感器和网络，在探测和预警化学和爆炸物方面，将开发数百种化学物质微量水平的远程探测方法。在探测生物威胁方面，将开发实时探测各种病原体痕迹的传感器。

美国Sporian微系统公司基于其"BioOverseer"传感器专利技术，推出了新型管线式生物传感器系统，进行病原体特异性和敏感性检测，可以用于水体检测和净化系统。美国国家环境保护局和美国陆军工程兵部队评估了该系统对大肠杆菌和粪肠球菌的检测能力。该公司还与美国陆军达成了一项将新型光电、光学光谱和纳米技术创新性结合在一起的用于远程监控应用的小型、模块化、实地部署化学/生物传感器的开发合同，用于感知以炭疽杆菌等空中生物威胁制剂为首的各种化学或生物目标。

4. 生物传感器在战场态势感知中的应用

利用生物在某些方面的特性研制出高灵敏度、高视场的战场监控、感知设备，可以显著提升战场态势感知能力。国外研究人员通过研究蝮蛇、甲虫和蝴蝶等对热非常敏感的动物来研究生物电子传感器。蝮蛇吻部的气孔能够收集温度信息，分辨能力可以达到几分之一摄氏度；蝴蝶的翅膀可以采集阳光并识别环境中温度更高的区域，某些甲虫已经被证明能够探测到2km外森林火灾的热量。目前已有研究机构对这些生物进行了深入研究，设计和建造低成本、灵活、高灵敏的传感器技术，应用在目标识别和敌我判断装置上，提高战场环境下的侦察监视等态势感知能力。

2017年及2018年DARPA相继部署先进植物技术（Advanced Plant Technologies，APT）和持续性水生生物传感器（Persistent Aquatic Living Sensors，PALS）项目，希望利用陆生生物（在该项目中专指植物）和海洋生物来实现对来自陆地和海洋环境中的包含生物威胁在内的各种环境威胁的探测预警。先进植物技术（APT）项目，通过修改植物基因，开发一种响应特定环境刺激（如生化武器、病原体、核辐射和电磁信号）、可以远程监控的植物情报收集传感器，为美军提供强健、隐蔽、易分布的新型植物传感器平台，也可以用于地雷或爆炸物识别。APT项目将创造新的植物传感器来感知和报告美军感兴趣的相关刺激，包括生物制剂（如孢子、病毒、细菌和毒素等）、化学物质和辐射信号等。这些刺激与人类活动有关（如有意或意外的化学或生物释放），而非植物的自然功能，转基因植物的响应与背景植物的表型相区分。该项目要求克服当前部署的非植物传感器的缺陷，探索感知和报告特征，并建立能同时感知多个刺激的系统，且为每个刺激分别确定可识别的响应特征。持续性水生生物传感器（PALS）项目开发监测水下运载工具的水生生物传感器硬件设备，研究海洋生物探测水下运载工具的生物信号或行为，通过传感器硬件设备捕获、解码和传输这些生物信号或行为，探测美军面临的海上威胁，辅助美军对大面积水域中的敌军行动进行监测。PALS项目周期为4年，计划研究自然和改良水生生物，确定哪些生物传感器能够用于建设监测载人和无人水下航行器的感知系统，评估海洋生物的传感能力，开发硬件、软件和算法，将海洋生物信号或行为进行特征化，以便通过硬件设备捕获、解码和传输这些生物信号或行为，传达给终端用户。项目重点研究领域包括生物、化学、物理、机器学习、信号分析、海洋学、机械和电气工程、弱信号检测等。

5. 基于新型材料与技术的生物传感器应用

生物传感器的迅速发展对其能源供给问题提出了迫切的需求。在早期的研究工作中，生物传感器通常采用电池供能，然而电池本身庞大的体积和较大的质量很大程度上限制了设备的微型化和便携化，定期维护和电池更换也限制了传感器的工作时间。随着生物传感器的发展和性能提升，其对能源供给的要求也越来越高。针对这一需求，研制不需要外部能源供给的自驱动生物传感器逐渐成为当前研究热点。人体周围环境中存在各种形式的能源，包括太阳能、热能、机械能和生物能等各种不同形式的能量，通过高效率的能量收集发电技术和超低功耗传感器设计，可极大提升传感器使用的便利性，保证传感器长时间工作。除了能量来源以外，生物传感器的另一个重要研究方向是材料的选择与改进，生物传感器的应用场景离不开人体，这对其材料的选择提出了很高的要求，特别是需要在体内工作的植入式生物医学传感器，在其材料的选择上显得更加严苛。为保证人体健康和设备佩戴的舒适性，新型高生物安全性的材料和具有拉伸性能柔性材料的研究和制备异常重要。当然，作为传感器研制基础的敏感材料和制备工艺技术，其发展方向和新材料、新工艺的研究进展也一直是关注热点和重点。

石墨烯材料是近年来受到广泛关注的新型材料，美国海军研究实验室动力学与化学稳定性课题组在美国国防威胁降低局的项目支持下，探索利用石墨烯来转移表面性能的通用方法。该技术采用化学方法赋予石墨烯某种性能，然后通过石墨烯转移到需要的表面上，这样可以在表面上实现所需的性能，海军研究实验室当前的一项重点工作是使用这种技术将蛋白质或 DNA 等传感分子结合到石墨烯上，然后转移到塑料表面以制备生物传感器，将电子器件结合到石墨烯上然后转移给生物材料也是未来的研究方向。DARPA 与威斯康星大学麦迪逊分校的研究人员共同研发出一项人脑研究技术，可探究人脑神经结构与功能的联系。该技术用石墨烯做传感器，厚度仅相当于 4 个原子，比现在的金属电极细了几百倍，可以让大部分波段的几乎所有光通过，首次可兼容光学和电学手段同时观测。美国加利福尼亚大学洛杉矶分校和武汉大学的研究人员利用一种石墨烯纳米筛结构，制备了具有 3nm 较窄孔壁和 1000 高开关比的石墨烯纳米筛，为开发低成本和高效高性能柔性生物传感器提供了一种途径。莫斯科物理与技术研究院的研究人员开发出全球首款基于铜和氧化石墨烯的生物传感器芯片，研究人员在铜和电介质薄膜的顶部添加了氧化石墨烯层，将生物传感器的精度提高了数十倍，未来有望应用在可穿戴设备、高精度电子设备中。德国弗劳恩霍夫生物与医学技术研究所开发了一种基于石墨烯导电油墨的生物传感器，证实了在细胞培养微板上凹版印刷制备生物传感器基底的可能性。

柔性三维打印技术可实现快速、便携的结构成型。美国国家航空航天局（National Aeronautics and Space Administration，NASA）研究人员开创了一种新的基于等离子体的三维打印技术，它能够将三维纳米材料打印在现有结构上，包括三维物体和柔性表面，如纸和布。这种技术需要的工作温度低，不像气溶胶三维打印技术要将材料加热到几百度。研究团队将氨离子碳纳米管打印到纸上，制成化学和生物传感器，用来检测氨气和多巴胺，通过使用不同分子材料，还可以打印出检测胆固醇或大肠杆菌、沙门氏菌等致病菌的传感器。该技术有广泛的应用前景，打印出的可穿戴式传感器有望实现与智能服装、医疗传感器到我们周围实物的全面整合。

太赫兹波（THz）在电磁波谱中处于红外与微波之间，具有非电离、非侵入性、高穿透性、高分辨率和光谱指纹等特性，可以避免电离副作用，实现无损检测。超材料是一种人工设计的周期性结构，通过合理设计可以增强局域电磁谐振响应，实现亚波长分辨，能大大提高传感器的分辨率与灵敏度。太赫兹超材料传感器为生物传感领域提供了一种新的检测方法，具有灵敏度高、响应速度快、无标记检测等优点。随着微纳加工技术的快速发展，制作超材料太赫兹传感器的成本不断降低，从而在生物医学领域具有非常大的潜在应用价值，基于超材料的太赫兹传感器的研究已成为目前一个非常热门的国际前沿方向。2017 年，Lee 等将 H5N2、H1N1、H9N2 三种不同禽流感病毒加载到超材料表面并进行了识别与检测；2018 年，Zhang 等采用周期性金属 SRRs 阵列构成的太赫兹生物传感器，对口腔癌细胞及其凋亡过程进行了检测。2019 年 Keshavarz 等提出基于水半导体薄膜的太赫兹超材料传感器，实现对皮肤癌的高灵敏检测。

在其他新型材料方面，澳大利亚科学家发明了一种新型立方体纳米天线，这种天线好比纳米尺度的聚光灯，可应用于食品安全评估、大气污染物鉴定、癌症的快速诊断和治疗。在需要超窄光束传导的地方，立方体纳米天线几乎没有因发热及散射而出现损耗，其性能优于先前的球形天线。这种天线最适合于集成的光学生物传感器，对未来真正便携的芯片实验室中的蛋白质、DNA、抗体和酶等进行检测。

前沿的半导体合成生物技术也受到了大量关注。美国半导体研究联盟启动"半导体合成生物技术"计划，提出将活细胞同 CMOS 技术相结合，形成生物半导体混合系统，可提供极高的信号灵敏度并具备低功耗特性。

参 考 文 献

[1] 王晓华,赵倩. 生物微传感器系统技术的发展及应用 [J]. 上海电力学院学报, 2013, 29 (5): 477-481.

[2] EDDINGTON D, BEEBE D. A valved responsive hydrogel microdispensing device with integrated pressure source [J]. Microelectromechanical Systems Journal, 2004, 13 (4): 586-593.

[3] FOROUZANDEH F, ALFADHEL A, ZHU X, et al. A wirelessly controlled fully implantable microsystem for nano-liter resolution inner ear drug delivery [C]. 2018 Solid-State, Actuators, and Microsystems Workshop, 2018.

[4] TAKAYAMA S, OSTUNI E, LEDUC P, et al. Laminar flows subcellular positioning of small molecules [J]. Nature, 2001, 411 (6841): 1016.

[5] WOOTTON R, DEMELLO A J. Analog-to-digital drug screening [J]. Nature, 2012, 483 (7387): 43-44.

[6] YOON J, LEE S N, SHIN M, et al. Flexible electrochemical glucose biosensor based on GOx/gold/MoS2/gold nanofilm on the polymer electrode [J]. Biosensors & Bioelectronics, 2019, 140: 111343.

[7] ZHUANG Z, SU X, YUAN H, et al. An improved sensitivity non-enzymatic glucose sensor based on a CuO nanowire modified Cu electrode [J]. Analyst, 2008, 133 (1): 126-132.

[8] TOCZYLOWSKA R, KLOCH M, ZAWISTOWSKA A, et al. Design and characterization of novel all-solid-state potentiometric sensor array dedicated to physiological measurements [J]. Talanta, 2016, 159: 7-13.

[9] NOVELL M, PARRILLA M, CRESPO G, et al. Paper-based ion selective potentiometric sensors [J]. Analytical Chemistry, 2012, 84 (11): 4695-4702.

[10] CHOW E, LIANA D, RAGUSE B, et al. A potentiometric sensor for pH monitoring with an integrated electrochromic readout on paper [J]. Australian Journal of Chemistry, 2017, 70 (9): 979-984.

[11] WU C, WU R, HUANG J, et al. Three-electrode electrochemical detector and platinum film decoupler integrated with a capillary electrophoresis microchip for amperometric detection [J]. Analytical Chemistry, 2003, 75 (4): 947-952.

[12] JIN J H, HONG S, MIN N, et al. Integrated urea sensor module based on poly (3-methylthiophene)-modified p-type porous silicon substrate [J]. Journal of Porous Materials, 2009, 16 (4): 379-386.

[13] KOJIMA K, HIRATSUKA A, SUZUKI H, et al. Electrochemical protein chip with ar-

rayedimmunosensors with antibodies immobilized in a plasma-polymerized film [J]. Analytical Chemistry, 2003, 75 (5): 1116-1122.

[14] SILVA E, BASTOS A, NETO M, et al. New fluorinated diamond microelectrodes for localized detection of dissolved oxygen [J]. Sensors & Actuators B: Chemical, 2014, 204: 544-551.

[15] YANG J, DUTTA P. High temperature amperometric total NOx sensors with platinum loaded zeolite Y electrodes [J]. Sensors & Actuators B Chemical, 2007, 123 (2): 929-936.

[16] ZHANG Y, ZENG G, TANG L, et al. Electrochemical sensor based on electrodeposited graphene-Au modified electrode and nanoAu carrier amplified signal strategy for attomolar mercury detection [J]. Analytical Chemistry, 2015, 87 (2): 989-996.

[17] ZHAO S, ZHANG K, BAI Y, et al. Glucose oxidase/colloidal gold nanoparticles immobilized in Nafion film on glassy carbon electrode: direct electron transfer and electrocatalysis [J]. Bioelectrochemistry, 2006, 69 (2): 158-163.

[18] JĘDRZAK A, RĘBIŚ T, KLAPISZEWSKI Ł, et al. Carbon paste electrode based on functional GOx/silica-lignin system to prepare an amperometric glucose biosensor [J]. Sensors & Actuators B: Chemical, 2018, 256: 176-185.

[19] QIU H, XUE L, JI G, et al. Enzyme-modified nanoporous gold-based electrochemical biosensors [J]. Biosensors & Bioelectronics, 2009, 24 (10): 3014-3018.

[20] HUANG X, ZHANG J, ZHANG L, et al. A sensitive H_2O_2 biosensor based on carbon nanotubes/tetrathiafulvalene and its application in detecting NADH [J]. Analytical Biochemistry, 2019, 589: 113493.

[21] CHEN X, HONG C, LIN Y, et al. Enzyme-free and label-free ultrasensitive electrochemical detection of human immunodeficiency virus DNA in biological samples basedon long-range self-assembled DNA nanostructures [J]. Analytical Chemistry, 2012, 84 (19): 8277-8283.

[22] CUI M, WANG Y, JIAO M, et al. Mixed self-assembled aptamer and newly designed zwitterionic peptide as antifouling biosensing interface for electrochemical detection of alpha-fetoprotein [J]. ACS Sensors, 2017, 2 (4): 490-494.

[23] LEE W, LEE K, KIM T, et al. Microfabricated conductometric urea biosensor based on sol-gel immobilized urease [J]. Electroanalysis, 2015, 12 (1): 78-82.

[24] XIE B, DANIELSSON B, NORBERG P, et al. Development of a thermal micro-biosensor fabricated on a silicon chip [J]. Sensors & Actuators B: Chemical, 1992, 6 (1-3): 127-130.

[25] BATAILLARD P, STEFFGEN E, HAEMMERLI S, et al. An integrated silicon thermopile as biosensor for the thermal monitoring of glucose, urea and penicillin [J]. Biosensors & Bioelectronics, 1993, 8 (2): 89-98.

[26] WANG L, SIPE D, XU Y, et al. A MEMS thermal biosensor for metabolic monitoringapplications [J]. Journal of Microelectromechanical Systems, 2008, 17 (2): 318-327.

[27] DONNER J, THOMPSON S, KREUZER M, et al. Mapping intracellular temperature using green fluorescent protein [J]. Nano Letters, 2012, 12 (4): 2107-2111.

[28] YAMADA T, INOMATA N, ONO T, et al. Sensitive thermal microsensor with pn junction for heat measurement of a single cell [J]. Japanese Journal of Applied Physics, 2016, 55 (2): 027001.

[29] ROH Y, WOO J, HUR Y, et al. Development of an SH-SAW sensor for detection of DNA immobilization and hybridization [C]. Smart Structures & Materials. International Society for Optics and Photonics, 2005, 5763.

[30] KOGAI T, YATSUDA H, KONDOH J, et al. Temperature dependence of immunoreactions using shear horizontal surface acoustic wave immunosensors [J]. Japanese Journal of Applied Physics, 2017, 56 (7s1): 07JD09.

[31] HOWE E, HARDING G. A comparison of protocols for the optimisation of detection of bacteria using a surface acoustic wave (SAW) biosensor [J]. Biosensors & Bioelectronics, 2000, 15 (11-12): 641-649.

[32] PEI J, TIAN F, THUNDAT T, et al. Glucose biosensor based on the microcantilever [J]. Analytical Chemistry, 2004, 76 (2): 292-297.

[33] ZHANG G, LI C, WU S, et al. Label-free aptamer-based detection of microcystin-LR using a microcantilever array biosensor [J]. Sensors & Actuators B: Chemical, 2018, 260: 42-47.

[34] LI C, CHEN X, ZHANG Z, et al. Gold nanoparticle-DNA conjugates enhanced determination of dopamine by aptamer-based microcantilever array sensor [J]. Sensors & Actuators B: Chemical, 2018, 275: 25-30.

[35] SU M, LI S, DRAVID V P, et al. Microcantilever resonance-based DNA detection with nanoparticle probes [J]. Applied Physics Letters, 2003, 82 (20): 3562-3564.

[36] RICCIARDI C, FERRANTE I, CASTAGNA R, et al. Immunodetection of 17β-estradiol in-serum at ppt level by microcantilever resonators [J]. Biosensors & Bioelectronics, 2013, 40 (1): 407-411.

[37] MEHTA A, CHERIAN S, HEDDEN D, et al. Manipulation and controlled amplification of Brownian motion of microcantilever sensors [J]. Applied Physics Letters, 2001, 78 (11): 1637-1639.

[38] TAMAYO J, ALVAREZ M, LECHUGA L, et al. Digital tuning of the quality factor of micromechanical resonant biological detectors [J]. Sensors & Actuators B: Chemical, 2003, 89 (1-2): 33-39.

[39] 张先恩. 生物传感技术原理与应用 [M]. 吉林: 吉林科学技术出版社, 1991: 155.

[40] BERGVELD P. Development of an ion-sensitive solid-state device for neurophysiological measurements [J]. IEEE Transactions on Biomedical Engineering, 1970, 17 (1): 70-71.

[41] CAMPANELLA L, COLAPICCHIONI C, CRESCENTINI G, et al. Sensitive membrane ISFETs for nitrate analysis in waters [J]. Sensors & Actuators B: Chemical, 1995, 27 (1-3): 329-335.

[42] HUMENYUK I, TORBIERO B, ASSIE-SOULEILLE S, et al. Development of pNH_4-ISFETs microsensors for water analysis [J]. Microelectronics Journal, 2006, 37 (6): 475-479.

[43] WAKIDA S, YAMANE M, TAKEDA S, et al. Studies on pH and nitrate checkers made of semiconductor devices for acid rain monitoring [J]. Water Air & Soil Pollution, 2001, 130 (1-4): 625-630.

[44] LEHMANN M, BAUMANN W, BRISCHWEIN M, et al. Non-invasive measurement of cell membrane associated proton gradients by ion-sensitive field effect transistor arrays for microphysiological and bioelectronical applications [J]. Biosensors & Bioelectronics, 2000, 15 (3-4): 117-124.

[45] CARAS S, JANATA J. Field effect transistor sensitive to penicillin [J]. Analytical Chemistry, 1980, 52 (12): 1935-1937.

[46] HANAZATO Y, SHIONO S. Bioelectrode using two hydrogen ion sensitive field effect transistors and a platinum wire pseudo reference electrode [J]. Proceeding of International Meeting on Chemical Sensor, 1983, (5): 513-520.

[47] LUO X, XU J, ZHAO W, et al. Glucose biosensor based on ENFET doped with SiO_2 nanoparticles [J]. Sensors & Actuators B Chemical, 2004, 97 (2-3): 249-255.

[48] YOU X, PAK J. Graphene-based field effect transistor enzymatic glucose biosensor using silk protein for enzyme immobilization and device substrate [J]. Sensors & Actuators B: Chemical, 2014, 202: 1357-1365.

[49] CHAE M, YOO Y, KIM J, et al. Graphene-based enzyme-modified field-effect transistor biosensor for monitoring drug effects in Alzheimer's disease treatment [J]. Sensors & Actuators B: Chemical, 2018, 272: 4448-4458.

[50] LIU X, LIN P, YAN X, et al. Enzyme-coated single ZnO nanowire FET biosensor for detection of uric acid [J]. Sensors & Actuators B: Chemical, 2013, 176: 22-27.

[51] SAENGDEE P, CHAISRIRATANAKUL W, BUNJONGPRU W, et al. A silicon nitride ISFET based immunosensor for Ag85B detection of tuberculosis [J]. Analyst, 2016, 141: 5767-5775.

[52] PRESNOVA G, PRESNOV D, KRUPENIN V, et al. Biosensor based on a silicon nanowire field-effect transistor functionalized by gold nanoparticles for the highly sensitive determina-

tion of prostate specific antigen [J]. Biosensors & Bioelectronics, 2017, 88: 283-289.

[53] 梁卫国, 韩泾鸿. 光寻址电位传感器的机理研究 [J]. 半导体光电, 2001, 184-210.

[54] NAKAO M, YOSHINOBU T, IWASAKI H, et al. Scanning-laser-beam semiconductor pH-imaging sensor [J]. Sensors & Actuators B Chemical, 1994, 20 (2-3): 119-123.

[55] ISMAIL A, HARADA T, YOSHINOBU T, et al. Investigation of pulsed laser deposited Al_2O_3 as a high pH-sensitive layer for LAPS-based biosensing applications [J]. Sensors & Actuators B: Chemical, 2000, 71 (3): 169-172.

[56] SIQUEIRA J R, WERNER C F, BÄCKER M, et al. Layer-by-layer assembly of carbon nanotubes incorporated in light-addressable potentiometric sensors [J]. Journal of Physical Chemistry C, 2009, 113 (33): 14765-14770.

[57] JIA Y, YIN X, ZHANG J, et al. Graphene oxide modified light addressable potentiometric sensor and its application for ssDNA monitoring [J]. Analyst, 2012, 137 (24): 5866-5873.

[58] WU C, ZHOU J, HU N, et al. Cellular impedance sensing combined with LAPS as a new means for real-time monitoring cell growth and metabolism [J]. Sensors & Actuators B: Chemical, 2013, 199: 136-142.

[59] HOOI K, ISMAIL A, AHAMAD R, et al. A redox mediated UME biosensor using immobilized Chromobacterium violaceum strain R1 for rapid biochemical oxygen demand measurement [J]. Electrochimica Acta, 2015, 176: 777-783.

[60] WANG J, LI Y, BIAN C, et al. Ultramicroelectrode array modified with magnetically labeled Bacillus subtilis, palladium nanoparticles and reduced carboxy graphene for amperometric determination of biochemical oxygen demand [J]. Microchimica Acta, 2017, 184 (3): 763-771.

[61] SETHURAMAN V, MUTHURAJA P, RAJ J, et al. A highly sensitive electrochemical biosensor for catechol using conducting polymer reduced graphene oxide-metal oxide enzyme modified electrode [J]. Biosensors & Bioelectronics, 2016, 84: 112-119.

[62] TRAN T, NGUYEN P, LE T, et al. DNA-copper hybrid nanoflowers as efficient laccase mimics for colorimetric detection of phenolic compounds in paper microfluidic devices [J]. Biosensors & Bioelectronics, 2021, 182 (10): 113187.

[63] RAJALAKSHMI K, JOHN S. Highly sensitive determination of nitrite using FMWCNTs-conducting polymer composite modified electrode [J]. Sensors & Actuators B: Chemical, 2015, 215: 119-124.

[64] TSUYOSHI M, YUI S, TSUKURU M, et al. Selective nitrate detection by an enzymatic sensor based on an extended-gate type organic field-effect transistor [J]. Biosensors & Bioelectronics, 2016, 81: 87-91.

[65] ALI M, JIANG H, MAHAL N, et al. Microfluidic impedimetric sensor for soil nitrate detection using graphene oxide and conductive nanofibers enabled sensing interface [J]. Sensors

& Actuators B: Chemical, 2017, 239: 1289-1299.

[66] WANG F, ZHU J, HU X, et al. Rapid nitrate determination with a portable lab-on-chip device based on double microstructured assisted reactors [J]. Lab on a Chip, 2021, 21: 1109-1117.

[67] SHU Q, LIU M, OUYANG H, et al. Label-free fluorescent immunoassay for Cu^{2+} ion detection based on UV degradation of immunocomplex and metal ion chelates [J]. Nanoscale, 2017, 9: 12302-12306.

[68] ZUO X, ZHANG H, ZHU Q, et al. A dual-color fluorescent biosensing platform based on WS_2 nanosheet for detection of Hg^{2+} and Ag^+ [J]. Biosensors & Bioelectronics, 2016, 85: 464-470.

[69] WEI M, FENG S. Amperometric determination of organophosphate pesticides using a acetylcholinesterase based biosensor made from nitrogen-doped porous carbon deposited on a boron-doped diamond electrode [J]. Microchimica Acta, 2017, 184: 3461-3468.

[70] CABALLERO-DÍAZ E, BENÍTEZ-MARTÍNEZ S, VALCÁRCEL M, et al. Rapid and simple nanosensor by combination of graphene quantum dots and enzymatic inhibition mechanisms [J]. Sensors & Actuators B: Chemical, 2017, 240: 90-99.

[71] HU T, XU J, YE Y, et al. Visual detection of mixed organophosphorous pesticide using QD-AChE aerogel based microfluidic arrays sensor [J]. Biosensors & Bioelectronics, 2019, 136: 112-117.

[72] ZENG D, WANG Z, MENG Z, et al. DNA tetrahedral nanostructure-based electrochemical miRNA biosensor for simultaneous detection of multiple miRNA in pancreatic carcinoma [J]. ACS Applied Materials & Interfaces, 2017, 9 (28): 24418-24125.

[73] JIA X, LIU Z, LIU N, et al. A label-free immunosensor based on graphene nanocomposites for simultaneous multiplexed electrochemical determination of tumor markers [J]. Biosensors & Bioelectronics, 2014, 53: 160-166.

[74] WU D, GUO Z, LIU Y, et al. Sandwich-type electrochemical immunosensor using dumbbell like nanoparticles for the determination of gastric cancer biomarker [J]. Talanta, 2015, 134: 305-309.

[75] KUANG H, CUI G, CHEN X, et al. A one-step homogeneous sandwich immunosensor for salmonella detection based on Magnetic Nanoparticles (MNPs) and Quantum Dots (QDs) [J]. International Journal of Molecular Science, 2013, 14 (4): 8603-8610.

[76] MORARKA A, AGRAWAL S, KALE S, et al. Quantum dot based immunosensor using 3D circular microchannels fabricated in PDMS [J]. Biosensors & Bioelectronics, 2011, 26: 3050-3053.

[77] WANG R, NI Y, XU Y, et al. Immuno-capture and in situ detection of Salmonella typhimurium on a novel microfluidic chip [J]. Analytica Chimica Acta, 2015, 853: 710-717.

第 5 章

生物和离子敏传感器在医学及临床中的应用

5.1 概　述

生物医学传感器是生物医学检测的关键技术之一。作为多种医疗器械的前端，生物医学传感器能够检测人体内的各类生理信号并通过换能器转换成与其有某种函数关系的电信号，从而将人体信息的获取由主观感受扩展为定量检测。生物医学传感器检测的信号涉及人体各个层次，如生物电信号、生物磁信号、非电磁生理信号、生物化学量信号、生物量信号等，能够实现对病人不同层次、不同尺度生命健康信息的获取，提升现代医学的诊疗水平，对疾病预防、诊断、治疗、监护和康复等各个阶段意义重大。

生物医学传感器根据待检测的人体生理信息种类可分为物理传感器、化学传感器和生物传感器。化学传感器常用于检测气体（如气味分子、氧气和二氧化碳）、生物体液中的离子含量（如 H^+，Na^+，K^+，Ca^{2+}，Cl^- 及重金属离子等），离子敏传感器在生物医学中应用众多。生物传感器使用生物活性物质作为敏感元件选择性识别被测物质，常用于生物体中组织、细胞、酶、抗原、抗体、受体、DNA 与 RNA 以及其他各类蛋白质等生物量的测量，在生物医学研究和临床检验中得到广泛应用。

随着生物医学传感器科学研究与产业化的热潮，现代生物医学传感器逐渐摆脱了传统生物医学传感器体积大、性能技术指标差等缺点，在微型化、智能化、网络化、可遥控、快速化、床旁检测、无创检测等方面取得了较大发展。

5.2 传感器在医学上应用的要求

不同于其他方面的应用，生物医学传感器应用在医学方面时，其设计与分析需要特别围绕被检测的生物医学信号特点及被检测机体的反应进行。生物医学信号具有信号微弱、随机性强、噪声和干扰背景强、动态变化和个体差异大等特点，在对人体进行测量与检测时，不能干扰人的正常生理、生化状态，尽量避免给人的正常活动带来负担或痛苦。

非接触与无损伤或微损伤的生物医学传感器通常利用间接测量方法来获得体内相关信息的信号，通常此类信号中干扰成分较多，要注意对干扰进行分析与处理。植入式传感器能够准确检测到生物体内某个局部信息，但是需要考虑尽量减小对生物体的侵扰，在应用中应考虑装置的微型化、能量及信息传输方式、植入材料的生物相容性及植入设备的安全性等诸多特殊要求。同时，生物医学传感器的设计和应用必须充分考虑其可靠性和稳定性，使其能够适应各种使用对象和复杂环境。

国家食品药品监督管理局发布的《医疗器械安全和性能的基本原则》（2020年第18号）文件规定了所有医疗器械的设计和生产通用基本原则。生物医学传感器在医学上应用时应该满足以下要求：安全且能够实现其预期性目的，与患者受益相比，其风险应是可接受的，且不会损害医疗环境、患者安全、使用者及他人的安全和健康。

5.2.1 传感器在医学与临床应用中安全性与可靠性问题

生物医学传感器应用的对象主要是人体，人体具有明显的生理复杂性和伦理要求的特殊性，因此对生物医学传感器和其检测系统的可靠性与安全性有特别严格的要求。生物医学传感器在设计和生产过程中需遵循安全原则、采用风险控制措施进行风险控制，确保每个危险（源）相关的剩余风险和总体剩余风险是可接受的，选择最合适的解决方案。

1. 生物医学传感器的安全性问题

1）生物医学传感器的电气安全

电气安全是生物医学传感器在医学和临床应用中需要被普遍考虑的重要

因素，尤其是生物医学传感器广泛应用于各类医疗器械的前端，随着医院及医学研究机构使用医学电子仪器设备的品种、数量和复杂程度的不断增加，偶发的电击事故也逐渐增多，因此，制定安全的防范措施，正确设计和使用传感器，把意外电击的危险减小到最低程度，对生物医学传感器的设计者和使用者都是十分必要的。

漏电流是医用仪器设备安全性能的重要指标。在有些情况下，施加到人体的电流是从仪器漏出的，即产生漏电流，这将会对人体产生电击事故。当发生电击时，电流流经人体各个组织器官，能引起组织温度升高、神经和肌肉等兴奋组织的电兴奋、体液的电化学反应等生理效应。通常电击对人体造成的直接损害与流经人体组织器官的电流密度成正比，当流经人体内部的电流密度达到一定值时可以对人体造成不可逆的损害，如当有超过安全有效值 $50\mu A$ 的电流流经人体心脏时，心脏就可能发生房颤，甚至发生室颤，直接威胁人的生命安全。电击分为宏电击和微电击。宏电击也被称为体外电击，是指电流经过皮肤进入及流出人体所产生的触电现象，漏电流是引起宏电击的最主要原因，是一种非功能性电流。微电击通常指电流直接进入体内引起的电击，电流强度大于 $10\mu A$ 即能对人体造成伤害，通常发生在具有植入式生物医学传感器的医用系统和设备中，发生的电击伤害不易被发现，但伤害更严重，应该引起更高的重视。

对生物医学传感器的电气安全评价十分重要。医用仪器电气安全性的评价是产品定型、生产、使用中的必检项目，可以查阅相关一些标准文件，如 IEC Pub.601-1（《IEC 医用电气设备安全通则》，1988 年版）、IEC Pub.601-1-1（1992 年版，补充了有关医用电气系统的安全要求事项）、国家标准 GB9706.1（《医用电气安全标准》）以及《YY/T 0316-2008/ISO 14971：2007 医疗器械风险管理对医疗器械的应用》等。

2）生物医用材料的安全性

生物医用材料是可用于对生物系统的疾病诊断、治疗、修复或替换生物体组织或器官，增进或恢复其功能的材料。随着生物医用材料在临床医学、生命科学、工程技术等多学科领域交叉渗透，生物医用材料也越来越多地与传感器技术结合起来应用于解决医学诊断、治疗等实际问题。用于生物医学传感器的生物医用材料由于直接作用于人体，因此在医学领域使用的生物材料必须具有不同于一般材料的物理、化学和生物学性能，一般来说需要在材料本身和对人体效应方面符合一些普遍的、共同的要求，如符合国家标准 GB/T16886《医疗器械生物学评价系列标准》的要求。

对材料本身性能的要求有：

（1）耐生物老化性：长期植入的材料应具有生物稳定性。

（2）物理和力学稳定性：长期在体内环境下强度、弹性以及外形尺寸具有稳定性，此外还要具有耐曲挠疲劳性、耐磨性、界面稳定性等。

（3）易于加工成型。

（4）价格适当。

（5）可以常规灭菌。

在人体效应方面的要求有：

（1）无毒性，即化学惰性。一般地说，制备生物医学材料的原料都必须经过严格提纯，材料配比和所有配合剂都要严格控制，生产环境和产品包装都要有严格的防污染保证。

（2）无热源反应。

（3）非致癌（特别对金属材料）。

（4）非致畸。

（5）不引起过敏反应和不干扰机体的免疫机制。

（6）不发生材料表面的钙化沉着。

（7）对于与血液接触的材料，必须有良好的血液相容性。

值得一提的是，不同的传感器用生物医用材料在具体使用用途和环境中对材料要求有不同的侧重，如对于希望能在体内永久或半永久地发挥生理功能的医用金属材料，植入人体后不会对生物组织产生毒性是选择材料的必要条件，此外还需要考虑其耐生理腐蚀性、机械性能和生物相容性；对于常用在生物医学传感器中的生物医用高分子材料在与生物体接触甚至植入体内后，会与组织与血液接触从而产生相互作用，因而必然需要充分考虑其组织相容性与血液相容性，生物医用高分子材料的血液相容性问题是当前国际上非常受重视的研究课题之一。

生物医用材料性能的评价分为生物学性能评价和非生物学性能评价，其中，生物学性能评价是至关重要的，它将最终影响材料的临床应用情况。参考 GB/T 16886《医疗器械生物学评价系列标准》，生物医用材料的安全性评价主要有三个步骤。

（1）根据生物医用材料和医疗器材的临床使用部位和接触时间长短来对其进行分类。

接触部位大体可分为表面接触、体外与体内相接触和体内植入三类。接触时间分为三类，即 A 为即时接触（<24h），B 为短、中期接触（1~29 天），

C 为长期接触（≥30 天）。

（2）根据分类和材料具体使用部位来确定所需进行的生物学试验项目。

（3）按照所选择的生物学试验项目进行生物学评价。

需要说明的是，如果生物医用材料在生物学评价试验中出现问题或使用的生物医用材料和医疗器材有特殊用途，还需做补充的生物学试验，如毒性试验、体内降解试验及致癌试验等。

由于生物医用材料和医疗器材的复杂性，在确定其生物学评价项目时，还应考虑以下三方面：

（1）考虑生物医用材料和医疗器材的所有特征信息，如原料、配方、已知和可能的杂质、生产工艺进程、最终产品中可能的残留物或降解产物等。

（2）当一个生物医用材料或医疗器材的化学组成、制造过程、物理形状或使用的临床部位发生变化时，必须考虑其毒性作用的可能变化，需要增加或进行相应的生物学评价试验。

（3）进行生物学项目及补充生物学试验评价时，也应考虑其他非临床试验、临床研究和产品销售后的反馈资料，以建立起完整的安全性评价体系。为了帮助研究和生产人员对研究和生产的产品进行正确地分类，以获得正确的评价，国家还参照 ISO910993-1，其对现有医用材料及医疗器材进行了详细的分类，以便可以对生物学试验进行正确的选择。此外，在《生物医用材料和医疗器材生物学评价标准》中，国家已参照 ISO10993 相关标准对生物学试验及补充生物学试验制定了具体的标准。

生物医用材料及其生物医用设备在正式注册前必须进行临床使用，包括临床研究和临床验证两种形式。对于临床机理成熟、已有国家/行业产品标准或专用安全的生物医用设备可以作临床验证，而对于新型生物医用材料、长期摄入人体的产品、生物医学机理尚在研究或市场尚无相似性产品出售的情况，必须进行临床研究以确保患者的使用安全。以植入物为例，有源植入物进行临床验证需要 1 年的最低试用期限、最小病例数量为 3~20 例、最少试用的产品数量为 3~20 种；进行临床研究需要 2 年的最低试用期限、最小病例数量为 10~20 例、最少试用的产品数量为 10~20 种。无源植入物进行临床验证需要 1 年的最低试用期限、最小病例数量为 5~20 例、最少试用的产品数量为 5~20 种；进行临床研究需要 2 年的最低试用期限、最小病例数量为 10~20 例、最少试用的产品数量为 10~20 种。

3）植入式传感器的安全性

植入到人体内的传感器是生物医学传感器在日常与临床使用的一种重要

类型，可在疾病的诊断、治疗及康复等方面起到重要作用，它通过注射、切口、手术等方式穿透人体从而获得相应信息，但是也会对人体组织、血液、免疫等系统产生不良反应。因此，理论上就要求植入式传感器必须对人体具有无毒性、无致命性、无刺激性、无遗传毒性和无致癌性等特性。通常地，在设计植入式生物医学传感器时也应考虑以下几个因素：

（1）传感器必须与生物体内的化学成分相容，既不会被腐蚀，也不会给生物带来毒性；

（2）传感器的形状、尺寸和结构应适应被测部位的解剖结构，使用时不应损伤组织；

（3）传感器要有足够的牢固性，在引入到被测部位时，传感器不能损坏；

（4）传感器要有足够的电绝缘性，即使在传感器损坏时，人体受到的电压仍须低于安全值；

（5）传感器不能给人体生理活动带来负担，也不应干扰正常的生理功能；

（6）植入体内长期使用的传感器，不应引起赘生物；

（7）结构上要便于消毒。

4）植入体和器械的灭菌

放置在人体或动物体内的植入体或器械（产品）通常直接与组织、血液相接触，甚至有些需要在体内长期植入，因此，这些植入体和器械必须进行消毒灭菌处理以保证其无菌，以防止植入后感染最终可能导致的严重疾病甚至死亡，这是关系到患者存亡的重要问题。

消毒、灭菌在临床意义是不同的，区别为是否消灭一切微生物。消毒是指杀灭非芽孢和增殖状态的致病微生物。灭菌是指杀灭一切微生物，包括病原菌和非病原菌，如细菌、芽菌、真菌、病菌等。无菌是指不含任何活的有机体，尤其指不含微生物类，如细菌、发酵素、真菌和病毒等。如在植入体上存在任何一种活的细菌，则在临床意义上就不再是无菌状态。植入体一般接受的最大灭菌保证水平为 10^{-6}，即在测定的 100 万个产品中，仅可有一个是带菌的。临床上常用的灭菌方法有湿热灭菌、环氧乙烷灭菌技术、辐照灭菌技术与电子束灭菌技术。

5）网络安全性

随着科学技术的快速发展，在过去几年间，生物医学传感器与移动应用结合技术改变了医疗诊断与保健的方式，个人健康数据实现了通过网络进行传输，人们可以借助手机、电脑等终端方便地记录与查看相关生理参数，对疾病预防与监护方面起到越来越重要的作用。然而，由于无线网络可能存在大量的安全威胁与攻击，网络安全也是生物医学传感器安全性方面的重要问题。

以可穿戴身体传感器网络（Wearable Bady Sensor Network，WBSN）为例。在健康监测方面，WBSN 的基础是具有无线通信功能的可穿戴健康监测系统或可穿戴人体监测系统，大量 WBSN 设备使用 Wi-Fi 发送和接收生理信息，然后由基于 Wi-Fi 的医疗传感器收集这些信号，使用 WBSN 的医疗系统在应用时需要注意网络安全性的限制[11]。

（1）数据隐私。保护原始医疗数据不被泄漏是非常重要的。在现代健康监测系统中，可穿戴设备存储特定的医疗数据并将其转发给服务器。攻击者可以在数据传输过程中窃取重要数据，由于攻击者可能将收集到的医疗数据用于许多非法目的，因此这种窃取过程可能会对患者造成严重的伤害。

（2）数据完整性。除了保密性，医疗数据的完整性也是在 WBSN 中进行数据传输的一个重要因素。攻击者可以通过在原始数据中引入一些假片段来修改数据，从而改变原始含义，然后复制的数据将被发送到目标节点。因此，数据完整性是保护原始数据免受外部攻击的基本要求。

（3）身份验证。身份验证是使用 WBSN 进行健康监视的重要安全措施之一，用来处理被冒充的威胁。在基于 WBSN 的医疗保健应用中，所有可穿戴设备都通过无线媒介向服务器传输紧急医疗信息，攻击者可以轻松地将消息放入系统以利用原始数据。因此，身份验证可以使目标节点验证有效的源节点是否发送了信息。

（4）不可否认性。不可否认性指的是确认某个操作是否发生在特定源节点上的能力。在医疗保健应用中，确保源节点不否认其真实性是非常重要的。

（5）可用性。对于适当节点，此属性验证网络资源的快速、可靠访问。在远程医疗的过程中，我们必须确保网络资源对经过身份验证的节点可用。

（6）访问控制。网络访问控制过程在健康监测应用中是至关重要的，这样才能够识别每个传感器节点，从而实施安全策略。因此，对于网络中不兼容的节点需要阻塞或限制其访问。

（7）安全定位。大多数医疗保健应用程序都需要精确估计信号源位置。如果缺乏智能跟踪程序，这可能会使攻击者通过保持假信号强度来传输关于信号源站点的错误数据。安全定位是跟踪特定信号源节点的关键。

目前，可植入式生物传感器及医疗设备在心血管疾病、神经刺激、葡萄糖监测、药物递送等领域得到逐步应用，这些可植入医疗设备系统通常包含微型计算机系统和无线通信模块以便实现查看、调整相关治疗参数与完成数据传输等功能。最近研究发现无线连接也可能危及可植入式医疗设备的网络安全，一些攻击可以通过不安全的无线连接检索到患者的个人信息或处方，从而对患者进行有害甚至危及生命的治疗。植入式医疗设备的网络安全解决方案更具有挑战性。美国联邦通信委员会（Federal Communications Commission，FCC）为医用植入通信服务（Medical Implant Communication Service，MICS）预留了402~405MHz频段，带宽为300MHz。还有一些植入式医疗设备使用其他频段进行无线通信，如2.4GHz或175kHz。美国食品和药品管理局（Food and Drug Administration，FDA）在2016年发布了指南建议制造商建立网络安全漏洞和防线管理项目。此类项目的关键组件应包括监控与检测漏洞和风险，监控第三方软件组件是否存在新的漏洞，核查和验证软件更新记忆用于修复漏洞的补丁，开发减轻和应对网络安全风险、帮助网络安全回复的措施等。在体植入式医疗设备的网络安全也引起我们国家管理部门和相关企业的高度重视，将进一步出台相应的管理要求和使用规范文件。

另外，植入式生物传感器及医疗设备作为一种用于医疗场景中的小型无线设备，其网络安全设计不仅要考虑常规场景，而且还需要考虑特殊医疗应用场景，是医疗设备安全设计的独特要求。通常在设计中需要考虑三个关键问题的权衡：植入式医疗设备安全方案需要支持专业急救人员或医生在紧急医疗情况下能访问该医疗设备；需要权衡其在紧急医疗情况下的应用与常规检查下的应用；安全方案必须在高的安全需求与植入式医疗设备的受限资源间进行权衡，用于支持安全功能的计算与通信资源的分配不应该影响设备的医疗功能。

2. 生物医学传感器在医学与临床应用中可靠性问题

1）可靠性

生物医学传感器作为以医疗或保健为目的的医用设备关键部件，可应用于有关人体健康的科学研究、疾病诊断、疾病预防以及疾病治疗等诸多方面。由于生物医学传感器本身的结构组成特点，其在开发设计时可能涉及生物、化学、医学、电学、光学、材料、机械、计算机等多种学科知识，并且随着传感器自动化、智能化等趋势，生物医学传感器在使用时可能受到设备复杂度、操作者、使用环境等因素影响，导致传感器系统发生故障的可能性增大，传感器的可靠性问题随之增多。

根据我国制定的《可靠性基本名词术语及定义》（GB 3187-82），可靠性的定义是："产品在规定的条件下和规定的时间内，完成规定功能的能力"。这里所指的产品，包括元件、器件、设备和产品总体等；所指的条件包括温度、振动、冲击、辐射、使用、维护、储存等；所指的规定功能就是产品应有的技术指标。

2) 可靠性的分析设计、评价与管理

在可靠性的设计与分析阶段挖掘医疗设备潜在的隐患并对其采取预防和改进措施，是设计与分析的重要目的。常见的，医疗设备的制造需考虑元器件的影响，选用不同的元器件可以直接影响医疗设备的性能。对于与人体发生表面接触或植入式的医疗设备，需要考虑其元器件对机体的刺激性、生物相容性、无毒性、抗菌性。对于长时间持续使用的医疗设备，需要考虑元器件的抗老化、抗磨损能力等。医疗设备的使用环境、操作人群也会影响设备可靠性，因此需要考虑设备是否需要进行符合使用者条件的安全性分析，是否需要做好防静电、防水、防尘及防腐蚀设计等。对于带有无线传输功能的医疗设备，需要考虑网络系统可靠性以保证传输通畅与信息安全等。常见的用于评估医疗设备可靠性的数学模型包括串联模型、并联模型和混联模型。

在实际应用中，可以对医疗设备的可靠性数据进行收集继而对其进行可靠性的评价，评价的目的主要包括发现医疗设备存在的潜在缺陷和故障、验证医疗设备在使用时是否达到了设计时制定的可靠性指标以及为改进医疗设备产品提供可靠性信息。通过可靠性定量相关实验可以确定医疗设备在环境暴露时的可靠性特征量，通过失效分析、质量控制等方式促进问题解决。同时，可以到医院等医疗设备使用现场进行数据收集，汇总临床使用情况、设备维修情况等，这是医疗设备可靠性评估工作中重要的组成部分。

可靠性管理是实施可靠性技术方法的制度保障。医疗设备与人体健康密切相关，合理的制度保障能够对医疗设备从设计、试验、测试、生产、使用、售后等各个方面提供统一的标准，进行有效监管，从而保障医疗服务的正常顺利进行。

3) 传感器与可靠性的关系

传感器的可靠性与医疗设备的可靠性是密不可分的。作为医疗设备的前端敏感元件，若传感器丧失了全部或部分功能，医疗设备的可靠性必然下降。

医疗设备可以分为三种类型：第1种类型，这类型中的医疗设备可以直接或间接造成病人死亡或严重危害，因此这类设备的可靠性要求非常高；第2种类型，这类设备包括用于治疗的绝大多数常规电子设备、半紧急诊断或治疗用的电子设备以及用于实验的绝大部分设备等；第3种类型，这类设备主要为病人提供方便，如出故障不会危及生命或健康。对于每一类类型的医疗设备其可靠性程度要求不同，如第1种类设备可能造成严重的健康危害，要从可靠性角度慎重考虑其设计；第 2 种类设备的失效所造成的后果不如第 1 种类设备严重，对于第 2 种类设备有时间进行修理和替换，对于这类设备可靠性的要求比第 1 种类设备低些；第 3 种类型由于一般情况不涉及生命健康安全，在可靠性要求上不是很严格。

5.2.2　生物医学传感器在医学与临床应用中定量检测与干扰因素问题

生物医学传感器能够检测人体内的各类生理信号并通过换能器转换成为与其有某种函数关系的电信号，对生物体信息进行定量检测。生物医学传感器的检测对象为被测生物体的物理、化学和生物参数，这些参数通常具有随机变化和动态变化、噪声和干扰背景强等特点，要使传感器准确定量地反映被测信号，需要有合理可靠的传感器检测系统以及对干扰和噪声的消除方法。

1. 生物医学传感器检测系统的基本构成

生物医学传感器检测系统的基本构成如图 5-2-1 所示。带有传感器的检测系统一般由传感器、测量电路（传感器接口与信号预处理电路）和输出电路三个部分组成。随着微处理技术的发展，出现了带有微处理机的智能传感器检测系统。传感器的作用是检测出环境中的被测量，通常情况下是感应被测量的变化并将之转换成其他量。例如，在测量人体（或测量环境）的温度时，将半导体热敏电阻（传感换能器）放置在人体体表处，这时热敏电阻的阻值将反映体表温度的变化。这是一种将热学量（非电学量）转换成电阻（电参数）的测量方法。

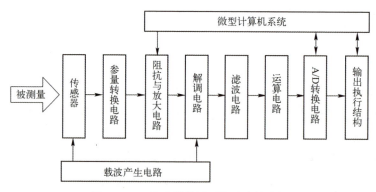

图 5-2-1　传感器检测系统基本构成框图

在测量过程中，可将测量电路分成传感器接口电路与预处理电路两个部分。传感器接口是由从传感器到信号预处理电路之间电路结构组成，通常由参量转换（基本转换电路）、传感器输出信号的调制和阻抗匹配等功能模块的电路组成，它的主要功能是检出被测信号，并在必要的情况下对信号进行离散化处理。智能传感器具有非线性的特点，当传感器具有较宽的动态范围或在某一区域具有较高灵敏度时，这种非线性可能成为一种优势。

1) 参量转换电路

被测信号能引起传感器的电阻、电感或电容等电学参数变化。为便于测量，常常将这些电阻、电感或电容等的变化转换为正比于检测系统测量的电压或频率信号。因此，需要相应的参量转换电路。

常用的参量转换电路包括：电桥电路（将电阻、电感或电容转换为电压）；电流电压（I-V）转换电路；电阻、电感、电容（RLC）振荡电路（将电阻、电感、电容转换为电压或频率信号）等。

2) 阻抗及放大电路

传感器可以看成是具有一定输出阻抗的信号源，而与之接口的后继电路具有一定的输入阻抗，为了使传感器的输出信号尽量不受测量电路输入阻抗的影响，在一般的传感器接口电路的设计中应考虑阻抗变换，即将输出高阻抗的传感器通过高输入阻抗的运放转换成低阻输出。例如，在压电式传感器电压等效电路的测量电路设计中，电压放大器就起着阻抗变换以及信号放大作用。

3) 运算电路

在测量电路中运算电路主要有比例、加减、积分、微分、对数、指数、乘除等，根据测量需要，他们对信号起着线性或非线性变换的作用。

(1) 比例运算：传感器的输出信号一般来说都比较小，通常为毫伏级。因此，为达到后继处理电路的输入水平，一般应对传感器的输出信号进行放大。选择集成运算放大器作为信号放大电路的器件在设计中是十分方便的。根据运算放大器反馈接法的不同，其可分为同相比例电路（构成电压）放大器、反相比例电路放大器。在实际的电路设计中应根据传感器输出信号的性质选择合适的类型。

(2) 加减法：实现几个不同信号的加减法运算和信号偏置幅度的调整。差分放大电路是此类电路中的基本类型之一。

(3) 对数、指数：完成电路中的非线性运算。例如，对数运算电路可将指数形式输出的传感信号线性化。

4）模拟滤波电路

在测量系统中，信号预处理电路中模拟滤波器的设计是十分关键的一个环节，它具有选择信号中感兴趣频率成分的功能。滤波器使信号中的特定频率成分通过而极大地衰减其他频率成分，从而达到滤除信号中干扰噪声的目的。根据滤波器的幅频特性的不同，一般将滤波器分为低通、高通、带通和带阻滤波器四类；根据滤波器组成元器件的类型，可将其分为 RC、LC 和晶体谐振滤波器三类；根据滤波器是否采用有源器件，可将其分为有源和无源滤波器两类；按截止频率附近幅频特性和相频特性的不同，又分为巴特沃斯（Butterworth）滤波器、切比雪夫（Chebyshev）滤波器和贝塞尔（Bessel）滤波器等。

2. 传感器的干扰与噪声

生物医学传感器所检测的目标信号通常是微弱的低频信号，并且在传感器及后处理仪器中总是存在一定的噪声，同时，由于生物医学传感器的应用环境多种多样，外界干扰也普遍存在，因此，在生物医学传感器对生物医学信号的测量中，各种干扰和噪声尤其容易串入，且幅度常常超过了待测信号。

关于干扰和噪声的区分，目前还没有统一定义，有的把对测量系统来说不希望出现的扰动成分都算作噪声，本书将干扰定义为外部原因对传感器造成的不良影响，而噪声则是由传感器内部元件仪器产生的。当然物理原因形成的噪声不一定形成测量上的噪声，如热噪声，温度传感器就是用热噪声测量温度的。下面将分别讨论对系统测量产生不良影响的干扰和噪声产生的原因及消除方法。

1）传感器的常见干扰

传感器的常见干扰主要有机械干扰、声音干扰、热干扰和电磁干扰。

（1）机械干扰。这类干扰包括振动和冲击，他们对于具有相对运动元件的传感器有很大影响。防范措施是设法阻止来自振动源的能量的传递。采用重量大的工作台是吸收振动的有效方法。也可为传感器配用质量大的基座，以造成阻抗失配，从而防止振动，但应注意增加传感器重量对被测对象带来的附加影响。

（2）声音干扰。声音干扰一般功率不大，尤其是在医院和生物医学实验室环境下，故这类干扰较易被抑制，必要时可用隔音材料作传感器的壳体，或将其放在真空容器中使用。

（3）热干扰。由热辐射造成的热膨胀，会使传感器内部元件间发生相对位移，或使得元件性能发生变化。易受此类干扰影响的传感器有电容式传感器、电感式传感器等。另外，两种不同种类金属的接触处的温差也会产生寄生热电势，受此类干扰影响较大的传感器有金属热电阻式传感器、热电耦式传感器等。为传感器加上温度补偿电路，保持测量电路处于恒定温度环境是常用的减小温度影响的有效方法。

(4) 电磁干扰。

① 静电干扰。

如图 5-2-2 所示，物体 A 的电位为 V_A，在物体 B 上由于静电感应而产生的感应电动势为 V_B，设物体 B 的对地电阻和对地电容分别为 R_B 和 C_B，两物体间的分布电容为 C_{AB}，则有

$$V_B = \frac{j\omega R_B C_{AB}}{1+j\omega R_B (C_B + C_{AB})} V_A \tag{5-2-1}$$

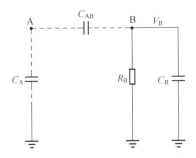

图 5-2-2 两物体间的静电效应

当对地电阻 R_B 十分大，即 $R_B \gg 1/[j\omega(C_{AB}+C_B)]$ 时，式 (5-2-1) 与频率无关，V_B 的大小由 C_{AB} 与 C_B 的比值决定，即

$$V_B = \frac{C_{AB}}{C_B + C_{AB}} V_A \tag{5-2-2}$$

如果对地电阻 R_B 很小，则

$$V_B = j\omega C_{AB} R_B V_A \tag{5-2-3}$$

V_B 的值与 R_B 和 ω 成正比，与 C_B 无关，只受到 C_{AB} 支配。

从式 (5-2-1)~式 (5-2-3) 中可以看出，减小 C_{AB} 便能有效地减小静电感应电压 V_B，对于实际电容，减小 C_{AB} 的措施是静电屏蔽。电子设备大多把整机装入金属壳，该金属壳接地便对外部干扰起到屏蔽作用。静电感应一般在高频时造成危害，因此静电屏蔽大多用来抑制高频干扰。

② 电磁干扰。

各类电子仪器、信息工具的广泛使用在空中造成的电磁波污染也大量增

加。如果不加小心，这些电磁波会由于电磁感应而对传感器输出信号产生严重干扰。对于此类干扰，除可用电磁屏蔽外，还可用滤波的方法来消除，后者对于已知干扰信号频率时尤为有效。另外，尽量缩短导线长度（作用类似天线）、减小引线面积、将多股导线拧合一起布线等措施也是通常推荐使用的方法。在使用传感器的电子仪器中，供电电源的交流干扰是一种影响很大的电磁干扰，多用滤波器来消除。

2）传感器的噪声

（1）热噪声。任何电阻的两端即使没有外加电势，也会有一定的微弱交变电压，这就是材料内的自由电子不规则的热运动所产生的热噪声电压，其均方根值为

$$V_T = \sqrt{4kTBR} \quad (5\text{-}2\text{-}4)$$

式中：$k = 1.38 \times 10^{-23} \text{J} \cdot \text{K}^{-1}$，为玻尔兹曼常数；$T$ 为热力学温度（K）；B 为频带宽度（Hz）；R 为电阻值（Ω）。

热噪声电压的值虽然通常在微伏以下，可是其产生来自电路元件内部的物理结构，要想完全排除是很困难的。在低电平信号的传感器电路中，此种噪声影响较大。降低元件温度、限制电路带宽，以及使用低电阻值元件都可使热噪声电压减小。

（2）散粒噪声。散粒噪声是由电子（或空穴）随机地发射而引起的，存在于电子管和半导体两种元件上。在光电管和真空管等器件中，散粒噪声来自阴极电子的随机发射；而在半导体器件中，则来自载流子的随机扩散以及空穴-电子对的随机发射及结合。该噪声电流的均方根值为

$$I_n = \sqrt{2eIB} \quad (5\text{-}2\text{-}5)$$

式中：$e = 1.602 \times 10^{-19}$ C 为电子电荷；I 为直流电流；B 为系统的频带宽度（Hz）。

由式（5-2-5）可看出，如果频带宽度相同，频率的大小并不起作用，所以散粒噪声也是白噪声。由于散粒噪声与直流电流 I 和噪声频带宽度 B 的平方根成正比，故减小二值均可降低散粒噪声，但由于 I 由光电管、半导体的物理特性决定，故在实际的传感器设计中应尽力选低噪声管。

（3）$1/f$ 噪声。由于导体的不完全接触等制造工艺及材料方面的原因，电气器件中还存在着一种功率谱与频率成反比的噪声，称为 $1/f$ 噪声。$1/f$ 噪声发生在两种不同材料的导体相接触的部位，其大小与直流电流成正比，振幅为高斯分布，噪声电流的均方值为

$$I_{\mathrm{s}} = \sqrt{\frac{KI^2 B}{f}} \qquad (5\text{-}2\text{-}6)$$

式中：K 由导体形状及材料决定。

对于频率较低的生物学信号的测量，此类噪声所产生的影响是不可忽略的，因此必须设法加以抑制，而这只能从改进器件的制造工艺方面着手。选用低噪声器件，尤其是在放大器的第一级使用特别有效，因为噪声也会像信号一样被逐级放大。

（4）噪声系数。传感器的噪声系数定义为传感器输入端的信噪比与输出端的信噪比之比：

$$F = \frac{P_{\mathrm{si}}/P_{\mathrm{ni}}}{P_{\mathrm{so}}/P_{\mathrm{no}}} \qquad (5\text{-}2\text{-}7)$$

式中：P_{si}、P_{ni} 分别为输入端的信号功率、噪声功率；P_{so}、P_{no} 分别为输出端的信号功率、噪声功率。如果 $F=1$，则表示传感器本身不产生任何噪声，通常 F 大于 1；F 越小，表示传感器本身的噪声越小。

5.3 生物和离子敏传感器在医学检验中的应用

生物和离子敏传感器是应用于医用检验仪器和设备的主要传感器，这类生物医学传感器可以定量、有效地检测体液中的各类目标成分，对临床患者的疾病诊断和治疗起着巨大的帮助作用。

在临床医学检验中，对无机物的检测主要包括对机体内电解质和影响体液酸碱平衡的 H^+ 检测。在医学实际应用中，这些检测主要通过商业化的电解质分析仪及血气分析仪完成，离子敏传感器常应用于这两种仪器。

随着集成电路、微电子技术和信息技术的发展，除了大型的医学检测设备，即时检测（Point-of-Care Testing，POCT）（也称床边检测）在临床应用中也得到了迅速发展，已成为未来检验医学的重要发展趋势。POCT 是指在病人旁边进行的临床检测，通常不一定是临床检验师完成的，或者说只要是测试不在临床主实验室，并且它是一个移动系统，就可以称为 POCT。POCT 被认为是当今在病人护理和成本管理方面一种富有成效的方法。POCT 的发展除了与人们日益提高的，对疾病尽早诊断、更好治疗的需求有关外，还与可用于 POCT 的先进的检验技术有关。由于生物传感器多样性的生物识别元件和换能方式，使其在各类物质检测方面有着巨大的应用潜力，如葡萄糖、乳酸、丙酮酸、尿酸等有机物、病毒、DNA 等，也是即时检测发展的重要技术基础。

5.3.1 离子敏传感器对生物体液中离子的检测

1. 对体液的电解质分析

体液是机体内存在的液体，包括水和溶解于其中的物质。临床工作中常将体液中的无机离子称为电解质。人体体液中存在多种电解质，其数量不同、存在形式也多样化。钠、钾、氯、磷、钙和镁等是人体内主要的电解质，它们广泛分布于细胞内液与细胞外液中，在人体的各项生命活动中，机体通过神经调节和体液调节，维持了机体电解质、酸碱度的相对稳定，为机体保持正常生理状态与发挥正常生理功能提供重要条件。

钠离子是细胞外液的主要阳离子，对保持细胞外液容量、调节酸碱平衡、维持正常渗透压等生理功能具有重要意义。其中水、钠离子含量的变化都会引起细胞外液钠离子浓度的改变。临床上的低钠血症与高钠血症的诊断就是依据细胞外液钠离子浓度的高低。

钾离子是细胞内液的主要阳离子，占总钾量的98%。它参与细胞内的正常代谢，对维持细胞体积、离子、渗透压及酸碱平衡，维持心肌细胞正常代谢及神经肌肉的应激性具有重要作用。血清钾低于 3.5mmol/L 称为低钾血症，血清钾高于 5.5mmol/L 称为高钾血症。

氯离子是细胞外液的主要阴离子，正常血清氯浓度为 96~108mmol/L，维持着细胞外液渗透压、水和酸碱平衡。血清氯增高常见于高钠血症、高氯代谢性酸中毒、过量注射生理盐水等。血清氯离子浓度低，一般多见于患者氯化钠的摄入不足或者丢失增加，是临床上较为多见的情况。

钙离子是体内含量最多的电解质，正常人血钙含量为 2.25~2.75mmol/L，是维持骨骼和神经肌肉功能、影响心肌收缩功能的重要因素之一。此外，钙浓度受甲状腺素和维生素 D 的严密调控，如果该调节系统出现故障就会引起一系列的临床问题。血液中的离子钙的检测相对于总钙更具有临床意义。

镁离子是人体内第四多的电解质，正常血清镁离子浓度为 0.75~1.05mmol/L，其含量在阳离子中仅次于钠离子、钾离子和钙离子，细胞内仅次于钾而居第二位。细胞内游离的镁离子发挥主要生理功能，与血浆镁离子缓慢达到平衡。镁离子的主要生理功能是维持机体内酶的活性，影响可兴奋细胞兴奋性以及维持细胞的遗传稳定性。

正常情况下，机体内环境保持相对稳定，但是某些病理情况会造成电解质、酸碱平衡的紊乱，从而影响机体的正常功能，甚至威胁生命，因此，电解质检测在临床疾病诊断具有十分重要的应用价值与地位，同时电解质检测也为疾病的治疗评估和预后判断提供重要依据。电解质分析仪用来测量血液和其他体液样本中的电解质含量，是临床化学实验室检测的主要手段之一。

1）基于离子选择电极的电解质分析仪

临床上多种方法可用于电解质测定，包括比色法、酶学法、原子吸收光谱法、火焰广度法、离子选择分析法、荧光法等。离子选择分析法使用的是离子选择电极，通常其是一类利用膜电势测定溶液中离子的活度或浓度的电化学传感器。当溶液中的被测离子与电极接触时，离子选择电极对溶液中待测离子具有选择性响应，电极膜的电位与待测离子含量之间的关系符合能斯特方程，其产生的电势与溶液中给定的离子浓度的对数呈线性关系，因此可以直接测定溶液中的离子浓度。

在临床电解质分析方法中，离子选择电极分析法相对于其他方法具有很多优点：离子选择电极是一种直接的、非破坏性的分析方法，可反复测量，不受样品溶液颜色、浑浊度等因素的干扰；离子选择电极分析速度快，更适合在急诊与手术室中应用；离子选择电极分析法测量范围通常可达 4~5 个数量级，由于电极的响应为对数特性，因此在整个测量范围内具有同样的准确度；离子选择电极法检测的是离子活度，这对于临床医学和基础医学更具有实际意义；所需设备简单、操作方便，普遍为临床生化检测所用。

世界上第一种玻璃膜性质的 pH 离子选择电极（Ion Selective Electrode，ISE）由德国 F. 哈勃等人于 20 世纪初期研制。发展到目前，大多数医院的电解质分析仪均采用离子选择电极方法测量血液与其他体液中的电解质离子，检测样本可以是全血、血清、血浆、尿液、透析液等，可以认为这是离子选择电极发展最为成功的经典应用。我国离子选择电极的临床应用检测较晚，到 20 世纪 80 年代初期才将离子选择电极应用于测定血清中的钠、钾、钙和氯，之后随着钾、钠离子分析仪和血气分析仪的引进，到 21 世纪初期我国已成为临床钾、钠、钙、氯、pH 电解质分析仪大国。

(1) 临床上常用的离子选择电极。

钠离子是临床必测的电解质离子，因为其具有非常重要的生理特性。到目前为止，公认各方面性能最好的钠离子电极是玻璃敏感膜钠电极，具有电极性能良好、寿命可长达数年的优点。在体液电解质测定中，H^+ 是唯一的干扰离子，为了得到较好的效果，通常需要将样品液的 pH 值控制到 7~9。PVC 膜钠离子电极制作简便，受 pH 影响较小，也可以用于血液中钠离子的测定，但是其寿命较短，只有数个月。

钾离子测定是临床电解质分析重要的检测项目。最早研制成功的钾离子电极是玻璃敏感膜钾电极，还不能满足临床检测的需要。现在临床检验中使用的商品钾离子选择电极基本上采用缬氨酶素或冠醚类作为电极的活性载体。

血液样品中的氯离子可用含有 AgCl 的氯离子电极来测定。除了 Ag/AgCl，经典的氯离子选择电极有 AgCl、AgCl-Ag_2S、Hg_2Cl_2-HgS 的固态膜电极。目前在临床检测中使用较多的是含长链季氨盐氯化物的氯离子电极，它可以直接测定血液样品中的氯离子。

临床电解质分析仪上常用的钙离子选择电极通常是以中性载体为活性材料的 PVC 膜电极，ETH_{1001} 中性载体钙电极在临床电解质分析仪中应用最多。

镁离子选择电极法是唯一可以检测游离镁的方法。在临床检验中镁离子选择电极的应用还不是很多，少数几家如美国的 NOVA 公司、瑞士的 AVL 公司和芬兰的 KONE 公司推出了可以检测镁离子的电解质分析仪。参比电极常用的有银/氯化银电极或者甘汞电极。

（2）电解质分析仪的基本结构。

按照工作方式，电解质分析仪可分为湿式电解质分析仪和干式电解质分析仪。临床常用的电解质分析仪为湿式电解电解质分析仪，其基本结构由面板系统、电极系统、液路系统、电路系统、显示器和打印机等部分组成，如图 5-3-1 所示。

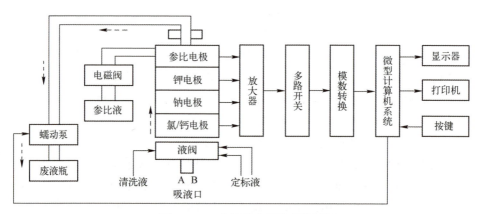

▼ 图 5-3-1　电解质分析仪系统框图

面板系统提供人机交互界面，通过按键操作控制分析检测过程。电极系统是测定样品结果的关键,决定了测定结果的准确度与灵敏度,由指示电极和参比电极组成。液路系统通常由标本盘、溶液瓶、采(吸)样针、三通阀、电极系统、蠕动泵等组成。标本盘、三通阀和蠕动泵的转动、转换由微机自动控制,液路系统可以直接影响样品浓度测定的准确性和稳定性。电路系统主要由五个模块组成,分别为电源电路模块、微处理模块、输入输出模块、信号放大及数据采集模块以及蠕动泵和三通阀控制模块。软件系统为仪器提供系统操作控制,是控制仪器运作的关键部分。

2) 临床上常见的电解质分析仪

目前应用临床电解质分析仪的厂家很多。国外的较为常见的为美国、日本、德国和丹麦等国的公司,随着国内科技的日益发展,国内也有许多生产质量较好电解质分析仪的公司,国内厂商占有越来越多的市场份额。

2. 对体液的血气分析

血液中的气体主要是指血液中的氧气与二氧化碳。氧气在血液中以化学结合和溶解氧两种方式运输,血液中二氧化碳由代谢物质产生。血气分析常见的指标有9种,分别为血液氧分压(PaO_2)、二氧化碳分压($PaCO_2$)、酸碱度(pH)、标准碳酸氢盐(SB[HCO_3^-])、实际碳酸氢盐(AB[HCO_3^-])、碱剩余(BE)、肺泡-动脉氧分压差($P(A-a)O_2$)、血样饱和度($STA(SO_2)$)和阴离子间隙(AG)。血气分析在急性呼吸衰竭诊疗、外科、抢救和监护过程中发挥着至关重要的作用。血气分析中主要的检测指标为pH、PaO_2和$PaCO_2$,通过这三项指标可以计算出其他酸碱平衡诊断指标,能够对患者体内酸碱平衡、气体交换及氧合作用做出全面判断,是临床急救或者监护患者的一组重要指标。在体检中,体温、脉搏、呼吸、血压四项可以称为生命体征,血气测定项目中的pH、PaO_2和$PaCO_2$三项指标称为生命相关的血气指标,若这三项重度异常,可导致生命危险甚至死亡。

血液pH为氢离子浓度的负对数。根据H-H公式:

$$pH = pKa + \log\frac{[HCO_3^-]}{[H_2CO_3]} = pKa + \log\frac{[HCO_3^-]}{\alpha \times PaCO_2} \tag{5-3-1}$$

式中:pKa为6.1(37℃);α为CO_2溶解系数;通常为0.03mmol/(L·mmHg)(37℃)。血液中pH主要由[HCO_3^-]/[H_2CO_3]缓冲对决定。动脉血pH正常范围为7.35~7.45,pH<7.35为酸中毒,pH>7.45为碱中毒。

$PaCO_2$是指物理溶解在血液中的CO_2所产生的压力,是反映呼吸性酸、碱中毒的重要指标。$PaCO_2$<35mmHg时为低碳酸血症,$PaCO_2$>45mmHg为高碳酸血症。PaO_2是指血浆中物理溶解O_2所产生的压力,是判断机体是否缺氧的重要指标。当 PaO_2<55mmHg 时提示呼吸衰竭,当 PaO_2<30mmHg 时可危及生命。

1) 血气分析仪

血气分析仪的发展距今已有 60 多年的历史,世界上第一台血液酸碱平衡仪是 1954 年丹麦哥本哈根传染病院 Poul Astrup 博士与雷杜(Radiometer)公司的技术人员合作研制。血气分析的检测方法为电极检测法,对 pH 的检测采用的是离子选择电极,对 $PaCO_2$ 和 PaO_2 的检测采用的是气敏电极。

血气分析仪所使用的电极有:

(1) pH 电极和参比电极。血气分析仪中,pH 电极用于测量溶液中的酸碱度,主要为玻璃电极,对溶液中 H^+ 十分敏感。玻璃膜厚度通常仅有 0.05~1mm,其内部充满 pH 恒定的缓冲液,溶液中浸泡着 Ag/AgCl 内参比电极。参比电极通常以甘汞电极应用最广,由水银、甘汞及饱和氯化钾溶液组成。

当电极与血液接触时,血液中的 H^+ 与玻璃电极中 pH 敏感膜中的金属离子进行交换,形成跨膜电位差,该电位差与血液中 H^+ 浓度呈正比,两者之间存在对数关系,之后与参比电极提供的标准参考电压进行比较,得出血液的膜电位,继而得到血液的 pH 值。

(2) $PaCO_2$ 电极。$PaCO_2$ 电极属于气敏电极,主要有 pH 电极、Ag/AgCl 参比电极及缓冲液组成的复合电极。pH 敏感的玻璃电极放置在 $NaHCO_3$ 外溶液中,溶液的外侧包裹一层只允许 CO_2 选择性通透过的气体可透膜,通常该膜由聚四氟乙烯或硅橡胶制成。当血液与此膜接触时,血浆中溶解的 CO_2 透过此膜,与电极内的碳酸氢钠溶液中的 H_2O 发生如下反应:

$$CO_2+H_2O \rightleftharpoons H_2CO_3 \rightleftharpoons H^+ + HCO_3^- \quad (5-3-2)$$

导致膜内侧碳酸氢钠溶液的 H^+ 发生变化,产生电位差,该电位差被电极内的 pH 电极检测。根据 pH 电极的工作原理,pH 的改变与 $PaCO_2$ 成负对数关系并通过玻璃电极测定。

(3) PaO_2 电极。目前使用较多的仍为 Clark 氧电极。整个电极是由铂(Pt)丝阴极和 Ag/AgCl 参比电极组成的 O_2 敏感电极,铂(Pt)丝被封装在玻璃芯中,仅在顶端露出。阴极和阳极装在含有磷酸盐缓冲液的玻璃套内,套的顶端有一层能将样本池与磷酸盐缓冲液隔开的聚丙烯保护膜,此聚丙烯保护膜能阻止血液中各种离子透入,而仅允许血液中的 O_2 自由透过。当样本中的 O_2 透过聚丙烯保护膜到 Pt 阴极表面时,O_2 不断被还原,产生如下的化学反应:

$$O_2 + 2H^+ + 4e^- \rightarrow H_2O_2 + 2e^- \rightarrow 2OH^- \quad (5-3-3)$$

氧的氧化还原反应导致阴极与阳极之间产生电流,其强度与 O_2 的扩散量成正比,由此可以测出样本的 PaO_2 值。

2) 血气分析仪的工作原理与基本结构

目前临床使用的血气分析仪种类较多,不同新型号血气分析仪自动化程度也不相同,但是其工作原理与基本结构大体一致,如图 5-3-2 所示为常见血气分析仪的系统框图。

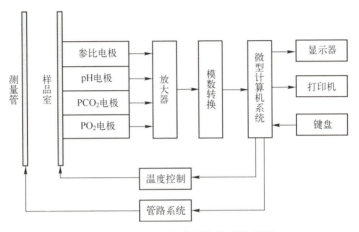

图 5-3-2 血气分析仪的系统框图

当测试时,待检测血液样品在蠕动泵的抽吸下进入到样品室,与三个电极发生反应,它们产生的电信号经过信号放大与模数转换送至微处理器中,进行多项血气指标的计算与打印输出。血气分析方法是一种相对性测量的方法,在对样品进行检测之前,需要对三个电极进行定标,即用标准液及标准气体来确定三个电极的工作曲线,工作曲线确立至少两个工作点,因此每个电极一般需要两种标准物质进行校准。

血气分析仪的基本结构通常包含电极系统、管路系统、样品室、电路系统等。管路系统又由控制温度的测量室,可将待测样品送入测量室的转换盘、气路系统、液路系统、真空泵和蠕动泵组成。电路系统包含对信号的放大、模数转换、显示打印等部分。

3) 临床常用的血气分析仪

随着计算机和电子技术的普遍发展与广泛应用,目前临床上使用的血气分析仪都实现了自动化,仪器定标、进样、清洗、报警灯都可以自动实现。与此同时,血气分析仪具有强大的软件功能,人性化的操作界面。目前多个生产厂家已成功地将电解质分析与血气分析结合在一起，出现了电解质血气分析仪，更能满足临床的需要。为了满足床旁检测的需求，血气分析也实现了各类型号的可便携式产品。

5.3.2 生物传感器对葡萄糖浓度的检测

糖尿病是一组代谢异常引起的代谢性紊乱疾病，由于葡萄糖利用减少而导致了高血糖症，是人类中最常见的终身慢性疾病之一。根据世界卫生组织发布的信息，目前全球约有4.5亿糖尿病患者，到2045年患病人数可能达到7亿。随着疾病的进展，患者会出现一系列慢性并发症，通常包括视网膜病变、肾衰竭、神经病变、动脉粥样硬化等，一些患者还会出现酮酸中毒或高渗性昏迷等急性并发症，对人身体健康造成极大威胁，是全球导致死亡和残疾的主要原因之一，因此，对糖尿病的早期及时诊断十分重要。血糖检测是临床生化检验糖尿病的重要指标，对糖尿病的诊断、分型、病情监控、疗效评估以及并发症的诊断和鉴别都有重要的意义。

目前，可以实现对人体内葡萄糖浓度快速、精确检测的方法有分光光度法、旋光度法、气相色谱法、高效液相色谱法和生物传感器。生物传感器方式检测具有多种优势：样品一般不需要预处理，测定时不需要加入其他试剂，测量复杂性低；设备体积小，响应快，样品用量少；检测成本低，便于推广普及。各种生物传感器的发展为糖尿病的诊断和可能的治疗开辟了一条新途径。在生物传感器中，向实用化发展最快的是酶传感器。迄今为止，葡萄糖生物传感器已被广泛应用于体液葡萄糖检测，尤其是可用于糖尿病人血糖检测的安培计酶葡萄糖传感器已经成为商业上最成功的生物传感器，其检测效果良好，接受度广，几乎占据85%的全球市场份额。

1. 葡萄糖传感器的发展

目前用于医学检验的绝大多数葡萄糖传感器是基于葡萄糖氧化酶(Glucose Oxidase Enzyme, GOx)的电化学生物传感器，它在敏感性、可重复性及可靠性等方面都具有良好的表现。葡萄糖氧化酶被广泛应用于临床检测和食品工业，是一种稳定的酶，对葡萄糖具有较高的特异性，其优点体现在易于获得、廉价，并且可承受较为极端的温度、pH值、离子强度等，且对工业化生产条件要求不严格，也是目前葡萄糖测定最常用的催化酶。

酶和电极结合的思想最早在1962年由Clark及Lyons提出。在葡萄糖检测过程中，葡萄糖在GOx的催化作用下发生氧化反应，消耗氧而生成葡萄糖酸内脂和过氧化氢，通过氧电极检测酶催化反应消耗的氧气量而获得葡萄糖浓度。氧化还原辅助因子黄素腺嘌呤二核苷酸（Flavin Adenine Dinucleotide，FAD）的存在对于 GOx 的催化作用是必要的。上述过程可表示为

$$\text{葡萄糖(FAD)} + O_2 \xrightarrow{GOx} \text{葡萄糖酸内脂(FADH}_2\text{)} + H_2O_2 \quad (5\text{-}3\text{-}4)$$

美国 YSI（Yellow Spring Instrument）公司购买了 Clark 的技术，并于 1975 年推出了首个商品化的葡萄糖传感器 23YSI 型分析仪，但是由于使用金属铂（Pt）作为电极材料，成本较高，在实用性方面受到了一定的限制。

Updike 和 Hicks 改进了葡萄糖检测方法，研制出以铂电极为基底的葡萄糖氧化酶电极，通过两个电极的电流差值解决背景含氧量的问题，实现了生物体液中葡萄糖浓度的测量。1973 年，Guibault 和 Lubrano 研究出第一个电流型葡萄糖酶传感器，通过检测 H_2O_2 在阳极发生电化学反应产生的电子电流对血糖进行检测：

$$H_2O_2 \rightarrow O_2 + 2H^+ + 2e^- \quad (5\text{-}3\text{-}5)$$

该方法在检测 100μL 血样时可获得很高的精度。

除了葡萄糖氧化酶，还有基于其他酶的葡萄糖传感器，如基于葡萄糖脱氢酶（Glucose Dehydrogenase，GHD）、葡萄糖氧化酶/辣根过氧化物酶（Hoseradish Peroxidase，HRP）双酶系统、β-羟基丁酸脱氢酶（Betahydroxybutyrate dehydrogenase，HBD）葡萄糖传感器。为了更好地发展与转化葡萄糖传感器，电极材料、电极结构、电极涂层、酶固化方法甚至非酶类葡萄糖传感器等都是葡萄糖传感器研究的重点。新材料的应用进一步提高了传感器的稳定性、灵敏度和响应时间，如多孔材料、纳米材料和电催化材料等，它们在增强固定化效果方面起着很好的作用，减少了外部环境的影响，提高了电子传输速率。

第一代葡萄糖传感器基于 Clark 和 Lyons 设计的氧电极传感器。酶传感器识别部位由氧电极、薄层 GOx、内层氧半透膜及外层透析薄膜组成，通过检测电极反应中消耗的氧气或产生的过氧化氢来计算葡萄糖水平。氧气的压强波动和化学计量限制可能引起测量误差，从而引起传感器相应的波动和线性范围检测上限的下降。过氧化氢的电流检测需要施加一个电位，在此电位下，内源性还原物质如抗坏血酸、尿素等也会对检测造成干扰从而影响测量的精确度。

基于氧化还原介体的葡萄糖生物传感器称为第二代葡萄糖传感器。此类传感器利用氧化还原介体作为电子受体，克服了第一代酶电极容易受氧气限制的缺点，由氧化还原介体实现电子在 GOx 与工作电极之间的转移，加快了

工作电极与生物活性酶之间的电子传递,扩大了可检测物质的范围,提高了检测灵敏度与准确度。其传递过程遵循以下关系式:

$$葡萄糖 + GOx(FAD) \rightarrow 葡萄糖酸 + GOx(FADH_2) \quad (5\text{-}3\text{-}6)$$

$$GOx(FAD) + 2M_{(ox)} \rightarrow + GOx(FADH_2) + 2M_{(red)} + 2H^+ \quad (5\text{-}3\text{-}7)$$

$$2M_{(red)} \rightarrow 2M_{(ox)} + 2e^- \quad (5\text{-}3\text{-}8)$$

式中:$M_{(ox)}$ 和 $M_{(red)}$ 是介体的氧化态和还原态。电子传递介体的还原态在电极上被氧化成氧化态时产生的电流信号大小与葡萄糖浓度成正比。在这类传感器中,电子传递介体的选取对提高电子传导速率起着重要作用。普鲁士蓝、对苯二酚、二茂铁、铁氰化物、四氰基醌二甲烷、亚硫氨酸、吩噻嗪等是第二代葡萄糖传感器常用的介体,用来提高传感器的性能。这些介体通常具有低 pH 依赖性氧化还原电势,低水溶性和良好的化学稳定性,能够加速电极反应等优点。第二代葡萄糖传感器在发展史上的一个重要事件是 Cass 等于 1984 年成功利用二茂铁作为氧化还原介体。二茂铁衍生物的氧化还原电位较低、可逆性良好且毒性低,在有关葡萄糖酶传感器的研究中报道最多且效果较好。1987 年市面上出现的 ExacTech 血糖检测仪用于患者的自我血糖监测(Self-monitoring of Blood Glucose,SMBG),极大改变了糖尿病的管理方式。

1990 年前后开始出现的第三代葡萄糖传感器实现了酶在电极上的直接催化。通过将酶直接固定在工作电极表面,使酶活性中心与电极表面接近,实现了酶与工作电极之间电子的直接传递,避免了参与氧化反应的活性物质与电极接触存在的蛋白质阻隔问题。相对于前两代葡萄糖传感器,第三代葡萄糖传感器由于既不需要氧分子,也不需要电子介体作为电子受体,因而能够避免前两代葡萄糖传感器存在的氧气限制、电子介体泄露、氧气竞争等问题,传感器的响应速度更快、灵敏度更高、抗干扰能力更好。第三代葡萄糖传感器为可植入式、用于体内连续葡萄糖检测和可穿戴式葡萄糖检测奠定了基础。

葡萄糖酶传感器使用生物活性酶作为催化物质,不可避免地受到酶自身固有特点的限制,如 pH、环境温度和湿度都会对酶结构与活性造成影响,从而影响酶基葡萄糖传感器的稳定性和重复性,因此,近些年无酶葡萄糖传感器应运诞生与发展,并逐渐被越来越多的研究者认可。这类葡萄糖传感器不受生物活性酶的影响,具有更加稳定和可操控的性能,也被称为第四代葡萄糖传感器。葡萄糖传感器的检测机制如图 5-3-3 所示。"活化吸附"理论和"初期水合物氧化物吸附电子原子中间体"理论是两种被广泛接受的无酶葡萄糖传感器催化氧化葡萄糖的机理。由于没有生物活性酶作为催化物质,无酶葡萄糖传感器使用活性催化材料与葡萄糖发生电化学催化氧化,在电化学反应发生时,电流的变化可以用来反映葡萄糖的浓度。通常情况下,在碱性的电解液中,多价态的金属元素会由低价态 $M(Ⅱ)$ 失去电子转变为高价态 $M(Ⅲ)$ 的形式,将葡萄糖氧化的同时自身又被还原到低价态 $M(Ⅱ)$,据此,可以模拟出响应电流与葡萄糖含量的线性关系,进而得到待测葡萄糖的浓度。常见的活性催化材料有金属、合金、金属化合物以及多种金属之间的掺杂、金属与碳材料的复合材料等一系列材料,这些电极材料均可以被作为电化学传感器中的工作电极材料来定量分析待测环境葡萄糖浓度。

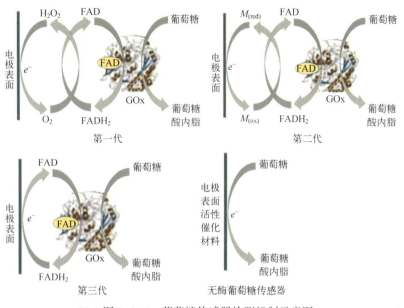

图 5-3-3 葡萄糖传感器检测机制示意图

2. 智能信息技术与葡萄糖生物传感器

随着现代科技的创新发展,生物医学传感器在医学中的应用方式也在朝着微型化、智能化、多功能化、系统化、网络化方向发展。与智能手机结合的电化学生物传感技术可以使得葡萄糖检测更加便捷、直观、可重复。当测试完成后,智能手机还可以将葡萄糖检测结果通过无线网络传输至医生、医疗保健或疾病监测网络,进行数据存储及分析,在一定程度上推动了糖尿病远程医疗和移动医疗等的发展。

Guo 等[33]设计了一款基于智能手机的紧凑型电化学分析仪。分析仪通过具有双重酶促反应通道的一次性电化学测试条进行检测,可用于糖尿病酮症(Diabetic Ketosis,DK)和糖尿病酮症酸中毒(Diabetic Ketoacidosis,DKA)

的临床鉴别：第一通道可用于测量血糖，第二通道可用于测量血酮。在使用时，将一滴指尖全血滴在 DK/DKA 测试条上即可同时检测葡萄糖和血酮，DK/DKA 的试纸鉴别结果与临床试验验证结果具有良好的一致性，是一种有效且快速的解决方案。加州大学圣地亚哥分校的研究者设计了一种基于智能手机、可重复使用便携式葡萄糖传感系统。该系统主要包含一个可嵌套在智能手机外面的 3D 打印外壳，一个位于外壳角落处、可重复使用的传感器，一个装有酶-碳复合颗粒的触针以及一个基于 Android 系统的应用程序。用户使用触针在测试条上分配含有葡萄糖氧化酶的颗粒并加入检测样品，氧化反应产生的电信号通过传感器的电极测量，信号越强，葡萄糖浓度越高。蓝牙通信模块将采集的葡萄糖浓度数据传输到应用程序中，在智能手机上记录显示所检测到的血糖浓度。测试结束后，丢弃沉淀物和样品，清洗传感器表面用于下一次测试，解决了葡萄糖传感器重复使用的问题。研究小组在已知不同葡萄糖浓度的溶液中对系统进行了测试，多次测试的结果表明，该系统葡萄糖浓度检测结果都较为理想。

3. 基于纳米材料的葡萄糖生物传感器

自从第一代葡萄糖传感器问世以来，葡萄糖酶生物传感器由于其良好的敏感性与选择性受到广泛欢迎，具有悠久的研究历史。纳米材料的出现和快速发展为葡萄糖生物传感器的发展和性能改善提供了新的契机。

1) 纳米材料

纳米技术是在 1~100nm 尺度上研究材料结构和性质的多学科交叉前沿技术。应用于生命科学中的纳米材料可称为纳米生物材料，它是由具有纳米量级的超微结构组成、生物相容性良好的功能材料。由于纳米材料结构上的特殊性，使纳米生物材料具有一些独特的效应，主要表现为小尺寸效应和表面或界面效应。在纳米材料发展的初期，纳米材料是指纳米颗粒和它们构成的纳米薄膜和固体，如纳米管、纳米线、纳米带、纳米盘和纳米颗粒。现在广义的纳米材料是指在三维空间中至少有一维处于纳米尺度范围，或由它们作为基本单元构成的材料。

对于一个直径 1mm 的圆点，表面原子占总体积的比例只有 1%，而当直径变为 10nm 时，这一比例则是 25%，到 1nm 时则是 100%，即此时所有的原子都分布在表面上。原子之间的作用力以及非等价原理比例的变化是决定纳米材料与其本体材料特性不同的原因，这些体系因此出现新的物理和化学性质。

2) 纳米材料与葡萄糖生物传感器

采用功能纳米材料作为葡萄糖电化学生物传感器的电极材料可显著提高传

感器的电子传输速率以及传感器检测的灵敏度、稳定性、可靠性以及可重现性，极大促进了葡萄糖电化学生物传感器的发展。目前，常见的与葡萄糖传感器相结合的纳米材料包括贵金属纳米粒子、纳米结构金属氧化物或金属硫化物、导电聚合物、碳纳米管，以及石墨烯等。

贵金属（如金、银）纳米材料具有化学性质稳定、催化能力强和导电性能好的优点，是构建葡萄糖生物传感器的有效基底材料之一。如在玻璃碳电极（Glassy Carbon Electrode，GCE）上使用金纳米颗粒功能化的 ZnO 纳米结构作为葡萄糖氧化酶的固定基质是构建葡萄糖传感器的一种简便方法。该传感平台需要在 GCE 上初步形成 ZnO 的三维分层结构，然后通过还原 $HAuCl_4$ 在 ZnO 上合成 AuNP，所得的 GOx/Au-ZnO/GCE 可以使用循环伏安法在 1~20mmol/L 的线性范围内测量葡萄糖。

导电聚合物是由一些具有共轭 π 键的聚合物经化学或电化学掺杂后形成的、导电率可从绝缘体延伸到导体范围的一类高分子材料。导电聚合物大多都有一个较长的 π 共轭主链，因此又称为共轭聚合物。导电聚合物既有金属和无机半导体的电学和光学特性，又具有有机聚合物柔韧的机械性能和可加工性，还具有电化学氧化还原活性，此外导电聚合物具有较强的电子传输能力和多样化的结构。如一种以金纳米颗粒修饰的聚苯胺（PANI）纳米纤维作为基底材料的电化学葡萄糖生物传感器，通过 Nafion 将葡萄糖氧化酶固定到复合纳米材料表面，可以表现出灵敏度高、选择性强的特性，并且具有良好的重现性和操作稳定性，在测试中表现出较宽的线性范围。

碳具有多种同素异形体，包括金刚石、石墨稀、碳纳米管、碳纳米纤维等。碳纳米材料具有良好的力学、电学和化学性能。石墨烯是由单层碳原子以六元环的形式有序排列形成的平面纳米材料，具有比表面积大、机械强度高、优良的导热性和导电性以及成本低等优点。另外，石墨烯具有高的酶负载能力，其表面带有的官能团可以和葡萄糖氧化酶的活性位点之间直接进行电子转移，是葡萄糖生物传感器的良好备选材料。碳纳米管是一种一维的碳纳米材料，可以分为单壁碳纳米管和多壁碳纳米管。碳纳米管可以通过共价或非共价的方式修饰功能分子，具有尺寸小、导电性、力学性能及生物相容性良好的特点。如通过涂有半导体 CoS 纳米颗粒的多壁碳纳米管来对 GCE 上的葡萄糖氧化酶进行固定化，由此产生的纳米复合材料可以检测低电位值的葡萄糖。

金属氧化物纳米材料也是近些年葡萄糖生物传感器电极材料的研究热点，具有成本较低、生物相容性良好、易形成金属氧化物纳米阵列等优点。研究显示可通过电化学沉积的方法在导电玻璃上生长高度有序的 ZnO 纳米管阵列，使用 Nafion 将葡萄糖氧化酶负载到该材料表面，这种直接组装的葡萄糖生物传感器在 0.8V 工作电压下的灵敏度为 $30.85\mu A/(cm^2 \cdot mmol/L)$，检测范围为 $10\sim4200\mu mol/L$。

4. 葡萄糖检测仪

多年来，以葡萄糖酶电化学生物传感器为核心的葡萄糖检测仪已经得到了广泛商业化应用，患者可以用葡萄糖检测仪满足自我监测的需求。多数血糖检测仪使用一次性酶电极试纸，如图 5-3-4 所示为某一次性试纸结构示意图。这种一次性电极试纸可以通过厚膜丝网印刷技术大批量生产，每一片试纸上都有印刷好的工作电极、参比电极和对电极。工作电极需要用酶、介体、稳定剂、连接剂进行修饰。经典的商业化葡萄糖检测仪小巧轻便，使用电流法检测 H_2O_2，可以在动态范围内提供快速响应（约 5s），测量的血糖感应范围在 $10\sim600mg/dL$ 水平，测试者只需扎破手指提供少量毛细血管血（$1\mu L$ 或更少）即可获得血糖浓度结果，并且可以对历史浓度信息进行存储。

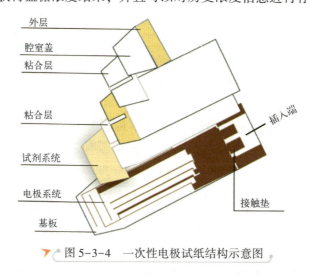

图 5-3-4　一次性电极试纸结构示意图

5.3.3　生物传感器对体液中其他有机化合物的检测

1. 乳酸含量检测

乳酸是糖无氧氧化反应（糖酵解）的代谢产物，主要产生于骨骼、肌肉、脑和红细胞，经肝脏代谢后由肾脏分泌排泄。人体正常全血液乳酸含量为 $1.3mmol/L$ 左右，大于 $2.25mmol/L$ 可诊断为高乳酸血症，大于 $5mmol/L$ 且

pH 值<7.3 为乳酸性酸中毒。血液乳酸浓度是反映外周组织灌注情况和细胞内是否缺氧的标志物，它的动态变化与机体的内环境有着重要的相关性。动态乳酸检测可以帮助医生在救治患者过程中及早发现病情变化、判断细胞的损伤程度和组织的缺氧状态，并进行及时处理，对提高抢救成功率具有重要意义。测定脑脊液中的乳酸可以辨别区分病毒性脑膜炎和化脓性脑膜炎。许多医院检验科把该项目列为急诊检验项目。

对于电化学生物传感器，乳酸脱氢酶（Lactate Dehydrogenase，LDH）、乳酸氧化酶（Lactate Oxidase，LOx）、细胞色素 b_2 和乳酸单加氧酶（Lactic Monooxygenase，LMO）通常用来作为乳酸检测的敏感材料。目前产品化的乳酸传感器通常多使用固定化的 LOx 作为乳酸传感器的酶，其反应过程可表示为

$$乳酸 + O_2 + H_2O \rightarrow 丙酮酸 + H_2O_2 \quad (5-3-9)$$

美国 YSI 公司于 1973 年开发了全球第一个酶电化学乳酸分析仪。目前临床常用的双指标分析仪可以通过耳垂、指尖采血 25μL 进行全血测定，样品不需离心等分离处理，样品的颜色和浊度对测定也没有影响。美国、德国、中国等多家公司的手持式 POCT 血乳酸仪被用于床旁检测。

双通道血糖血乳酸分析仪也有一定的临床应用，它可以检测全血和血浆中的相关指标，包括血清中的葡萄糖、脑髓中的乳酸等。如某款临床上应用的双通道血糖血乳酸分析仪采用葡萄糖氧化酶/乳酸氧化酶被固定在聚碳酸酯薄膜层和醋酸纤维素薄膜层之间，底物与酶反应产生的过氧化氢会通过纤维素薄膜层到达铂阳极进行分解，根据数据直接换算为目标物的浓度。生物膜包含三层材料，第一层为多孔聚碳酸酯，用来限制底物进入第二层（酶层）的速度，第三层为纤维素薄膜层，用于过滤使过氧化氢通过并到达电极进行测定。目前，最小的便携式血乳酸测定仪只需一滴（0.5μL）全血作为测试样品，15s 完成测定。

2. 血尿酸检测

尿酸是人体嘌呤最终代谢产物，是一种重要的生物标志物。正常血清中尿酸含量为 240~520μmol/L，血尿酸含量异常增高可以提示痛风、高尿酸血症等疾病。血尿酸也可用来监测其他疾病，如血清高尿酸容易引发心脑血管疾病，血尿酸与老年慢性心衰患者疾病严重程度正相关，血尿酸也可被用来监测帕金森综合征等。血尿酸检测具有十分重要的临床价值。

除了磷钨酸还原法、分光光度法等，基于电化学的尿酸酶传感器是重要的尿酸检测方法。目前商业化的尿酸传感器多使用尿酸氧化酶（Urate Oxidase，UOx），其反应过程可以表示为

$$\text{尿酸} + O_2 + H_2O \xrightarrow{UOx} \text{尿囊素} + CO_2 + H_2O_2 \qquad (5\text{-}3\text{-}10)$$

通过电极检测 O_2 消耗或 H_2O_2 的产生，根据测试电极电流（电压）信号的大小确定尿酸的含量。

除了实验室用大型生化分析仪，市面上已有多种使用一次性试纸的血尿酸检测仪，并且常与血糖检测相结合，通常双插口式检测仪可同时进行血糖与血尿酸的检测，单插口式检测仪可以分别进行血糖与血尿酸检测。

3. 妊娠检测

人绒毛膜促性腺激素（Human Choironic Gonadotropin，HCG）是一种由胎盘绒毛膜囊泡的滋养层细胞分泌的糖蛋白激素，存在于人体尿液和血液中。HCG 自人体受精后开始分泌，可在血液和尿液中检测。在妊娠期前三个月，血液中 HCG 的含量每天都在增加，HCG 一般作为怀孕诊断的生物指标，对早期妊娠的诊断具有重要意义。

电化学酶免疫传感器是检测 HCG 的经典方法。一种通过固定化膜测定 HCG 的过程可做如下表示。

（1）免疫化学反应。

$$\text{固定化 HCG 抗体} + HCG \longrightarrow \text{固定 HCG 抗体-HCG} \xrightarrow{\text{酶标 HCG 抗体}}$$
$$\text{固定化 HCG 抗体-HCG-酶标 HCG 抗体} \qquad (5\text{-}3\text{-}11)$$

（2）酶催化反应。

$$H_2O_2 \xrightarrow{\text{辣根过氧化物酶}} H_2O + \frac{1}{2}O_2 \qquad (5\text{-}3\text{-}12)$$

（3）铂电极上氧的电化学还原。

$$\frac{1}{2}O_2 + H_2O + 2e^- \rightarrow 2OH^- \qquad (5\text{-}3\text{-}13)$$

妊娠检测是生物传感传感器在即时检测的一个重要且成功的商业应用。商业化的妊娠检测采用侧流层析试纸的现场检测技术制造出市面上大规模生产使用的"验孕试纸"，该"验孕试纸"通过侧流层析免疫试纸对女性尿液中的 HCG 进行检测以达到验孕的目的，方便快捷，灵敏度高，整个检验时间只需要几分钟，检测结果只需通过肉眼的观察就能够确定，检测结果被临床广泛接受。

5.4 生物和离子敏传感器在健康监测方面的应用

健康监测是对特定人群或人群样本健康状况的定期观察或者不定期调查

及普查。健康监测是获取健康信息的重要途径。通过健康监测对目标人群或者个人的健康危险因素进行定期和不间断的观察,可以获取被监测人群或个体的健康相关信息及动态变化情况,从而掌握其健康与疾病状况,为分析健康相关危险因素和健康风险评估提供依据,同时,根据健康风险评估结果制定个性化健康指导方案,对健康危险因素进行早期干预,对人群健康改善具有重要意义。

生物和离子敏传感器在健康监测方面有着较多的应用与研究,但是能达到临床认可级别的健康监测产品较少,绝大多数还处在保健监测的范围。对于生物传感器,应用在医疗级别的健康监测主要体现在对皮下组织液葡萄糖水平的持续监测,即持续葡萄糖监测(Continuous Glucose Monitoring,CGM)技术,临床上也常称为动态血糖监测技术。该技术不仅已有多种产品经过了FDA 认证,并且也有多项临床数据为依据,监测结果被临床认可。

可穿戴技术与传感器技术相结合是健康监测的一种重要方式。可穿戴设备可以实现对人体生理信息动态、连续及实时监测,是医疗服务的一种创新模式。医生可以利用可穿戴设备监测的健康数据信息进行疾病诊疗与疾病管理,这种可居家的疾病管理方式在大健康医用领域得到了广泛关注。目前为止,只有极少数可穿戴生理检测技术被成功商业化,其余尚在研发初期阶段。在这些设备进入到临床及应用市场之前,还有很多关键问题需要解决,一般来说,需要大量临床样本证明设备监测结果的准确性、可靠性和可重复性,不会受到潜在的非特异性干扰,并符合安全要求。

5.4.1 生物和离子敏传感器在临床监测中的应用

血糖监测是糖尿病管理的重要组成部分。糖尿病患者使用最普遍的血糖检测仪器是指血血糖仪,即通过在不同时点刺破患者的手指以测量血糖水平。这种时点数据的最大缺陷是两次测量之间的血糖完全可能经历过高和过低的状态,尤其是睡眠期间的低血糖事件,这给糖尿病患者的血糖监测和健康维护造成了很大困扰。CGM 能够提供全天血糖变化波动情况,在评估糖尿病患者糖代谢紊乱程度、降糖治疗效果、随访病情变化以及实现糖尿病个体化管理方面具有重要的临床意义。

1. 皮下持续葡萄糖监测

通过皮下采集组织间液监测葡萄糖浓度是目前最常用的持续葡萄糖监测方式,也是唯一有广泛商品化、被临床认可的方式。

1) 血液-组织间液葡萄糖传输的基本理论

组织间液是人体细胞外液中除血浆之外的体液部分,约占成年人体重的15%。组织间液成分除了不含红细胞、仅含有少量蛋白质外,其成分与血浆基本相同。正常情况下,组织间液可以迅速和血液或细胞内液进行交换,对维持机体水和电解质平衡起到重要作用,如图5-4-1所示。

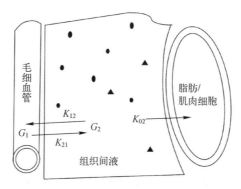

图5-4-1 毛细血管-组织葡萄糖传输示意图

图5-4-1模拟了微血管内葡萄糖与组织间液葡萄糖传输的过程:微血管中的葡萄糖主要通过浓度差经扩散作用进入组织间液,扩散进入组织间液的葡萄糖一部分被组织间液中的细胞所消耗,另一部分可以返回到血浆中。血浆-组织间液葡萄糖传输随时间变化特点可用方程式为

$$\frac{dG_2}{dt} = -q_2 G_2 + q_1 G_1 \tag{5-4-1}$$

式中:G_1和G_2分别表示血浆和组织间液中葡萄糖浓度;$q_2 = K_{02} + K_{12}$;$q_1 = K_{21} v_1 / v_2$。K_{12}和K_{21}表示葡萄糖在组织间不同扩散方向的扩散速率;K_{02}表示组织对葡萄糖的消耗率。V_1/V_2表示血浆和组织间液体积比。

当血浆中葡萄糖浓度发生缓慢变化时,组织间液中的葡萄糖水平也随之变化,但两者之间的变化存在延迟现象,如图5-4-2所示。延迟时间通常定义为组织间液葡萄糖浓度到达稳态浓度的63%所消耗的时间,可以表示为

$$\tau = \frac{1}{K_{12} + K_{02}} \tag{5-4-2}$$

正常情况下,血浆葡萄糖浓度变化对于血糖葡萄糖浓度滞后时间范围为4~10min。

血液中的葡萄糖浓度与组织间液葡萄糖浓度具有高度相关性,可以通过

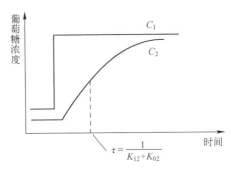

图 5-4-2 血液-组织液葡萄糖延迟现象曲线示意图

对皮下组织间液葡萄糖浓度来反映血液中葡萄糖浓度及其变化。即使对于血糖波动较大的I型糖尿病患者,其血液-组织间液葡萄糖浓度差增大、波动剧烈、相关性变差,皮下葡萄糖传感器测量组织间液葡萄糖仍然具有重要的临床价值:机体利用葡萄糖以及血糖异常对机体造成损害的主要部位为组织间液,组织间液的葡萄糖浓度能够真正反映机体葡萄糖病理生理作用的程度。

2) 皮下持续葡萄糖监测系统一般结构

CGM 系统是一种传感器系统,它通过植入或半植入到皮下的葡萄糖传感器持续测量组织间液葡萄糖浓度,将其转换为血糖值进行血糖水平的连续监测。目前临床上应用广泛的 CGM 商品通过微针刺入到皮下获取葡萄糖,微针的另一头连接电化学葡萄糖酶传感器,同时配备一个记录显示葡萄糖含量数据的存储显示设备,CGM 系统的结构示意图如图 5-4-3 所示。商业化的 CGM 系统中葡萄糖传感器主要基于第一代或第二代葡萄糖酶传感器的原理,由半透膜、葡萄糖氧化酶和微电极组成。工作电极通常由表面金属层、内层、酶层及外膜组成。CGM 系统的发展很大程度上依赖于葡萄糖传感器的发展。

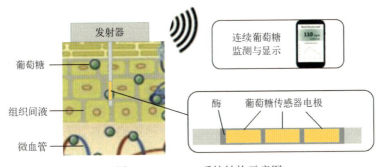

图 5-4-3 CGM 系统结构示意图

除了电化学葡萄糖生物传感器，光学葡萄糖生物传感器也被广泛研究于皮下持续葡萄糖监测，但是该类传感器系统尚未达到与电化学葡萄糖酶传感器相同的性能水平。光学葡萄糖生物传感器中常见的光学方法有荧光发光法、近红外光谱、漫反射光谱及热发射光谱等，这些光学传感器在葡萄糖监测中能够实现较高的精度。

虽然尚未在 CGM 商品中使用，随着 20 世纪 90 年代中期微型化技术和纳米技术的发展，微针阵列方法也被用到葡萄糖采集过程中，该阵列有着成本低，易于使用，无痛等优点。一种由空心二氧化硅微针构成的微阵列系统，针孔直径为 4μm，微针排列密集，每个阵列的微针密度为 10^6 根微针/cm^2，利用这种微针的毛细作用，可重复并且快速吸收体液，无须使用外部动力泵。通过将微针阵列耦合在葡萄糖传感器背面，可以成功检测皮下组织间液葡萄糖浓度，准确度高、可重复性好并且有 0~630mg/dL 的良好线性范围。

3）CGM 系统分类

2017 年《持续葡萄糖监测应用国际共识》将 CGM 分为回顾性、实时和按需读取式（Intermittently Viewed CGM，iCGM）三类。回顾性 CGM 系统一般由医院购买所有，患者佩戴该仪器 3~5 天进行连续血糖监测，监测数据较全面地显示了佩戴期间所有时间点的血糖变化，临床医生回顾查看相关数据后，可直接根据该结果给予治疗指导从而更加有效地控制血糖。实时 CGM 系统一般由患者个人购买，其主要特点是可以为患者提供实时血糖信息、高/低血糖报警、高/低血糖预警和显示葡萄糖动态变化趋势等信息，协助患者进行即时血糖调节，但是在临床决定调整方案前还需要使用血糖仪进一步证实。

全球首个投入商业化使用的 CGM 设备于 1999 年由 MiniMed（Northridge，CA，USA）公司推出，这是一款回顾性 CGM 系统。我国国家食品药品监督管理局（China Food and Drug Administration，CFDA）于 2001 年批准回顾性 CGM 系统并应用于临床及研究中。截至目前，多款 CGM 产品已进入中国市场，这些 CGM 系统普遍具有体积小巧、佩戴方便、操作简单、数据易于下载等特点。不同公司的回顾性 CGM 系统存在一定的差异，患者可以依据实际情况进行选择使用。同时，随着传感器技术、传输技术的发展，回顾性 CGM 系统已经在监测精准度、数据无线传输距离、葡萄糖传感器监测时长、葡萄糖传感器尺寸、是否受日常活动影响等方面开展深入研究。2006 年，美敦力公司首次将实时 CGM 与胰岛素泵整合，实现了实时动态胰岛素泵系统，并于 2016 年在全球第一个获得美国食品药品管理局（Food and Drug Administration，

FDA)认证的半自动闭环CGM-胰岛素泵系统。目前商业化的CGM系统也实现了使用智能手机APP作为监测数据的接收端,甚至可以将获得的监测数据长距离传输到"云"端,保存在远程服务器的数据库中,允许糖尿病患者和管理人员进行查看或分享,简化了CGM系统的操作难度。

扫描式葡萄糖监测(Flash Glucose Monitoring, FGM)被认为是iCGM的代表。根据《中国扫描式葡萄糖监测技术临床应用专家共识》(2018版),FGM的显著特点是采用工厂校准原理,不需要指血校正,获取当前葡萄糖数据时将触屏阅读器置于传感器上方即可,不具备高/低血糖报警、预警功能,可以提供既往8~24h的动态葡萄糖曲线。

4)持续葡萄糖监测技术的准确性评估

CGM近年来逐步应用于临床监测,其监测结果的准确性至关重要,是影响患者能否获益的重要因素。只有能反映真实血糖水平的监测结果才能指导临床医生和患者更好地控制血糖。

CGM准确度评估包括数据准确度和临床准确度。数据准确度是指监测结果与静脉血浆葡萄糖值的一致性分析,一般采用平均绝对相对误差(Mean Absolute Relative Deviation, MARD)评价。MARD通过计算CGM测量值与被用作参考标准的血糖自我监测(Self-Monitoring of Blood Glucose, SMBG)之间的差异,来评估CGM随时间推移的准确性,其计算公式为

$$\text{MARD} = \frac{1}{N} \sum_{n=1}^{N} \frac{\text{CGM}_n - \text{SMBG}_n}{\text{SMBG}_n} \times 100\% \qquad (5-4-3)$$

式中:MARD值百分比越小,说明CGM值越接近参考葡萄糖值,而MARD值百分比越大,说明CGM值与参考葡萄糖值之间的差异越大。MARD值是对包含传感器与算法在内的CGM整体系统性能的评估,在制定CGM标准时受到FDA和国际标准组织(International Oganization for Standardization, ISO)的重视,其将MARD值小于15%作为CGM仪器的上市标准。

临床准确度是指监测结果对于临床决策影响的评估,常用Clarke误差分析表格对临床准确度进行评价。误差分析表格分别以血糖值和CGM值为横纵坐标,共分为A、B、C、D、E五个区。在理想情况下,大多数数据点应位于A区,这表明测量点与参考方法的误差在20%以内,测试结果满足临床准确的需求;若检测数据在B区,表示与参考方法差异大于20%,即虽然测试结果有偏差,但不会对患者的治疗产生任何错误/有害的影响。当A+B区的比例越高,则认为该检测方法的临床准确度越高。

数据准确度和临床准确度检测的结果一致性高,临床上就可做出正确的

决策,如果一致性差,则可能做出错误的医疗决策。

5) 影响 CGM 监测结果准确度的因素

CGM 传感器本身和环境因素等均可影响 CGM 监测结果准确度。CGM 传感器的电极、酶和限制膜的制作过程及控制程度等可能是误差来源,此外,CGM 技术本身采用的算法、患者使用方法正确程度、CGM 传感器的使用寿命也会影响监测结果的准确度。由于 CGM 系统通过微针植入到皮下检测葡萄糖,作为存在于机体中的异物,其材料的生物相容性、酶活性、氧浓度、异物反应、植入尺寸、电极柔韧性等也是影响监测结果准确度常见的因素。

2. 经皮持续葡萄糖监测

手表式血糖仪是一种商业化的非侵入式葡萄糖持续监测。第一款手表式血糖仪于 2002 年经由美国 FDA 批准上市,其外观上比一般手表略大,于腕部佩戴,手表背面通过一层凝胶垫与人体皮肤接触,无须针刺采血,通过反向离子电渗技术和葡萄糖氧化酶传感器检测皮下组织液中的葡萄糖浓度。手表式血糖仪葡萄糖含量检测时间间隔为 10min,可连续使用 13h(凝胶垫电极规定一次性使用时间为 13h),当葡萄糖浓度过高或过低时会给予报警提示。手表式血糖仪在使用前,需要预热手表式血糖仪 2~3h,开始测定前,需要再测一次指血的血糖值与手表式血糖仪进行校正,然后开始对葡萄糖进行连续监测。虽然 FDA 批准葡萄糖表可用于 7 岁以上儿童,但还是有 1/4 检测结果的误差大于 30%,因此不能仅根据某一次检测数据来调整胰岛素剂量,该方法并不能取代毛细血管血糖检测,但可作为后者的一种补充。

5.4.2 生物和离子敏传感器在日常监测中的应用

生物和离子敏传感器在日常监测方面研究众多,许多研究拟从保健监测的角度对人体健康状况实现日常监测的功能,一些研究尚处于体外实验阶段。除了侵入式的葡萄糖监测方式,无创葡萄糖监测也是研究者争先实现的领域,具有广阔的未来应用市场。对于机体葡萄糖浓度的测定,其样本来源不仅限于血液与皮下组织间液中的葡萄糖,唾液、汗液、泪液等体液中的葡萄糖含量也和机体葡萄糖代谢病理生理水平具有相关性,可以用来监测葡萄糖水平,反映机体健康状态。

运动健康监测是健康监测的重要方向。人体在运动过程中,身体所发生的变化如肌肉酸痛感、能量消耗、脑内化学物质变化、激素分泌、代谢物分泌、呼吸频率以及心率心电图等都可作为运动健康监测的指标。上述指标可归为两大类,分别是生物物理指标、代谢状态指标。就代谢状态指标而言,人体排出的代谢物有些是易于取样的，如唾液、汗液和泪液，通过对这些代谢物的分析，可以对人体运动过程中的健康状况做出评估，有必要的则发出预警诊断。

可穿戴技术是实现日常监测的重要医疗辅助手段，尤其是对于实时、非侵入监测目标而言，个体能够通过短时间或连续佩戴可穿戴设备对身体健康状态进行评估。生物和离子敏电化学传感器作为可穿戴设备的前端，可以实现对各类生化参数的检测（如pH值、乳酸、葡萄糖、不同电解质等）。可以通过这些重要生化参数的检测从而实现在不同应用场景对机体健康的监测。

1. 可穿戴传感器的制造

1) 可穿戴传感设备的一般结构

用于可穿戴监测的传感系统一般包含传感器部分、接口电路、控制单元、无线通信模块和数据显示与存储部分。传感器部分可以采用电学、电化学、光学等不同技术传感机体的物理参数（如温度、心率、血压等）与生化参数（如pH值、酸碱度、乳酸、电解质等）。电化学传感器和阻抗传感器是两种常用的可穿戴传感器。接口电路将从传感器输出的模拟信号转化为数字信号，信号通过微控制器即处理单元进行处理与分析等操作。无线通信模块通过无线技术传输标准实现信号在固定和移动设备间的数据传输。数据显示与存储部分可以通过电脑或智能手机设备提供接口配置和网络管理、对传感器激活与对传感数据进行记录与存储等功能，同时，随着云计算平台与远程医疗服务器的发展，也可以将数据上传到全球网络层，实现远程医疗可视化。

2) 可穿戴传感器的常用材料和制作工艺

可穿戴系统的传感器结构主要有基板和电极两个部分。基板是传感器的底座。实际应用的可穿戴传感器应该满足穿戴安全性、舒适性和便利性的要求，这就要求传感器基板材料的选择尽量满足柔软、薄、化学惰性、生物相容性、机械强度高、成本低和受环境因素影响小等特性。柔性传感器是可穿戴传感器发展的趋势，它可以避免传统刚性传感器用于可穿戴系统给穿戴者带来的不适感，并且柔性传感器在弹性度、功耗、动态性、灵敏度、制作成本方面都具有较大的优势。高分子聚合物是制造柔性传感器基板常用的材料，主要分为天然高分子材料和合成高分子材料两种。天然和合成的聚合物都是由大量小的重复单元组成的长链分子。用于制造柔性传感器基板的高分子聚合物有聚二甲基硅氧烷（Pdydimethylsiloxane，PDMS）、聚对苯二甲酸乙二酯（Polyethylene Terephthalate，PET）、聚萘二甲酸乙二醇酯（Polyethylene Naphthalate，PEN）、聚酰亚胺（Polyimide，PI）、聚四氟乙烯（Polytetrafcuoroethylene，PTFE）、丁基橡胶等。除此之外，棉纱、护齿、纸张等也可以用来制作传感器基板。常见的非柔性基板材料有氧化铝、氧化铟、压电材料和硅材料等。

电极是组成传感器的基本元件，通常由导电材料制备而成。目前大量研究的柔性传感器的电极主要使用碳、贵金属（如银、金、铂）和纳米材料制成。其中纳米材料也可以是由两种或两种以上纳米材料构成的纳米复合材料，通过不同纳米材料的协同作用进一步提高传感器的检测性能。

目前，多种制作工艺可用来制作可穿戴传感器的基板与电极，可以根据传感器所选用的材料、传感器的尺寸大小和传感器的预期功能选择适合的制作工艺。常见的制作工艺有。

（1）光刻工艺。在光（紫外线）照的作用下，该工艺借助光刻胶将模板上的图形转移到基板上。平板光刻或照相平板光刻是制造柔性传感器最常用的标准工艺。光刻工艺的最小尺寸可以低至几纳米。

（2）丝网印刷方法。这种工艺以丝网作为版基，利用丝网印版图文部分网孔可透过油墨，非网孔部分不能透过油墨的基本原理进行印刷，分为手工印刷和机械印刷两种。银、石墨烯等是常见的导电油墨，可以用来在基板上制作电极，基板材料可以是聚合物、电路板、织物等，透墨量决定了丝网印刷的墨层厚度。丝网印刷的最小尺寸一般是几微米。

（3）激光印制。该工艺通过将基板放置在激光下，通过激光对基板进行扫描或部分弯曲形成图案，可以处理非常薄且柔韧的材料。在激光印制中，可以通过调整激光喷嘴的 z 轴、速度和频率调整承印物厚度。

（4）喷墨印刷。核心思想是用任意导电油墨代替喷墨打印机中的油墨，可在传感器基板上设计传感器件，常用的导电油墨有银、碳和铜油墨等。喷墨打印可通过一台使用不同导电油墨的打印机完成制造，具有制作成本低、简单方便等特点。

（5）铸造。在制作出符合图案要求的模具后，将液态或半流质材料浇注到模具内，材料固化为模具的形状后取出，可以作为单独的器件使用。在柔性传感器中，浇注材料通常为导电材料继而固化为传感器电极，并且，在固化模具的顶部浇注一层基板材料，经固化后形成传感器的基板。

（6）编织。主要用于开发基于织物的可穿戴传感器，通过编织将电极嵌入到织物中，是一种较新的方法。

（7）弹性体印章。这种方法使用印章母版通过接触压印的方式对具有非平面基板的传感器实现电极制造。非平面非均匀表面是可穿戴传感器应用于人体时常见的应用场景,如人体皮肤,印章可以在这样的平面上形成文身样的电极图案。弹性体印章也可以用来在以纺织品为基板的传感器上实现电极制作。

(8) 气相沉积技术。该技术通过气相中发生的物理、化学过程改变器件表面成分,形成具有特殊性能的金属或化学物涂层。在传感器制作中,通常可以利用铝、金、铂、银和镍铬合金等金属的热蒸发或溅射制成具有特定几何形状的微电极。

在可穿戴传感器制造的过程中,对基板的预处理是不可忽视的重要步骤。基板上存在不洁净的颗粒可能会减少黏附薄膜在基板表面沉积,因此,在对电极和传感膜进行层压前,需要对基板进行适当的清洗。常用的基板清洗方法有干法和湿法。

2. 基于可穿戴技术的无创体液葡萄糖监测

1) 唾液葡萄糖监测

唾液是一种复合的外分泌物。研究表明糖尿病患者的唾液腺通透性增加导致其唾液中的葡萄糖分泌增加。研究也发现,健康受试者中血液和唾液葡萄糖浓度之间具有相关性($R=0.64$),而糖尿病患者两者与葡萄糖浓度的相关性更高($R=0.95$)。血液葡萄糖和唾液葡萄糖之间的相关性反映了血液成分到唾液腺的自动扩散与主动运输。利用唾液葡萄糖与血浆葡萄糖之间的相关性,可以通过测定唾液葡萄糖的含量来监控糖尿病患者的病情。

牙齿贴片,牙套、义齿是常见的用于唾液葡萄糖监测的葡萄糖传感器设计形态。有研究者[34]设计了一种可拆卸式牙套型传感器用于唾液中葡萄糖的无创监测:将传感器电极和无线通信模块固定在牙套上,铂工作电极上涂有葡萄糖氧化酶实现对葡萄糖的特异性检测,工作电极固定在磷酰胆碱共聚物上。该传感器在人工唾液中的测试结果表明其具有较好的选择性,能够在5~1000mmol/L的范围内进行唾液葡萄糖的高灵敏检测,证明了口腔生物传感器的可行性。一种可反复使用的"牙线传感器"通过在一根牙线上涂抹两个电极构成:碳石墨工作电极和Ag/AgCl的参比/对电极,GOx固定在碳石墨电极上。当牙线在口腔内使用时,牙线上的传感器会接触到唾液,并与唾液中的葡萄糖相互作用产生信号响应,传感器可以检测到0.048~19.500mmol/L范围内的葡萄糖浓度,具有较好的稳定性。这种传感器结构简单、稳定性高,有可能进一步开发为可穿戴式的连续唾液葡萄糖监测器[35]。

2) 汗液葡萄糖监测

汗液是用于非侵入式、连续监测的有效被测物。有研究表明去除皮肤上残留葡萄糖的影响，对糖尿病患者汗液进行快速采样得到的汗液葡萄糖浓度和血液葡萄糖浓度之间具有高度相关性。与其他生物流体相比，汗液在非侵入式血糖监测方面更具有优势，如汗液易于在皮肤表面取样；葡萄糖等小分子分析物可以随着出汗迅速扩散到汗液中；汗液葡萄糖在这个过程中保持未吸收状态。因此，可以通过葡萄糖传感器来测量汗液中的葡萄糖。汗液葡萄糖由于其低浓度（是血糖浓度的约100倍稀释），需要高度敏感的监测系统，特别是存在低血糖或者皮肤葡萄糖残留物污染的情况。

贴片式葡萄糖监测系统是一种常用的葡萄糖监测平台设计方法。Oh 等[36]研究了一种用于汗液中葡萄糖和 pH 值监测的可拉伸、贴于皮肤表面的电化学传感器：按照设计的图案，金纳米颗粒经过干燥剥离膜体、PDMS 旋涂、固化和剥离过滤等步骤过滤到可拉伸基底上，通过在图案化的纳米金片（AuNS）上逐层沉积碳纳米管（Carbon Nanotube，CNT）制作可拉伸电极，在制备好的电极上修饰纳米复合材料 $CoWO_4$/CNT 和聚苯胺/CNT 用以检测葡萄糖和 pH 值，参比电极通过氯化银纳米线制备，用黏性硅酮密封可拉伸传感器，形成可附着在皮肤上的汗液传感器，其制作过程如图 5-4-4 所示。该传感器对葡萄糖检测敏感度高（10.89μA/（cm^2·mmol/L）），同时具有拉伸的机械稳定性（30%），在空气环境中稳定工作 10 天。传感器在湿润的皮肤上也表现出良好的附着力，使得该类传感器可在跑步时较好地附着在皮肤上，以保证测量的可靠性。

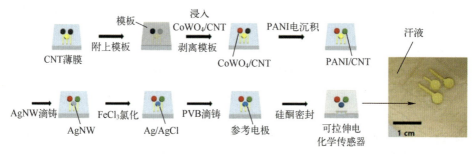

图 5-4-4 可拉伸、贴于皮肤上电化学汗液传感器制作流程示意图

可穿戴织物是一种较为新颖的无创、可穿戴监测材料。有研究[37]设计一种基于弹性纤维的三电极电化学葡萄糖生物传感器，用于汗液中的葡萄糖检测。该纤维具有高度可拉伸性、高导电性、易于生物活性酶的固定和应变不敏感的特性。该传感器通过电沉积法在金纤维表面分别涂上一层普鲁士蓝（Prussian Blue，PB）修饰的葡萄糖氧化酶作为工作电极（Au/PB/GOx/Ch 纤

维),一层 Ag/AgCl 作为参比电极 (Au/Ag/AgCl 纤维),用未改性的金纤维作为对电极。将 3 个电极螺旋缠绕在弹性纤维芯上,进一步增强葡萄糖传感器的总体可拉伸性,如图 5-4-5 所示。该织物传感器在人工汗液中的测试结果显示,即使在 200% 的应变下,传感器的线性范围和灵敏度也可以分别达到 $0 \sim 500 \mu mol/L$ 与 $11.7 \mu Ammol/(L^{-1} \cdot cm^{-2})$。

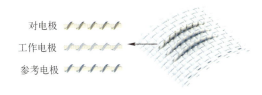

图 5-4-5 纤维织物集成葡萄糖传感器示意图

3) 泪液葡萄糖监测

正常人泪液中含有一定量的葡萄糖。泪液葡萄糖自 1930 年被第一次研究后,多种研究表明人体泪液葡萄糖含量与血液葡萄糖含量存在一定正相关,可以通过泪液葡萄糖浓度反映正常人群与糖尿病人群血糖变化。正常人体葡萄糖含量约为 (0.14 ± 0.07) mmol/L,糖尿病患者泪液葡萄糖含量为 (0.32 ± 0.18) mmol/L,较正常人高。基于泪液的无创葡萄糖监测的主要优势是泪液中干扰杂质较少。

1980 年 March 等的研究首次提出使用隐形眼镜方式监测葡萄糖。目前,基于隐形眼镜形态的泪液葡萄糖传感器是泪液葡萄糖监测应用中最常见的设计思路。在这种方式下,用户的泪液可以通过自然的眨眼或眼中的分泌物被眼镜收集,再通过眼镜中集成的微型葡萄糖传感器进行葡萄糖的含量分析,进而实现血糖监测。有研究[38]设计与制造的隐形眼镜电化学葡萄糖酶传感器主要通过 MEMS 技术在 PDMS 隐形眼镜外部表面制作 GOx 电极进行葡萄糖监测。GOx 电极为柔性电极,铂工作电极厚度为 200nm,Ag/AgCl 对/参考电极厚度为 300nm,GOx 通过磷酰胆碱共聚物固定在电极的传感部位,酶膜表面通过该共聚物进行包被。体外实验显示这种隐形眼镜葡萄糖传感器葡萄糖变化反应均匀,并且具有适当的校准范围 ($0.03 \sim 0.5$ mmol/L)。

3. 基于可穿戴技术的运动健康监测

1) 基于汗液的运动健康监测

汗液中含有水、氯化钠、少量尿素、乳酸、脂肪酸等成分,其各组分含量与血浆水平密切相关。长时间运动导致的出汗会使人体水分摄入和排出不平衡,从而造成水和电解质代谢平衡的紊乱,即使是很少量的脱水(脱水1%),也会影响机体细胞和生理系统功能,因此,在运动过程中通过收集汗液对其内组分浓度进行实时分析,对提示机体所处的健康状态十分有意义。

汗液易于采集,在体表方便设置数量众多采样位点,可穿戴设备易于放置且穿戴舒适,因此,通过可穿戴设备进行基于汗液的运动健康监测具有可行性。离子敏和生物传感器常用来设计可穿戴汗液监测设备,采用电化学和比色传感机制。有研究将微流控技术集成到可穿戴汗液传感器中,微流体系统可以在汗液流经传感电极时包裹住汗液,从而最大限度地减少蒸发,传感器可以真实地反映分析物浓度变化,避免汗液蒸发对汗液中分析物浓度变化的影响。

美国加州伯克利分校 Gao 的一项研究[39]设计了一种用于多路原位汗液分析的集成可穿戴传感器阵列系统,包含多路传感器阵列模块、集成电路原件模块和移动手机模块,可以对汗液分析物如葡萄糖、乳酸、钾离子、钠离子进行连续、多重测量与处理显示。传感器阵列固定在一个柔性 PET 基底上,使用普鲁士蓝染料作为介体,葡萄糖氧化酶和乳酸氧化酶固定在多糖壳聚糖的渗透膜上,通过离子选择性电极测量钾离子、钠离子浓度;采集到的多路信号通过集成电路放大与滤波,在微处理器中进行模数转换,转换后的信号通过蓝牙通信传输到手机 App 进行信号显示,方便用户读取结果,以整体实现多路复用在体监测的效果。清华大学化学系 He 等[40]研究了一种基于碳纤维的织物汗液分析贴片,利用多个生物和离子敏电化学传感器同时实时监测六种与健康相关的生物标志物,包括葡萄糖、乳酸、抗坏血酸、尿酸及钠离子和钾离子。电化学传感器的工作电极使用固有的氮掺杂石墨烯结构和分层多孔的碳纤维组织,使织物具有良好的导电性和亲水润湿性,实现了有效的电子传输和充足的反应物接触。美国加州大学伯克利分校 Nyein 等[41]设计一种可穿戴汗液传感贴片系统用于实时汗液分析。设备包含一个与柔性 PCB 基板相结合的螺旋图案微流控芯片,微流控通道内嵌入离子选择性传感器和基于电阻抗的汗液速率传感器,通过微流控通道进行汗液采样和收集,通过压力控制微流控装置中汗液的渐进式流动,实现对汗液中的多种离子如 H^+、Na^+、K^+ 和 Cl^- 进行电化学检测以及汗液速率的分析。

2) 基于唾液的运动健康监测

运动过程中血液乳酸检测,通常可以用来评定机能状态、控制训练负荷、判断运动性疲劳以及了解机体体能恢复状态。测定体液中的乳酸含量是运动监测十分必需的项目。人体唾液中的乳酸含量依赖于人体代谢与运动状况,研究表明血液中的乳酸水平与唾液中的乳酸水平高度相关,可以通过具有宽线性范围、灵敏度好的传感器实现对唾液乳酸的监测。

美国加州大学纳米工程系 Kim 等的研究[42]第一次提出利用护齿与传感器结合用于持续监测运动过程中的唾液乳酸:传感器敷贴于护齿外表面。传感器工作电极三个丝网印刷电极组成,其中电极层为聚邻苯二胺(Polylo-phenylene diamine,PPD)/乳酸氧化酶层,参比电极为 Ag/AgCl,普鲁士蓝石墨油墨修饰对电极,使用 PET 作为柔性基板。普鲁士蓝充当"人工过氧化物酶"实现对过氧化氢产物的高选择性检测。设备在连续监测唾液乳酸浓度方面表现良好,可检测的范围大于生理范围 0.1~0.5mmol/L。

5.5 生物和离子敏传感器在疾病诊断和预防的应用

近些年,随着医学相关科技的进步与健康管理理念的变化,人们的观念从以疾病为中心向以健康为中心转变,越来越重视预防,疾病诊断策略由事后诊断转为希望事前预测与预防。疾病的早期诊断和预防成为个体化、精准化医学模式的一个重要方向。

5.5.1 生物传感器和离子敏传感器在疾病诊断中的应用

生物标志物是一类用来标记生物学或生物化学事件的指示物,它预示着疾病的亚临床期或疾病自身的一种表现。当疾病发生时,多个生物学过程将受到影响,造成调节通路失调,相关物质的含量发生明显变化。一些物质可以作为判断疾病发生和分型、监测疾病严重程度、预测个体发病风险、筛查高危人群发病情况的重要指标,具有广泛性、特异性和预警性等特点。对生物标志物的特异性分析是对疾病进行诊断的常见方法。

1. 癌症生物标志物

癌症是严重威胁人类健康与生存的一类恶性疾病,该类疾病一旦发病,患者往往预后较差,具有较高的致死率。癌症生物标志物是癌细胞在癌症所处阶段不正常表达的生物分子,可存在于癌细胞、血液、尿液及其他生物体液中,被广泛用于诊断癌症发生、病程及预后。通过对癌症生物标志物的有效识别,可实现对癌症的预测或辅助诊断,对改善癌症患者的预后及提高生存率具有重要临床意义。

癌症生物标志物主要分为蛋白质和核酸两种类型。蛋白类标志物是预后标志物，DNA 标志物提供肿瘤生长信息，无法在癌症早期进行检测。表 5-5-1 列举了几种常见癌症的癌症标志物。

表 5-5-1　几种常见癌症的癌症标志物

癌症名称	癌症生物标志物
乳腺癌	BRCA-1，BRCA-2，CA-15-3，CEA，CA27.29，EGFR，Ereb2，HER2，miR-155，miR-261，VEGF165，Mucin-1
肝癌	AFP，miR-100b-5p，mir-122，HCCR01，α-Fetoprotein
肺癌	CEA，CA19-9，SCC，NES，miR-106a-5p，miR-10b-5p，KRAS，ALK
卵巢癌	Ca115，HER4，miR-92-miR-93-miR126，Mesothelin
前列腺癌	PSA，miR-103a，miR-106a-miR-107，Pro2PSA，PCA3，p63，GSTP1

2. 癌症诊断中常用的传感器

1) DNA 传感器

又称基因传感器，它以 DNA 分子为敏感元件，以脱氧核糖核酸（DNA）和核糖核酸（RNA）的序列杂交为原理基础。已知序列的基因探针（通常为单链 DNA 分子，ssDNA）固定在传感器表面，通过基因探针与另一条序列互补的目标 ssDNA 杂交，形成双链 DNA（dsDNA），其杂交过程及产生的变化通过换能器转化为便于分析的信号。DNA 探针的结构主要有单链互补 DNA（ssDNA）探针、发夹 DNA（hpDNA）探针、肽核酸（PNA）、锁定核酸（LNA）等。

2) 核酸适配体传感器

核酸适配体是一段单链 DNA 或短 RNA 序列，序列利用指数富集的配体系统进化技术（Systematic Evolution of Ligands by Exponentia，SELEX）从核酸分子文库中分离得到。与 RNA 相比而言，DNA 稳定性好且不容易被降解，因此 DNA 适配体常被用于生物传感器。作为合成抗体，核酸适配体通过自身的折叠形成特殊的三维结构确保了对目标物的高亲和性及特异性识别，其折叠结构可以包裹小分子目标物，对于大分子目标物，折叠的适配体可与其特殊的表面位点相结合。适配体识别目标物的过程类似于抗体识别抗原的过程。由于经过筛选富集，适配体反应灵敏度与抗原-抗体反应类似。相对于抗体，使用核酸适配体构成生物传感器存在多种优势：易于体外合成和修饰，可以摆脱细胞系和动物选择的限制，成本低廉；热稳定性良好；具有低免疫性和低毒性。适配体被认为是一种可用于癌症诊断和治疗的重要分子工具。

3) 免疫传感器

免疫传感器以免疫反应为原理基础，以抗原、抗体为生物敏感元件。在电化学免疫分析中，固定在电极上的抗体（Antibody，Ab）与抗原（Antigen，Ag）发生特异性结合导致电化学反应。DNA 传感器、适配体传感器和免疫传感器都是基于亲和力的生物传感器，在使用中可分为无标记类型和有标记类型。对于免疫传感器来说，无标记免疫传感器在检测过程中无须提前对抗体或者抗原进行标记，根据抗体和抗原之间的特异性反应，免疫复合物的物理、化学性质发生改变，可直接进行分析测定。标记型免疫传感器需要在检测前对抗原或抗体进行标记，如使用放射性核素、化学发光剂、金属离子、酶等，通过检测标志物的信号间接实现定量分析，有夹心法和竞争法两种，示意图如图 5-5-1 所示。三明治结构是标记型免疫传感器在癌症标志物检测设计的常见结构，这种结构通过捕获抗体（一抗，Ab_1）与传感器表面结合用以捕获和分离抗原，由带有标志物的标记抗体（二抗，Ab_2）与抗原结合，形成"Ab_1-Ag-Ab_2"的夹心结构，产生可用于检测的、与待检测物相关的信号。

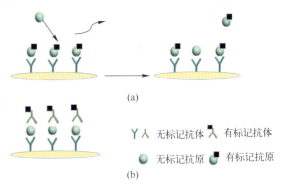

图 5-5-1　竞争法和夹心法示意图
（a）竞争法；（b）夹心法。

3. 癌症诊断中常用的换能方式

1）电化学传感器

电化学传感器为固定各种生物受体提供了优良的传感平台，是基于生物传感器的癌症诊断研究中报道最多的种类之一，它具有可靠性高、操作简便、检测下限低和成本低廉等优点。在电化学传感器中，与靶目标-生物受体相互作用有关的生化反应发生在工作电极的表面，这些反应或变化可直接或间接转换为电信号。常用的检测、显示电信号的电化学方法主要包括循环伏安法（Cyclic Voltammetry，CV）、差分脉冲伏安法（Differential Pulse Voltammetry，DPV）、方波伏安法（Square Wave Voltammetry，SWV）、电化学阻抗谱（Electrochemical Impedance Spectroscopy，EIS）等。EIS 被认为是电化学生物分子检测的首选方法，由于在电极表面的受体与生物标志物产生特异性反应对电极表面的电子转移效率产生影响，使得电极表面的电子转移电阻和阻抗谱发生变化。

有研究者[47]设计了一种无标签的电化学适配体传感器。抗 VEGF165RNA 适配体在固定聚苯胺（Polyaniline，PANI）/CNT 复合物上，与丝网印刷碳电极（Screen Pnnted Carbon Electrode，SPCE）结合检测癌症标志物 VEGF165。传感器具有较宽的线性范围（0.5pg/mL～1μg/mL），检测下限为 0.4pg/mL，并且经过多次测量后，其生物条件、选择性和重现性方面也表现出良好的稳定性。PANI/CNT 纳米复合物的制备与 VEGF165 在传感器表面的组装流程如图 5-5-2 所示。

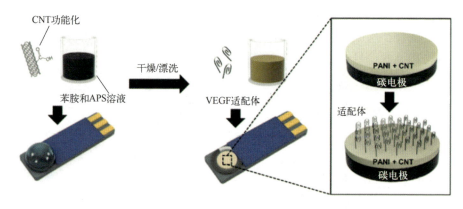

图 5-5-2　PANI/CNT 纳米复合物的制备与 VEGF165 在传感器表面的组装流程示意图

2）光学传感器

光学传感器是一种基于光发射/吸收的传感器，它通过测量波长等变化检测生物反应引起的样本变化。多种类型光学传感器可用来检测抗原-抗体、配体-受体、蛋白质-核酸等生物分子的相互作用，在癌症检测领域具有广泛应用，如荧光共振能量转移（Fluorescence Resonance Energy Transfer，FRET）、表面等离子共振（Surface Plasmon Resonance，SPR）/局部表面等离子共振（Localized Surface Plasmon Resonance，LSPR）、比色法（Colorimetric Assays）及化学发光（Chemiluminescence，CL）。

FRET 是激发荧光团（供体）和吸收荧光团（受体）之间的非辐射能量转移，FRET 受到供受体分子之间光谱重叠程度等因素影响，一般供体-受体间距离只有 10～100Å。FRET 可以与核酸构成具有荧光标记的探针，在癌症诊断与治疗研究中具有高灵敏度、高选择性、抗复杂环境干扰等优势。SPR 由金属表面自由电子在入射光激发下发生震荡而产生,是一种表面敏感的检测技术,可以直接测量抗原抗体在溶液表面的相互作用,无需对分析物进行标记,并且可以进行实时分析及多种分子相互作用的多参数检测。LSPR 利用金属纳米材料为等离子体共振材料使信号传感被限制在局部区域发生,纳米尺度结构特点的 LSRP 能够实现样品中小分子、微生物体、蛋白质的高灵敏检测分析。比色法主要通过肉眼可见的颜色变化识别检测物质的有无。基于金纳米颗粒比色法由于其检测方法简单、颜色变化迅速,常被用来实现对蛋白质、DNA、金属离子等的检测。CL 的本质是化学反应中的化学能转化为光能。两反应物发生化学反应时形成激发态的中间产物,其返回到基态时伴随光子释放,从而产生发光现象。发光强度降低或增敏程度与待分析物浓度具有一定线性关系。化学发光生物传感器具有高可检测性与测量简单的优点。

3) 压电传感器

石英是分析应用(如电气、机械和生物化学应用)中最常见和最合适的晶体材料。石英晶体微天平(Quartz Crystal Microbalance,QCM)利用压电效应将石英晶体表面的质量变化信息转化为谐振频率变化信息,能够实时纳克级别的质量检测,灵敏度高。在 QCM 制作中,金/银通常通过气相沉积制成 QCM 电极。在电极表面发生的生物分子识别特异性反应保证了 QCM 应用在癌症生物标志物检测时的选择性。QCM 是检测核酸序列的潜在工具。有研究[48]开发了基于石英晶体微天平的基因传感器用以检测乳腺癌基因 BRCA1,通过结合受体 DNA 探针(DNA-r)与金纳米颗粒团簇(AuNPC)的改进的"三明治"结构识别 BRCA1 靶向探针 DNA(DNA-t)。该 QCM 压电传感器具有良好的灵敏度,检测限为 10amol/L,可以成为检测 BRCA1 的潜在工具。另有研究显示压电微悬臂梁传感器(Piezoelectric Microcantilever Sensors,PEMS)实现了在乳腺癌血清中检测 HER2,并表现出高灵敏度,能够检测到血清中大于 2ng/mL 的 HER2 生物标志物。

4) 信号放大方法

对于电化学和光学传感器的设计,生物受体与传感器表面的结合是决定传感器检测灵敏度的重要步骤。由于发生在传感器表面的生物化学反应产生的信号十分微弱,从实际应用的角度出发,需要对传感器表面反应进行信号放大用以改善传感器的灵敏度和检测下限。

纳米材料应用于传感器表现出明显的信号放大功能,有促进传感器表面的生物分子固定,作为标志物产生并放大信号或进行催化反应、加速电子传递的效果。研究中常用的纳米材料有金纳米颗粒（Gold Nanoparticles，AuNP）/金纳米团簇、氧化石墨烯（Graphene Oxide，GO）、多壁碳纳米管（Multi-walled Carbon Nanotube，MWCNT）及纳米线、量子点（Quantum Dot，QD）等。AuNP 具有电化学生物传感所需的所有属性，被认为是构建生物传感器的理想元件。纳米粒子大小能够影响 DNA 探针、适配体或抗体的稳定吸附。CNT 由于其较大的比表面积和疏水性，可提高蛋白质、脂肪族分子吸附亲和力和电导率。GO 碳表面与 ssDNA 的碱基的 π-π 相互作用使其成为共振能量转移的优选受体，是荧光传感器中常用的信号放大材料。

对于电化学传感器，氧化还原介体可用来提高生物复合物到电极表面的电子传递速率，从而改善传感器的敏感性。$Fe[(CN)6]^{3-/4-}$ 是癌症诊断中广为应用的氧化还原介体，无副作用。亚甲蓝（Methylene Blue，MB）与生物复合物结合可以增加电子传递速率，通常用作适配体传感器的电活性氧化还原指示剂。

生物活性酶既可以作为识别元件也可以作为信号放大工具。通过酶促反应，痕量 DNA 或 RNA 可以达到指数扩增效果，从而增加信号分析的负载量而达到放大信号的作用。聚合酶链反应（Polymerase Chain Reaction，PCR）、滚环扩增技术（Rolling Circle Amplification，RCA）、循环酶扩增法（Cyclic Enzymatic Amplificution Method，CEAM）和链置换扩增（Strand Displacement Amplification，SDA）等是研究中常用的放大方法。

4. 离子敏传感器用于检测阿尔茨海默病

国外的一项研究[49]利用果蝇细胞和扩展栅极离子敏感场效应晶体管（Extended Gate Field Effect Transistor，EG-ISFET）传感器通过唾液无创筛查阿尔茨海默病（Alzheimer's Disease，AD）。果蝇味觉神经元细胞中的味觉受体基因 Gr5a 通过 PCR 扩增后固定在 EG-ISFET 传感器表面，可以特异识别唾液中 AD 的潜在生物标志物海藻糖，具有高灵敏度和稳定性。这项研究收集了来自正常人、AD 患者及帕金森患者的 20 份唾液样本，结果显示这种基于细胞的 EG-ISFET 传感器可以成功筛查出 AD 患者。

5.5.2　生物和离子敏传感器在疾病预防中的应用

1. 生物传感器对病原微生物的检测

病原微生物，尤其是强致病性病原微生物，是威胁人类健康的重要因素之一。对病原微生物进行快速、准确的检测，预防该类疾病的发生、发展及扩散，对维护个人健康及公共卫生安全具有重要意义。

临床上，传统病原微生物分析方法主要有酶联免疫吸附试验（Enzyme Linked Immunosorbent Assay，ELISA）、PCR、时间分辨荧光免疫分析（Time-resdved Fluoroimmunoassay，TRFIA）等。然而，这些检测在实际应用中也存在一些问题：PCR 为代表的核酸扩增检测技术虽然成熟，但样品的预处理比较复杂，需要对核酸分离纯化，不适合现场检测；免疫学方法可以通过抗体检测病原微生物的特异蛋白，但该方法灵敏度和特异性不高；光学的检测技术可实现生物分子的实时响应，但该技术特异性较差，容易受到其他物质的干扰，且只能分辨生物气溶胶和非生物气溶胶，无法对细菌种类进行区分。电化学生物传感器被广泛用于疾病早期预防诊断研究，具有操作简单、快速、反应灵敏和所需样本量少等特点，在病原微生物检测方面具有现场实时监测和快速检测的巨大潜能。

基因传感器和免疫传感器是病原微生物检测常用的类型。基因传感器普适性较强，DNA 探针的设计和获取相对容易，能够方便替换 DNA 探针以实现对不同病原微生物的检测。免疫传感器可以特异性地识别病原微生物的特异性蛋白质，实现对活病毒的直接检测。纳米材料由于其独特的吸附性能及良好的生物相容性，能够为传感器结构的多样性提供界面修饰方案，放大分析信号，提高传感器的灵敏度，起到加快电子传递速率、固定生物分子、催化反应等作用，常被应用于病原微生物传感器设计。

1）生物传感器对病毒的检测

病毒由一种单链或双链的核酸长链（DNA 或 RNA）和蛋白质外壳组成。病毒必须寄生于活细胞内以复制方式增殖，同时对宿主细胞产生破坏。目前，电化学生物传感器能够实现对临床常见病毒的检测，如甲型肝炎病毒（Hepatitis A，HAV）、乙型肝炎毒性（Hepatitis B，HBV）、人乳头瘤病毒（HPV）及人体免疫缺陷病毒（Human Immunodeficiency Virus，HIV）。

肝炎病毒传染性强、传播途径复杂、流行面广泛、发病率较高，是肝病和肝癌的主要病因之一。有研究者[53]构建了一种具有对 HBV 高灵敏度和稳定性的简化电化学 DNA 传感器，Cu-MOF/ErGO 纳米复合物用于捕获 HBV DNA，其中，电还原氧化石墨烯（ErGO）作为信号放大材料，Cu-MOF 通过共价连接对 DNA 表现出良好的亲和力。在理想情况下，该传感器对 HBV DNA 的测定具有优异性能，线性范围为 50.0fmol/L～10.0nmol/L，检测下限为 5.2fmol/L。相对于其他研究报道的电化学 HBV DNA 生物传感器，此传感器表现出了更高的灵敏性能。此外，用该传感器测量人血清和尿液样本中的 HBV DNA，其结果表现良好。另一个研究[54]设计了基于一次性电极的、可快速（几分钟）识别 HAV 的电化学传感器，通过嵌套逆转录聚合酶链反应（nRT-PCR）设计的 HAV 特异性 ssDNA 探针（捕获探针）修饰金电极，利用循环伏安法监测指示剂三丙胺（Tripropylamine，TPA）的氧化峰电位来测量电极上的 DNA 杂交情况，如图 5-5-3 所示。该传感器互补 ssDNA 的检测限为 0.65pmol/L，病毒 cDNA 的检测限为 6.94fg/μL。

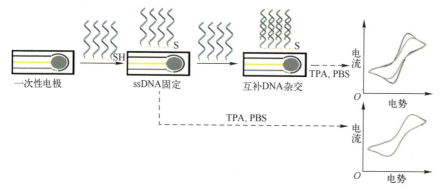

图 5-5-3　一次性电极 HAV DNA 生物传感器制备与检测流程图

HPV 是一种短链 DNA 病毒，大多数感染患者可通过免疫系统自发消除病毒，但是在一定情况下，HPV-16 和 HPV-18 引起约 70% 的宫颈癌，其中 HPV-16 主要引起鳞状细胞癌，而 HPV-18 主要引起腺癌，是 HPV 中最具致癌性的两种类型。研究者[55]通过电学表征提高用于检测 HPV-18 毒株的电化学 DNA 生物传感器的有效性，传感器使用了金叉指型电极，使用 3-氨基丙基三乙氧基硅烷（3-AminopropyHriethoxysilane，APTES）溶液对其进行表面修饰，在器件表面形成胺基团，以促进 DNA 探针的附着和固定。

HIV 即艾滋病（Acquired Immunodeficiency Syndrome，AIDS，获得性免疫缺陷综合征）病毒，是造成人类免疫系统缺陷的一种慢性病毒。HIV 现有 HIV-1 和 HIV-2 两型，两者包膜糖蛋白不同，其中 HIV-1 是最常见的致病类型。研究者[56]利用石墨烯-Nafion 复合膜设计一种阻抗式 HIV-1 DNA 传感器，ssDNA 吸附在有石墨烯-Nafion 修饰的玻碳电极表面，在测量 HIV-1 时，电极表面固定的 ssDNA 探针与靶 DNA 结合形成双链 dsDNA，随着 dsDNA 从生物传感器表面释放，电极/电解质界面上的负电荷增加了电极对 $[Fe(CN)_6]^{3-/4-}$ 氧化还原对的电子转移电阻，电子转移电阻的降低与 HIV-1 基因的浓度呈对数正比关系。该石墨烯-Nafion 生物传感器对 HIV-1 基因检测具有良好的选择性、可接受的稳定性和重现性，检测限为 2.3×10^{-14} mol/L。

2) 生物传感器对细菌的检测

细菌也是造成人疾病发生的一种主要病原微生物,其基本结构主要包括细胞壁、细胞膜、细胞质与核质体。对环境、食品中的细菌快速有效检测,减少与机体接触的可能性,是对机体疾病预防的重要手段。

大肠埃希菌(Escherichia Coli)也叫作大肠杆菌,感染者会伴随出现腹部疼痛、不同程度的腹泻、恶心、低烧等症状。传染途径主要有被污染的食物、水源和人与人之间的接触等。有研究[57]构建了一种夹心结构的电化学免疫传感器,该传感器以 GO-Ag 纳米颗粒复合物(P-GO-Ag)为标志物,在金电极表面借助半胱氨酸的交联作用将 AuNPs 修饰于电极表面,作为大肠埃希菌抗体附着的有效基质,分析物和探针(P-GO-Ag-Ab)可以被连续捕获到该传感器上,通过 GO 的高负载能力和 AuNPs 促进电子转移率,信号放大效果显著。在优化的检测条件下,该免疫传感器菌体浓度对数的检测范围为($50\sim10^6$)CFU/ml,检测限为 10CFU/ml,在检测湖水中大肠埃希菌时取得了令人满意的结果。

阪崎肠杆菌(Enterobacter Sakazakii)又称阪崎氏肠杆菌,可寄生在人和动物的肠道内,是一种条件致病菌,对新生儿的健康危害严重,能引起严重的新生儿脑膜炎、小肠结肠炎和菌血症[58]。有研究者[59]结合丝网印刷碳电极制造了一次性免疫电化学传感器用以实现对阪崎肠杆菌的快速检测。传感器电极以 MWCNT/Nafion 进行修饰,将阪崎杆菌抗体用离子液体(BMIM)PF_6/nafion 复合物标记并包埋固定到电极上进行测定。在优化的检测条件下,传感器检测阪崎肠杆菌的线性范围为 $10^3\sim10^9$ CFU/mL,检出限为 3.4×10^2 CFU/mL($S/N=3$),具有很好的潜在应用价值。

沙门氏菌(Salmonella)是一种常见的食源性致病菌,食用沙门氏菌污染的食品,可使人发生食物中毒。据统计,在世界各国的各类细菌性食物中毒中,沙门氏菌引起的食物中毒常列居第一位。一项研究[60]设计了一个基于 PCR 侧流层析(mPCR-LFB)的生物传感器的多重快速检测系统,该系统能够识别疑似携带者的伤寒沙门氏菌(S.Typhi)和副伤寒沙门氏菌 A(S.Paratyphi A),其检测下限为分别为 10 和 100CFU/mL。图 5-5-4 所示为 mPCR-LFB 生物传感器原理示意图。mPCR-LFB 大小为 5mm×73mm,在基板上有 5 个样品捕获点,从右向左分别为参照点、S.Typhi 靶点、S. Paratyphi A 靶点、内部放大控制参照点和泛 Salmonella 靶点。链霉素和素-胶体金偶联物与扩增子结合后,在样品暴露 15-20min 后相应条带上出现红色点显示。与常规琼脂糖凝胶电泳方法相比,mPCR-LFB 的分析灵敏度更高,速度更快,同时具有高特异性,在快速检测方面具有应用价值。

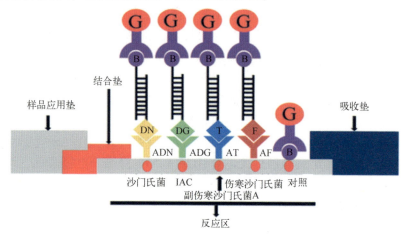

图 5-5-4 mPCR-LFB 生物传感器原理示意图

G—链霉亲和素-胶体金偶联物;B—生物素;DN—二硝基苯;ADN—抗-二硝基苯;
IAC—内部放大控制;DG—地高辛;ADG—抗-地高辛;T—得克萨斯红;
AT—抗-得克萨斯红;F—FITC。

2. 离子敏传感器对药物浓度的测量

传统的给药方式是通过推荐剂量平均给药,但是在实际应用中可以发现,同样的药物对不同患者个体的疗效不同,部分患者服药后不能达到预期效果,甚至有些患者会出现毒性反应,威胁身体健康。治疗药物浓度监测通过对血液、尿液或唾液等机体体液中药物及其代谢物浓度的测试,能够探索个体血药浓度,推广个体化治疗方案,为临床安全有效用药提供依据,在患者疾病治疗效果预测以及疾病预后恢复中起到重要作用。一项研究[61]设计了一个用以检测体液中阿替洛尔离子选择电极,电极中使用离子液体增塑膜 PVC 膜,不溶于水的阿替洛尔四氮唑(对氯苯基)硼酸盐离子对络合物作为离子交换剂。该电极可以在宽 pH 值范围内使用(3.0~9.0),并且成功在血清和尿液样本中测定阿替洛尔的回收率。

5.6 生物相容性相关问题

5.6.1 传感器及医疗器械植入机体的宿主反应

体内(植入式或部分插入式)传感器是生物医学传感器在医学和临床应

用中一种常见形式,植入的形式使得传感器更加接近靶目标,可以获得更直接的生物医学信息或者进行更加直接的治疗。然而,当人体植入医疗装置时,医疗装置或其所用的生物材料会对人体的细胞、组织或器官造成创伤,继而诱发机体对损伤的反应,相关机制被激活以维持机体的稳态。机体对植入物的这些反应,其程度决定了稳态被扰乱的程度、病理生理状态的范围。植入到人体的医疗设备或其所用的生物材料的生物相容性是影响机体宿主反应程度的重要因素。医疗设备植入人体后发生的间歇性/连续性宿主反应主要过程为创伤、凝血、炎症反应及修复和重建。

1. 凝血

血液是医疗设备/生物材料植入到人体后最先接触到的"组织",血管内皮细胞损伤和伴随的血液渗漏引起血液凝固,丝状纤维蛋白包裹血小板栓子并捕获附近的红细胞形成血栓。在医疗设备植入到人体后的几分钟到几小时内,血管组织的损伤也会立刻导致植入部位暂时性的基质形成,这个暂时性基质提供了创伤愈合过程中的结构和生物化学成分,主要由纤维蛋白、炎性产物、激活的血小板、炎症细胞及内皮细胞组成。

2. 炎症反应

所有的植入体在植入部位愈合的过程中在一定程度上都会发炎,被认为是创伤愈合的第二个阶段。炎症通常被定义为血管活化性组织对局部创伤的反应,表现为局部组织的发红、肿胀、发热和疼痛。

在医疗设备植入到机体引发创伤的短时间内就会引起急性炎症。急性炎症持续的时间相对较短,根据创伤程度其持续的时间通常为几分钟至几天,主要表现是体液和血浆蛋白的渗出。急性炎症期的代表性细胞是中性粒细胞,在炎症反应过程中,促进中性粒细胞迁移的趋化因子在炎症反应的早期被激活,使中性粒细胞从血管迁移到血管周围组织和植入部位。如果植入时间较长,持续的炎症刺激将导致慢性炎症。慢性炎症期的植入部位组织中的组织学样品中以单核细胞/巨噬细胞、淋巴细胞与血浆细胞居多。

3. 修复与重建

在植入物植入到机体后1天内,植入部位的成纤维细胞和血管内皮细胞增殖并开始形成粉色的肉芽组织,标志着创伤开始愈合。在植入部位周围的组织学图像中可以看到新生的小血管和增殖的成纤维细胞,这些是肉芽组织形成的特征。植入性异物的存在诱发了机体的异物反应。异物反应是一种特殊的炎症性组织反应,它主要涉及异物巨细胞和肉芽组织的形成。纤维包囊会将植入装置或生物材料及形成于交界异物包裹起来,使植入物和异物反应的局部组织与周围环境隔离。纤维化/纤维包囊的形成被认为是植入体造成创伤的愈合反应的最终阶段。异物反应和肉芽组织的形成是对植入到体内的医用设备或生物材料正常的创伤愈合反应。

如图 5-6-1 所示为植入体在机体内引起的炎症反应、肉芽组织形成、异物反应中的各类细胞随时间变化的分布趋势。

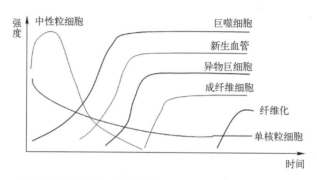

图 5-6-1　植入体在机体内引起的炎症反应、肉芽组织形成、异物反应中的各类细胞随时间变化的分布趋势

5.6.2　传感器的生物相容性及其评价

植入性医疗设备在使用中会与人体体液、组织和器官短期或长期接触，需要评价材料和器械的生物相容性。任何生物医疗器械投入市场和临床应用之前，必须建立其生物相容性评价（由生产厂家测试和记录），并且要被相应的管理机构所批准以保证医疗器械在使用条件下必须是安全和有效的。在我国，国家食品药品监督管理局修订了比较全面的生物相容性评价体系，对接触类及植入类医疗器械都给出了相应的参照指标，具体可参看 GB/T16886.1~GB/T16886.19 中的"医疗器械生物学评价"部分。

1. 生物相容性的定义

生物相容性可定义为医疗器械在特定的应用中发挥其功能的同时具有恰当的宿主反应能力。根据植入体植入到宿主发生的血液-材料相互作用与组织-材料相互作用，通常生物相容性可以分为组织相容性和血液相容性。其中组织相容性也称为一般生物相容性，组织相容性评价和生物相容性评价可被视为同义词。血液相容性可以定义为一种材料或器械在与血液接触行使其功能时不会引起排异反应的特征。

2. 生物相容性评价

生物相容性评价是一种测试方法，检测在决定宿主反应的稳态机理中不良反应的程度和持续时间。对于组织相容性和血液相容性都有体内评价和体外评价两类方法。直接接触试验、琼脂扩散试验和浸提液法（也称为浸提稀释）是三种用于组织相容性的体外评价基本方法。这三种方法都属于细胞培养试验方法，能够通过观察细胞形态的改变来判定结果，但这三种方法在受试材料与细胞接触的方式上有所不同：受试材料可以直接或者通过浸提液与细胞接触。在实际应用中可以根据受试材料的特性、试验方法的原理及生物相容性评价数据进行方法选择。

从医学和临床应用的实际角度出发，医疗设备组织相容性的体内评价主要目的是确保医疗设备在植入体内使用过程中既可以实现预期功能，同时又不能对佩戴者产生严重危害。围绕这个目的，通过模拟临床应用条件进行试验，评价、预测医疗设备是否会对患者存在潜在的危害是组织相容性体内评价的主要内容。体内组织相容性试验包括致敏、刺激、皮内反应、全身毒性（急性毒性）、亚慢性毒性（亚急性毒性）、遗传毒性、植入、血液相容性、慢性毒性、致癌性、生殖和发育毒性、生物降解和免疫反应等。医疗设备及生物材料可以按照与人体接触的部位性质和时间来分类，如图5-6-2所示，有助于选择符合条件的体内评价试验。也有些医疗设备可能不只属于一种分类，需要考虑到每一种分类所适用的试验方法。

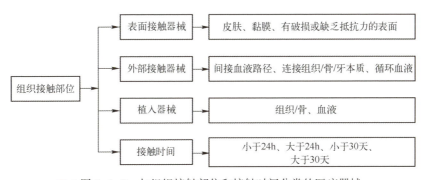

图 5-6-2 与组织接触部位和接触时间分类的医疗器械

3. 血液相容性评价

血栓形成是与血液接触的医疗设备的不良事件。在血液和设备材料相互作用过程中，通常认为无黏附的血小板、无血栓附着及无血小板微粒释放属于血液相容性良好，相反，如果存在许多黏附的血小板、血管内皮表面被血栓覆盖及大量的血小板微粒释放，则属于血液相容性较差。

血液-材料相互作用评价的体外试验包括将血液或血浆置于由受试材料制成的容器中，或让再循环血液流过一个放置有受试材料的流式小室，血液在严格模拟生理流动条件下与生物材料接触。体内评价可以利用动物实验进行，常见的方法有动静脉（A-V）分流动物实验或动脉与动脉（A-A）分流动物实验。

5.6.3 植入式传感器的生物相容性

1. 生物相容性对植入式传感器性能的影响

不同于体外测试数据，当植入式生物传感器植入到人体后，普遍存在性能下降甚至功能失效的现象，无法进行长期使用。对于这种现象，除了传感器本身元器件的原因，另一个导致其性能下降或失效的重要因素是植入到人体的传感器引发了传感器/组织的交界面的相互作用，包括血液反应、组织反应及免疫反应等一系列异物反应，使得植入式传感器表面形成了蛋白与细胞黏附的生物淤积与致密的纤维包囊，它们阻挡了体液中的被测物质向传感器表面的有效传递。这也是导致植入式传感器无法长期使用的关键因素。

以针型植入式葡萄糖传感器为例，当传感器的针型结构植入到人体皮下组织时，机体在植入的瞬间启动相应的机制，通过炎症、异物反应等过程在传感器/组织交界面形成生物淤积与纤维包囊，如图5-6-3所示。在植入式葡萄糖检测皮下葡萄糖的过程中，微血管是葡萄糖的主要来源，血管中的葡萄糖主要通过扩散作用传输至皮下组织液，植入式葡萄糖传感器通过与组织间液葡萄糖反应进行葡萄糖浓度的检测。由于生物淤积和致密、微血管数量少的纤维包囊几乎持续存在于整个植入周期，导致其阻挡了葡萄糖的传输，对传感器性能产生负面影响。

有研究者[62]将无孔聚乙烯醇（Polyvinyl Alcohol，PVA）和不锈钢笼植入到大鼠的皮下组织，利用荧光素钠（376g/mol）模拟小分子物质，观察得到荧光素钠通过植入物纤维包囊的扩散量是正常（如皮下）组织的50%。也有研究[63]通过植入式葡萄糖传感器传输的数学模型对传输过程进行模拟分析，探讨包囊的存在对传感器滞后时间和衰减的影响，以便从理论上进一步帮助了解异物反应过程对葡萄糖传感器性能的影响。数学模型主要涉及的参数包括血管生成、细胞葡萄糖消耗、包囊厚度、包囊扩散系数和包囊孔隙率。模型以毛细血管为葡萄糖来源，炎症细胞视为葡萄糖消耗，纤维包囊是对葡萄糖扩散存在主要影响的部位。结果显示纤维包囊厚度是影响传感器滞后时间的主要因素，但是对传感器响应的衰减影响不大，另外，两个主要的降低传感器衰减的因素为纤维包囊密度的降低与血管生成数量的增多。

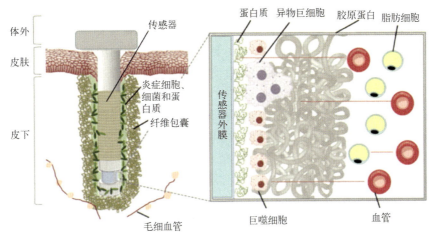

▼ 图 5-6-3　植入式葡萄糖传感器异物反应示意图

2. 影响植入式传感器生物相容性的因素

1）植入物表面形貌

植入物表面形貌是影响植入式传感器生物相容性的重要因素。其中，对植入传感器外膜多孔化是一种被广泛接受的可以减小异物反应、改善生物相容性的方式。研究表明当植入材料或传感器外膜多孔化后，其周围组织产生的纤维包囊密度降低、血管数量相对增加，并且不同的孔径大小也会对其产生影响。我们在有关植入式葡萄糖传感器保护膜设计的相关研究中也讨论了多孔壳聚糖膜为外膜对组织相容性的影响[64]。

（1）壳聚糖（Chitosan，CS）膜与体内生物相容性。

将制备好的 CS 膜裁剪成 5mm×5mm 大小。24 只大鼠按 4 个观察期（8 天、15 天、34 天和 63 天）随机分为四组。通过手术在大鼠脊柱左右侧的肌肉内锐性植入三种材料 CS、Nafion 与聚丙烯，聚丙烯作为阳性对照材料，在颈部和脊柱两侧皮下植入 CS 膜。皮下植入的 CS 膜样本，脊柱左侧的做降解实验，右侧的做组织切片。

在体皮下植入的 CS 膜在开始阶段降解的比较剧烈，前两周存在 15% 左右的降解，之后 9 周内降解比较缓和。根据组织形态学分析，8 天后取材发现皮下组织与 CS 膜结合松散，容易脱落，组织均有出血现象，15 天后 CS 膜变脆易碎，34 天后皮下组织与 CS 膜结合紧密难以脱落，中间形成明显白色致密不透明物，CS 膜软化不易碎。显微镜下观察可见 8 天实验组部分肌肉组织充血水肿，炎症细胞以淋巴细胞和中性粒细胞为主，纤维包膜与肌肉组织界限模糊，15 天组纤维包膜界限较 8 天组明显，成纤维细胞增多，淋巴细胞减少，CS/Nafion 膜周围新生血管增加，可见少量胶原纤维弥漫在成纤维细胞之间，34 天组纤维包膜成分主要为梭状细胞核的成纤维细胞，63 天组实验材料周围纤维包膜中细胞数目明显减少，以胶原成分为主，包膜组织更加致密。

对形成的纤维包膜厚度进行分析可见，对于植入的材料，15 天、34 天、63 天组纤维包膜厚度比 8 天组降低，差异具有统计学意义（$P<0.05$），而前三者均无统计学意义；63 天时，皮下植入的 CS 膜周围纤维包膜的厚度比肌肉植入 CS 膜和 Nafion 膜的高，差异具有统计学意义（$P<0.05$）；肌肉植入的 CS 膜和 Nafion 膜周围纤维薄膜的厚度差异没有统计学意义（$P>0.05$）；与对照材料聚丙烯相比，三者均无统计学差异。结果显示，CS 膜皮下植入在 63 天后形成的纤维包膜比肌肉植入形成的要厚；15 天后实验组形成纤维包膜的厚度与对照组聚丙烯膜相比，没有统计学差异（$P>0.05$）。

植入式传感器外层膜设计的优化是提高其生物相容性继而改善传感器性能的关键，外层膜作为传感器与组织的接口，形成植入物-组织界面，决定着异物反应的程度并最终决定着在体传感器的性能。本实验的结果显示，CS 膜在体内的降解速度比较慢，可以用于制作长期植入体。

（2）多孔壳聚糖膜（Porous Chitosan Menmbrane，PCSM）复合体皮下植入的生物相容性。如图 5-6-4 所示为多孔膜复合体 PCSM-Nafion 和 PCSM-PTFE 截面。皮下植入实验为随机分组设计，共 28 只大鼠，每只大鼠植入 4 个材料。PCSM-Nafion 和 PCSM-PTFE 作为实验材料植入，同时将 PCSM、Nafion、PTFE 分别单独植入，作为对照材料。

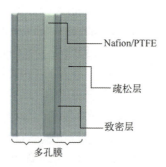

图 5-6-4　多孔膜复合体 PCSM-Nafion 和 PCSM-PTFE 截面

对 PCSM 内胶原与血管分析可得，缔组织成分在 PCSM 内部随植入时间变化，膜内血管增生也是一个动态过程。Masson 染色提示胶原成分沉积。在 PCSM 内部，PCSM-Nafion 和 PCSM-PTFE 植入体的 PCSM 内部胶原含量的变化趋势一致，45/35 天与 65 天、100 天三个时间点都经历了先减少，后增加的过程，但是没有统计学差异（$P>0.05$）。在三个时间点，PCSM-PTFE 植入体 PCSM 内部的胶原含量比 PCSM-Nafion 的明显要高，但只有 65 天时差异有统计学意义（$P=0.0018$）。结果显示，PCSM-Nafion 植入体 PCSM 内部的胶原含量在 45 天前后稳定，而 PCSM-PTFE 的含量在 35 天前后就稳定。

通过 Masson 染色和 HE 染色对膜内血管增生进行分析。结果显示，PCSM-PTFE 植入体 PCSM 内部的血管密度用两种染色方法分析结果一致，35 天时达到最大值，但 65 天前后趋于稳定（约 0.8%）；PCSM-Nafion 植入体 PCSM 内血管密度 45 天后有轻微增长趋势，65 天前后趋于稳定（约 1.8%）；PCSM-Nafion 植入体 PCSM 内血管密度在所有时间点均比 PCSM-PTFE 要高。

植入体表面胶原含量与血管密度分析及膜内外两者的比较结果可见，对植入体 PCSM 表面 100μm 以内胶原含量的定量分析，PCSM-Nafion 植入体 PCSM 表面纤维包膜中胶原含量在 65 天时比 45 天明显变小（$P=0.038$），而 65 天与 100 天相比没有统计学差异；PCSM-PTFE 植入体 PCSM 表面胶原含量从 35 天到 65/100 天经历了先增加后减少的过程，但是三者均没有统计学差异。PCSM-PTFE 膜外胶原含量为 47.8%，是 PCSM-Nafion 膜外的 2 倍，差异有统计学意义（$P=0.005$）。

比较 PCSM-Nafion/PCSM-PTFE 膜外膜内胶原含量差异结果显示，除了在 100 天时，其余时间节点 PCSM-Nafion 与 PCSM-PTFE 膜外胶原含量约大于膜内含量。PCSM-Nafion 多孔膜表面胶原含量在 65 天后稳定，而 PCSM-PTFE 在 35 天后就稳定。光滑表面的 Nafion 和 PTFE 周围形成的纤维包膜中胶原含量远比 PCSM 周围形成的要高，但是差异随时间变小；PCSM-Nafion 多孔膜表面胶原含量在所有时间点均比 PCSM-PTFE 的要小。两种 PCSM 复合体，膜外胶原含量均比膜内胶原含量要高，但是差异随时间变小。

对 PCSM-Nafion 与 Nafion 膜外血管密度分析可见，PCSM-Nafion 多孔膜外血管密度在 100 天时分别是 45 天、65 天的 2 倍和 2.7 倍（$P=0.002$）；Nafion 膜外血管密度 100 天时仅仅是 65 天的 2/5，差异有统计学意义（$P=0.002$）。100 天时，PCSM-Nafion 多孔膜外血管密度为 4.04%，比光滑 Nafion 膜外血管密度 1.05% 约高 3 倍，差异有统计学意义。PCSM-Nafion 多孔膜内外血管密度进行比较可知，光滑 Nafion 周围血管密度随时间变小；而多孔复合体 PCSM 周围血管密度随时间增加。PCSM-Nafion 膜外血管密度比膜内血管密度大，但是差异随时间变小。对植入体表面纤维包膜厚度的分析可以看出，PCSM-Nafion 植入复合体与单独 Nafion 或 PTFE 植入材料表面形成的纤维包膜，该包膜的厚度在一个月后基本都稳定，而在 100 天时间点，PCSM-Nafion 周围形成的纤维包膜最薄。因此，我们可以得出结论，其中一方面为当 PCSM-Nafion/PTFE 复合体长期皮下植入，随着组织长入 PCSM 内部，膜内胶原沉积比膜外少，而且膜内血管密度比膜外高，但是膜内外的差异随时间减小；与光滑 Nafion 和 PTFE 相比，PCSM 的存在明显降低了纤维包膜的致密性（膜外胶原成分降低），增加了血管增生而且在 100 天后膜外血管密度依然高达（4.04±2.07）%。

2) 其他植入式传感器生物相容性的因素

植入式传感器的大小、形状、密度、植入部位等会影响其植入到生物体后的生物相容性。一般来说，植入式传感器越小，对血管的破坏越小，引起的异物反应越轻，生物相容性就较好。有研究将矩形基板植入到大鼠皮下组织 20 个月后发现，植入物的四角组织处纤维包囊厚度明显比平面部分薄，表明传感器的几何形状可能是影响生物相容性的一个因素。

传感器外膜材料的选取也是影响植入式传感器生物相容性的常见因素，不同的外膜材料本身由于其生物相容性特性不同，会导致传感器的生物相容性有差异。有很多天然高分子材料被认为具有较好的生物相容性，如壳聚糖（Chitosan）、葡聚糖（Dextran）、胶原（Collagen）等，人工合成的高分子聚合物有 Nafion、聚氨酯（Polyurethane，PU）、聚乳酸（Polylactic Acid）等。

在我们前面的研究中也发现，虽然 PCSM-Nafion 膜和 PCSM-PTFE 膜都是以 PCSM 为外膜直接接触皮下组织，但是从血管面积比和胶原面积比来说，PCSM-Nafion 膜的生物相容性优于 PCSM-PTFE 膜，如图 5-6-5 所示，这可能意味着植入材料的应力持续影响组织重塑，PCSM-Nafion 膜的杨氏模量相对于 PCSM-PTFE 膜更加接近于皮下组织，因此异物反应得到更好的调节，这个在体实验的结果与之前的研究一致。

除了被动包被，具有主动释放功能的涂层也可以提高生物相容性，常用的涂层材料有地塞米松（Dexamethasone，DX）、血管内皮生长因子（Vascular Endothelial Factor，VEGF）、DX/VEGF 结合、一氧化氮（NO），它们可以抑制局部炎症反应，促进血管生成，最终减少纤维包囊的形成。

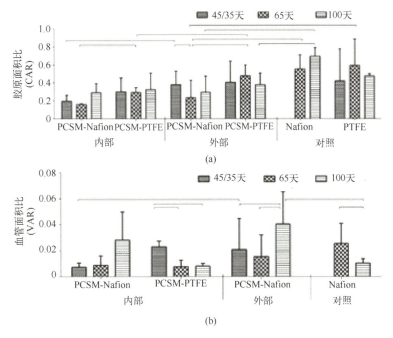

图 5-6-5 复合材料的组织学评估
(a) 植入物内外胶原蛋白沉积；(b) 植入物内外血管生成。

参 考 文 献

[1] 彭承琳. 生物医学传感器原理及应用 [M]. 北京：高等教育出版社, 2000.

[2] 贾伟平. 持续葡萄糖监测 [M]. 上海：上海科学技术出版社, 2017.

[3] 王平, 刘清君, 陈星. 生物医学传感与检测 [M]. 杭州：浙江大学出版社, 2016.

[4] 王平, 叶学松. 现代生物医学传感技术 [M]. 杭州：浙江大学出版社, 2005.

[5] 侯文生. 生物医学传感与检测原理 [M]. 北京：电子工业出版社, 2020.

[6] 李世普. 生物医用材料导论 [M]. 武汉：武汉理工大学出版社, 2000.

[7] 王平, 沙宪政. 生物医学传感技术 [M]. 北京：人民卫生出版社, 2018.

[8] 吴国强, 吴国梁, 陈国松, 等. 离子选择电极在临床检验中的应用 [M]. 南京：南京大学出版社, 2017.

[9] 迪伊 K C. 组织-生物材料相互作用导论 [M]. 黄楠, 译. 北京：化学工业出版社, 2005.

[10] 巴迪·D. 拉特纳. 生物材料科学：医用材料导论 [M]. 顾忠伟, 刘伟, 俞耀庭, 等 译. 北京：科学出版社, 2011.

[11] 杨延,华邓成. 可穿戴传感器应用、设计与实现[M]. 北京:机械工业出版社,2020.

[12] 王同明. 生物化学检测技术[M]. 南京:江苏科学技术出版社,1997.

[13] 周新,府伟灵. 临床生物化学检验[M]. 北京:人民卫生出版社,2007.

[14] 罗炎杰,冯玉麟. 简明临床血气分析[M]. 北京:人民卫生出版社,2009.

[15] 尹一兵,倪培华. 临床生物化学检验技术[M]. 北京:人民卫生出版社,2005.

[16] 李莉,胡志东. 临床检验仪器[M]. 北京:中国医药科技出版社,2019.

[17] 刘清君. 基于手机的电化学生物传感技术[M]. 北京:科学出版社,2017.

[18] CHEN C, ZHAO X L, LI Z H, et al. Current and emerging technology for continuous glucose monitoring[J]. Sensors, 2017, 17(182).

[19] PALCHETTI I. New trends in the design of enzyme-based biosensors for medical applications[J]. Mini-Reviews in Medicinal Chemistry, 2016, 16(14):1125-1133.

[20] KUCHERENKO I S, TOPOLNIKOVA Y V, SOLDATKIN O O. Advances in the biosensors for lactate and pyruvate detection for medical applications: a review[J]. Trends in Analytical Chemistry, 2018.

[21] SAYLAN Y, ZGÜR E, DENIZLI A. Recent advances of medical biosensors for clinical applications[J]. Med Devices Sens, 2020.

[22] GAO W, EMAMINEJAD S, NYEIN H Y, et al. Fully integrated wearable sensor arrays for multiplexed in situ perspiration analysis[J]. Nature, 2016, 529:509-514.

[23] HE W Y, WANG C Y, WANG H M, et al. Integrated textile sensor patch for real-time and multiplex sweat analysis[J]. Science Advances, 2019, 5:eaax0649.

[24] TANG L, CHANG S J, CHEN C J, et al. Non-invasive blood glocuse monitoring technology: a review[J]. Sensors, 2020, 20(6925).

[25] LI P, LEE G H, KIM S Y, et al. From diagnosis to treatment: recent advances in patient-friendly biosensors and implantable devices[J]. ACS Nano, 2021, 15:1960-2004.

[26] BOBROWSKI T, SCHUHMANN W. Long-term implantable glucose biosensors[J]. Current Opinion in Electrochemistry, 2018, 10:112-119.

[27] SEHIT E, ALTINTAS Z. Significance of nanomaterials in electrochemical glucose sensors: an updated review[J]. Biosensors & Bioelectronics, 2020, 159:112165.

[28] MANDPE P, PRABHAKAR B, GUPTA H, et al. Glucose oxidase-based biosensor for glucose detection from biological fluids[J]. Sensor Review, 2020, 40(4):497-511.

[29] OCVIRK G, BUCK H, VALL S H. Electrochemical glucose biosensor for diabetes care[J]. BIOREV, 2016.

[30] HEYMOURIAN H, BARFIDOKHT A, WANG J. Electrochemical glucose sensors in diabetes management: an updated review(2010-2020)[J]. Chem. Soc. Rev, 2020.

[31] REBRIN K, SHEPPARD N, STEIL G M. Use of subcutaneous interstitial fliud glucose to

estimate blood glucose: revisting delay and sensor offset [J]. Journal of Diabetes Science and Technology, 2010, 4 (5): 1087-1098.

[32] REBRIN K, STEIL G M. Can interstitial glucose assessment replace blood glucose measurements? [J]. Diabetes Tethnology&Therapeutics, 2000, 2 (3): 461-472.

[33] GUO J H, HUANG X W, MA X. Clinical identification of diabetic ketosis/diabetic ketoacidosis acid by electrochemical dual channel test strip with medical smartphone [J]. Sensors and Actuators B-Chemical, 2018, 275: 446-450.

[34] ARAKAWA T, KUROKI Y, NITTA H. Mouthguard biosensor with telemetry system for monitoring of saliva glucose: a novel cavitas sensor [J]. Biosens Bioelectron, 2016, 84: 106-111.

[35] SHA P J, LUO X J, SHI W H, et al. A smart dental floss for biosensing of glucose [J]. Electroanalysis, 2019, 31 (5): 791-796.

[36] OH S Y, HONG S Y, JEONG Y R, et al. A skin-attachable, stretchable electrochemical sweat sensor for glucose and pH detection [J]. ACS Appl Mater Interfaces, 2018, 10 (16): 13729-13740.

[37] ZHAO Y, ZHAI Q, DONG D, et al. Highly stretchable and strain insensitive fiber-based wearable electrochemical biosensor to monitor glucose in the sweat [J]. Anal Chem, 2019, 91 (10): 6569-6576.

[38] ASCASO F J, HUERVA V. Noninvasive continues monitoring of tear glucose using glucose sensing contact lense [J]. Optometry and Vision Science, 2016, 93 (4): 426-434.

[39] GAO W, NYEIN H Y Y, SHAHPAR Z, et al. Wearable microsensor array for multiplexed heavy metal monitoring of body fluids [J]. ACS Sensors, 2016, 1 (7): 866-874.

[40] HE W, WANG C, WANG H, et al. Integrated textile sensor patch for real-time and multiplex sweat analysis [J]. Science Advances, 2019, 5 (11): eaax0649.

[41] NYEIN H Y Y, TAI L C, NGO Q P, et al. A wearable microfluidic sensing patch for dynamic sweat secretion analysis [J]. ACS Sensors, 2018, 3 (5): 944-952.

[42] KIM J, RAMIREZ G V, BANDODKAR A J, et al. Non-invasive mouthguard biosensor for continuous slivary monitoring of metabolites [J]. Analyst, 2014, 139: 1632-1636.

[43] ALHARTHI S D, BIJUKUMAR D, PRASAD S, et al. Evolution in biosensor for cancers biomarkers detection: a review [J]. Journal of Bio-and Tribo-corrosion, 2021, 7: 42.

[44] AKBAR K, ALI A, ENSIEH V, et al. Electrochemical biosensors for the detection of lung cancer biomarkers: a review [J]. Talanta, 2020, 206: 120251.

[45] MITTAL S, KAUR H, GAUTAM N, et al. Biosensors for breast cancer diagnosis: A review of bioreceptors, biotransducers and signal amplification strategies [J]. Biosensors & Bioelectronic, 2017, 088: 217-231.

[46] ANTIOCHIA R. Developments in biosensors for CoV detection and future trends [J]. Bio-

sensors & Bioelectronics, 2021, 173: 112777.

[47] PARK Y, HONG M S, LEE W H, et al. Sensitive electrochemical aptasensor for detecting the VEGF165 tumor marker with PANI/CNT nanocomposites [J]. Biosensors, 2021, 11 (114).

[48] RASHEED P A, SANDHYARANI N. Quartz crystal microbalance genosensor for sequence specifc detection of attomolar DNA targets [J]. Anal Chim Acta, 2016, (905): 134-139.

[49] LAU H C, LEE I K, KO P W, et al. Non-invasive screening for Alzheimer's disease by sensing salivary sugar using drosophila cells expressing gustatory receptor (Gr5a) immobilized on an extended gate ion-sensitive field-effect transistor (EG-ISFET) biosensor [J]. PLoS ONE, 2015, 10 (2): e0117810.

[50] 齐佳伟, 许丽, 闻艳丽, 等. 电化学生物传感器在高致病性病毒检测中的应用 [J]. 中国测试, 2020, 10 (46): 59-71.

[51] 王纯, 张若鸿, 杨洋, 等. 电化学生物传感器在细菌病原体检测中的应用及发展趋势 [J]. 卫生研究, 2021, 1 (50): 168-172.

[52] QURESHI A, NIAZI J H. Biosensors for detecting viral and bacterial infectioins using host biomarkers: a review [J]. Analyst, 2020, 145: 7825-7848.

[53] LIN X F, LIAN X, LUO B B, et al. A highly sensitive and stable electrochemical HBV DNA biosensor based on ErGO-supported Cu-MOF [J]. Inorganic Chemistry Communications, 2020, 119: 108095.

[54] MARISA M, SARA V, SANDRA M, et al. Rapid and label-free electrochemical DNA biosensor for detecting hepatitis A virus [J]. Biosensors & Bioelectronics, 2018, 100: 89-95.

[55] AKHIR M A M, PARMIN N A, HASHIM U, et al. Voltammetric DNA biosensor for human papillomavirus (HPV) strain 18 detection [C]. IOP Conference Series: Materials Science and Engineering, 2020, 864: 012166.

[56] GONG Q, YANG H, DONG Y, et al. A sensitive impedimetric DNA biosensor for the determination of the HIV gene based on graphene-Nafion composite film [J]. Biosensors & Bioelectronics, 2015, 7 (6): 2554-2562.

[57] JIANG X, CHEN K, WANG J, et al. Solid-state voltammetry-based electrochemical immunosensor for Escherichia coli using grapheme oxide-Ag nanoparticle composites as labels [J]. Analyst, 2013, 138 (12): 3388-3393.

[58] 陈晓恒, 王淼, 陆绍红. 碳纳米生物免疫传感器在病原体检测中的应用 [J]. 中国寄生虫学与寄生虫病杂志, 2015, 33 (2): 135-141.

[59] 赵广英, 张晓, 窦文超, 等. 一次性免疫传感器快速检测阪崎肠杆菌的研究 [J]. 传感技术学报, 2011, 24 (7): 959-965.

[60] AMALINA Z N, KHALID M F, RAHMAN S F, et al. Nucleic acid-based lateral flow bio-

sensor for salmonella typhi and salmonella paratyphi: a detection in stool samples of suspected carriers [J]. Diagnostics, 2021, 11, 700.

[61] SHAMSIPUR M, JALALI F, HAGHGOO S. Preparation of an atenolol ion-selective electrode and its application to pharmaceutical analysis [J]. Analytical Letters, 2007, 38 (3): 401-410.

[62] SHARKAWY A A, KLITZMAN B, TRUSKEY G A, et al. Engineering the tissue which encapsulates subcutaneous implants. I. Diffusion properties [J]. J Biomed Mater Res, 1997, 37: 401.

[63] NOVAK M T, YUAN F, REICHERT W M. Modeling the relative impact of capsular tissue effects on implanted glucose sensor time lag and signal attenuation [J]. Anal Bioanal Chem, 2010, 398: 1695.

[64] LIU B J, MA L N, SU J, et al. Biocompatibility assessment of porous chitosan-nafion and chitosan-PTFE composites in Vivo [J]. Biomed Mater Res Part A, 2014: 102A: 2055-2060.

[65] JABLECKI M, GOUGH D A. Simulations of the frequency response of implantable glucose sensors [J]. Anal Chem, 2000, 72: 1853.

第6章

新型生物和离子敏传感器的发展

6.1 概 述

近年来新型生物和离子敏传感器发展迅速。首先,生物传感器被引入电子舌的传感器阵列中,提出了生物电子舌的概念。生物电子舌继承了生物味觉组织的检测性能,并在检测性能方面显著优于化学传感器阵列,可以更好地模拟生物味觉。其次,微流控芯片也被广泛应用于离子的定量测定和分析,为解决传统离子测定方法的局限性提供了新的途径和技术手段。这种传感系统通过微流控技术可以将样品处理、校准和检测等步骤集成在一个芯片上,对系统的微型化和便携式具有重要意义。此外,器官芯片作为一种新型技术手段,通过与细胞生物学、生物材料和工程学等多种方法相结合,可以在体外模拟构建包含有多种活体细胞、功能组织界面、生物流体和机械力刺激等复杂因素的组织器官微环境,反映人体组织器官的主要结构和功能特征。将其中的二维细胞替换成三维细胞或类器官则衍生出类器官芯片。传感器具有丰富的载体形式,一方面,生物和离子敏传感器植入人体内,可以连续地检测体内临床相关信息,通过持续的监测,可以实时动态地了解使用者的基本健康状况,并且通过微弱的变化实现疾病的预警和早期筛查以及病人体内药物动力学研究;另一方面,许多可穿戴式设备同样集成了生物和离子敏传感器,可以实时持续地测量人体汗液、泪液等含有的生理信息,并能实时监控各项生理参数。这些设备测量方式快速便捷，并且完全无创，具有广泛的应用领域和良好的发展前景。

6.2 生物电子舌的发展

6.2.1 生物和人工味觉感知系统

天然生物感官是设计和构造人工感知系统的灵感来源。生物味觉系统以其高敏感度和选择性在味质识别与风味评价中至关重要。生物味觉的启发已经成为人工味觉感知系统设计、工作原理和参数选择的基础，使人工味觉感知系统能够模拟生物味觉的独特性质。

味觉感知始于口腔中的味蕾，这些味蕾广泛分布于舌、上颚等部位，人的口腔中大约有 2000~5000 个味蕾，不同位置的味蕾结构功能相似。每个味蕾含有 50~100 个紧密排列的味觉受体细胞，味觉细胞的纤毛从顶部味孔伸出，接收外界化学刺激。味觉传入神经将味觉信息从味蕾传达至大脑，最终形成味觉感知。单个味蕾含有 100~200 个细胞，按照超微结构特征、蛋白质标记和不同的功能可分为 Ⅰ 型、Ⅱ 型和 Ⅲ 型细胞和基底细胞。味觉细胞表面带有不同的受体，每种受体都专门负责一种味觉，综合起来，每个味蕾都能分辨所有的味觉。其中，Ⅰ 型细胞呈片状，包裹味蕾内其他味觉细胞，能够降解胞外神经递质，并表达上皮钠离子通道（Epithelial Sodium Channel，ENaC）受体，与咸味的感受相关。Ⅱ 型细胞，又称味觉受体细胞，表达有苦味、甜味或鲜味感受相关的 G 蛋白偶联受体。另外，Ⅱ 型细胞还分泌神经递质 ATP 用于细胞间通信。与 Ⅰ 型、Ⅱ 型细胞不同的是，Ⅲ 型细胞拥有突触，因此也被称为突触前细胞，能够与味觉传入神经形成突触；此外，Ⅲ 型细胞表达有瞬时受体电位（Transient Receptor Potential，TRP）通道如 PKD2L11/PKD1L3 异二聚体等，与酸味的感受相关。基底细胞，有时也称为 Ⅳ 型细胞，是未分化或未成熟的味觉细胞。

咸味（钠、钾离子等）和酸味（有机酸、无机酸）通过直接激活离子通道型受体来感知，而苦味、甜味和鲜味则由味觉受体（Taste Receptors，TRs）激活引起。TRs 属于七段跨膜 G 蛋白偶联受体家族，具有相同的结构特征和转导机制。具体来看，味觉受体第一家族 T1Rs 介导甜味和鲜味的感知，它包括 T1R1、T1R2、T1R3 三个成员。T1R2 和 T1R3 以异二聚体形式共表达参与甜味识别，而 T1R1 和 T1R3 也以异二聚体形式共表达参与鲜味识别。而苦味是由味觉受体第二家族成员 T2Rs 介导的。目前已知人类有 25 种苦味受体，小鼠有 35 种。如图 6-2-1 所示，苦、甜和鲜味的感知是由 α-gustducin 和 Gβ3/γ13 组成的三聚体 G 蛋白介导。释放的 Gβγ 激活磷脂酶 C 异构体 β2（Phospholipase C β2，PLCβ2），随后诱导肌醇 1,4,5-三磷酸（Inositol 1,4,5-triphosphate，IP_3）和二酰基甘油（Diacylglycerol，DAG）的产生；IP3 作为第二信使激活 IP3 受体，这是一种细胞内离子通道，允许 Ca^{2+} 从细胞内内质网储存中释放到细胞内。细胞内 Ca^{2+} 浓度的增加随后激活瞬时受体电位，这是一种质膜定位的钠选择性通道，可导致去极化和随后激活电压门控钠通道（Na^+通道）。升高的 Ca^{2+} 浓度和膜去极化共同作用打开了由 CALHM1 和 CALHM3 以及泛连接蛋白 1（pannexin1）通道组成的钙稳态调节剂通道，从而导致神经递质 ATP 的释放。同时，α-gustducin 激活磷酸二酯酶，催化第二信使环 AMP（cAMP）水解为 AMP。

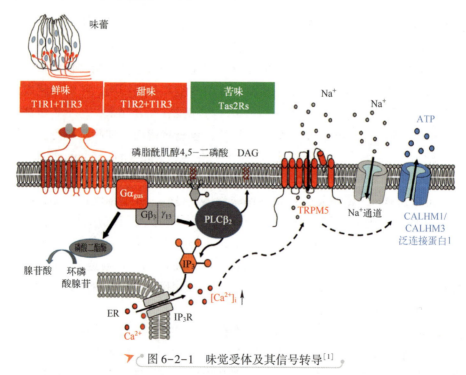

▲ 图 6-2-1　味觉受体及其信号转导[1]

味道是一种多模态感知，是大脑对味觉、口腔体感和鼻后嗅觉信号整合的结果。在味觉信号级联反应中，味觉受体细胞起关键作用。味觉受体独特的结合特性为味觉分子提供了独特的选择性。因此,以味觉受体为基础的生物传感器在模拟哺乳动物舌头对不同味觉的选择性和敏感性方面具有无可比拟的优势。味觉编码是特定的味觉物质与受体相互作用的过程,涉及一系列复杂的刺激和潜在的迭代。味觉受体细胞和味觉组织可以被来自不同物质的许多配体刺激。此外,感觉神经元还可以通过对感受器传递的生化信号作出反应来揭示味觉识别特性。

在仿生物机制的生物传感器中,受体部分模拟了生物感知机制,以生物传感器阵列的形式实现。它们能够以不同的方式对特定的物质做出反应,经过适当的信号处理和数据分析,可以从样品中获得样品的整体信息。换能器在此过程中起到了将生物信号转换为对有用分析信号的作用。大多数报道的生物电子舌采用生物传感器,基本上基于伏安/安培、电位和压电转换的原理。例如,通过使用安培酶生物传感器,可以直接观察到氧化还原反应转化为电流的分析信号。在电位传感器中,通过测量离子通过膜扩散产生的电位值来产生信号。将适用的生物传感器与化学计量工具相耦合,可以从相似的基质成分混合物中解卷积复杂的分析信号。上述提到的化学计量学工具是传统的模式识别技术,本质上是线性的,但如果所考虑的传感器具有明显的非线性特性,这种技术可能会受到某种程度的限制。建立多变量响应模型的典型化学计量学方法有模式识别、偏最小二乘、主成分分析和多变量分析,如人工神经网络。从生物传感器阵列获得的多维数据集可以使用定性和定量方法进行处理,并进一步评估模型性能。具体而言,主成分分析是最常见的定性建模方法,它既可以作为一种预处理步骤,也可以作为一种定性的可视化工具;而更高级的定性建模可以使用偏最小二乘判别分析、线性判别分析或支持向量机来实现。在定量应用方面,使用多元线性回归或主成分回归可以建立更简单的模型。其他更强大的方法,如偏最小二乘法或人工神经网络,可以提供更好的结果。数据分析的最新趋势主要与三线性方法的使用有关,如用于定性分析的平行因子分析,以及用于定量模型的多向偏最小二乘法。数据处理阶段通常包括三个不同的步骤:权重调整、信号压缩和建模。这些分析系统受到哺乳动物味觉感觉能力的启发,其中一些受体可以以不同的方式对多种物质做出响应。然后,将此原理与类似于大脑功能的复杂数据处理阶段相结合,从而可以对大量分析物进行量化或分类。与常规方法不同,这些仿生系统采用低选择性传感器阵列的组合,这些阵列具有交叉响应特征,从而在生成分析信息时获得对多种物质的综合响应。

6.2.2 基于味觉功能材料的生物电子舌

尽管各种新的化学传感器系统被不断提出，但电子舌的检测指标难以达到生物味觉感受系统的灵敏度和特异性。为了进一步提升电子舌的性能，丹麦皇家兽医和农业大学的 Erik Tonning 等[2]首次将生物传感器引入电子舌的传感器阵列中，提出了生物电子舌的概念。生物电子舌继承了生物味觉组织的检测性能，与电化学传感器阵列相比，可以更好地模拟生物味觉。

生物电子舌主要由两部分组成：生物功能部件和微纳传感器。其中，生物功能部件作为敏感元件，与目标物质结合并产生特异性的响应；微纳传感器作为换能器，将响应信号转化为更易于处理的光、电等物理信号。根据生物敏感元件的不同，生物电子舌可以分为基于味觉组织、细胞和受体的生物电子舌。生物敏感元件作为生物活性部分的应用，使高灵敏、高特异性地获取生物活性分析物的信息成为可能。

1. 基于组织的生物电子舌

在味觉系统中，味觉受体在舌上皮组织中保存良好，这使得模拟体内过程成为可能。与培养的细胞相比，其完整的组织易于获取，且味觉编码网络结构保存较完整。组织生物传感器的电位变化通常用微电极阵列（Microelectrode Array，MEA）传感器来记录。MEA 芯片可用于多通道记录味觉响应信号，以进行时空分析。此外，它们还具有同步检测多个细胞信号的优点，便于并行地对记录的信息进行比较分析。浙江大学王平团队[3]在国际上率先提出了以味觉上皮组织为敏感元件、以微电极阵列作为换能器的生物电子舌，如图 6-2-2 所示。首先对味觉舌上皮组织进行免疫染色等生物学表征，然后利用多通道微电极阵列记录味觉细胞对味觉刺激的动作电位。通过电生理信号分析，探究酸、甜、苦、咸、鲜的时空分布，并且通过主成分分析方法实现了基本口味的不同类别区分，为味觉物质的检测与识别提供了有效和可靠的平台。此外，该团队进一步在组织水平上对甜和酸之间的二元味觉相互作用进行了定量评估。四种特性使个体的味觉感受独一无二，而这都可以利用基于舌上皮组织的仿生味觉传感器的时频模式来表征，并且所测得的酸、甜感受阈值及 EC_{50} 值与人类感官评价也基本吻合[4]。

但值得指出的是，在生物传感器的设计中，传感器的灵敏度和组织的生物活性等因素应予以重视。生物组织作为不同细胞类型的多细胞结构，通过相互作用提供特定的生物功能。恰当的体外共培养对于解释发生在不同生物组织中的内部机制是必要的，这包括细胞生理学、细胞间信号通路、细胞外

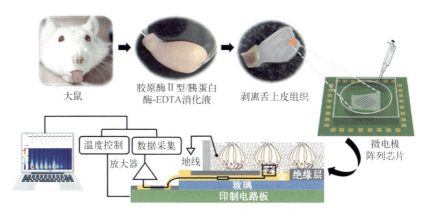

▼ 图6-2-2 基于味蕾组织与微电极阵列的生物电子舌

基质的几何形状和组成。

细胞可以通过物理连接和化学信号相互通信,激活各种信号通路,从而影响细胞的功能和行为。在味蕾中,味觉细胞通过旁分泌信号将味觉信息传递给神经元。韩国科学技术研究院 Jun Su Yun 等提出了味觉细胞和神经元的共培养方法[5],能够监测味觉信号的细胞间传递。他们利用由单链 DNA、聚乙二醇和磷脂结合而成的互补 DNA 连接物,将其锚定在神经细胞和味觉细胞膜上,以介导细胞的自组装,形成一个具有味觉功能的多细胞单元。当苦味刺激作用于自组装的味觉神经元细胞簇时,观察到味觉细胞和神经元的顺序性钙内流反应。由于味觉细胞和神经细胞之间的细胞间距离足够近,可以将味觉细胞释放的旁分泌信号分子传递给邻近的神经元。另外,韩国科学技术研究院 Trang Huyen Le-Kim 等[6]进一步证实,应用琼脂糖凝胶是在神经元-味觉细胞的共培养中抑制味觉物质对神经元直接刺激的有效方法。他们通过在味觉细胞紧密组装的神经元上形成琼脂糖凝胶皮肤,以通过阻止味觉物质向神经元的扩散来选择性刺激味觉细胞。这项研究表明琼脂糖凝胶皮肤是在多种类型的细胞共培养中增加细胞反应的信号选择性的一种简单、快速且有效的方法。生物体的组织和神经作为潜在的味觉生物传感器的敏感元件,在研究细胞间相互作用的过程中,尝试模拟生物舌头的神经元和味觉受体细胞的共培养是必不可少的一步。这种模仿生物舌头的共培养系统对于研究内在细胞对味觉物质的反应和开发新一代生物电子舌至关重要。

2. 基于细胞的生物电子舌

基于细胞的生物电子舌利用味蕾中的原代味觉感受细胞、表达有人类味觉受体的异源表达系统、内源性表达味觉受体的永生细胞系等构建而成。

基于细胞的生物电子舌由表达味觉受体的活细胞和用于监测细胞信号的换能器组成,能够更精确地模拟自然感觉和神经传递系统。基于味觉受体细胞的传感器开发的一个瓶颈是获取功能性味觉感知细胞和优化换能器耦合技术。这要求传感器能对特定味觉刺激作出响应,并能将化学信号有效地转化为可测量的细胞和分子反应。获得功能性 TR 细胞的主要方法可分为以下三类:①直接从动物味蕾分离原代 TR 细胞,这些细胞能够对风味物质中存在的化学信号做出反应,通常直接从 SD 大鼠的舌上皮中分离出来;②从非口腔组织提取并且培养的内源性表达味觉受体的细胞以及内源性表达味觉受体的永生细胞系,如心肌细胞、结肠癌细胞等;③异源表达功能性 TR 的哺乳动物生物细胞系,这些细胞与细胞内味觉转导所必需的分子共表达。根据细胞的性质不同,可以选择不同的微纳传感器作为换能器,如微电极阵列(MEA)、光寻址电位型传感器(LAPS)、细胞电阻抗传感器(ECIS)等。研究表明,味觉受体 T1Rs 和 T2Rs 不仅仅在口腔中存在,在胃肠道、呼吸道、睾丸、大脑、心脏、血管等非口腔组织和器官中也广泛表达。因此,将表达有味觉受体的细胞或组织作为味觉敏感元件,根据其生理特性与不同的传感器耦合,可以构建一些新型生物电子舌,适用于不同的应用研究领域[7]。

浙江大学王平团队开发了基于呼吸道平滑肌细胞(Airway Smooth Muscles,ASM)与细胞阻抗传感器(ECIS)的生物电子舌[8],如图 6-2-3 所示。采用细胞阻抗传感器可以观察细胞贴附于器件表面的特性,并监测细胞在刺激作用下贴壁以及骨架、形态变化等特性。G 蛋白偶联受体与配体结合导致桩蛋白移位,细胞膜褶皱,引起细胞形态变化。这些变化可通过阻抗传感器检测,并通过细胞指数(CI)进行反映。为了应对抗哮喘药物开发中面临的药物靶点单一、受体脱敏等问题,团队利用 RT-PCR 技术和免疫荧光染色技术探究了苦味受体在 ASM 细胞中的异位表达。他们利用苦味受体诱导 ASM 细胞舒张的特性,将苦味受体作为抗哮喘药物靶点,结合 ASM 与细胞阻抗传感器,提出并构建了抗哮喘中药检测评价的仿生味觉传感器。细胞阻抗定量检测结果表明,所检测的三种苦味中药在不同浓度范围内均以浓度依赖方式诱导了 ASM 舒张,该系统也显示了较高的灵敏度。与其他技术方法比较,基于呼吸道平滑肌细胞的生物电子舌具有操作简单、高通量、可实时、无创监测等优势,可用于抗哮喘中药的定量检测评价,并且所筛选的抗哮喘中药具有活性成分天然、靶点多、副作用小等优点。

王平团队还开发了基于心肌细胞与 MEA 阵列的生物电子舌,如图 6-2-4 所示。据文献报道,啮齿类动物的心脏中表达有味觉受体,包括鲜味受体和 7

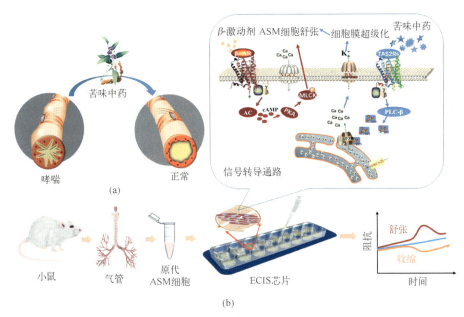

图 6-2-3　基于呼吸道平滑肌细胞与细胞阻抗传感器的生物电子舌
(a) 苦味中药介导哮喘治疗；(b) 生物电子舌用于抗哮喘检测评价原理。[8]

种苦味受体（T2R108/120/121/126/135/137/143）。由于心肌细胞特有的电兴奋特性，因此，王平团队选择利用大鼠乳鼠原代心肌细胞为敏感元件，并结合微电极阵列细胞电位传感器，首次提出并构建了一种基于心肌细胞的离体仿生生物电子舌[9]，对味觉物质进行检测。心肌细胞在 MEA 芯片表面，形成了用于电位传导的细胞网络，并且修饰过的 MEA 芯片具有良好的生物相容性。由于心肌细胞自发产生动作电位时，产生瞬时跨膜电位和离子电流，会引起电极电位的变化。采用 MEA 芯片来检测细胞的生物电活动，具有长期、无损等优势。实验表明，苦味物质和鲜味物质可以激活心肌细胞上的味觉受体，通过信号级联通路诱导局部 Ca^{2+} 响应，激活瞬时受体电位阳离子通道，引起 Na^+ 内流、细胞膜去极化。其中，Ca^{2+} 参与心肌细胞兴奋-收缩偶联，Na^+ 与动作电位的幅值有关。为了验证基于心肌细胞的电子舌的特异性，对不同味觉物质刺激下心肌细胞的电兴奋响应进行了探究。结果表明，基于心肌细胞的生物电子舌可以用于苦味和鲜味物质的检测，并且其信号响应能够通过算法区分开。

此外，生物电子舌越来越多地使用功能性生物工程细胞系，这种细胞系外源性表达特定类型的味觉受体。例如将目的基因 Gα15、T1R2/T1R3 成功导

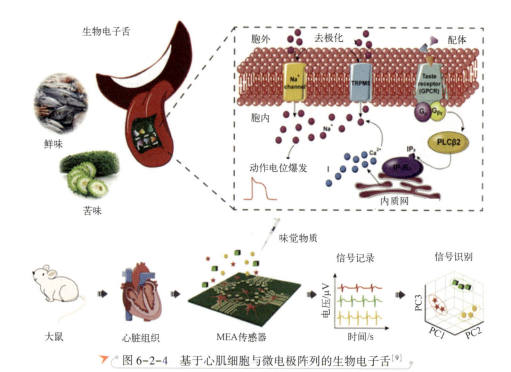

图 6-2-4 基于心肌细胞与微电极阵列的生物电子舌[9]

入 HEK-293 细胞中并使其稳定表达,为在细胞水平上甜味机理的体外研究提供了稳定的细胞来源。此外,王平团队利用 T2R4 苦味受体表达的生物工程化的 HEK-293 细胞构建了基于 LAPS 的生物芯片[10]。该芯片通过可移动的聚焦激光照射在所需的单个细胞上进行功能分析,结果表明该受体在一定浓度范围内对其天然靶分子表现出剂量依赖性响应。

然而基于细胞的生物电子舌存在一些缺点,如生物活性差、稳定性不高、异源细胞系统受体转染效率低等,这些问题限制了其广泛应用,并构成了基于细胞的生物电子舌的主要瓶颈。未来,该领域的研究应重点放在开发获得功能性味觉受体细胞的新技术以及与换能器结合的便捷高效的方法上。与基于细胞的生物电子舌有关的趋势主要集中在以更廉价和更有效的方式对细胞进行生物工程采集,从而加速了仿生传感器的发展。细胞和换能器的耦合技术也是影响基于细胞的生物传感器的决定性因素。未来,纳米技术和微细加工技术的发展可能有助于细胞与换能器的偶联,以提高偶联效率,并且随着组织再生、三维和四维打印等新技术的引入,将细胞生长到三维多功能平台上将变得更加容易,这将推动新一代基于细胞的生物传感器的发展。

3. 基于受体的生物电子舌

最近在味觉转导机制方面的研究进展，对基于受体的生物电子舌的发展产生了重大影响。在人类舌头的味蕾中，味道的编码依赖于味觉物质与细胞中味觉受体或离子通道的特异性相互作用。甜味、苦味和鲜味受体不仅在味蕾中表达，在非口腔组织和器官中也有表达。味觉受体通常是从功能性味觉受体表达的细胞中提取的，在医学领域中作为相关的药物靶点，并且可以检测到各种各样的配体，因此味觉受体被用作生物传感识别元件。与基于细胞的生物传感器一样，基于受体的生物传感器设计的关键阶段是获取纯化受体并将其固定在换能器上的效率。味觉受体的成功提取被认为是 B-ETs 发展的关键点，这涉及依赖硅胶色谱柱或离心机的纯化技术。鉴于仿生传感器中功能性味觉受体的重要特性，迫切需要优化跨膜受体的纯化技术并将其固定在换能器上。此外，这还涉及对换能器表面进行适当的修饰，以确保功能性膜受体能够有效固定。最简单、最方便的解决方案是物理吸附方法，然而，由于控制吸附分子的化学和物理性质的问题，它们的缺点是稳定性和再现性低。而使用自组装单分子层（Self-Assembled Monolayer，SAMs）可以有效改善受体固定在换能器上的有效性和稳定性。SAMs 的高稳定性和适体（核酸配体）的高特异性的结合构成了经典固定技术的一种有效替代方法。

如图 6-2-5 所示，浙江大学王平团队利用无细胞蛋白表达系统合成了苦味受体 T2R4 并在芯片上进行了纯化[11]。值得一提的是，无细胞蛋白质表达系统具有巨大的潜力，系统中包含转录、翻译的全部元件，如 T7 RNA 聚合酶、核糖体、折叠元件等，加上核酸模板（DNA 或者 mRNA），无须活细胞即可以进行蛋白合成，能够实现受体分子特别是膜受体的快速高效表达。所设计的受体分子能够保持其天然结构以及对特定化学信号做出响应的能力，并且提供了与换能器敏感区域高效偶联的直接位点，几乎消除了无关蛋白质的非特异性偶联。苦味受体 T2R4 被用作生物传感器的敏感元件，与石英晶体微天平（Quartz Crystal Microbalance，QCM）器件偶联，用于检测不同苦味物质的响应。石英晶体微天平是一种广泛使用的质量敏感设备，能够以很高的灵敏度检测负载在其表面上的质量变化，质量负载的增加导致晶体谐振频率的降低，因此可以通过记录晶体谐振频率的偏移来监测其表面质量变化。该团队通过实时 QCM 监测了 His_6 标记的苦味受体 T2R4 的合成、在芯片上的固定以及对特定苦味物质的响应。

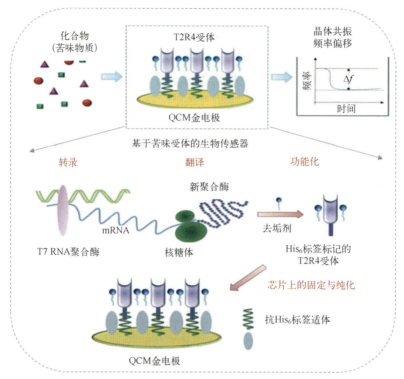

图 6-2-5　苦味受体结合石英晶体微天平的生物电子舌[11]

将生物传感系统的功能组件与换能器平台集成到纳米级（如碳纳米管）的需求导致了纳米敏感元件（纳米囊泡、纳米小体和纳米圆盘）的发展。哺乳动物受体细胞的直径通常为 $10\mu m$，因此它们无法与纳米级的传感器耦合。而且，哺乳动物细胞会产生许多被认为是干扰的信号，如由细胞代谢引起的高噪声。利用哺乳动物细胞来源的成分作为识别元件的纳米囊泡可以提供一种替代策略，因为哺乳动物细胞为表达功能齐全的 G 蛋白偶联受体提供了有效的环境。通过使用细胞松弛素 B 破坏细胞骨架并促进纳米囊泡的形成，所构建的纳米囊泡在其膜上具有细胞内信号传导机制，如味觉受体和离子通道。基于这一原理如图 6-2-6 所示，韩国首尔国立大学 Sae Ryun Ahn 等[12]开发了基于石墨烯场效应晶体管的双功能生物电子舌，该晶体管经过异二聚体人类鲜味和甜味受体纳米囊泡功能化。石墨烯传感器具有优异的传感性能，如极高的灵敏度、高稳定性和快速的响应。具有人类 T1R1/T1R3 的鲜味受体和人类 T1R2/T1R3 的甜味受体的两种纳米囊泡，被固定在微图案化的石墨烯表面上，用于同时检测鲜味和甜味。双功能生物电子舌可在低浓度（约 100nmol/L）

下高度灵敏和选择性地识别目标味觉物质。此外，该双功能电子舌能够像人类味觉系统一样检测出增味剂的增味效果。

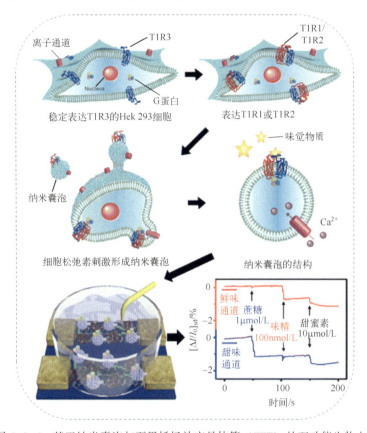

▼ 图6-2-6 基于纳米囊泡与石墨烯场效应晶体管（FET）的双功能生物电子舌

结果证实，纳米囊泡保持了味觉受体细胞的信号转导功能。利用光蚀刻和反应离子蚀刻工艺在场效应晶体管系统中制备石墨烯微图案可以保持可靠的电接触。基于纳米囊泡的系统通过离子转运和信号转导，确保了与纳米级载体，如碳纳米管、石墨烯等的成功集成。它们还具有稳定性的优势，可以在低温下保存几个月而没有活性显著下降的风险。此外，它们对环境因素的依赖性较低，如温度、缓冲条件和分析时间。而且，从味觉受体细胞中分离出的纳米囊泡能够将膜蛋白和胞质成分掺入其结构中，而膜蛋白和胞质成分负责信号转导。因此，纳米囊泡具有与味觉受体细胞相似的特性。此外，它们还具有蛋白质材料的一些特性，如可以大规模生产。纳米囊泡在构建生物传感器时存在一些限制，例如缺乏离子泵导致的再生能力不足，并且作为生物材料具有一定的使用寿命。因此，目前正在开发更稳定且可重复使用的替代品，如纳米盘。新一代的 B-ETs 将利用 TRs 中的特定结构域，这些区域负责风味分子和味觉受体的结合。TRs 的适当结构域选择性地、特异性地结合特定配体，并且与适当的换能器耦合，使得构建与其生物学对应物相似功能的 B-ET 成为可能。

6.2.3 基于生物味觉感受系统的在体生物电子舌

与传统电子舌相比，生物电子舌在检测性能方面有显著的提升。基于味觉敏感材料的生物电子舌系统提高了味觉物质检测的灵敏度和特异性，但生物组织和细胞等难以长时间维持其生物活性，使用场合也受到了限制。因此，为了利用生物化学感受与生俱来的高灵敏、高特异性的优点，浙江大学王平团队率先提出了在体生物传感的概念，并构建了在体生物电子舌系统。该系统主要包括以下几个部分：①大鼠完整的味觉感受系统；②在体神经信号记录电极；③神经信号记录设备；④神经解码算法。大鼠的味觉信息汇集至脑岛的味觉皮层，该区域的神经元活动受外周味觉感受细胞的调控，每个神经元或神经网络均可以视为单独的味觉传感器，神经元集群与交叉敏感的化学传感器阵列相似，对不同种类和强度的味觉刺激形成了可辨识的编码模式。在体神经记录电极与大鼠味觉皮层神经元形成良好的耦合关系，能够稳定地记录神经元的胞外电位活动。神经信号记录设备对输出的微弱神经信号进行放大、滤波等调理并传输至处理终端。神经解码算法对记录到的信号进行特征提取，并最终建立各种味觉响应模式的分类模型和味觉物质浓度的定量检测模型。

如图 6-2-7 所示，王平团队利用基于大鼠的在体生物电子舌实现了苦味物质的检测[13]。为了弥补水合氯醛麻醉对大鼠化学感觉的抑制，该研究分别提取了单个神经元动作电位（spike）信号和神经集群的局部场电位（LFP）信号的苦味响应特征。研究发现，大鼠味觉感受系统对苦味物质的识别速度极快，刺激后 4s 内的信号携带有大量味觉相关信息，可以用于后期离线的定性和定量分析。在特异性分析中，研究发现 spike 的响应轨迹和 LFP 的包络均含有苦味特异性信息，可以用于味觉物质的分类和苦味物质的判别，且二元分类的准确率高达 88.15%。在定量分析中，spike 发放率和 LFP 的功率谱密度（PSD）均与苦味刺激的浓度相关。尽管计算出的检出限略高于基于清醒大鼠的在体生物电子舌，但是与传统检测设备相当；进一步的干扰分析表明，此在体生物电子舌有望用于混合溶液和实际样品中的苦味成分识别。

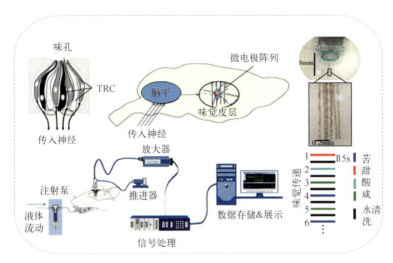

图 6-2-7　基于味觉感受系统的在体生物电子舌[13]

6.3　微流控离子传感器

定量测定离子的传统方法主要包括原子吸收光谱法、电感耦合等离子体发射光谱法、质谱法、离子选择性传感器等。这些方法各有不同的优缺点，根据不同的需求可以应用于不同的场景。这些方法的局限性主要包括：需要昂贵的仪器设备和试剂、检测费用高、仪器设备缺乏便携性、样品处理复杂费力、对复杂样品的检测性能较差。随着微加工技术的不断发展与完善，微流控芯片获得了迅速发展和广泛应用，在离子检测方面展现出了巨大的应用潜力。微流控芯片是一种工程化的微流体平台，可以在微米尺度的通道或储液器里控制与处理微小体积的流体。在过去的二十年里，微流控技术也被广泛应用于小型化和自动化的离子检测和分析。一个典型的例子是高度自动化的雅培手持式血液分析仪 i-STAT，所采用的一次性检测用卡片是一种微流控芯片，其中包含用于微通道中流体控制的驱动装置和离子选择性传感器，可用于分析数十微升体积的血液样品[14]。

随着流体力学和基底材料的不断发展和成熟,微流控芯片的设计和加工以及对仪器设备的需求大大简化,微流控芯片得到了迅速普及和广泛应用,如生物分析、医学诊断、环境保护、食品安全等领域。微流控芯片的许多优点都源于其尺寸小的特点。微流控传感与检测系统可以通过将样品处理步骤中的多个功能单元集成在只有一个平方厘米大小的芯片上,比如样品的预处理、富集或者稀释、分离、校准与检测等多种单元结构和功能组件。而且,样品和其他溶液可以存储在芯片上的微型储液器中,使用的时候再通过微流体操纵方法使其进入指定的反应器或者检测器中,实现全自动微全分析,对系统的微型化和便携式具有重要意义。此外,微流控技术的引入还可以大幅减少试剂和样品的消耗,降低整个系统的功耗,从而减少检测成本,有利于构建成本低、微型化、自动化的分析检测装置。微流控技术还可以通过构建阵列化检测单元,实现高通量检测,从而提高检测和分析的效率。此外,与宏观尺度相比,微流控芯片具有尺寸效应,这一特性有助于提高各种反应的效率,从而大大提高分析与检测性能。本节对微流控芯片在离子分析中的设计、加工和应用等方面进行了详细介绍,并探讨了当前微流控芯片在离子分析应用中存在的问题,尤其是微流控离子传感的选择性等方面面临的难题。此外,还对微流控离子传感器的应用和发展前景进行了展望和评述。

6.3.1 微流控芯片的设计与加工

根据不同的应用需求,微流控芯片可以在单一芯片上设计出具有不同功能的微米级结构,并在基底材料上加工出这些结构以实现其功能,包括微通道、储液器、反应器、各种泵阀结构等。对于微流控离子传感器,还需要考虑离子敏材料和微电极在芯片上的集成。多种微加工方法可用于加工和制造微流控离子传感器,具体方法的选择取决于基底材料的类型、微流控芯片的特征及其尺寸等。对于较大尺寸的微通道和结构单元,常规机械加工技术和较低精度的设备就可以实现,比如采用金属或金刚石进行计算机数控加工。结构特征尺寸越小,对加工精度的要求也越高,普通的计算机数控加工难以满足实际应用需求,主要原因是机械结构和加工部件的热振动会导致结构特征难以精确控制。这时就需要采用精度更高的制造加工技术,如光刻技术、湿法或干法蚀刻(包括深度反应离子蚀刻技术)和基于 X 射线光刻的 MEMS 加工技术。这些方法除了更加精确外,灵活度也更高,不仅可以直接用于微结构的加工和制造,而且还能微加工制备模具,再通过铸造或注塑的方法制造出微结构。在实际应用中,微加工技术的选择在很大程度上取决于微流控芯片的基底材料,比如加工硅基晶圆或其他类型的基底材料采用的技术就有很大不同。电渗流(Electroosmotic Flow,EOF)通常需要硅基晶圆和石英等基底材料作为支撑,已经在微流控芯片上广泛应用。目前,塑料器件正在被越来越多地应用,与硅型材料相比具有独特的柔性,使之在大多数情况下更易于加工,而且可以降低成本,对加工设备的要求也更低,从而使加工一次性芯片成为可能。此外,微流控芯片的最终应用场景、待分析样品的类型、与离子传感器的兼容和集成等,在设计芯片和选择加工技术时也需要考虑。玻璃和聚合物材料,尤其是聚甲基丙烯酸甲酯(PMMA)和聚二甲基硅氧烷(PDMS),已被广泛应用于微流控离子分析。

为了将离子传感技术与微流控技术相结合,检测试剂的物理性质是一个重要的考虑因素。如果检测试剂是含有离子分析探针的水溶液,它可以与含有离子分析物的水样在连续流微流体(见图6-3-1(a))、液滴微流体(见图6-3-1(b))和数字微流体(移动和合并两个液滴)中结合。如果检测试剂是水不溶性液体,则其可以作为与样品流平行的液流(见图6-3-1(c))在连续微流体中使用,或者作为由含水样品分段的塞子在液滴微流体中使用(见图6-3-1(d))[15]。与这些使用移动检测试剂的方法不同,电极或光学离子传感化合物可以被固定到微流控芯片中作为固体离子传

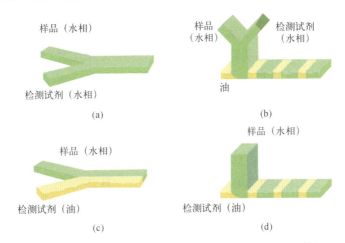

图6-3-1 基于液相传感的不同微流控离子检测方案[15]

(a)连续流动微流体中Y形通道中水相样品和水相检测试剂的融合;(b)使用液滴微流体中的T型接头将水相样品和水相检测试剂引入惰性油流中;(c)连续流动微流体中Y形通道中水相样品和油相检测试剂溶液的共流动;(d)油液滴微流体中水相样品的T型接头分割[15]。

感器。此外，基于细胞的离子传感器已用于连续流动微流体中，其中细胞悬浮在水溶液中或保留在芯片的微结构中。在这些传感方案中，采用了荧光、吸收、反射、化学发光和拉曼散射的光传导机制，以及基于电位法、伏安法和电导法的电化学传导机制[15]。

6.3.2 微流控芯片的组成

微流控芯片的功能单元主要包括泵、阀门和混合器等，在控制微流体运动、反应和检测等方面发挥着重要作用。为了使微流控芯片及检测系统正常工作，微流体必须可控地从芯片的一个部位移动到另一个部位，如从储液器到反应器，或者从反应器到探测器。在微流控离子传感器的实际应用中，各种不同的策略已被广泛应用于控制的微流体运动，如微流体通道中气体的热膨胀和流体柱两端之间的表面张力差。微流控离子传感器通用的微流体运动控制方式主要包括：电渗流、水动力（即外部应用压力或驱动微型泵）和离心泵。这三种微流体运动控制方式各有优缺点，可以根据实际应用需求和工作场景加以选择。

电渗流是一种基于毛细管电泳（Capillary Electrophoresis，CE）的微流体驱动技术，可以很好地与微通道集成，尤其适用于在基底材料中加工出的微通道，其结构类似毛细管电泳柱，兼容性较好。这种方法的优点是流体中不同种类的离子可以根据它们的电泳迁移率不同而进行分离。因此，基于电渗流的微流控芯片不仅可以应用于离子检测和分析，而且在基因组学、蛋白质组学和药物分析等领域也获得了广泛应用。采用这种技术，通常可以基于少量样本实现对大量生物分子/离子的可靠分离、定量检测和分析。随着基于电渗流的微流体操控原理及理论方面的发展和进步，电渗流在微流控领域获得了更加广泛的认可和应用。

不过，基于电渗流的微流控芯片也存在一些缺点，使其在实际中的进一步应用和推广受到影响。电渗流对微流体的推进作用容易受到流体化学性质的影响，包括流体的pH值和离子强度等，这使得在实际样品分析时，特别是样本的数量可变的情况下，导致微流体的推进参数不一致，有可能影响离子的分离、检测和分析。因此，目前的应用通常是在某些前处理结构单元中引入电渗流，例如样品进样过程中，样品里面通常含有不同电泳迁移率的离子。此外，电渗流在塑料器件实现较为困难，除非对微通道壁进行特殊处理使之可以实现电离功能。这导致基于电渗流的微流控离子传感器往往更昂贵。

基于流体力学的微流体驱动技术提供了新的途径。这种技术通过在外部施加压力实现对微流体的驱动与控制，微流体的流量是各种因素综合作用的结果，主要取决于流体的密度、黏度、微流控通道的几何形状等。基于流体力学的流体驱动技术比电渗流具有更加广泛的适用范围和更加多样的推进方式。但是，在实际应用中，外部压力的引入要求微流控芯片连接到一个或多个流体控制管路。而且，基于流体力学的驱动技术没有一种内在的机制可以用来分离流体，如果要实现流体动力分离，需要与某种类型的色谱结合，这就需要在微通道中引进固定相才可能实现。

近年新兴的一种基于离心力的微流体推进技术，是通过旋转物体产生的径向力推进流体运动。与基于流体力学的驱动技术类似，离心力微流体推进技术也是一种通用的流体操作技术，可以在不同的通用基底材料上实现，并且可以用于各种不同的样品。离心式平台也不具备化学分离的固有机制，不过通过在离心装置中集成离子交换膜后也可以用于实现化学分离的应用。通常，流体力学推进方法需要连接到流体控制管路，但是离心力流体推进可以通过采用简单的电机控制平台的旋转来实现。与其他主流的微流体控制方法相比，离心推进方法是近年新发展起来的技术，仍需要深入探索和研究，但其已经在蛋白质/生物标志物分析、生化相互作用、基因型分析以及药物吸收、分布、代谢、排泄和毒性研究中获得了广泛应用。

在微通道中由流体动力、电渗流或离心力驱动的层流均属于连续流动微流体，这是微流体控制的经典模式。近年来出现的液滴微流体技术则是基于分段流动或分散液滴的微流体控制技术，该技术具有非抛物线流动剖面、最小化的通道污染、增强的平流和分隔单个细胞的能力等特点，在多个领域得到了实质性的发展。数字微流体是微流体的另一种处理液滴的形式，通过电极阵列的电润湿力单独驱动离散液滴，这与传统的由泵控制的基于通道的液滴微流体有很大不同。在过去的十年中，纸基微流体因其低成本和简化的化学分析而备受关注，因为其液体流动是由纤维素纤维的毛细作用驱动的，不需要外部泵送机制。

除了流体泵送机制外，微流控系统中常见的组件还包括阀门和混合器等组件。由于大多数微流控芯片在设计中考虑的物理因素主要取决于微流体的性质，如表面张力、样品扩散或几何特征等，因此，与微流体推进系统一样，几乎所有功能性组件单元都适用于离子分析。同样，操作中的偏差以及有限的操作范围（微流控芯片中的微通道和阀门等部件容易发生泄漏）在某些情况下也是存在的。

6.3.3 微流控平台与离子传感系统

大多数用于"宏观"离子分析的传统分析方法已经被应用于微流体环境中离子的检测与分析,但是微型化过程以及微观-宏观界面也给当前主流分析技术带来了一些挑战。例如,由于微流控装置较小的尺寸和体积导致光程长度较短,在微流控环境中进行的比色测定表现出有限的灵敏度和再现性。尽管人们开发出一些新的途径来解决这些难题,如通过增强的光学系统减少分析噪音,但是吸光度方法在微流控离子分析应用中仍然相对较为初步。此外,质谱检测方法长期面临芯片-离子化的过渡问题。虽然在这一领域已有一些商业化产品,但微流控技术和质谱结合方面的应用主要还是局限在生物分子分析的领域。

电导检测作为一种传统的离子检测方法,已经通过与微流控技术结合获得了较好的发展。电导检测法主要与基于电渗流/电泳分离的微流控系统结合,有"接触"和"非接触"两种应用模式。除了电导检测,大多数成功的微流控离子分析系统主要利用基于选择性电化学的检测技术(电位或安培)或光学传感检测技术。

1. 电化学离子传感系统

最早结合微流控装置的离子分析技术是离子选择性电位传感器。例如,商用 i-STAT 设备就是基于流体动力法驱动,利用离子敏感薄膜电极阵列定量检测临床应用中的特定离子浓度。在临床测量范围内,该设备是有选择性的,而且对大多数离子检测都是可重复的;然而,对氯化物的检测还不精确,其主要原因是该设备的微流体设计只允许在每次分析前进行单点校准。

与此类似,单一的离子敏感薄膜电极可以直接集成到基于压力驱动的微流控芯片上,应用于离子的检测和分析[16]。该装置对 Ba^{2+} 有选择性,其选择性响应特性是由离子敏感薄膜电极上的离子载体决定的,其线性测量范围为 $10^{-6} \sim 10^{-1}$ mol/L。不过,这种检测方法存在噪声问题,尤其当测量浓度低于 10^{-5} mol/L 时。此外,该装置需要连接到大量的外部设备以实现流量控制。需要注意的是,在通常情况下,基于离子载体的传感装置的选择性是由所采用的特定类型离子载体决定的。因此,微流控离子传感器通常具有基于离子载体传感器类似的选择性[17]。

微流控芯片结合全固态离子选择性微电极已被成功用于 H^+、K^+、Ca^{2+} 离子检测,并应用于临床样品的离子分析。其中,氧化铱薄膜修饰的铂微电极用作 pH 敏感电极,铂微电极表面分别修饰对 K^+ 和 Ca^{2+} 具有选择性的离子载

体实现对 K^+ 和 Ca^{2+} 离子的电位选择性响应。在微流控通道中集成的 PDMS 气动泵连续驱动液体流经传感电极,其流量范围可以达到 52.4~7.67μL/min。结果表明,Ca^{2+} 和 K^+ 的浓度线性响应范围在 10^{-1}~10^{-6} mol/L。检测系统对 pH 在 2~10 范围内具有快速线性反应,敏感度高于 55mV/pH。

利用陶瓷微流控装置,离子选择性敏感膜也可以直接在集成于微通道结构中的触点电极上制备。敏感膜可以直接浇铸,然后通过少量四氢呋喃"黏合"到电极上,或通过溶解在四氢呋喃中的膜材料混合物蒸发到电极上的高黏度位点上,随后再用丝网印刷方法修饰电极。无论哪种情况,膜构成了微流通道壁上面的一部分。表征的结果揭示了丝网印刷制备的敏感膜具有更好的效果,特别是在高流速的情况下。其原因是两种制备方法在敏感膜的厚度和可变形性方面存在差异。对 NH_4^+ 和 NO_3^- 选择性膜的研究表明,硝酸根电极表现出能斯特校准斜率,NH_4^+ 敏感结构则产生亚能斯特灵敏度。NH_4^+ 的检测限为 10^{-5} mol/L,与 NO_3^- 相比高出一倍。其他采用压力驱动的微流体陶瓷装置也有报道,如用于氯化物分析的嵌入式 Ag_2S/AgCl 电极,集成了数据采集和信号处理单元[18]。这些装置显示出亚能斯特灵敏度,但有微摩尔水平的检测限和较高的可重复性。

除了电位检测,其他电化学检测技术也被应用于离子选择性微流控芯片的开发。例如,基于电渗流的微芯片与电流测量相结合,可以同时对 NO_2^- 和 NO_3^- 进行检测和分析[19]。其工作电极是由碳糊修饰的铜-3-巯丙基三甲氧基硅烷组成的。电极通过将碳糊包装在直径为 300μm 的玻璃管内并精确定位于电泳分离出口处的参考电极和对电极附近。离子的检测结果表明,该装置具有非常高的可重复性(两种离子的相对标准偏差均为 3%),检测限为 0.08~0.09μmol/L。此外,相对于电活性离子和中性物质,该装置对硝酸盐和亚硝酸盐具有非常高的选择性。

2. 光学离子传感系统

基于光学传感技术的微流控离子传感系统通常利用压力驱动流体在单个 Y 通道或双 Y 通道结构中移动,再结合离子载体和光学检测器件实现对特定离子的选择性检测。在这类装置中,含有离子的水相溶液和有机相溶液在 Y 通道交接处相遇,随后沿着一条笔直的微通道并排行进。由于微通道中流体的层流移动,这两种液体互不相溶,不发生混合,也不形成液滴,从而可以形成清晰且并排移动的流体相位边界。

在微流控通道中选择性检测特定离子可以通过以下几种方式实现。一种微流控通道如图6-3-2（a）所示，多种有机相溶液被间歇性泵入微通道，随后与同一水相溶液相接触，从而在微通道内形成稳定的有机相-水相双层液流。有机相溶液中含有相同的亲油性pH指示剂以及不同的离子选择性中性离子载体，因此，水相溶液中不同的离子可以依次、选择性地进入不同的有机相溶液，从而在有机相中形成特定的离子-离子载体复合物，结合热透镜显微镜（Thermal Lens Microscope，TLM）作为读数输出方法，可以在单一微流控通道中实现多种离子的同时检测分析[20]。另一种微流控通道设计中，含有离子的水相先与一种络合剂相结合，然后再将络合的离子萃取进入有机相（如图6-3-2（b）所示）。这样方法通过采用2-亚硝基-1-萘酚（2-Nitoso-1-Naphthol，NN）络合，结合热透镜显微镜实现了对Co^{2+}的分析，测量范围为$1\times10^{-8} \sim 2\times10^{-7}$ mol/L[21]。

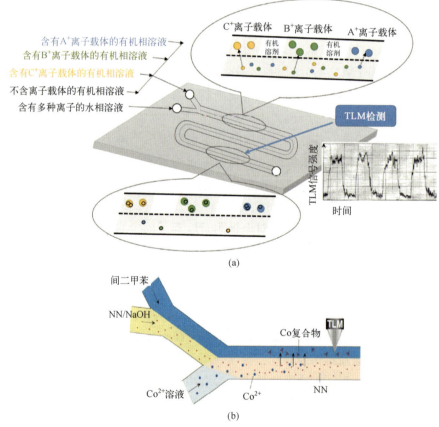

图6-3-2 微流控通道中离子选择性分离与检测示意图
（a）基于间歇性泵入有机相离子载体的微流控通道用于多离子同时检测[20]；
（b）微通道中进行离子络合反应和溶剂萃取的示意图[21]。

采用 Y 形微流控芯片的离子检测技术也已有报道[22]。在这种方法中，含有离子的水-乙腈溶液被注入 Y 形微流体通道的一个臂中，另一个含选择性离子载体（BODIPY 标记的杯芳烃，用于钾离子检测）的水-乙腈溶液从 Y 形微流体通道的另一个臂注入。这两种流体并不是简单的通过扩散进行混合，而是采用了嵌入微流体通道的被动混合器进行高效混合。当流体通过混合器时，可以产生引起流体流动的横向分量，导致平行的微流体不断地相互折叠直到混合。这个装置能够检测到大于 5×10^{-4} mol/L 浓度的钾离子，并且 Na^+ 干扰造成的影响很小。这种微流控装置检测性能可以与原子吸收检测相比拟，能够用于药物分析。基于微流控技术的装置也可以用于分析 pH 值，其基本原理是基于 pH 敏感染料的颜色变化和修饰了敏感染料的水凝胶的膨胀/收缩。水凝胶聚合与图案化是在一个封闭的微流控芯片内进行，通过光掩模将预聚物暴露在紫外光下完成的。随后，用注射器将样品泵送到水凝胶中。该装置可以通过检测封装染料的光学性质变化来完成分析，也可以通过视觉观察水凝胶大小的变化而获得。该方法由于廉价、芯片成本低、操作简单等优点，具有广泛的应用前景。

美国肯塔基大学化学系 Bachas 研究小组报道了一种基于离子选择性光电极薄膜的检测系统（见图 6-3-3），其微流控结构是在圆盘状聚甲基丙烯酸甲酯的基底上构建的，由微通道、五个储液池、一个测量室和一个废物储存器组成[23]。离子选择性光电极薄膜通过自旋装置被结合到支撑基底层上，然后再固定到圆盘上。流体推进是通过旋转圆盘时产生的离心效应来实现的，圆盘上还安装了一套控制流量的阀门系统。这些"毛细管"阀的操控是基于流体性质和流体/基质相互作用，并通过角度旋转频率进行控制。该系统通过使用紫外-可见分光光度法和荧光法实现光电极的信号转导，已成功应用于 K^+ 和亚硝酸盐的分析。多个阀控储液池的配置使得光电极在样品分析前可以被校准。此外，由于具有五个独立的储液池，系统可以用不同的校准方法实现光电极的测试和校准。

日本姬路工业大学 Hisamoto 等将预制的方形毛细管嵌入一个在 PDMS 基底上加工的晶格微通道网络里，制造离子传感微芯片[24]。该装置使用了两种不同类型的化学修饰毛细管，即离子敏毛细管和 pH 敏毛细管。通过在空的方形毛细管填充离子选择性光电敏感复合材料制备离子敏感毛细管，然后通过微量注射器注入空气以泵出溶液。离子敏感材料溶剂蒸发后，在毛细管内部的四个角落处残留了敏感膜材料。通过将 pH 敏感材料固定在毛细血管的内壁构建 pH 敏毛细管。该装置成功用于测定浓度范围 $10^{-5}\sim1$ mol/L 的 Ca^{2+}，pH

值的测定范围在 4~8 之间。类似的装置也被成功应用于 Na$^+$（工作范围为 10^{-5}~1mol/L）、K$^+$（工作范围为 10^{-5}~10^{-1}mol/L）和 Ca^{2+}的同时检测和分析。在这些应用中，良好的离子选择性是基于离子载体实现的[25]。

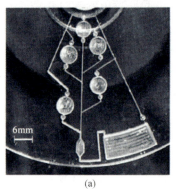 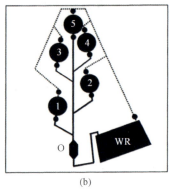

图 6-3-3 一种基于离子选择性光电薄膜的检测系统

(a) 基于离心力推进的微流控离子检测芯片的照片；(b) 芯片的结构示意图。数字表示各个储液池，WR 表示废水池，O 表示测量腔。由虚线描绘的通道被制造到磁盘上，以允许密封的磁盘中存在空气微流控结构，与流体运动同时循环，以避免气压差的积聚[23]。

6.3.4 新型微流控离子传感器

融合微流控平台和微/纳米探测器的优势，利用微流控器件实现离子传感与检测具有非常广阔的应用前景和巨大的发展潜力。一种集成了加热部件的微流控芯片结合电化学检测技术可以实现汞微滴的检测和分析。汞池连接了一个基于热气动泵驱动的通道收缩装置，可以使液态金属流缩回，导致汞滴被"挤压"并沉积在铂电极上。尽管该装置最终采用的是阳极溶出伏安法检测静态环境中的重金属阳离子，这个报道证实了片上电极制备与微流体流动分析芯片制备耦合的可行性。

最近，在微米甚至纳米尺度加工光学纳米传感取得了很大进展。丙烯酰胺、甲基丙烯酸癸酯和基于溶胶凝胶的球形光学纳米传感器已经有报道。这些纳米传感颗粒已被用于细胞内 Ca^{2+}、K$^+$ 和 Mg^{2+} 等离子的分析。此外，利用丙烯酸衍生物自由基聚合制备纳米球，应用于制造离子选择性电极的研究也有报道[26]。而上述传感粒子在微流控装置中的集成和应用还报道较少。一般来说，颗粒通常是通过微通道中的保持和固定结构被集成到微流控系统中，将颗粒限制在微流控网络内部的特定位置，用作固相萃取和免疫分析[27]。另一个方法是使用包括平面分流和汇合微部件，且具有特殊几何形状的通道，实现在微流体（而不是物理屏障）中捕获和操纵微珠[28]。光学纳米材料和捕获技术的联合发展可能推动新型微流控离子传感系统的发展。

美国普渡大学化学系 Bekker 研究小组基于增塑聚氯乙烯开发出球形、微米尺度的光电敏感颗粒，这些颗粒由掺杂敏感材料的硅烷化二氧化硅颗粒和无增塑剂聚合物基质组成[29-30]。这些微球通过固定在蚀刻的光纤的尖端可以应用于 Ag^+ 和 I^- 的检测和分析[31-32]。更重要的是，这些微球还被用于在流式细胞仪中分析 Na^+、K^+ 和 Ca^{2+}。这些流式细胞术的相关研究证实可以在微流体动态系统中实现操纵与分析微球。为了增强其在多重分析中的适用性，该研究小组通过在微球中掺杂具有不同光学特性的量子点，开发出"条形码"微球[33]。类似地，另一个研究小组报道了对金属阳离子敏感的 CdS 量子点，其敏感特性是由其覆盖层的性质决定[34]。例如，L-半胱氨酸修饰的量子点对 Zn^{2+} 的光学性质敏感，而硫代甘油修饰的量子点则对 Cu^{2+}、Fe^{3+} 敏感。

除了依靠微流体操纵或捕获，一种在微流控平台中集成选择性检测元件更简单的方法是微封装技术。一种基于甲基丙烯酸癸酯的微型化离子传感微圆顶已有报道[35]。这种技术使用塑料和钢尖将受控的鸡尾酒传感膜材料与各种基质材料接触，在聚合物载体基体中光聚合形成高度和宽度分别约为 $7 \sim 40 \mu m$ 和 $700 \sim 1300 \mu m$ 的圆顶状光电敏感层。斑点的制备是可重复的，并且依赖于底物和敏感材料的接触角以及用于传送敏感材料尖端的直径。最近，这种微型圆顶传感器已被引入微流控通道[36]。使用离心微流控平台，在固定于电极上的玻璃基底上制备对 Ca^{2+}、Na^+、K^+ 和 Cl^- 具有选择性的四种不同微型圆顶。微流控结构允许四个光离子传感器进行连续三次的校准和接下来的对样品的三次分析。结果证实，该装置对被测离子具有良好的灵敏度和选择性，对水中离子浓度的测定在统计学上与电感耦合等离子体发射或离子色谱法所得到的结果是一致的。

微型传感结构的吸引力部分在于它们可以在单一芯片上提供更高密度的分析元件（包括微流结构和传感器）。例如，离心式光电离子检测装置，通过减少结构尺寸，从而增加了单个磁盘上的结构单元数目达到 100 甚至更多。事实上，已经有单个磁盘上集成多达 48 个平行微流结构体系的报道[37]。而且，每种基于微球的技术都具备开发相应传感阵列的潜力。此外，多种荧光团可以在微流控芯片的多个通道中通过与自组装单分子膜反应实现固定[38]。这些荧光团证明铜和钙存在时的差示荧光，从而使两种离子的定量检测成为可能。这种阵列式传感装置减少了分析时间和成本以及样品需求，使得更准确地同时分析具有交叉敏感性的多种离子成为可能。

英国南安普敦大学 Niu 研究组使用管基液滴微流体技术实现了水环境中 NO_3^- 和 NO_2^- 的原位监测（见图 6-3-4）[39-40]。二氧化氮的检测是基于经典的 Griess 反应实现的。在高温下以氯化钒为催化剂，硝酸离子被还原成亚硝酸离子，再通过 Griess 反应进行检测。在蠕动泵的驱动下，水样首先与传感试剂溶液混合。然后，用氟化油（氟惰性 FC40）通过 T 形接头将水混合物分段。反应产物在每个液滴中的吸光度由光学探测器测量，该探测器由管底部的 LED 光源和顶部的光-电转换器（光电二极管和跨阻放大器）组成。整个系统将储液罐、蠕动泵、阀门、电阻加热器、吸光度检测器、基于管道的微流控通道和传感器电子元件封装到一个水密圆筒中，构建了一个现场检测系统。液滴微流控平台允许在连续监测应用中具有更高的时间分辨率，同时消耗更少量的试剂溶液（每天 8640 次测量的试剂溶液消耗为 2.8mL）。这个微流控离子传感系统可以在潮汐河流中连续使用三周，显示出良好的稳定性和灵敏度。

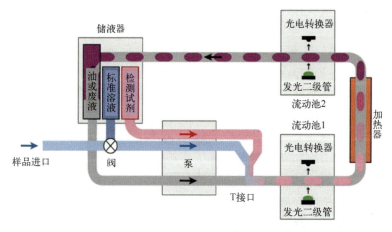

图 6-3-4 管基液滴微流体技术用于水环境中 NO_3^- 和 NO_2^- 的原位监测。
▶ 在氯化钒存在的情况下，加热器加速了 NO_3^- 到 NO_2^- 转化[40]

基于纤维素纸的纸基离子传感器也有诸多报道。Merkociy 研究组报道了一种利用微流体的纸基电化学离子传感器。他们在纤维素纸上用蜡刻画出微流体通道，并在通道的一端安装了一个三电极系统，用于基于方波伏安法检测重金属离子。样品从电极远端的通道端施加。当样品是含有固体颗粒的真正工业或环境水时，纤维素纸可以过滤掉这些颗粒并起到保护电极的作用。泰国玛哈沙拉堪皇家大学 Henry 研究小组将四种不同的化学修饰电极集成在纸基微流体上，实现了单个样品中多种重金属离子的同时检测（见图 6-3-5）[41]。他们在纤维素纸上位于电极和样品区之间的检测区和预处理区上沉积了掩蔽剂和螯合剂。使用方波阳极溶出伏安法或方波阴极溶出伏安法可以同时检测 Cd^{2+}、Pb^{2+}、Cu^{2+}、Ni^{2+} 和 Fe^{2+}。这种低成本、便携式纸基微流控传感系统也可以应用于气溶胶样品的分析，具有较高的精度。

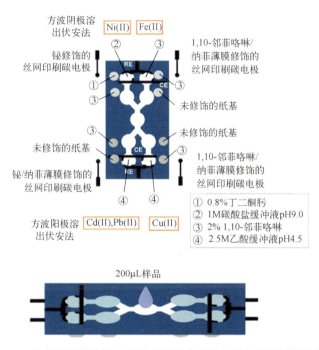

图 6-3-5　一种利用化学修饰电极同时检测多种重金属离子的纸基微流控装置
▶ 图中显示的灰色圆圈实际上位于相邻白色圆圈的下方，用于提供预处理试剂[41]

6.3.5　展望

随着微加工技术的发展和完善，微流控离子传感器获得了较快发展，尤其是其小型化、便携性、样品和试剂消耗低、通量高等优点，再加上离子传感化学、传感器结构和仪器的进一步发展，使得微流控离子传感器的应用潜力得到充分发挥，展示出非常广阔的应用前景。未来微流控离子传感器的进一步发展和应用主要依赖于以下几个关键难题的解决。首先，离子传感器件的性能提升至关重要。例如，许多重金属离子和阴离子探针在环境或生物医学应用中没有足够的选择性。而且，随着时间的推移，传感器通常会有电位漂移。裸金属电极或化学修饰电极在测量过程中通常容易受到实际样品的污染。这些离子传感器件的固有缺点限制了相应的微流控器件的性能。因此，离子传感器件的基础研究对其微流控离子传感器的成功是必不可少的。其次，虽然在微流体中引入传感试剂相对容易，但是固相传感器的集成并不那么容易。电化学系统的小型化可能会影响其性能。例如，由于没有内部填充溶液和盐桥，小型化参比电极的性能和稳定性一直是一个挑战。微流控芯片上的传感器之间的差异也需要最小化，以减少对每个设备进行校准的需求。尽管金属层图案的微加工已经很成熟，但是制备最外层的敏感层（如离子选择膜）精确度和可重复性相对较差。最后，如果微流控离子传感器的分析性能能够满足实际应用，则整个分析系统（包括检测单元和流体控制单元）的"小型化"将非常重要。例如，荧光检测器的便携式版本已经被构建来代替基于显微镜的分析应用装置。用于"芯片上"光学检测的集成微型光学元件可建立更紧凑和更便携的分析系统。

6.4 器官/类器官生物芯片

器官芯片广义上是一种可用于体外模拟人体器官功能单元的微型细胞培养装置。一般来说，任何一个器官芯片系统的构建都是以简化对目标器官的分析这一设计原则为指导的[42]，它是一种在芯片上构建的生理微系统，以微流控技术为核心，通过与细胞生物学、生物材料和工程学等相结合，可以在体外模拟构建包含有多种活体细胞、功能组织界面、生物流体和机械力刺激等复杂因素的组织器官微环境，反映人体组织器官的主要结构和功能特征。类器官芯片在概念上实际是属于器官芯片的，只是将其中的二维细胞替换成三维细胞或类器官。由于在三维培养环境中受到一定的剪切力作用，细胞会更接近人体生理学状态并具有一些二维细胞所没有的器官功能[43]，因此类器官芯片在生物医学领域有着广阔的发展前景。

6.4.1 三维细胞与类器官的研究现状

1. 三维细胞培养技术及其应用

体外细胞培养的一个重要原则是需要尽可能地模拟体内细胞的生长环境，

而其中核心因素是细胞与培养环境的相互作用。二维细胞培养技术早已十分成熟，并广泛应用于制药、疫苗研发等产业化领域。但是二维细胞培养存在接触抑制效应，当细胞密度达到一定程度时细胞会停止生长和移动[44]。而且二维细胞培养的生理微环境与体内条件相去甚远，在体内环境中几乎所有的细胞都被其他细胞和细胞外基质包裹，而体外二维培养的细胞则是平铺在培养瓶的底面上形成单层结构。不同于传统的二维单层细胞培养，三维细胞培养技术是指将具有三维结构的不同材料的载体与各种不同种类的细胞在体外共同培养，使细胞能够在载体的三维立体空间结构中迁移、生长，构成三维的细胞-载体复合物。三维细胞培养技术作为体外单层细胞系统研究与组织器官及整体研究的桥梁，既能保留体内细胞微环境的物质及结构基础，又能展现细胞培养的直观性及条件可控性的优势。近几年三维细胞培养技术在组织形成、血管发育和器官再造等发育生物学的分支领域得到了广泛应用。同时在筛选新药的疗效分析和毒理实验方面，三维培养也获得了和二维单层培养完全不同的结果。由于三维细胞培养能够更好地模拟复杂体内微环境，尤其是重建了细胞与细胞、细胞与细胞外基质之间的相互作用[45]，因此其在细胞生物学研究中备受关注。三维培养的细胞更加能够反映在体环境中的细胞行为，如形态变化、新陈代谢和增殖凋亡等。三维培养的额外维度是导致细胞反应出现差异的关键因素，它不仅影响了与细胞间相互作用相关的表面受体的空间排布，而且还解放了二维培养对于细胞形态的物理约束。三维培养的空间和物理特性由外至内地影响了细胞的信号传导，最终影响了基因表达和细胞行为[46-47]。有研究表明，对于同样的外界刺激，体外三维培养的细胞反应比二维培养的更接近于体内的情况[48]。因此，近年来越来越多的科研人员选用三维细胞模型进行药物开发、肿瘤细胞生物学开发和干细胞研究等领域的探索。

三维细胞培养已被广泛运用到肿瘤学研究领域，在肿瘤的实验性治疗、肿瘤的侵袭性、转移和中心坏死机制、肿瘤的血管形成和营养供给、体内基因表达的模拟等方面发挥了不可替代的作用。利用三维培养可以有效地测试药物对肿瘤生长和向邻近组织转移的抑制效果。此外，成熟的软骨细胞和干细胞被广泛用于三维细胞培养，以再生损伤的软骨、骨、韧带、肌腱和膝关节半月板。例如，德国柏林洪堡大学的 Spitzer 等将兔造骨前体细胞在附有 7.5% 磷酸三钙的血纤维蛋白内培养 53 天，以无磷酸三钙组作对照，结果显示这种系统有利于体外骨的形成[49]。除此之外，以神经干细胞取代阿尔兹海默病、帕金森病等神经退行性疾病中损伤的神经组织也是目前的一大研究热点。

2. 类器官的培养及应用

类器官是体外培养的微型组织模型，它依赖于三维培养环境，由干细胞分化自组装而成，具有与器官近似的组织学结构和生物学功能。干细胞是一类具有自我增殖和分化潜能的特殊细胞，在特定的培养环境下，干细胞分化成不同种类的细胞，相互作用形成复杂的类器官结构。截至目前大部分关于胚胎发生的知识都来源于对小鼠等动物模型的观察和推测，而非对人体直接观测。得益于类器官的发展，研究人员能够在体外研究每一个器官组织的发生。例如，脑类器官的出现能够帮助研究者更为深入地研究各类神经疾病的发生机制，而此前的研究样本大都来源于死亡病人或福尔马林固定的脑切片[50]。

类器官是通过在培养基中添加特定的几种生长因子模拟干细胞微环境形成的，例如，荷兰皇家科学院和乌得勒支大学医学中心的 Sato 等发现，在培养基中添加表皮生长因子、Wnt 信号通路①激动剂 R-spondin 1 和骨形态发生蛋白抑制剂 Noggin 能够对小鼠来源的肠隐窝进行长时间的体外培养，并使其能够进行若干次分裂，产生具有绒毛状上皮细胞的结构；而在培养基中额外添加 ROCK 抑制剂 Y-27632 则能够支持单个 Lgr5 阳性干细胞在体外分化成具有隐窝和绒毛上皮结构的肠类器官[51]。这种培养方法也被优化推广到人源小肠、结肠、腺癌、食管类器官的培养[52]。培养得到的类器官由多种不同种类的细胞组成，具有与体内对应器官相似的结构和功能，是新型体外实验的良好模型。目前已有报道的包括肝、胃、肺、前列腺、唾液腺、输卵管、子宫内膜、味蕾等许多种类的类器官。

除了用于研究正常器官组织的发育过程，类器官技术也能用于肿瘤方面的研究。体外培养的类器官能够长期维持基因型和表型的稳定，且能够传代与冻存，是良好的肿瘤研究体外模型。使用与培养普通类器官类似的技术，研究者能从肿瘤临床样本或循环肿瘤细胞中培养肿瘤类器官，用于肿瘤发生机制的研究和新型抗肿瘤药物的研发。研究人员已经成功从原发性结肠癌、食管癌、胰腺癌、胃癌、肝癌、子宫内膜癌、乳腺癌和转移的结肠癌、前列腺癌、乳腺癌中获得了能长期培养的肿瘤类器官。与正常类器官相比，肿瘤

---

① Wnt 信号通路是一个复杂的蛋白质作用网络，其功能最常见于胚胎发育和癌症，但也参与成年动物的正常生理过程。

类器官的生长更加缓慢，这可能是由于它们具有更高的有丝分裂失败率和死亡率[53-54]。因此，培养肿瘤类器官需要取材自纯净的肿瘤组织或使用特殊的选择培养基，否则其中混入的正常细胞会影响肿瘤类器官的生长。例如，在大部分结直肠癌中存在 Wnt 信号通路的突变[55]，因此使用缺乏 Wnt 和 R-spondin 蛋白的培养基有助于获得纯净的结直肠肿瘤类器官。

近年来，利用病人来源的肿瘤类器官，研究者得以研究肿瘤的基因突变和对化疗药物的敏感性，实现对病人的个性化治疗。同时大量从临床收集到的肿瘤和健康类器官被用于建立生物银行（Biobank），有助于对肿瘤发病机制的研究和新药开发。荷兰皇家科学院和乌得勒支大学医学中心的 Van 等于 2015 年建立了第一个结直肠癌的生物银行，包括 20 例病人的肿瘤类器官和相应的正常类器官[56]。随后，日本庆应大学的 Fujii 等建立了包含 55 例病人的结直肠肿瘤类器官的生物银行[57]。此外，研究人员还建立了许多肿瘤类器官生物银行，包括胃肠道肿瘤、胰腺癌、前列腺癌、肝癌、胶质瘤等。2018 年，荷兰皇家科学院和乌得勒支大学医学中心的 Sachs 等建立了一个大型的乳腺癌类器官生物银行，超过 100 例病人来源的肿瘤类器官被建立和保存，涵盖了乳腺癌几个主要的分型[58]。生物银行的建立有助于研究人员发现基因与药物之间的关系，同时，由于肿瘤类器官在移植到免疫缺陷鼠上后能够维持组织病理学表型的稳定[57]，生物银行也有助于研究肿瘤在体内复杂环境下的药物敏感性。德国柏林 Alacris Theranostics 公司的 Schütte 等建立了包含有 35 例肿瘤类器官和 59 例移植瘤的复合生物银行，成功筛选出了对表皮生长因子受体抑制剂敏感的肿瘤表面标志物[59]。目前，由美国国家癌症研究所、英国癌症研究中心、英国桑格研究所和荷兰 Hubrecht 研究所联合推动的人类癌症模型倡议正致力于建立全球范围的大型肿瘤类器官生物银行，供全球的研究人员使用，助力于肿瘤研究。

近年来，随着分子生物学、神经生物学及行为科学等多学科知识研究手段的迅速发展，有关神经退行性疾病方面的研究日益增多，而其病因及病变机制十分复杂，迄今尚未被阐明，因此治疗此类疾病也始终是一个难题。神经退行性疾病是一类慢性、进行性神经疾病，常见的包括阿尔兹海默病、帕金森病等。不同类型的神经退行性疾病的病变部位和病因虽然各不相同，但却都有一个共同特征，即在中枢神经系统的不同部位发生特异性神经元丢失[60]。神经类器官例如大脑皮层类器官等的构建可以为神经退行性疾病的研究提供疾病模型和药物筛选平台，有利于探究其病变机制和有效的治疗手段。通过导入特定的转录因子，体细胞可以被诱导为具有胚胎干细胞特性的细胞，即诱导多能干细胞,这使得在体外研究病变神经细胞的表型从而揭示神经退行性疾病的内在机制成为可能。河南大学的 Fan 等就利用了过度表达 APP 和 PS1 突变的小鼠诱导多能干细胞来源的三维神经类器官来研究阿尔兹海默病的病理,并利用蛋白质和细胞表型分析探究阿尔兹海默病的早期发病机制[61]。韩国东国大学的 Kim 等利用干细胞同时培养了具有和不具有帕金森病相关 LRRK2 G2019S 突变的三维中脑类器官,由于类器官能够在体外培养环境下模拟体内结构和生理,因此可以重现帕金森病患者的病理特征,从而用于研究与 LRRK2 突变相关的帕金森病的致病机理[62]。

此外,有研究证明嗅觉障碍与一系列的神经退行性疾病密切相关,临床发现一些患有阿尔兹海默病、帕金森病的神经退行性疾病患者早期均出现了明显的嗅觉障碍,这有望成为一项早期诊断及预测病情进展的生物学指标[63-64]。复旦大学的 Dai 等利用小鼠嗅上皮细胞成功培养了嗅上皮类器官,并通过免疫荧光证实了其中有嗅觉标记蛋白表达[65]。嗅觉类器官的成功构建也为研究嗅觉障碍和神经退行性疾病之间的关联提供了新的途径。

6.4.2 器官芯片和类器官芯片

1. 器官芯片

器官芯片是一种尺寸较小的体外培养装置,培养腔一般在毫米甚至微米级别,这不仅避免了一次实验过程中使用过多细胞造成的浪费现象,而且多个培养腔的集成检测也提高了通量,适合更多种药物浓度梯度实验和不同的对照实验,更让单细胞或单个类器官的个体差异性研究成为可能。另外,微流控作为器官芯片的核心技术就相当于生物体内负责运输的血管,这很好地解决了传统培养方式中营养代谢障碍的问题[43]。

最早的器官芯片是由美国哈佛大学的 Huh 等开发的肺芯片[66],它是一种载玻片大小的由两个重叠的微通道组成的夹膜结构,一侧用于气流通过,另一侧用于培养液通过,中间则由多孔的聚二甲基硅氧烷膜隔开,两侧分别培养气管上皮细胞和血管内皮细胞,从而达到模拟人体肺泡的效果。另外,在通道两侧还设计了两个空心微室,以循环抽真空的形式拉伸聚二甲基硅氧烷膜,使得培养在上面的细胞受到类似肺牵张作用,从而模拟肺泡呼吸的效果,这显示了器官芯片的初级功能化(见图 6-4-1)。在肺器官芯片基础上,研究者通过在微通道中加入白细胞介素 2,建立了肺水肿病理学模型;也通过气路改进,控制有节律性的气体进出,研究吸烟对肺细胞的影响以及损伤反应[67]。该系列研究证实了肺芯片不仅可以模拟肺部疾病的病理过程,也发现了周期性呼吸运动在肺部疾病发生发展中的重要作用,为呼吸系统疾病研究提供了一种新的思路。

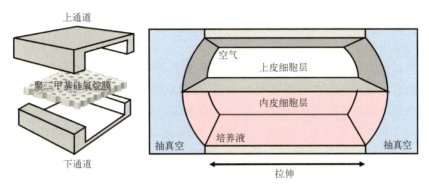

▼ 图6-4-1　肺器官芯片的设计原则示意图

在肺器官芯片之后又相继出现了肝器官芯片、肾器官芯片和血脑屏障芯片等。通过将活的人体细胞与合成的、生理上相关的微环境结合,器官芯片可以模拟生理内环境稳定所必需的器官水平功能以及复杂的疾病过程。此外不同的器官芯片模型可以流式连接,以构建能够在系统水平上模拟多器官相互作用和生理反应的身体芯片系统[68]。尽管这些先进的模型系统还远不能实现真正人体器官的功能,但他们捕获人体生理学及病理学关键方面的能力使其有望成为减少用于药物、医疗器械和生物材料临床前评估的动物研究的有效方法。

2. 类器官芯片

传统的类器官培养方法依赖于干细胞在三维培养条件下有序接收各类生长因子的刺激从而自发形成特定的细胞结构,这种相对粗犷的培养方式难以对类器官进行精确地控制和移动。同时,静态的培养环境也难以模拟循环系统带来的剪切力的作用。因此,将类器官与微流控芯片结合,构建类器官芯片是近期研究的一个重要方向。

类器官芯片是传统器官芯片的进一步发展,是融合了物理、化学、生物、医学、材料、微机电、工程等多学科的交叉领域。类器官芯片通常是将干细胞或经传代的类器官移入芯片后,使用阀控制的流路进行长时间的培养,并利用微流控技术模拟体内的微环境,研究在多种细胞类型、多功能界面、流体力和机械力复杂环境下的细胞活动。通过时序性地更改培养基成分,干细胞能逐渐分化形成类器官结构。具有特定结构的类器官芯片,能够对生成的类器官的大小和数量进行精确控制，相较于传统的培养皿中的培养方法，更适合于体外研究应用。而类器官传感芯片，则是将生物传感技术与类器官芯片相融合，利用生物传感技术实时定量地监测芯片中类器官的生长状况，实现无标记、非侵入式的记录，在药物研发、组织发生和疾病发生等领域具有重要的应用前景。

类器官的培养依赖于有序的信号通路激活和形态发生，诱导细胞分化成不同形态，最后自组装形成类似体内器官的微型结构。微流控技术与微加工技术能帮助对培养时的生化分子浓度、营养供应和生物物理环境进行准确的控制，这对于类器官的大规模、标准化培养意义非凡。中国科学院大学的Wang 等设计了一款肝类器官芯片，在微流控芯片中将人源诱导多能干细胞逐步诱导成拟胚体、内胚层、肝祖细胞，最后形成成熟的肝类器官[69]。利用芯片中的微柱阵列，研究人员能够控制类器官的位置和体积，而微流控系统又保证了营养的充分供应（见图 6-4-2（a））。从芯片收获的肝类器官不仅具有更好的活力，表达肝特有的标志基因，还具有肝特有的功能，能产生白蛋白和尿素，甚至能对药物表现出肝毒性反应。同年，Wang 等又报道了一款脑类器官芯片，研究了产前尼古丁暴露对胎儿神经系统发育的影响[70]。人源诱导多能干细胞在诱导成拟胚体后，混入基质胶并注入芯片中，待交联后，拟胚体在三维环境下进一步诱导成脑类器官（见图 6-4-2（b））。研究发现尼古丁会导致脑类器官神经发育不成熟，破坏脑部结构，导致脑皮质发育异常，类似于胎儿脑部接收尼古丁暴露后的变化，证实脑类器官芯片适合作为类似疾病的体外研究模型。

类器官芯片能够控制类器官发育时的外环境，保证充足的养分供应，帮助研究人员获得大批量，形状均匀的类器官，而且流体的剪切力能更好地模拟体内环境，使得类器官芯片相较于普通类器官培养更方便有效，适合推广使用。

6.4.3 新型生物传感器

细胞传感器是生物传感器中的一类以细胞、组织等作为敏感元件，将细胞的形态生理变化转变为电信号，实时记录并输出的传感器，具有无须标记、长时间监测、实时监测的特点。细胞传感器能够多尺度地对细胞的生理活动进行监测，是一种新兴的、广受研究人员青睐的技术。传统的细胞传感器主要对二维培养的细胞进行监测，近期，许多针对三维细胞结构以及类器官的细胞传感器也被开发，本小节介绍其中比较成熟的技术。

第6章 新型生物和离子敏传感器的发展 317

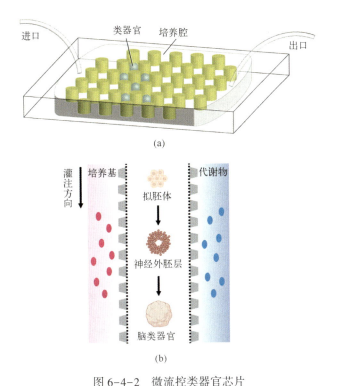

图 6-4-2 微流控类器官芯片
(a) 微流控肝类器官芯片示意图；(b) 微流控脑类器官芯片示意图。

1. 细胞生长监测传感器

细胞的生长是一个动态的过程，时时刻刻都会受到环境的影响。近年来，由于传统的二维细胞模型越来越难以满足研究的需要，研究人员致力于建立更加接近体内生理状况的三维模型。三维细胞模型的增殖、分化、耐药性、信号通路的激活情况都与二维模型大相径庭，许多研究已经揭示三维与二维模型在代谢上的差异[71-72]。由于传统的检测细胞存活和生长的方法，例如光学显微镜观察和 3-(4，5-二甲基噻唑-2)-2，5-二苯基四氮唑溴盐法难以在三维条件下使用，而活-死细胞染色试剂盒法难以实现压缩和动态监测，因此有必要开发新型的、实时的、非侵入式的监测三维细胞模型生长、存活、运动和死亡的技术。

电阻抗图谱法是一项成熟的能够追踪二维细胞培养的技术，细胞在电极表面黏附、延伸、增殖、死亡都会对阻抗产生影响而被实时记录下来。例如，目前比较成熟的电子细胞-基质阻抗传感技术（见图 6-4-3（a）），通过在一段时间内测量阻抗可以记录细胞形态的变化[73]。通过对二维细胞阻抗传感器的优化创新，台湾省长庚大学的 Lei 等开发了一种基于滤纸的三维平面传感器系统[74]。工作电极，对电极和参比电极被设计在一个平面上，在其上连接三维培养使用的滤纸后，可以使用阻抗图谱法对细胞活动进行监测（见图 6-4-3（b））。该系统不仅能识别出水凝胶中细胞数目的多少，还可以记录到药物作用后细胞死亡的情况，适用于高通量的药物筛选。而同时，其他研究团队则对传感器的结构做了调整，使用了两块平行的电极，混入了细胞的水凝胶位于平行电极之间。上下平行[75]和左右平行[76]的两块电极分别被构建，随着水凝胶中混入的细胞数量的改变，相应的阻抗值变化也被成功检测到。与平面电极相似，平行电极也能够实时监测细胞的生长和对药物的响应。清华大学的 Xu 等曾发现在研究三维细胞培养模型时，电极的结构（平面和平行）会影响检测到的信号[77]。浙江大学的 Pan 等设计了一种平行电极的三维阻抗传感器（见图 6-4-3（c）），能够对细胞的生长和死亡进行实时监测，并记录细胞对不同药物的响应。研究发现，相较于平行电极，平面电极更难以检测到水凝胶中的细胞的增殖情况[78]。这可能是水凝胶厚度和电极设计所导致的，在平行电极系统中，电流会穿过整个水凝胶，而平面系统中电流仅流经电极表面的区域。利用该三维阻抗传感器，不仅能够对三维细胞结构的生长进行监测，还能够进行精确的药物筛选，适合作为未来的药物筛选体外模型。

2. 细胞电生理监测传感器

微电极阵列被广泛地应用于记录细胞电生理现象，主要因为细胞可以在微电极阵列上长期培养，能同步记录多个位点的细胞外场电位信号，还能与形态学观察相结合（见图 6-4-4（a）和图 6-4-4（b）），但其难点与局限性在于需要细胞和二维平面电极紧密接触，因此很难应用于类器官或者三维培养细胞。比利时鲁汶大学的 Jordi Cools 等设计了一种三维自折叠式多电极外壳，可以将三维培养细胞环绕其中并记录细胞电位，实验发现培养在该装置中的新生大鼠心室心肌细胞记录到的动作电位的信噪比要明显高于用平面细胞外电极记录的信号（见图 6-4-4（c）和图 6-4-4（d））[79]。美国卡内基梅隆大学的 Anna Kalmykov 等设计了一种三维自卷式生物传感器阵列，将微电极或场效应晶体管应用于球状细胞的三维表面，实现了具有高灵敏度和高时空分辨率的连续、稳定的多路场电位记录，该装置可以用于探究三维多细胞系统的细胞间通信（见图 6-4-4（e）和图 6-4-4（g））[80]。

第6章 新型生物和离子敏传感器的发展

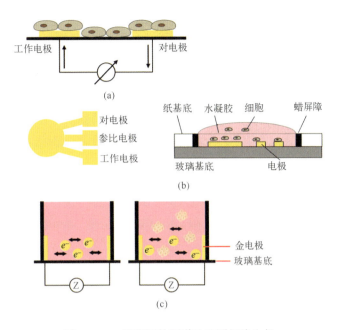

图 6-4-3　细胞阻抗图谱法监测细胞生长
（a）电子细胞-基质阻抗传感系统原理图；（b）三维纸传感器示意图；
（c）平行电极的三维阻抗传感器示意图。

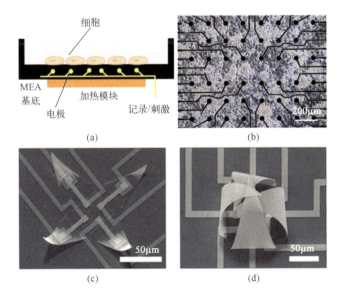

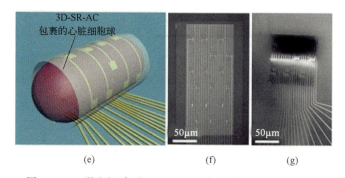

图 6-4-4 微电极阵列（MEA）芯片监测细胞电生理活动

(a) MEA 的原理图；(b) 显微镜下观察到的心肌细胞在电极上的生长情况；
(c)，(d) 三维自折叠式 MEA 芯片折叠前后的扫描电镜图片[79]；
(e)～(g) 三维自卷式 MEA 芯片的示意图。[80]

3. 细胞代谢监测传感器

细胞每时每刻都在经历复杂的代谢活动，细胞代谢控制着细胞的生长、分裂、分化并会对外界做出反应。研究细胞的代谢活动对了解细胞和组织发育，以及疾病发生等都具有重要的意义。因此，开发能够实时精准监测细胞代谢活动的传感器技术迫在眉睫。光寻址电位传感器是一类基于场效应的空间分辨的生化传感器（见图 6-4-5（a）），被大量地应用于细胞代谢活动的监测，包括记录胞外腺苷三磷酸的浓度和酸碱度的变化。浙江大学的 Hu 等基于光寻址电位传感器构建了微生理仪系统，该生理仪能够精准实时地记录活细胞的代谢活动和胞外酸碱度的变化[81]。浙江大学的 Liu 等基于光寻址电位传感器实现了对细胞胞吐活动的准确监测[82]。此外，浙江大学的 Du 等还开发了一套双功能的传感器芯片，能够同时对细胞的电生理活动和代谢活动进行监测[83]，记录到了苦味产生的相关信号，并且在单细胞水平上对细胞腺苷三磷酸的释放和膜电位的变化进行了记录（见图 6-4-5（b））。该系统对味觉信号传导的相关研究具有重要的意义。

6.4.4　类器官芯片与生物传感器的结合

目前类器官芯片还基本处于以微流控为核心的研究阶段，各种流路的设计都是为了使得体外培养环境更加接近人体生理状态，而进一步将类器官芯片与生物传感技术相结合，构建类器官传感芯片，将推动精准医疗迈上一个新的台阶。

第6章 新型生物和离子敏传感器的发展　321

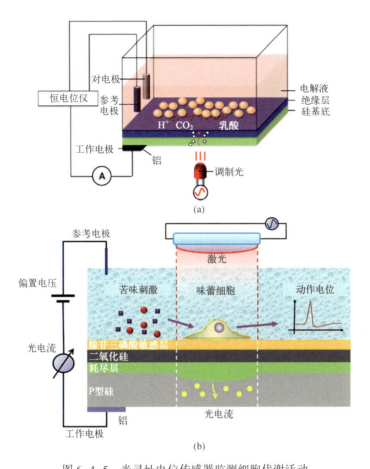

图 6-4-5　光寻址电位传感器监测细胞代谢活动
(a) 光寻址电位传感器的原理图[81]；(b) 双功能光寻址电位传感器芯片的原理图。[84]

尽管一些研究团队已经成功设计了类器官芯片并验证了类器官芯片是一个很好的体外模型，但是对于类器官芯片的主要观测手段仍然是传统的光学方法，通过荧光染色和共聚焦显微镜的方法研究类器官蛋白的表达情况。将类器官芯片与生物传感器连接，能够利用生物传感器记录到类器官培养过程中的许多细节信息，当培养环境发生变化时，还能够定量监测到类器官的变化，提高信息丰度，充分利用类器官研究人体器官发育和疾病发生等重要命题。美国哈佛医学院的 Zhang 等提供了一种可行的设计方案，通过微流控流路将多个生物传感模块与器官培养芯片连接，自动持续地检测生理生化参数的变化[84]。该装置利用物理传感器监测系统酸碱度、氧含量、温度的变化，利用电化学免疫传感器监测细胞分泌的可溶性生物标志物的变化，利用显微镜监测类器官的形态变化，实现了多尺度持续自动监测，能够对类器官在接收药物或化学刺激后进行长时间监测，适合于开展自动化大规模的药物筛选工作。

6.4.5 类器官生物芯片的研究展望

类器官是一种在体外培养的具有来源器官显微解剖特征的多细胞三维结构，是融合了多种器官特异性细胞类型、组织形态和功能的组织模型，与动物模型相比，类器官的优势体现在使用人源性组织进行实验研究，在疾病建模、药物筛选、药效评价等方面应用广泛，具有重要的临床应用价值。传统的类器官培养方法有许多局限性，例如随着类器官体积的增大，缺氧和缺乏可溶性因子易导致组织坏死，而且培养过程中难以进行精确地控制。类器官芯片技术的发展克服了这些困难，微加工和微流控技术的引入，能够帮助研究人员精准控制类器官微环境的变化，如生长因子梯度，而且流体剪切力有助于模拟更接近体内的微环境。

与器官芯片技术类似，将包含了不同类型的人源诱导多能干细胞诱导的类器官芯片相互连接构建多类器官芯片，形成人体芯片，模拟人体内各器官之间交互作用，将成为最接近人体的体外模型，这对于基础研究和药物研发等都具有重要意义。然而，目前的类器官芯片系统缺乏简便的实时监测手段，仅依赖于传统光学手段难以获取全面的研究数据。将类器官芯片与生物传感技术结合，构建类器官传感芯片，能有效解决这一问题，随着技术的不断发展，新的类器官传感芯片必将不断涌现。例如，可以将三维阻抗传感器与类器官芯片整合，构建类器官阻抗芯片，原位实时地记录生理环境和药物刺激后类器官性能的改变，适用于大批量自动化地进行药物筛选工作。

6.5 植入式生物和离子敏传感器

6.5.1 基于动物的植入式生物和离子传感器进展

动物具有丰富的化学感知系统。通过外部植入电极、转基因技术和荧光成像等方法可以获取动物的外界感受信息，因此在环境检测、食品安全和疾病诊断等方面具有重大应用潜力。近年来，有研究者用自制的镍铬微电极阵列植入大鼠大脑的嗅觉区域，以检测和识别气味，这种检测气味的整体系统被称为体内生物电子鼻（见图6-5-1）。通过分析一些二尖瓣/簇状细胞的发射模式，浙江大学Zhuang等成功地区分了香蕉，橙子和与它们类似的单分子气味（乙酸异戊酯和柠檬醛），同时还可以区分4种不同的天然水果风味[85]。由于嗅球（OB）中的神经元表现出对不同气味的刺激或抑制作用，其团队郭添添等通过体内生物电子技术成功测试了9种气味。该技术不仅能够以92.67%的准确度分辨出9种气味中的3种[86]，还可以记录来自位于OB和高嗅觉皮层之间的外侧嗅道细胞的神经信号以检测气味。当以高浓度（$5\times10^{-4}\sim10\times10^{-4}$mol/L）到低浓度（$1\times10^{-4}\sim4\times10^{-4}$mol/L）刺激大鼠时，某些神经元的发放频率会降低。另一方面，研究人员也关注提高气味检测的特异性，这不仅可以降低鉴别算法的复杂性，而且可以提高体内生物电子鼻的成功率。浙江大学王平团队开发了锰增强的核磁共振成像（MRI）方法来表征对大鼠脑中特定气味有反应的区域。N-丁酸，辛醇和乙酸异戊酯可以诱导OB中Mn^{2+}积累的不同区域。通过在特定位置植入电极，该基于细胞的生物传感器对正丁酸和乙酸异戊酯的检出限分别为0.0072和0.033μmol/L[87]。另外，转基因啮齿动物也适合于检测特定的气味。使用绿色荧光蛋白标记了特定的嗅觉感觉神经元（OSN），在荧光显微镜的帮助下植入电极到特定的嗅球细胞附近可以提高检测的特异性和准确度[88]。

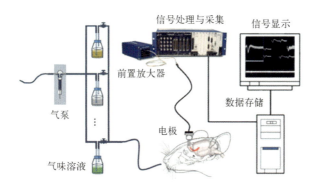

图6-5-1 基于动物的植入式生物和离子传感器

斑马鱼常被用于检测有毒物质，而常规的测试是使用斑马鱼的致死率和形态变化作为评估毒性的特征。构建荧光标记的转基因斑马鱼可以提高斑马鱼毒性检测的灵敏度。为了检测水中重金属离子，印度中央渔业教育研究所Nilambari Pawar等提出一种用于镉离子和锌离子检测的转基因斑马鱼生物传感器[89]。金属硫蛋白（Metallothioneins，MTs）是一种低分子量的富含半胱氨酸的蛋白质。它可以通过半胱氨酸残基的硫醇基团与重金属（如锌、铜、硒）结合。斑马鱼鱼鳍细胞系瞬时实验表明，钙和锌离子是斑马鱼的金属硫蛋白 DNA 启动子的优异诱导物。构建 pTol2-zMT-DsRed2 启动子和标志物质粒并注射于斑马鱼胚胎中。当斑马鱼处于含有重金属的水体中时，金属硫蛋白 DNA 启动子会被激活从而使得 DsRed2 基因表达增多，通过荧光显微镜可以检测斑马鱼体内的红色荧光。斑马鱼重金属生物传感器的检测范围为镉 0.1~0.5mg/L，锌 10~20mg/L。

澳门大学 Jia 等将基于荧光共振能量转移的凋亡生物传感器引入斑马鱼基因组中，以构成新型的转基因斑马鱼传感器[90]。荧光共振能量转移（Fluorescence Resonance Energy Transfer，FRET）的原理为在斑马鱼体中表达青色荧光蛋白（Cyan Fluorescent Protein，CFP）和黄色荧光蛋白（Yellow Fluorescent Protein，YFP），两者由 caspase-3 酶切割位点所连接，通常情况下在外部激发光的作用下，CFP 被激发，产生的荧光激发 YFP，最终显示出绿色荧光；在细胞发生凋亡时，相应的位点被切割使得 FRET 效应消失，在外部激发光作用下，CFP 被激发产生蓝色荧光。为确定斑马鱼传感器的敏感性，研究者采用七种化学物质（包括重金属、纳米材料和 DNA 破坏剂等）用于处理斑马鱼传感器。结果表明，斑马鱼传感器可以单细胞敏感性地检测试剂的毒性。100nmol/L 的重金属镉（Cd）诱导了斑马鱼细胞的凋亡，斑马鱼没有观察到明显的形态或行为变化。即使在 44.5nmol/L（饮用水中的最大允许浓度）的低浓度下，Cd 也会引起斑马鱼传感器细胞凋亡的显著增加。ZnO 纳米颗粒在非常低的 100ng/mL 浓度下会引起斑马鱼的细胞凋亡。DNA 破坏剂也会诱导传感器斑马鱼中许多细胞的凋亡。斑马鱼传感器比传统的基于斑马鱼的测试灵敏得多，可以用作检测有毒物质的有力工具。

铅（Pb）已经隐蔽地入侵了人类数千年，对人类健康构成极大威胁。血铅水平（Blood Lead Level，BLL）是用于诊断铅中毒程度的常规指标。为了开发适用于活生物体的实用检测工具，中国台北荣民总医院 Yang 等设计了基于遗传编码的荧光共振能量转移（FRET）的 Pb^{2+} 生物传感器"Met-lead 1.44 M1"，具有出色的性能[91]。"Met-lead 1.44 M1"具有 25.97nmol/L 的表观解离常数和 10nmol/L 的检测限（LOD），比世界卫生组织允许的自来水铅水平低 5 倍。他们利用 Met-lead 1.44 M1 来测量不同生物模型中的 Pb^{2+} 浓度，包括两种普通的人类细胞系和诱导性多能干细胞（iPSC）衍生的心肌细胞，以及植物中广泛使用的模型物种拟南芥和动物果蝇的研究。结果表明，这种新型生物传感器适用于体外和体内铅毒理学研究，这将为血铅水平分析和快速检测环境

中的 Pb^{2+} 提供重要的检测手段。

6.5.2 植入式体内生物与离子传感器进展

与 6.5.1 节所介绍的基于动物的在体生物与离子传感器不同，植入式体内生物与离子传感器在生物医学研究和医疗诊断等领域具有重大的应用价值，在体传感器强调将整个动物作为传感器使用。植入式生物与离子传感器有望通过个性化医疗来改善医疗保健。在病人体内植入传感器，就可以连续地传输体内临床相关信息。通过持续的监测，可以实时动态地了解使用者的基本健康状况，并且通过微弱的变化实现疾病的预警和早期筛查[92-93]。另一种应用是病人体内的药物动力学研究[94]。已经有许多检测生理相关分析物的传感器的例子，具有很大的体内监测潜力。但是很少有生物传感器在临床前动物研究中得到证明或被批准植入人体。其很大原因在于用作识别元件的生物组件会限制可植入生物传感器的寿命。对于植入式生物和离子传感器，换能器最常见的是光学传感器和电化学电极。光学方法受到组织散射和吸收的影响，而电极在很大程度上需要设备和外部单元之间的接口。理想情况下，生物传感器具有可逆性，并与其环境保持持续平衡。产生的信号应该是稳定的，不会随时间漂移[95]。

人体中含有许多重要的化合物如多巴胺（Dopamine，DA）、葡萄糖等。植入式生物传感器可以实现体内生物重要分子的实时快速检测。多巴胺是儿茶酚胺和苯乙胺家族中一种在脑和身体中起到重要作用的有机化合物，其与运动障碍、成瘾、学习等密切相关。快速扫描循环伏安法（FSCV）是一种实时测量大脑中多巴胺水平的重要方法。但是，很难将 DA 与其他单胺区分开来，例如 5-羟色胺（5-Hydroxytryptamine，5-HT）和去甲肾上腺素（Norepinephrine，NE）。Akimasa Ishida 等报道了一种新型的 DA 生物传感器，该传感器由涂有离子交换膜的碳纤维电极组成，包含单胺氧化酶 B 和纤维素膜。在生物体中植入探针通过 FSCV 实时监测体内 DA 的含量。他们成功在雄性大鼠的纹状体中植入探针并研究了探针在生物体内 DA 检测的选择性。该探针既可以检测出由甲基苯丙胺引起的变化，也可以检测到由电刺激内侧前脑束引起的相变。而在 6-羟基多巴胺损伤的纹状体中的电极对全身选择性 5-羟色胺和 5-羟色胺/去甲肾上腺素再摄取抑制剂无反应，证实了其选择性。此外，纹状体中的探针仍可在电极植入后的 1 周内检测到 DA 水平的变化。结果表明，新型生物传感器可以以相对较高的信噪比测量体内 DA 水平的实时变化[96]。此外，据报道眼泪中的 DA 含量与近视屈光度有关。近视是一种不可逆的视觉障碍，其致病机制尚未完全确定。缺乏了解导致了其早期发现和预防的困难。使用可穿戴角膜生物传感器可检测 DA 的变化。通过将酪氨酸酶和聚（3,4-乙撑二氧噻吩）功能化的硫掺杂石墨烯电沉积到角膜微电极上来制备生物传感器[97]。在酪氨酸酶的作用下，多巴胺被催化氧化，扩散电流与多巴胺的含量相关。该生物传感器具有较高的灵敏度，较低的检出限，优异的选择性和长期稳定性。研究人员在兔子身上进行的体内测试证明，添加到动物眼中的 DA 与生物传感器的电流响应之间存在线性关系。对散焦诱发的具有各种近视屈光度数的近视患者的眼泪的进一步测试表明，该生物传感器输出的敏感电流信号与近视屈光度的程度有关。这表明近视屈光度与眼泪中 DA 含量之间存在潜在的关系。该生物传感器为更好地了解近视的形成及其预防方法提供了一种新颖的方法。

血液中葡萄糖的检测是生物传感器实现临床应用的重要方向。为了可靠地监测血糖水平，糖尿病患者通常需频繁地指尖采血用于测试，这样会造成患者的痛苦并且在重复使用刺血针或未对其进行适当消毒时会带来交叉污染的潜在风险。血糖的连续实时监测可以很大程度减少患者的痛苦且可以持续监控患者的身体状况。浙江大学叶学松团队提出了一种制造过程简单，成本低并且适合大规模生产的在体血糖连续监测生物传感器[93]。在掺杂有普鲁士蓝（PB）的双面丝网印刷柔性电极上，一步修饰纳米聚苯胺（PANI）/葡萄糖氧化酶（GOx），成功应用于体内连续葡萄糖监测，并且具有较好的生物相容性。PANI/GOx 的纳米结构使 GOx 酶更稳定，可进行长期体内监测。更重要的是，聚氨酯（PU）层沉积在电极表面上，作为扩散限制膜，可增强线性范围和生物相容性。体外测试结果表明，该生物传感器的线性范围为 $0 \sim 12\text{mmol/L}$，灵敏度为 $16.66\mu\text{A}/(\text{cm}^2 \cdot \text{mmol/L})$（相关系数 $R^2 = 0.9962$），对葡萄糖具有较高的特异性。在体内实验中，该传感器可以成功监测植入后 24h 大鼠的葡萄糖水平波动。采用双面丝网印刷工艺制造的生物传感器满足了体内葡萄糖监测范围，并消除了多种的干扰因素，从而建立了一种柔性体内生物传感器新的大规模生产程序。南洋理工大学 Ju 等报告了一种新型的表面增强拉曼光谱（Surfaceen-hanced Raman Spectroscopy，SERS）传感器，用于基于低成本聚甲基丙烯酸甲酯微针（Poly Methyl Methacrylate Microneedle，PMMA MN）阵列的皮内葡萄糖原位检测[98]。将 1-癸烷硫醇掺入涂银的阵列表面后，在皮肤模型中将传感器校准在 $0 \sim 20\text{mmol/L}$ 的范围内，然后进行体内测试链脲佐菌素（STZ）诱导的 I 型糖尿病小鼠模型中葡萄糖的定量分析（见图 6-5-2 (a)）。结果表明，功能性聚甲基丙烯酸甲酯微针阵列能够在几分钟内直接测量组织液中的葡萄糖，并保持其结构完整性而不会溶胀。测量数据的 Clarke 误差网格分析表明 93% 的数据点位于区域 A 和 B。此外，MN 阵列对皮肤的侵袭性最小，因为在测量后 10min 内皮肤恢复良好，没有任何明显的不良反应。经过进一步的改进和适当的验证，这种基于聚合物 MN 阵列的 SERS 生物传感器在糖尿病患者的无痛血糖监测中具有很大的应用潜力。能够直接在间质液中监测葡萄糖的新一代连续葡萄糖监测设备的出现，使得糖尿病管理方面取得了重大进展，但酮体的连续监测仍有待解决。糖尿病酮症酸中毒是一种严重的糖尿病并发症，具有潜在的致命后果，其特征在于由于酮体的积累而引起的高血糖症和代谢性酸中毒，这要求糖尿病患者同时监测葡萄糖和酮体。加州大学圣地亚哥分校 Teymourian 等[99]首次介绍了实时连续酮体监测微针平台（Continuous Ketone Bodies Monitoring Microneedle Platform，CKM）。该系统基于 β-羟基丁酸酯（β-Hydroxybutyrate，HB）的电化学监测，β-羟基丁酸酯是酮形成的主要生物标志物。该系统采用 β-羟基丁酸脱氢酶（HBD）进行酶促反应，其将离子液体碳糊电极与菲咯啉二酮介体结合，接着使用戊二醛交联剂连接修饰上 HBD/NAD$^+$（氧化态烟酰胺腺嘌呤二核苷酸）层，最外层由壳聚糖和聚氯乙烯涂敷（见图 6-5-2（b））。其具有稳定且选择性的低电位，可进行无污垢的 NADH（还原态烟酰胺腺嘌呤二核苷酸）阳极检测。所得的 CKM 微针装置具有优异的检测性能，具有高灵敏度和低检测限（为 50μmol/L），在存在潜在干扰的情况下具有高选择性，并且在人工 ISF（间质液）中长时间运行期间具有良好的稳定性。研究者通过在组织模拟凝胶中模拟皮肤，证明了该微针传感器对酮体的微创监测的可行性。同时还证明了在单个微针阵列上检测 HB 以及葡萄糖和乳酸的能力。

蛋氨酸被氧化为蛋氨酸亚砜（Methionine-Sulfoxides，MetOx）与多种与年龄有关的疾病有关。甲硫氨酸亚砜在硫原子上的手性中心产生的两个非对应异构体，S-MetOx 和 R-MetOx。在健康细胞中，MetOx 被两个保守的甲硫氨酸亚砜还原酶家族 MSRA 和 MSRB 专门针对 S 或 R 还原为蛋氨酸。常规的手段无法区分同一反应中的 MSRA 和 MSRB 的活性，为了直接检测细胞环境中的 MSRA 和 MSRB 功能，阿根廷罗萨里奥分子和细胞生物学研究所 Sánchez López 等开发了一种基于核磁共振（Nuclear Magnetic Resonance，NMR）的生物传感器，称为 CarMetOx，其充分利用了 NMR 化学位移的高灵敏度以及特异性检测复合混合物中蛋氨酸氧化状态的能力，在单个反应中同时测量两种酶的活性[100]。将合成的 CarMetOx 注射到斑马鱼胚胎中，在样品中进行直接的 NMR

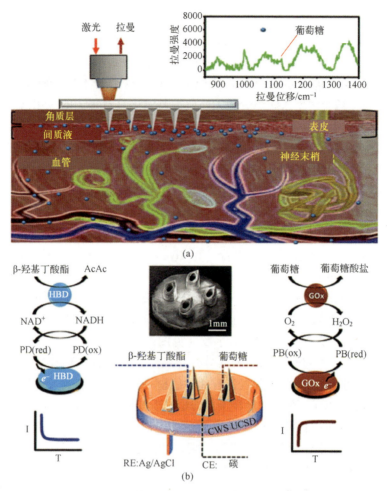

图 6-5-2　皮下植入式生物传感器在糖尿病相关分子监控中应用

(a) 基于聚甲基丙烯酸甲酯微针的表面增强拉曼光谱传感器原理示意图[98];

(b) 连续酮体监测微针平台检测原理示意图。[99]

采集。实验证明其在复杂的生物环境中检测 MSR 功能的适用性。因此，该研究建立了原核和真核 MSR 在底物特异性上的差异，并引入了 CarMetOx 作为研究氧化应激相关人类疾病和氧化还原调节信号通路的治疗靶点的高灵敏度工具。吉林大学化学系 Fu 等[101]通过将胰蛋白酶的异硫氰酸荧光素（Fluorescein Isothiocyanate，FITC）修饰肽底物（pep-FITC）共价固定在锰掺杂的铁氧化物纳米颗粒（$MnFe_2O_4$ Nanoparticles，MnIO NP）上，实现在体内和体外检测胰蛋白酶活性的荧光开启纳米传感器。pep-FITC 与 MnIO NP 的缀合导致 FITC

荧光的猝灭。在胰蛋白酶的作用下，FITC 部分从 MnIO NP 表面释放，导致 FITC 荧光信号显著恢复。在最佳实验条件下，FITC 荧光强度的回收率在 2~100ng/mL 范围内，分别线性依赖于胰蛋白酶浓度缓冲液和溶解于 $5×10^2$ ~ $1×10^4$HCT116cell/mL 裂解液的细胞内胰蛋白酶。缓冲液中胰蛋白酶的检出限为 0.6ng/mL。MnIO@ pep-FITC 成功地用于体内磁场成像和外部磁场辅助下，无创地监测超小（体积约 4.9mm³）裸鼠 HCT116 肿瘤中的胰蛋白酶活性，证明其具有极好的实用性。由于组织对光的散射，因此目前主要基于荧光发射的现有分子生物传感器在这种情况下具有有限的实用性。相反，超声波可以轻松地以高时空分辨率对深部组织成像，美国加州理工学院 Lakshmanan 等引入了第一个可遗传编码的声学生物传感器用于检测蛋白酶活性[102]。这些生物传感器基于一类独特的充满空气的蛋白质纳米结构，称为气体囊泡（Gas Vesicles，GVs）。GV 在水生微生物中生成，被用于调节细胞的浮力。其由 2nm 厚的蛋白质外壳和充满空气的间隔构成，宽度在 45~250nm 而长度为几百纳米。利用基因工程的手段，研究者在 GVs 的支持蛋白质中插入特定蛋白酶识别的氨基酸序列。但特定的蛋白酶将部分支持蛋白质切断后，GVs 会产生与对照组 GVs 有差异的非线性超声信号，通过选择合适的声压则可以得到蛋白酶作用后的超声图像，进而检测生物体内蛋白酶的活性。实验表明这些生物传感器可以在小鼠胃肠道内实现成像。

植入式的生物传感器在药物动力学检测中也具有很大优势。抗生素耐药性对患者的健康构成了严重的威胁。改善抗生素的使用和有效性对于解决这个问题至关重要。这包括优化输送给每个个体的抗生素剂量。实时跟踪每位患者抗生素浓度的新传感方法可以实现个性化的药物剂量。临床中的万古霉素（Vancomycin，Van）治疗需要长期的给药才能实现持续的治疗药效。准确、快速和连续地检测 Van，可以为医生提供指导，以在实际情况中调整剂量和治疗计划。华东师范大学 Mu 等[94]提出了一种检测 Van 的荧光生物传感器，该传感器与微透析采样技术相结合，以开发出一种快速、简单、准确且灵敏的检测方法，该方法已在体内进行了验证。Van 分别与荧光标记多肽 Nα-dansyl-Nε-Ac-L-Lys-D-Ala-D-Ala 的二聚体衍生物中两条肽链缀合而使得荧光增强。在正常兔和腺嘌呤诱发的慢性肾衰竭（CRF）兔中记录了 Van 的受试者特异性药代动力学，这表明了体内治疗药物监测的可行性。正常兔的浓度-时间曲线下面积（AUC）为 10715min μg/mL（95% CI①= 8892~12538），在慢性肾

---

① CI 为 Cell Index，即细胞指数。

功能衰竭兔中分别为14822min μg/mL和19025min μg/mL。在兔子研究中使用Van的药代动力学剂量,通过设计剂量和给药间隔,以实现持续的治疗效果。该方法有助于在临床治疗中检测Van,并为在各种疾病的临床治疗过程中监测血药水平提供了科学依据。伦敦帝国理工学院Gowers等[103]则提出了一种基于电位微针的生物传感器,用于检测健康人体内的β-内酰胺类抗生素水平。生物传感器上涂有对pH敏感的氧化铱层,该层可检测由固定在电极表面上的β-内酰胺酶引起的β-内酰胺水解而导致的局部pH变化(见图6-5-3)。实验表明该传感器在10mmol/L PBS(磷酸缓冲液)溶液中的检测限为6.8μmol/L,在-20℃下可稳定长达2周,并能承受灭菌操作。体内应用6h后,传感器功能层完整无损,保留了敏感性。基于微针的生物传感器测量可在离体血液和体内微透析采样环境下跟踪测量青霉素的浓度。这些初步结果表明,这种基于微针的生物传感器具有提供微创手段来测量体内实时β-内酰胺浓度的潜力,代表了朝着闭环治疗药物监测系统迈出的重要的第一步。

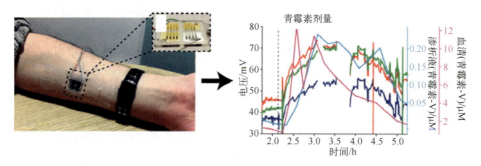

图6-5-3 植入式生物传感器在药物动力学检测中应用

植入式生物传感器除了可以检测药物作用下药物含量的动态变化情况,而对于生物体内炎症因子的检测及对于药物的释放控制也具有重要作用。细胞因子介导并控制免疫和炎症反应。在维持体内稳态和健康的过程中,细胞因子、炎症以及先天性和适应性免疫反应之间存在复杂的相互作用。按需将抗炎药局部递送至靶标组织提供了一种更有效的给药方法,同时减少了全身性药物递送的不良影响。华中师范大学Cao等[104]的工作提出了一种基于分析物信号诱导的炎症诊断治疗方法(Interferon-γ,IFN-γ),药物在检测到促炎细胞因子的目标水平时实时释放。研究中所提出的结构切换适配体生物传感器在体外与体内定量和动态检测IFN-γ的灵敏度可达10pg/mL。氧化还原探针转载到适配体的发夹部分,在适配体与IFN-γ结合后适配体发生形变,氧化还原探针被释放,释放的探针重新转载后适配体可重复使用,从而达到动态实时监测的目的。实验表明由免疫调节细胞因子 IFN-γ 触发所释放的阿司匹林能够抑制大鼠模型中的炎症，并且可以定量地控制阿司匹林的释放。该传感器检测方法为体内检测促炎细胞因子以及随后的抗炎分子的治疗提供了一种有潜力的新策略。

植入式的离子敏传感器，是指通过侵入性的手段检测生物体内的离子的器件，检测的离子包括 H^+ 和金属离子等。瑞典皇家理工学院 García-Guzmán 等[105]完成了一种透皮 pH 测量微针（MN）电位传感器的完整表征测试（见图 6-5-4（a））。最初的体外评估表明，在缓冲液和人工间质液（ISF）中均具有合适的分析性能。出色的可重复性，以及足够的选择性和回弹力，使得新型 pH MN 传感器适用于医疗保健中的经皮 ISF 分析。测试通过在三种不同动物皮中评估了传感器插入皮肤的抵抗能力。该 pH MN 传感器能够在这些测试的皮肤中承受 5~10 次重复插入，并且校准曲线的变化很小。通过使用 MN 传感器和市售 pH 电极测量在不同 pH 值下皮肤块的 pH 值，实验结果显示在所有测试中，MN 传感器准确度误差<1%，准确度误差<2%。经过在大鼠皮下进行三种实验：①使用商业 pH 微电极直接测量皮下 pH；②利用 MN 传感器直接测量；③使用空心 MN 收集 ISF，然后用 pH 微电极测量样品中的 pH。通过对比发现，由 pH MN 传感器获得的 pH 值相比于收集 ISF 再测量的方法在统计学上更类似于皮下测量。通过设计合理的造影剂，可以通过目前比较成熟的生物医学成像方式轻松检测和监测体内离子。澳大利亚莫纳什大学 Walker 等[106]报道了用于检测体内 pH 值的超声造影剂。该超声 pH 传感器在生物环境中 pH 变化时导致其内部结构改变从而使得超声对比度产生变化，利用这种变化间接检测体内的 pH 值（见图 6-5-4（b））。通过层层组装技术在硅胶芯中涂上 pH 响应型聚甲基丙烯酸（pH-responsive Poly Methacrylic Acid，PMA_{SH}），然后覆盖在多孔有机硅壳中（见图 6-5-4（c））。透射电子显微镜（TEM）和共聚焦激光扫描显微镜（CLSM）用于观察颗粒的制备质量，并验证 PMA_{SH} 层对 pH 依赖性的收缩/溶胀。这表明 pH 降低到健康生理水平以下会导致小鼠组织和活小鼠的超声对比度显著提高。这类材料的未来可以发展成为用于临床应用的生物标志物响应型超声造影剂平台。

美国威斯康星大学麦迪逊分校 Bong 等[92]提出了使用小型、灵活和可注射的基于皮下微电极的设备来记录心电图（ECG），尽可能减小目前植入式心脏监护仪对生物体的损害如感染、挫伤和出血等。通过微纳加工技术，微电极阵列线性排布，电极的基底材料为聚酰亚胺（见图 6-5-5（a-b））。

实验结果表明可注射的 ECG（injectable electrocardiogram，I-ECG）装置在猪体内模型中插入简便（见图 6-5-5（c）），通过高密度的微电极阵列可以检测心电信号中的 P、R 和 T 波。通过与体表 ECG 信号对比，I-ECG 信号波的振幅显示出与用于检测它们的双极电极的距离有较好的相关性，在一定距离内双极电极之间的间距越宽时所获得的 P、QRS 和 T 的波形也会越大（见图 6-5-5（d））。

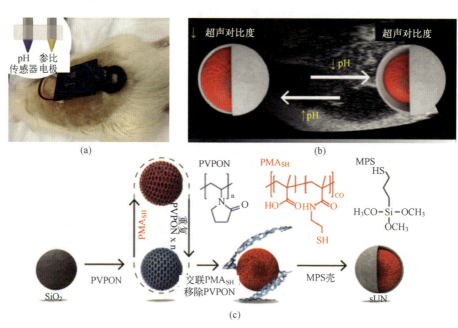

图 6-5-4　植入式 pH 传感器

(a) 透皮 pH 测量微针电位传感器用于动物皮下 pH 检测[105]；
(b)，(c) pH 响应动态固态超声造影剂工作与制作示意图[106]。

近年来，植入式的离子敏传感器在体内金属离子检测方面也有一定的发展。铁离子是人体必需的微量元素之一，在人类生物学和病理学中起着重要作用。细胞中铁水平的失调与疾病的发展有关。云南师范大学 Huang 等[107]合成了一种新型的基于近红外分子内电荷转移（ICT）的比例荧光探针，通过使用萘二甲酰亚胺和吲哚部分作为构建基块来检测 Fe^{2+}。工作表明，辐射探头具有出色的选择性、灵敏度和快速响应能力。此外，实验可以成功地对 HeLa 细胞和秀丽隐杆线虫中的 Fe^{2+} 进行实时监控。动物体内 Zn^{2+} 的浓度变化与前列腺癌密切相关。德克萨斯大学西南医学中心 Chirayil 等[108]制备和表征了基

于 Mn^{2+} 的锌敏感 MRI 造影剂 MnPyC3A-BPEN,并将其应用于检测小鼠胰腺和前列腺中葡萄糖刺激的锌分泌。热力学和动力学稳定性测试表明,与造影剂 GdDTPA 相比,MnPyC3A-BPEN 具有优异的动力学惰性。在过量的锌离子存在下不易发生金属转移,而白蛋白不易进行螯合。与其他带有单个锌结合部分的锌传感器相比,MnPyC3A-BPEN 是成像胰脏 β 细胞功能和葡萄糖刺激前列腺锌分泌的可靠替代方法。江苏大学 Muthusamy 等[109]设计了一个星形席夫碱三氨基胍结合的噻吩荧光团 TAT,初始时其中的氮和硫原子与 Zn^{2+} 配位,接着与柠檬酸盐螯合。复合 TAT-Zn^{2+} 的形成引起分子内电荷转移,并在 507nm 处引起红移的 Zn^{2+} 浓度依赖性荧光。TAT-Zn^{2+} 与柠檬酸盐的螯合在聚集诱导的发射机理上导致了在 692nm 处的发射带。Zn^{2+} 的独特荧光发射使得柠檬酸生物标志物在基于试纸条的黄色和红色通道显示出逐渐增强的颜色,在裸鼠模型中的体内实验中也显示出来(见图 6-5-6)。该研究首次提出了一种可以连续识别双重前列腺癌(PC)生物标记 Zn^{2+} 和柠檬酸的化学传感器,具有线粒体细胞器靶向能力,可用于癌症诊断。

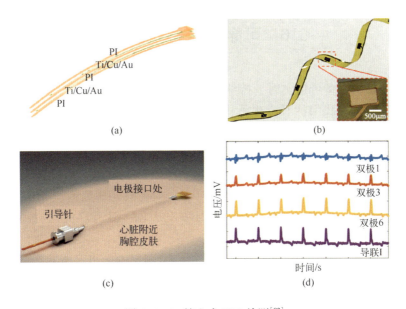

图 6-5-5 植入式 ECG 检测[92]

(a)植入式 ECG 电极组成结构示意图;(b)电极表面示意图;
(c)在体植入;(d)电极所采集信号与体表 ECG 信号对比。

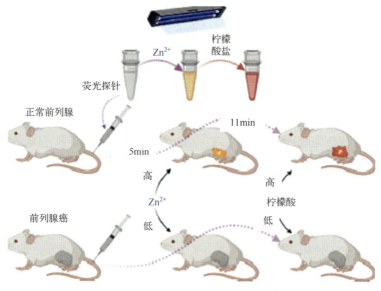

图 6-5-6　植入式离子敏传感器体内金属离子检测应用[109]

6.6　可穿戴式生物传感器

可穿戴式设备可以实时、持续地测量人体生理信息，并能实时监控各项生理参数，在我们的日常生活中有广泛的应用。目前常见的有三类传感器，分别是光学生物传感器、电化学传感器和生物传感器。光学生物传感器可以通过光电容积图测量心率，电化学传感器可以测量心电图，而生物传感器通过测量人体体液如汗液、泪液、唾液和间质液，以及体液中的各种细菌和代谢物等来测量人体的生理信息，如乳酸、葡萄糖、pH 值和离子浓度等，这种测量方式快速便捷，并且安全无创，具有广泛的应用领域和良好的发展前景。

可穿戴式生物传感器根据所测体液可以分为三类：可穿戴式汗液生物传感器、可穿戴式泪液生物传感器和可穿戴式唾液生物传感器。

6.6.1　可穿戴式汗液生物传感器

出汗或排汗是体温调节的一种形式，在大多数气候条件下，普通成年人汗腺每天分泌 500~700mL 的低渗液体。汗液很容易在人体皮肤表面由分泌腺分泌，并含有丰富的生理数据，汗液中一些最常用的分析物是电解质，如钠、钾和氯化物。最近的研究表明,汗液钠可以通过局部汗液水平反映全身水分和电解质流失,汗液氯化物也已被证明在临床试验中具有应用价值,可通过检测氯化物水平升高来发现遗传疾病,如婴儿的囊性纤维化,并检测与钠丢失引起的囊性纤维化有关的疾病。乳酸和尿素同样是汗液中使用的分析物。尽管目前汗液乳酸不能与全身状况直接相关,但它至少与响应全身状况的汗腺活动有关,可以利用汗液测量乳酸盐来检测局部缺血。同时,汗液中的尿素水平与肾脏衰竭监测有关。此外,人们对汗液和血液之间的葡萄糖水平相关性已经有了一定的了解,从而有可能在连续监测糖尿病中使用。而皮肤表面的温度和湿度还可用于提供各种皮肤损伤和疾病的信息。

这些使得汗液成为一种特别有用的体液,因为它含有丰富的信息并可以使用非侵入性方法进行回收,这与其他体液(例如血液)相反。可以通过在汗液成分中的生物标志物来进行健康状况的相关检测。生物标志物的分析主要通过使用生物传感器的电化学传感方法实现。电化学方法通常设计选择性电极,制作选择性敏感膜材料,通过检测电极间电流、电阻和电势差,从而对汗液中的无机离子和生物分子进行特异性识别和检测,具有制备较为简单、灵敏度高和体积小等优点。

尽管汗液可以为疾病检测提供大量的生理信息,但是以前使用生物传感器进行研究的弊端主要有汗液收集方法不佳、收集与分析未能一体化以及检测物质单一,无法同时监视多种分析物。随着可穿戴电子设备中集成传感器阵列的发展,这些缺点开始得到解决。国内外均基于可穿戴式汗液传感器进行了大量研究。在过去的 5 年中,关于汗液传感检测的学术出版量增长了大约 10 倍。

浙江大学 Wang 等[110]采用紫外介导化学修饰技术制备了一种基于聚酯薄膜的金电极葡萄糖传感器。与现有的大多数可穿戴薄膜金电极传感器相比,基于聚酯薄膜的金电极葡萄糖传感器简单、成本低且所需仪器最少。所提出的葡萄糖传感器检测范围为 0.02~1.11mM,检测限为 2.7μM。基于聚酯薄膜的金电极葡萄糖传感器具有良好的选择性,不受乳酸、尿素、对乙酰氨基酚、尿酸、多巴胺和抗坏血酸的干扰。此外,它显示出良好的重现性和超过 4 周的长期稳定性。基于聚酯薄膜的一次性金电极葡萄糖传感器成功地应用于准确测定汗液和商品饮料中的葡萄糖。

东南大学刘宏团队报道了一种用于汗液葡萄糖电化学分析的非酶可穿戴传感器[111]。在金电极上应用多电位步骤,包括对于产生局部碱性条件的质子还原的高负预处理电位步骤、在碱性条件下葡萄糖电催化氧化的中等电位步骤以及清洁和重新活化的正电位步骤。碳氟化合物基材料被涂覆在金电极上,以提高传感器的选择性和鲁棒性。同时团队开发了一种完全集成的腕带,用于在身体锻炼期间连续实时监测汗液葡萄糖变化,并通过蓝牙将测试结果上传到智能手机。

辽宁师范大学化学化工学院赫春香等[112]设计出一种便携可穿戴并且无创实时测量人体体液的小型检测设备,以 pH 值和尿酸为测定对象,设计了一种柔性薄膜电极,对 pH 值和尿酸有选择性响应,以及柔性凝胶型 Ag/AgCl 参比电极,通过与铂丝对电极匹配,结合共用参比电极和对电极,构成了传统电化学方法中的两套三电极系统。同时设计了柔性一体化电化学传感器,其中包埋有四对电极,将传感器穿戴于皮肤表面即可测定汗液中的 pH 值和尿酸浓度。

国外的相关研究更为丰富。法国图卢兹大学 A. Cazalé 等[113]在汗液分析方面,开发了两种基于离子敏感设备的技术来实现钠离子电位微传感器。使用了集成的"银/氯化银墨水"伪参比电极,它们在基于氯化钠的溶液中均表现出良好的钠离子检测性能,灵敏度为 110mV/pNa。同时开发了一个生理汗液带原型,由钠-离子敏电子检测模块以及基于纺织品的汗液泵组成。最后,在 25 名健康受试者的一系列实验中研究了出汗过程。在各种热暴露期间,成功地监测了汗液中的钠离子浓度,结果表明随着运动试验的持续时间增加,钠离子浓度都在增加。此外,研究发现汗液钠离子浓度和受试者体温之间有很强的相关性,从而可以监测受试者的热应力状态。钠离子分析在生理应激监测中的相关性得到了证明,而钠离子电位微传感器在智能汗带的开发中显示出了很大的潜力。美国加利福尼亚大学 Liu 等[114]设计、制造并测试了一种基于汗液的电导率传感器设备,用于实时、非侵入性地监测人体生理状态。团队研制了汗液收集器、电导率传感器和接口电路并组合成一个可穿戴设备。使用 3D 印刷塑料模具制备了基于聚二甲基硅氧烷的汗液收集器,通过汗腺的液压抽吸作用从皮肤收集汗液。最后进行了相关人体测试证明了所提出的汗液传感系统用于实时无创监测人体汗液的可行性。

以前报道的基于汗液和其他非侵入性生物传感器要么一次只能监测一种分析物,要么缺乏现场信号处理电路和传感器校准机制,无法准确分析生理状态。鉴于汗液分泌的复杂性,同时和多重检测目标生物标志物至关重要,并需要完整的系统集成来确保测量的准确性。基于此,加州大学伯克利分校 Gao 团队[115]提出了一种机械灵活、完全集成（即不需要外部分析）的传感器阵列，如图 6-6-1 所示，用于多路复用的原位汗液分析，该阵列同时并选择性地测量汗液代谢物（如葡萄糖和乳酸盐）和电解质（如钠和钾离子）以及皮肤温度（以校准传感器的响应）。选择目标分析物和皮肤温度是为了便于理解个体的生理状态。此外，需要通过内置信号处理器测量皮肤温度，以补偿和消除化学传感器受温度变化的影响。他们将与皮肤接触的塑料传感器与整合在柔性电路板上用于复杂信号处理的硅集成电路结合，弥合了可穿戴生物传感器中信号转导、调理（放大和滤波）、处理和无线传输之间的技术差距。由于它们各自固有的局限性，单独使用这两种技术都无法实现这种应用。该可穿戴系统用于测量长期从事室内和室外体育活动的人体受试者的详细汗液分布，并对受试者的生理状态进行实时评估。该平台支持广泛的个性化诊断和生理监测应用，通过促进识别汗液中的生物标志物信息，可以推进大规模和实时的生理和临床研究。此外还可以用于汗液和人体内其他生物标志物的原位分析，以方便个性化和实时生理状态监测和临床研究。

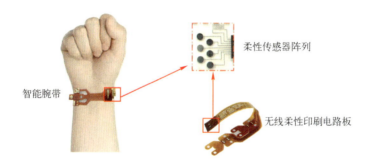

图 6-6-1 腕带传感器示意图

除了电化学方法，比色法也是汗液传感器的常用检测方法，但因传统的比色法主要依靠人眼对颜色进行识别鉴定，具有较大的误差，而且无法实现实时连续性监测，因此在可穿戴式汗液传感器中应用较少。美国西北大学生物集成电子中心 John A. Rogers 团队[116]则同时使用了比色法和电化学法，研制了一种无电池的、基于皮肤接口微流体电子系统的汗液传感器，该汗液传感器有着前所未有的复杂模型，不仅能监测常规的葡萄糖，还能监测乳酸、氯离子浓度和 pH 值以及出汗速率和出汗量。

Rogers 团队提出了新的电化学传感的想法，目标分析物自发产生与其浓度成比例的电信号，类似于生物燃料电池。这种方法消除了对恒电位仪的需求，从而与传统电流型传感器所需的电子设备相比，显著简化了电子设备。该装置通过软微流体系统将传感器和样品容器与身体隔离，从而最大限度地减少生物污垢。薄而软的微流体网络将汗液引导到分隔式微室中，通过测量催化反应中酶浓度的增加量，从而评估乳酸和葡萄糖的含量，并通过与颜色校正标记的比较，以比色法来测量氯离子浓度和 pH 值。

该平台包括两个组件：一次性微流体网络系统和可重复使用的 NFC 电子模块。使用软光刻技术制作了一组用于比色和电化学传感的隔离室、一个用于量化出汗率和总出汗量的通道，以及一组带有毛细爆破阀的互连微通道，用于引导汗水通过设备。与皮肤相容的涂有黏合剂的图案层能够牢固地附着到皮肤上。传感器柔软、灵活的结构可以舒适、无刺激地安装在身体的弯曲部位，并且具有防水功能。电子模块中的近场通信（NFC）接口支持向任何支持 NFC 的消费设备（如智能手机、平板电脑或手表）无线供电和数据传输。无电池设计利用了可拆卸的双层柔性电路板，组件数量少，可从位于微流体结构中的基于生物燃料电池的乳酸和葡萄糖传感器进行实时数据采集。用户首先将微流体系统黏附到皮肤上，然后通过磁性附着将电子设备安装在微流体系统顶部。支持 NFC 的便携式设备放置在附近的设备或远程读取器，采集来自基于生物燃料电池的乳酸和葡萄糖传感器的实时数据。智能手机中的 NFC 功能支持无线数据提取，并且可以获取用于比色分析的数字图像。整个系统具有舒适度高、稳定性强并且耐磨的优点。

Rogers 团队还进行了相关的人体实验，使受试者佩戴该装置，连续两天在禁食状态下，在早上进行一次自行车运动（15~20min），然后在食用 150g 甜饮料 20min 后再进行一次自行车运动，在晚上午餐后 2h 再进行一次运动，通过对乳酸和血糖的测量证明了这种传感器的实用性和准确性，它不仅在汗液传感方面有广泛的用途，更在血液分析物无创跟踪方面有巨大的用途和发展潜力。

可穿戴汗液传感器除传统的即时监测，在药物治疗方面也有一定的应用。韩国基础科学研究所纳米粒子研究中心 Lee 等[117]提出了一种一次性可穿戴的基于汗液的葡萄糖监测装置，多层贴片设计和传感器的小型化提高了汗液收集和传感过程的效率。该装置同时还结合了微针进行药物供给，用于反馈针刺疗法的药物被装载在两种不同的温度响应相变纳米颗粒上。这些纳米颗粒嵌入透明质酸水凝胶微针中，微针上还涂有相变材料。这使得能够根据患者的葡萄糖水平进行多级和精确控制的药物释放。该系统为基于汗液的糖尿病无创管理提供了一种新的闭环解决方案。

在可穿戴式汗液传感器研究方面，最新的一些进展显示了集成、机械灵活和多路复用的传感器系统的发展，与单分析物传感器相比，此类设备提供了更多可能，可通过改进原位实时分析的校准功能同时保持轻巧和可穿戴的设计，从而更准确地分析各种分析物。这类设备不仅可以监控重要的健康状况，还可以使用集成的可穿戴系统供给按需调节的药物，但是在考虑临床应用之前，需要进行体内验证测试，并对汗液和血液测量值之间进行相关性验证。未来还必须提高设备的灵敏度、准确性和可重复性，以实现更可靠和个性化的连续测量。随着近来的快速发展，我们可以预测用于汗液分析的可穿戴式非侵入性设备在医学领域必将取得更大的进步。

6.6.2　可穿戴式泪液生物传感器

泪液是一种泪腺分泌的透明液体，覆盖在眼表上皮细胞上，形成眼表面的前部成分。泪液为光线折射到视网膜上提供了必要的光学光滑表面，是一种重要的体液。泪液的功能包括润滑、防止形成眼表面的黏膜脱水、保护免受各种病原体的侵害以及为下层细胞提供营养。在正常情况下，泪液的体积约为 5~10μL，分泌速率约为 1.2μL/min，周转率约为 16%。泪液的来源包括主泪腺和副泪腺、眼表上皮细胞、眼表腺体、杯状细胞和血液的超滤液，它们都对泪液的组成有贡献。正常泪液和反射性泪液都来自主泪腺，而基底泪液可能来自副泪腺。众所周知的经典泪膜三层模型由内部粘蛋白层、中间水层和外部脂质层组成。水层含有电解质（钠、钾、钙、镁、氯化物、磷酸盐和碳酸氢盐等）、蛋白质/肽（如酶、生长因子等）、小分子代谢产物（如氨基酸、尿素、葡萄糖、乳酸盐等）。角膜和结膜细胞也向泪膜分泌蛋白质/肽和小分子代谢物。这证明虽然泪液体积很小，但却是一种极其复杂的生物混合物，含有丰富的人体信息，并且泪液可以很容易地从受试者身上获得，这使得泪液为人体健康检测提供了极大的可能性。

从 1930 年开始，有很多学者开始研究测定泪液中的葡萄糖浓度，然而，泪液采样对研究人员来说是一个挑战，因为采集方法通常会引起意外的压力和额外的泪液刺激，从而导致眼睛刺激和葡萄糖浓度的变化。另外，诸如泪液缺乏（干眼综合征）等生理因素在泪液采样技术中提出了进一步的挑战。在体外检测方面，美国生物和医学科学研究所 Gasset 等[118]于 1968

年描述了一种简单的半定量方法，该方法使用席默纸进行眼泪收集，并测定泪液中的葡萄糖。颜色变化的强度与葡萄糖浓度有关，从而建立了使用直接酶促荧光法测定泪液葡萄糖的方法。在受试者口服标准葡萄糖溶液后，测量其泪液葡萄糖。在正常受试者中，在 2h 内未观察到颜色的变化，而 96% 的糖尿病患者则在 2h 内因葡萄糖浓度升高产生了阳性反应。泪液的容易获得和方法的简便性为糖尿病以及快速间接测量高血糖症提供了简单的筛查方法。

随着检测技术的不断发展进步，出现了一些泪液葡萄糖的在体式监测研究。但是关于正常和糖尿病受试者中泪液葡萄糖的精确浓度以及泪液葡萄糖浓度是否与血糖浓度相关仍存在争议。美国匹兹堡大学雪佛龙科学中心化学系 J. T. Baca 等人讨论了使用基于接触镜的传感设备在体监测泪液葡萄糖浓度的方法，并提出了通过设计避免泪液刺激的方法获得的泪液葡萄糖浓度的新观察结果。美国德卢斯的 A. M. Domschke 等[119]第一次开发了嵌入式的隐形眼镜，该隐形眼镜具有葡萄糖传感器全息图，可用于连续无创地监测糖尿病患者的葡萄糖水平。同时介绍了这种眼部血糖传感器的开发和 30min 初始临床测试结果，具有良好的适配性，并与当前的连续血糖监测仪进行了比较，证明了可以应用于家庭之中检测泪液葡萄糖浓度。

近年来，出现了可穿戴式的泪液传感器作为用于诊断和药物输送的微创平台。眼睛作为检测部位具有广阔的诊断潜力，因此泪液传感器具有改善许多疾病诊断和治疗的潜力。随着聚合物合成，电子学和微/纳米加工技术的进步，可以生产隐形眼镜传感器来量化眼液中许多生物分子的浓度。无创或微创隐形眼镜传感器可直接用于临床或即时护理环境，以连续监测疾病状态。此前有报道表明许多团队开发出用于分析眼泪葡萄糖的隐形眼镜传感器，能够监视眼和泪液的生理信息，作为血糖监测和通过测量眼内压来诊断青光眼，提供实时、无创的医学诊断。但是，许多不透明和易碎的组件在眼部电子设备中存在，这可能会影响用户的视力并可能损害眼睛。此外，使用昂贵而笨重的设备来测量来自隐形眼镜传感器的信号可能会干扰用户的外部活动。

目前已有研究将可拉伸的类似皮肤的电子设备与无线通信相结合，取代了使用穿刺针、刚性电路板、有线连接和电源的常规方法，实现了无创且舒适的生理测量。在这种背景下，智能隐形眼镜作为可穿戴健康监测设备成为可能。并且使用者的眼泪可以通过完全自然的方式（例如正常分泌和眨眼）收集在隐形眼镜中，并用于评估以往在血液中才能发现的各种生物标志物，如葡萄糖、胆固醇、钠离子和钾离子。因此，配备传感器的晶状体可以提供无创方法来连续检测眼泪中的代谢物。在各种生物标志物中，很多团队开展了无创检测葡萄糖水平以诊断糖尿病的研究，希望代替传统的有创诊断测试（例如用手指刺血）。但是还需考虑泪液葡萄糖水平和血液之间的滞后时间，进一步研究泪液葡萄糖水平和血糖水平之间的相关性，从而更好地对用户的泪液中的葡萄糖水平进行无创监测。

韩国蔚山国立科学技术研究院材料科学与工程学院 Park 等[120]对软性隐形眼镜的可靠性和稳定性进行了大量的研究，并且在减少对眼睛的刺激以最大程度提高用户舒适度方面取得了重大进展。他们开发了一种柔软、智能的隐形眼镜，该方法使用透明和可拉伸的纳米结构将葡萄糖传感器、LED、整流器电路和可拉伸的透明天线等电子组件集成到机械应力可调的混合基板上，如图 6-6-2 所示，该基板具有良好匹配的折射率，从而具有较高的光学透明度和较低的折射率。在将其成型为软性隐形眼镜的圆形形状之后，集成电子系统可在机械变形（包括弯曲和拉伸）期间可靠地运行。由于隐形眼镜是由透明的纳米材料制成的，因此不会妨碍佩戴者的视线。此外，这些镜片还具有出色的可靠性，它们可以装配到软镜片中而不会产生损坏的机械变形。设备组件及其互连的平面，网状结构使弯曲的软透镜具有很高的可拉伸性，不会产生弯曲。此外，集成在智能隐形眼镜中的显示像素允许访问实时检测数据，从而无需额外的测量设备，可以通过带有无线操作的显示器实时监测眼泪中的葡萄糖水平，适用于确定糖尿病患者眼泪中的空腹血糖水平，为生理

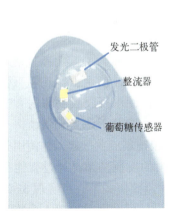

图 6-6-2 智能隐形眼镜传感器示意图

状况的无线、连续和无创监测以及与眼和其他疾病相关的生物标志物的检测提供了一个平台。

他们还使用了活体兔子进行体内测试,包括对兔子眼内温度变化的监测,证明了其操作的可靠性,没有明显的不良影响,为未来使用人眼和眼泪进行无创医疗监控的智能隐形眼镜提供了广阔的前景。此外,它还具有在其他领域扩展适用性的潜力,如用于药物输送和增强现实的智能设备。

美国加州大学圣地亚哥分校 Sempionatto 等[121]报告了一个可穿戴的泪液生物电子平台,将微流体电化学检测器集成到眼镜的鼻梁垫中,用于无创监测泪液生物标志物。他们设计的乙醇氧化酶生物传感流体系统可以实时收集眼泪并直接测量乙醇含量,从而形成了第一个可监测泪液乙醇的可穿戴平台。泪液乙醇检测概念已被证明可在多个饮酒过程中监测人类受试者的酒精摄入量。这些发展为构建能够进行化学泪液分析的有效眼镜系统铺平了道路。该泪液感应平台放置在眼睛区域之外,优点是避免了与眼睛的直接接触,缺点则是在持续监测方面有所欠缺。

美国马里兰医学院 R. Badugu 等[122]报告了一种使用葡萄糖敏感的有机硅水凝胶隐形眼镜进行泪液葡萄糖监测的方法,该隐形眼镜是当今市场上主要的眼镜类型。最初,他们使用极性敏感探针评估了在有机硅水凝胶中存在的互连聚合物网络,其中包含近乎纯净的有机硅和水区域。然后,合成了具有疏水性侧链的葡萄糖敏感荧光团 Quin-C18,用于将探针定位在界面区域。使用该种葡萄糖感应隐形眼镜,能够在体外系统中测量各种浓度的葡萄糖。即使多次冲洗后,Quin-C18 仍可牢固地黏合在镜片上,且浸出率极低。在水中储存三个月后,镜片对葡萄糖的反应也相似。这项研究表明,使用有机硅-水界面上结合荧光团这一概念,可以开发一种近期内可以连续监测葡萄糖的隐形眼镜。

英国工程学院纳米技术实验室 M. Elsherif 等[123]研制了一种可穿戴式隐形眼镜光学传感器,用于在生理条件下对葡萄糖进行连续定量,并能与智能手机进行通信。在用苯基硼酸官能化的葡萄糖选择性水凝胶膜上印刷有光子微结构,与葡萄糖结合后,微结构体积膨胀,从而调节了该光子微结构,传感器响应时间少于 30min。该传感器与商用隐形眼镜集成在一起,并使用智能手机摄像头读数进行连续葡萄糖监测。一级衍射的反射功率是通过智能手机应用程序测量的,并与葡萄糖浓度相关。在连续监控模式下,可实现 3s 的短响应时间和 4min 的饱和响应时间。这一传感器设计可在即时护理连续监测设备和家庭环境的诊断中得到应用。

6.6.3　可穿戴式唾液生物传感器

唾液是一种复杂的体液，由大约 99% 的水、无机和有机物质以及多种蛋白质，如酶、黏液和糖蛋白组成。它由三对主要的唾液腺和被毛细血管包围的其他次要的黏液腺分泌，许多血液成分也通过其中一种进入唾液。同时唾液被认为是最敏感的，并且还包含浓度高于血液的其他疾病生物标记。因此，唾液成分的存在或浓度变化可用于疾病的诊断和健康状况的分析，唾液检测的商业用途示例包括葡萄糖检测和类固醇激素监测等。

与其他体液（如血液、眼泪、尿液等）相比，唾液显示出巨大的优势，因为它的采样是非侵入性的，并且方法最为简单，采样者无须经过专业的采样训练，感染或交叉污染的风险低并且易提取婴儿和老年人的样本。此外，唾液生物标志物，即对诊断有用的唾液成分，可在某些领域发挥巨大作用，包括现场即时分析、质量检测、流行病学监测等，如在新生儿和需要自我监测的情况下，以及在精神病学中，大多数疾病具有持续的终身症状，需要长期监测。由于分子标志物尚不清楚，目前通过行为观察来评估许多神经系统疾病。唾液测试也许能够提供替代方法，以帮助诊断此类疾病。唾液的其他潜在用途是在法医和体育运动中检测滥用药物。此前大量研究报道了对唾液生物标志物的探索以及唾液检测和可穿戴式唾液传感器的研究。

在唾液检测方面，台北科技大学化学工程与生物技术系 P. Balasubramanian 等[124]尝试使用电化学方法，发现了具有出色电催化传感性能的新型电催化剂。他们使用一种简单的水热法来制备钛铁矿型的纳米结构，并将合成后的钛铁矿纳米片用作无酶葡萄糖检测的电催化剂。制成的传感器实现了宽动态范围（0.00005～1.01mmol/L 和 1.01～13.2mmol/L）和较低的检出限（14nmol/L）。该研究证明了传感器在测定唾液葡萄糖的实用性和可靠性。南非开普半岛科技大学化学工程系 M. Harry 等[125]研究了沉积元素铜掺杂的 Co_3O_4 薄膜的非酶促葡萄糖传感能力。使用一种简便的化学溶液法将元素铜代入 Co_3O_4 主晶格。所制备的薄膜表现出非常高的灵敏度，线性范围高达 7.6mmol/L。该传感器在信噪比为 3 的情况下显示出 153nmol/L 的检出限。该传感器已成功用于测量人加标唾液样品中的葡萄糖水平。这些结果表明，当前的工作可能会产生用于临床分析和生化行业的新一代无酶葡萄糖传感器。

而郑州大学材料科学与工程学院 Qian Dou 等[126]基于石英晶体微天平技

术进行了唾液葡萄糖检测的研究，这种无标签的葡萄糖传感器的性能很容易因唾液中的大量蛋白质污染物而严重恶化。因此他们通过将芯片上的微凝胶赋予蛋白抗性和葡萄糖敏感特性，成功实现了唾液葡萄糖的直接检测。包裹在微凝胶和交联层周围的氨基酸层可以有效消除唾液中非特异性蛋白质的影响。设计的石英晶体微天平传感器在pH范围为6.8~7.5的0~40mg/L的葡萄糖浓度范围内具有良好的线性，满足唾液葡萄糖的生理条件。此外，该传感器具有出色的蛋白质耐受能力，使其能够检测50%的人类唾液中的葡萄糖。该结果为基于石英晶体微天平的无创血糖监测提供了一种新方法。

在可穿戴唾液传感器设计方面，不少研究团队取得了一定的进展。牙线是一种细丝，在日常生活中已广泛用于口腔清洁。牙线由聚酰胺聚合物制成，这些材料具有较高的机械强度和良好的韧性，可抵抗机械应力。牙线可以与口腔中的唾液直接接触。基于此，北京大学SHA P.等[127]首次展示了用于生物葡萄糖传感的智能牙线，提供了用于检测口腔生物标志物的独特设备平台。该传感器是通过在一块牙线上涂两个电极构成的，一个是工作电极，另一个是参比/对电极。工作电极由碳石墨墨水组成，参比电极/对电极由Ag/AgCl墨水组成。葡萄糖氧化酶固定在碳石墨电极上。葡萄糖氧化酶被酶催化，产生过氧化氢。在检测过程中，在工作电极和参考/对电极之间施加0.6V的恒定电位差，可以在工作电极上实现过氧化氢氧化，从而导致明显的电流信号响应。在口腔内部使用牙线来清洁牙齿时，牙线上的酶传感器会接触唾液，并与唾液中的葡萄糖发生相互作用，从而产生信号响应。传感器检测范围为0.048~19.5mmol/L，响应时间约为2min。这项研究为穿戴式唾液传感器提供了一种思路，极有可能发展为穿戴式设备，同时也为口腔健康应用中的各种柔性智能传感设备的开发提供了新的机会。

而日本东京医科齿科大学Arakawa等[128]真正实现了穿戴式唾液传感器，他们开发了口腔中可拆卸的"Cavitas传感器"，适用于人类口腔中的无创唾液葡萄糖监测。他们团队开发并测试了在带有酶膜的护齿支架上结合了Ag/AgCl电极的唾液生物传感器。护齿器的表面上为聚对苯二甲酸乙二醇酯，并附着有电极。铂工作电极涂有葡萄糖氧化酶膜。在研究体外性能时，该生物传感器在输出电流和葡萄糖浓度之间表现出很好的相关性。在由盐和蛋白质组成的人造唾液中，葡萄糖传感器能够在5~1000μmol/L的范围内进行高度灵敏的检测。他们将生物传感器与葡萄糖传感器和无线测量系统集成于一体，展示了传感器和无线通信模块监视口腔中唾液葡萄糖的能力，利用无线系统可以实现稳定且长期的实时监控。护齿生物传感器的示意图如图6-6-3所示，可以根据患者的牙齿结构进行定制。传感器设计为从第一前磨牙到第三磨牙的下颌牙列，无线发射器则整齐地装在聚对苯二甲酸乙二醇酯中。这种护齿生物传感器作为一种非侵入性实时监测唾液葡萄糖的新方法，可以更好地管理牙科患者。

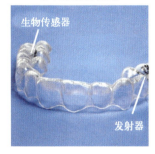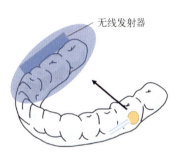

图 6-6-3　护齿生物传感器示意图

除葡萄糖检测，穿戴式唾液传感器还有其他的应用。美国加州大学圣地亚哥分校纳米工程系 Mishira 等[129]设计了一种指环式电化学唾液传感器，可直接同时检测唾液中的四氢大麻酚和乙醇。这种传感平台在环盖上包含伏安传感器和电流型乙醇生物传感器，以及嵌入环盒内的无线电子设备。每次唾液检测后，通过将安装在电子板上的弹簧销与检测电极的集电器对齐，可以快速更换一次性检测电极环盖。印刷的双分析物传感器环盖基于用于检测的碳电极以及涂有乙醇氧化酶/壳聚糖试剂层的普鲁士蓝传感器，用于乙醇的检测。其可以在 3min 内在唾液样品中检测到酒精，但不会受到唾液基质的干扰。这种指环式传感器将使执法人员能够在一个交通站点内对驾驶员进行快速筛查，提供了可观的前景。

沙特国王大学应用医学学院 Hashem 等[130]设计了一种石墨生物传感器，传感器的大小为 2~3mm，这种小型传感器设计由集成的生物标记和成像机制组成，能够分析牙齿表面的唾液来判断咳嗽、饮酒和口腔的感染情况，同时可以通过无线读数将牙齿表面可能的重建信息传输到附近的设备，以进行监测分析口腔活动和骨折情况，准确度达 97%。生物牙齿传感器涂有树脂，有助于分析唾液及其化学成分。在这种传感器中，由于石墨的高导电性而选择了石墨作为材料。他们使用该传感器对 10 位患者进行了 5min 实验，包括咳嗽、饮水、咀嚼、牙齿和牙龈的断裂检查，牙齿和牙龈的感染,唾液、生物代谢成分(如蛋白质、金属离子成分,葡萄糖药物,微生物和口腔神经系统)。结果显示这种试验模型比常规设备及其市场上可用的用于数据处理和图像检索的相应算法具有更好的检测效果。以三维图像结构标识了牙齿中的破裂/感染区域并以图形方式表示需要填充的区域,生物传感器将数据传输到附近的蓝牙设备,以在治疗期间更准确地治疗患者。这项研究有益于将来的医生通过食物摄入来监测患者的健康状况,并且可以帮助医生通过食物摄入来监测其牙齿的骨折/感染和其他生物液体。

6.6.4 可穿戴式生物传感器发展趋势

本节主要介绍了可穿戴式汗液、泪液和唾液生物传感器的发展历程和最新研究进展,这些可穿戴式传感器技术发展迅速,在体积、灵敏度和特异性等方面都有显著的突破,但是在通信、安全、成本和稳定等方面还存在诸多问题和挑战,所以仍未能大规模地投入市场进行实际应用。根据杂志《大观研究》的市场报告,全球可穿戴设备市场规模在2016年约为1.5亿美元,并预计2025年将达到28.6亿美元。这也证明了可穿戴式设备的巨大发展前景。未来可穿戴式设备必将更为广泛地融入人们的生活中,被越来越多的消费者所接收,同时可穿戴式传感器技术的发展与进步也必将提升人们的生活质量,为人类健康做出更多贡献。

参 考 文 献

[1] LUDDI A, GOVERNINI L, WILMSK T D, et al. Taste receptors: new players in sperm biology [J]. International Journal of Molecular Sciences, 2019, 20 (4): 967.

[2] TONNING E, SAPELNIKOVA S, CHRISTENSEN J, et al. Chemometric exploration of an amperometric biosensor array for fast determination of wastewater quality [J]. Biosensors & Bioelectronics, 2005, 21 (4): 608-617.

[3] LIU Q, ZHANG F, ZHANG D, et al. Bioelectronic tongue of taste buds on microelectrode array for salt sensing [J]. Biosensors & Bioelectronics, 2013, 40 (1): 115-120.

[4] QIN C, CHEN C, YUAN Q, et al. Biohybrid tongue for evaluation of taste interaction between sweetness and sourness [J]. Analytical Chemistry, 2022.

[5] YUN J S, CHO A N, CHO S W, et al. DNA-mediated self-assembly of taste cells and neurons for taste signal transmission [J]. Biomaterials Science, 2018, 6 (12): 3388-3396.

[6] LE-KIM T H, KOO B I, YUN J S, et al. Hydrogel skin-covered neurons self-assembled with gustatory cells for selective taste stimulation [J]. ACS Omega, 2019, 4 (7): 12393-12401.

[7] 秦春莲, 袁群琛, 庄柳静, 等. 基于苦味受体表达的多组织细胞传感器及其应用 [J]. 仪器仪表学报, 2021, 42 (12): 127-135.

[8] QIN C, YUAN Q, ZHANG S, et al. Biomimetic in vitro respiratory system using smooth muscle cells on ECIS chips for anti-asthma TCMs screening [J]. Analytica Chimica Acta, 2021, 1162: 338452.

[9] WEI X, QIN C, GU C, et al. A novel bionic in vitro bioelectronic tongue based on cardiomyocytes and microelectrode array for bitter and umami detection [J]. Biosensors & Bioelectronics, 2019, 145: 111673.

[10] DU L, ZOU L, ZHAO L, et al. Biomimetic chemical sensors using bioengineered olfactory and taste cells [J]. Bioengineered, 2014, 5 (5): 326-330.

[11] DU L, CHEN W, TIAN Y, et al. A biomimetic taste biosensor based on bitter receptors synthesized and purified on chip from a cell-free expression system [J]. Sensors and Actuators B: Chemical, 2020, 312: 127949.

[12] AHN S R, AN J H, SONG H S, et al. Duplex bioelectronic tongue for sensing umami and sweet tastes based on human taste receptor nanovesicles [J]. ACS Nano, 2016, 10 (8): 7287-7296.

[13] QIN Z, ZHANG B, GAO K, et al. A whole animal-based biosensor for fast detection of bitter compounds using extracellular potentials in rat gustatory cortex [J]. Sensors and Actuators B: Chemical, 2017, 239: 746-753.

[14] VOLPATTI L R, YETISEN A K. Commercialization of microfluidic devices [J]. Trends in Biotechnology, 2014, 32 (7): 347-350.

[15] WANG R, WANG X. Sensing of inorganic ions in microfluidic devices [J]. Sensors and Actuators B: Chemical, 2021, 329.

[16] TANTRA R, MANZ A. Integrated potentiometric detector for use in chip-based flow cells [J]. Analytical Chemistry, 2000, 72 (13): 2875-2878.

[17] JOHNSON R, KEMP E, KEMP R, et al. The virtual learning machine: integrating web and non-web technologies [C]. proceedings of the Proceedings-3rd IEEE International Conference on Advanced Learning Technologies, ICALT 2003, F, 2003.

[18] MARTÍNEZ-CISNEROS C S, IBÁEZ-GARCÍA N, VALDÉS F, et al. Miniaturized total analysis systems: integration of electronics and fluidics using low-temperature co-fired ceramics [J]. Analytical Chemistry, 2007, 79 (21): 8376-8380.

[19] SHIDDIKY M J A, WON M S, SHIM Y B. Simultaneous analysis of nitrate and nitrite in a microfluidic device with a Cu-complex-modified electrode [J]. Electrophoresis, 2006, 27

(22): 4545-4554.

[20] HISAMOTO H, HORIUCHI T, UCHIYAMA K, et al. On-chip integration of sequential ion-sensing system based on intermittent reagent pumping and formation of two-layer flow [J]. Analytical Chemistry, 2001, 73 (22): 5551-5556.

[21] MINAGAWA T, TOKESHI M, KITAMORI T. Integration of a wet analysis system on a glass chip: Determination of Co (II) as 2-nitroso-1-naphthol chelates by solvent extraction and thermal lens microscopy [J]. Lab on a Chip, 2001, 1 (1): 72-75.

[22] DESTANDAU E, LEFÈVRE J P, EDDINE A, et al. A novel microfluidic flow-injection analysis device with fluorescence detection for cation sensing: application to potassium [J]. Analytical and Bioanalytical Chemistry, 2007, 387 (8): 2627-2632.

[23] JOHNSON R D, BADR I H A, BARRETT G, et al. Development of a fully integrated analysis system for ions based on ion-selective optodes and centrifugal microfluidics [J]. Analytical Chemistry, 2001, 73 (16): 3940-3946.

[24] HISAMOTO H, NAKASHIMA Y, KITAMURA C, et al. Capillary-assembled microchip for universal integration of various chemical functions onto a single microfluidic device [J]. Analytical Chemistry, 2004, 76 (11): 3222-3228.

[25] HISAMOTO H, YASUOKA M, TERABE S. Integration of multiple-ion-sensing on a capillary-assembled microchip [J]. Analytica Chimica Acta, 2006, 556 (1): 164-170.

[26] RUEDAS-RAMA M J, HALL E A H. K^+-selective nanospheres: Maximising response range and minimising response time [J]. Analyst, 2006, 131 (12): 1282-1291.

[27] OLESCHUK R D, SHULTZ-LOCKYEAR L L, NING Y, et al. Trapping of bead-based reagents within microfluidic systems: on-chip solid-phase extraction and electrochromatography [J]. Analytical Chemistry, 2000, 72 (3): 585-590.

[28] LETTIERI G L, DODGE A, BOER G, et al. A novel microfluidic concept for bioanalysis using freely moving beads trapped in recirculating flows [J]. Lab on a Chip, 2003, 3 (1): 34-39.

[29] NGEONTAE W, XU C, YE N, et al. Polymerized nile blue derivatives for plasticizer-free fluorescent ion optode microsphere sensors [J]. Analytica Chimica Acta, 2007, 599 (1): 124-133.

[30] XU C, WYGLADACZ K, QIN Y, et al. Microsphere optical ion sensors based on doped silica gel templates [J]. Analytica Chimica Acta, 2005, 537 (1-2): 135-143.

[31] WYGLADACZ K, RADU A, XU C, et al. Fiber-optic microsensor array based on fluorescent bulk optode microspheres for the trace analysis of silver ions [J]. Analytical Chemistry, 2005, 77 (15): 4706-4712.

[32] WYGLADACZ K, BAKKER E. Fluorescent microsphere fiber optic microsensor array for direct iodide detection at low picomolar concentrations [J]. Analyst, 2007, 132 (3): 268-272.

[33] XU C, BAKKER E. Multicolor quantum dot encoding for polymeric particle-based optical ion sensors [J]. Analytical Chemistry, 2007, 79 (10): 3716-3723.

[34] CHEN Y, ROSENZWEIG Z. Luminescent CdS quantum dots as selective ion probes [J]. Analytical Chemistry, 2002, 74 (19): 5132-5138.

[35] WATTS A S, URBAS A A, FINLEY T, et al. Decyl methacrylate-based microspot optodes [J]. Analytical Chemistry, 2006, 78 (2): 524-529.

[36] WATTS A S, URBAS A A, MOSCHOU E, et al. Centrifugal microfluidics with integrated sensing microdome optodes for multiion detection [J]. Analytical Chemistry, 2007, 79 (21): 8046-8054.

[37] DUFFY D C, GILLIS H L, LIN J, et al. Microfabricated centrifugal microfluidic systems: Characterization and multiple enzymatic assays [J]. Analytical Chemistry, 1999, 71 (20): 4669-4678.

[38] BASABE-DESMONTS L, BENITO-LÓPEZ F, HAN J G E G, et al. Fluorescent sensor array in a microfluidic chip [J]. Analytical and Bioanalytical Chemistry, 2008, 390 (1): 307-315.

[39] NIGHTINGALE A M, HASSAN S U, EVANS G W H, et al. Nitrate measurement in droplet flow: Gas-mediated crosstalk and correction [J]. Lab on a Chip, 2018, 18 (13): 1903-1913.

[40] NIGHTINGALE A M, HASSAN S U, WARREN B M, et al. A droplet microfluidic-based sensor for simultaneous in situ monitoring of nitrate and nitrite in natural waters [J]. Environmental Science and Technology, 2019, 53 (16): 9677-9685.

[41] METTAKOONPITAK J, VOLCKENS J, HENRY C S. Janus electrochemical paper-based analytical devices for metals detection in aerosol samples [J]. Analytical Chemistry, 2020, 92 (1): 1439-1446.

[42] PARK S E, GEORGESCU A, HUH D. Organoids-on-a-chip [J]. Science, 2019, 364 (6444): 960.

[43] 吴谦, 潘宇祥, 万浩, 等. 类器官芯片在生物医学中的研究进展 [J]. 科学通报, 2019, 64 (9): 901-909.

[44] HOLLEY R W, KIERNAN J A. "Contact inhibition" of cell division in 3T3 cells [J]. Proceedings of the National Academy of Sciences of the United States of America, 1968, 60 (1): 300-304.

[45] TIBBITT M W, ANSETH K S. Hydrogels as extracellular matrix mimics for 3D cell culture [J]. Biotechnology & Bioengineering, 2009, 103 (4): 655-663.

[46] SHIELD K, ACKLAND M L, AHMED N, et al. Multicellular spheroids in ovarian cancer metastases: Biology and pathology [J]. Gynecologic Oncology, 2009, 113 (1): 143-148.

[47] ZIETARSKA M, MAUGARD C M, FILALI-MOUHIM A, et al. Molecular description of a 3D in vitro model for the study of Epithelial Ovarian Cancer (EOC) [J]. Molecular Carcinogenesis, 2007, 46 (10): 872-885.

[48] LEE J, CUDDIHY M J, KOTOV N A. Three-dimensional cell culture matrices: state of the art [J]. Tissue Engineering Part B, Reviews, 2008, 14 (1): 61-86.

[49] SPITZER R S, PERKA C, LINDENHAYN K, et al. Matrix engineering for osteogenic differentiation of rabbit periosteal cells using alpha-tricalcium phosphate particles in a three-dimensional fibrin culture [J]. Journal of Biomedical Materials Research, 2002, 59 (4): 690-696.

[50] DINGLEDINE R, DODD J, KELLY J S. The in vitro brain slice as a useful neurophysiological preparation for intracellular recording [J]. Journal of Neuroscience Methods, 1980, 2 (4): 323-362.

[51] SATO T, VRIES R G, SNIPPERT H J, et al. Single Lgr5 stem cells build crypt-villus structures in vitro without a mesenchymal niche [J]. Nature, 2009, 459 (7244): 262-265.

[52] SATO T, STANGE D E, FERRANTE M, et al. Long-term expansion of epithelial organoids from human colon, adenoma, adenocarcinoma, and Barrett's epithelium [J]. Gastroenterology, 2011, 141 (5): 1762-1772.

[53] DROST J, VAN JAARSVELD R H, PONSIOEN B, et al. Sequential cancer mutations in cultured human intestinal stem cells [J]. Nature, 2015, 521 (7550): 43-47.

[54] VERISSIMO C S, OVERMEER R M, PONSIOEN B, et al. Targeting mutant RAS in patient-derived colorectal cancer organoids by combinatorial drug screening [J]. eLife, 2016, 5.

[55] MUZNY D M, BAINBRIDGE M N, CHANG K, et al. Comprehensive molecular characterization of human colon and rectal cancer [J]. Nature, 2012, 487 (7407): 330-337.

[56] VAN DE WETERING M, FRANCIES H E, FRANCIS J M, et al. Prospective derivation of a living organoid biobank of colorectal cancer patients [J]. Cell, 2015, 161 (4): 933-945.

[57] FUJII M, SHIMOKAWA M, DATE S, et al. A colorectal tumor organoid library demonstrates progressive loss of niche factor requirements during tumorigenesis [J]. Cell Stem Cell, 2016, 18 (6): 827-838.

[58] SACHS N, DE LIGT J, KOPPER O, et al. A living biobank of breast cancer organoids captures disease heterogeneity [J]. Cell, 2018, 172 (1-2): 373-386.

[59] SCHÜTTE M, RISCH T, ABDAVI-AZAR N, et al. Molecular dissection of colorectal cancer in pre-clinical models identifies biomarkers predicting sensitivity to EGFR inhibitors [J]. Nature Communications, 2017, 8: 14262.

[60] 陈超, 肖世富. 诱导多能干细胞与神经退行性疾病 [J]. 神经科学通报: 英文版, 2011, 27 (2): 107-114.

[61] FAN W, SUN Y, SHI Z, et al. Mouse induced pluripotent stem cells-derived Alzheimer's disease cerebral organoid culture and neural differentiation disorders [J]. Neuroscience Letters, 2019, 711: 134433.

[62] KIM H, PARK H J, CHOI H, et al. Modeling G2019S-LRRK2 sporadic parkinson's disease in 3D midbrain organoids [J]. Stem Cell Reports, 2019, 12 (3): 518-531.

[63] 石姣姣, 梁珍, 左萍萍. 嗅觉障碍与早期神经退行性疾病的研究进展 [D]. 北京: 中国医学科学院基础医学研究所, 2014.

[64] 周小燕, 王晓明. 神经退行性疾病的嗅觉障碍 [J]. 中华临床医师杂志, 2016, (16): 2488-2491.

[65] DAI Q, DUAN C, REN W, et al. Notch signaling regulates Lgr5 (+) olfactory epithelium progenitor/stem cell turnover and mediates recovery of lesioned olfactory epithelium in mouse model [J]. Stem Cells, 2018, 36 (8): 1259-1272.

[66] HUH D, LESLIE D C, MATTHEWS B D, et al. A human disease model of drug toxicity-induced pulmonary edema in a lung-on-a-chip microdevice [J]. Science Translational Medicine, 2012, 4 (159): 159ra47.

[67] BENAM K H, NOVAK R, NAWROTH J, et al. Matched-comparative modeling of normal and diseased human airway responses using a microengineered breathing lung chip [J]. Cell Systems, 2016, 3 (5): 456-466.

[68] SUNG J H, WANG Y I, NARASIMHAN N S, et al. Recent advances in body-on-a-chip systems [J]. Anal Chem, 2019, 91 (1): 330-351.

[69] WANG Y, WANG H, DENG P, et al. In situ differentiation and generation of functional liver organoids from human iPSCs in a 3D perfusable chip system [J]. Lab on a Chip, 2018, 18 (23): 3606-3616.

[70] WANG Y, WANG L, ZHU Y, et al. Human brain organoid-on-a-chip to model prenatal nicotine exposure [J]. Lab on a Chip, 2018, 18 (6): 851-860.

[71] BRAJŠA K, TRZUN M, ZLATAR I, et al. Three-dimensional cell cultures as a new tool in drug discovery [J]. Periodicum Biologorum, 2016, 118 (1): 59-65.

[72] VERJANS E T, DOIJEN J, LUYTEN W, et al. Three-dimensional cell culture models for anticancer drug screening: Worth the effort? [J]. Journal of Cellular Physiology, 2018, 233 (4): 2993-3003.

[73] OPP D, WAFULA B, LIM J, et al. Use of electric cell-substrate impedance sensing to assess in vitro cytotoxicity [J]. Biosensors & Bioelectronics, 2009, 24 (8): 2625-2629.

[74] LEI K F, LIU T K, TSANG N M. Towards a high throughput impedimetric screening of chemosensitivity of cancer cells suspended in hydrogel and cultured in a paper substrate [J].

Biosensors & Bioelectronics, 2018, 100: 355-360.

[75] LEI K F, WU Z M, HUANG C H. Impedimetric quantification of the formation process and the chemosensitivity of cancer cell colonies suspended in 3D environment [J]. Biosensors & Bioelectronics, 2015, 74: 878-885.

[76] LEE S M, HAN N, LEE R, et al. Real-time monitoring of 3D cell culture using a 3D capacitance biosensor [J]. Biosensors & Bioelectronics, 2016, 77: 56-61.

[77] XU Y, XIE X, DUAN Y, et al. A review of impedance measurements of whole cells [J]. Biosensors & Bioelectronics, 2016, 77: 824-836.

[78] PAN Y, HU N, WEI X, et al. 3D cell-based biosensor for cell viability and drug assessment by 3D electric cell/matrigel-substrate impedance sensing [J]. Biosensors & Bioelectronics, 2019, 130: 344-351.

[79] COOLS J, JIN Q, YOON E, et al. A micropatterned multielectrode shell for 3D spatiotemporal recording from live cells [J]. Adv Sci (Weinh), 2018, 5 (4): 1700731.

[80] KALMYKOV A, HUANG C, BLILEY J, et al. Organ-on-e-chip: three-dimensional self-rolled biosensor array for electrical interrogations of human electrogenic spheroids [J]. Science Advances, 2019, 5 (8): eaax0729.

[81] HU N, WU C, HA D, et al. A novel microphysiometer based on high sensitivity LAPS and microfluidic system for cellular metabolism study and rapid drug screening [J]. Biosensors & Bioelectronics, 2013, 40 (1): 167-173.

[82] LIU Q, HU N, ZHANG F, et al. Neurosecretory cell-based biosensor: monitoring secretion of adrenal chromaffin cells by local extracellular acidification using light-addressable potentiometric sensor [J]. Biosensors & Bioelectronics, 2012, 35 (1): 421-424.

[83] DU L, WANG J, CHEN W, et al. Dual functional extracellular recording using a light-addressable potentiometric sensor for bitter signal transduction [J]. Anal Chim Acta, 2018, 1022: 106-112.

[84] ZHANG Y S, ALEMAN J, SHIN S R, et al. Multisensor-integrated organs-on-chips platform for automated and continual in situ monitoring of organoid behaviors [J]. Proceedings of the National Academy of Sciences of the United States of America, 2017, 114 (12): E2293-E2302.

[85] ZHUANG L, GUO T, CAO D, et al. Detection and classification of natural odors with an in vivo bioelectronic nose [J]. Biosensors & Bioelectronics, 2015, 67: 694-699.

[86] GUO T, ZHUANG L, QIN Z, et al. Multi-odor discrimination by a novel bio-hybrid sensing preserving rat's intact smell perception in vivo [J]. Sensors and Actuators B: Chemical, 2016, 225: 34-41.

[87] ZHANG B, QIN Z, GAO K Q, et al. Characterization of in vivo bioelectronic nose with combined manganese-enhanced mri and brain-computer interface [M]. New York,

IEEE. 2017.

[88] GAO K, LI S, ZHUANG L, et al. In vivo bioelectronic nose using transgenic mice for specific odor detection [J]. Biosensors & Bioelectronics, 2018, 102: 150-156.

[89] PAWAR N, GIREESH-BABU P, SIVASUBBU S, et al. Transgenic zebrafish biosensor for the detection of cadmium and zinc toxicity [J]. Current Science, 2016, 111 (10): 1697-1701.

[90] JIA H, LUO K Q. Fluorescence resonance energy transfer-based sensor zebrafish for detecting toxic agents with single-cell sensitivity [J]. Journal of Hazardous Materials, 2021, 408: 124826.

[91] YANG D M, FU T F, LIN C S, et al. High-performance FRET biosensors for single-cell and in vivo lead detection [J]. Biosensors & Bioelectronics, 2020, 168: 112571.

[92] BONG J, YASIN O, VAIDYA V R, et al. Injectable flexible subcutaneous electrode array technology for electrocardiogram monitoring device [J]. ACS Biomaterials Science & Engineering, 2020, 6 (5): 2652-2658.

[93] CAI Y, LIANG B, CHEN S, et al. One-step modification of nano-polyaniline/glucose oxidase on double-side printed flexible electrode for continuous glucose monitoring: characterization, cytotoxicity evaluation and in vivo experiment [J]. Biosensors & Bioelectronics, 2020, 165: 112408.

[94] MU F, ZHOU X, FAN F, et al. A fluorescence biosensor for therapeutic drug monitoring of vancomycin using in vivo microdialysis [J]. Analytica Chimica Acta, 2021, 1151: 338250.

[95] RONG G, CORRIE S R, CLARK H A. In vivo biosensing: progress and perspectives [J]. ACS Sensors, 2017, 2 (3): 327-338.

[96] ISHIDA A, IMAMURA A, UEDA Y, et al. A novel biosensor with high signal-to-noise ratio for real-time measurement of dopamine levels in vivo [J]. Journal of Neuroscience Research, 2018, 96 (5): 817-827.

[97] ZHANG W, DONG G, FENG H, et al. Wearable corneal biosensors fabricated from PEDOT functionalized sulfur: doped graphene for use in the early detection of myopia [J]. Advanced Materials Technologies, 2020, 5 (12): 2000682.

[98] JU J, HSIEH C M, TIAN Y, et al. Surface enhanced raman spectroscopy based biosensor with a microneedle array for minimally invasive in vivo glucose measurements [J]. ACS Sensors, 2020, 5 (6): 1777-1785.

[99] TEYMOURIAN H, MOONLA C, TEHRANI F, et al. Microneedle-based detection of ketone bodies along with glucose and lactate: toward real-time continuous interstitial fluid monitoring of diabetic ketosis and ketoacidosis [J]. Analytical Chemistry, 2020, 92 (2): 2291-2300.

[100] LÓPEZ S, LABADIE N, LOMBARDO V A, et al. An NMR-based biosensor to measure

stereospecific methionine sulfoxide reductase activities in vitro and in vivo [J]. Chemistry-A European Journal, 2020, 26 (65): 14838-14843.

[101] FU Y, LIU L, LI X, et al. Peptide modified manganese-doped iron oxide nanoparticles as a sensitive fluorescence nanosensor for non-invasive detection of trypsin activityin vitro and in vivo [J]. RSC Advances, 2021, 11 (4): 2213-2220.

[102] LAKSHMANAN A, JIN Z, NETY S P, et al. Acoustic biosensors for ultrasound imaging of enzyme activity [J]. Nature Chemical Biology, 2020, 16 (9): 988-996.

[103] GOWERS S A N, FREEMAN D M E, RAWSON T M, et al. Development of a minimally invasive microneedle-based sensor for continuous monitoring of β-lactam antibiotic concentrations in vivo [J]. ACS Sensors, 2019, 4 (4): 1072-1080.

[104] CAO C, JIN R, WEI H, et al. Adaptive in vivo device for theranostics of inflammation: Real-time monitoring of interferon-γ and aspirin [J]. Acta Biomaterialia, 2020, 101: 372-383.

[105] GARCÍA-GUZMÁN J J, P REZ-R FOLS C, CUARTERO M, et al. Toward in vivo transdermal pH sensing with a validated microneedle membrane electrode [J]. ACS Sensors, 2021, 6 (3): 1129-1137.

[106] WALKER J A T, WANG X, PETER K, et al. Dynamic solid-state ultrasound contrast agent for monitoring pH fluctuations in vivo [J]. ACS Sensors, 2020, 5 (4): 1190-1197.

[107] HUANG L, CHEN Y, ZHAO Y, et al. A ratiometric near-infrared naphthalimide-based fluorescent probe with high sensitivity for detecting Fe^{2+} in vivo [J]. Chinese Chemical Letters, 2020, 31 (11): 2941-2944.

[108] CHIRAYIL S, JORDAN V C, MARTINS A F, et al. Manganese (II) -based responsive contrast agent detects glucose-stimulated zinc secretion from the mouse pancreas and prostate by MRI [J]. Inorganic Chemistry, 2021, 60 (4): 2168-2177.

[109] MUTHUSAMY S, ZHU D, RAJALAKSHMI K, et al. Successive detection of zinc ion and citrate using a schiff base chemosensor for enhanced prostate cancer diagnosis in biosystems [J]. ACS Applied Bio Materials, 2021, 4 (2): 1932-1941.

[110] WANG Y, WANG X, LU W, et al. A thin film Polyethylene Terephthalate (PET) electrochemical sensor for detection of glucose in sweat [J]. Talanta, 2019, 198.

[111] ZHU X F, JU Y H, CHEN J, et al. Nonenzymatic wearable sensor for electrochemical analysis of perspiration glucose [J]. ACS Sensors, 2018, 3 (6).

[112] 周靓, 崔媛, 赫春香. 柔性一体化电化学传感器检测汗液的pH值及尿酸浓度 [J]. 分析化学, 2020, 48 (4): 516-522.

[113] CAZALÉA, SANT W, GINOT F, et al. Physiological stress monitoring using sodium ion potentiometric microsensors for sweat analysis [J]. Sensors & Actuators: B Chemical,

2016, 225.

［114］ LIU G, HO C, SLAPPEY N, et al. A wearable conductivity sensor for wireless real-time sweat monitoring［J］. Sensors and Actuators：B Chemical, 2016, 227.

［115］ GAO W, EMAMINEJAD S, NYEIN H Y Y, et al. Fully integrated wearable sensor arrays for multiplexed in situ perspiration analysis［J］. Nature：International Weekly Journal of Science, 2016, 529（7587）.

［116］ BANDODKAR A J, GUTRUF P, CHOI J, et al. Battery-free, skin-interfaced microfluidic/electronic systems for simultaneous electrochemical, colorimetric, and volumetric analysis of sweat［J］. Science Advances, 2019, 5（1）.

［117］ LEE H, SONG C, HONG Y S, et al. Wearable/disposable sweat-based glucose monitoring device with multistage transdermal drug delivery module［J］. Science Advances, 2017, 3（3）.

［118］ GASSET A R, BRAVERMAN L E, FLEMING M C, et al. Tear glucose detection of hyperglycemia［M］. Elsevier, 1968, 65（3）.

［119］ DOMSCHKE A M. Continuous non-invasive ophthalmic glucose sensor for diabetics［J］. Chimia, 2010, 64（1-2）.

［120］ PARK J, KIM J, KIM S Y, et al. Soft, smart contact lenses with integrations of wireless circuits, glucose sensors, and displays［J］. Science Advances, 2018, 4（1）.

［121］ SEMPIONATTO J R, BRAZACA L C, GARCIA-CARMONA L, et al. Eyeglasses-based tear biosensing system：non-invasive detection of alcohol, vitamins and glucose［J］. Biosensors & Bioelectronics, 2019, 137.

［122］ BADUGU R, REECE E A, LAKOWICI J R. Glucose-sensitive silicone hydrogel contact lens toward tear glucose monitoring［J］. Journal of Biomedical Optics, 2018, 23（5）.

［123］ ELSHERIF M, HASSAN M U, YETISEN A K, et al. Wearable contact lens biosensors for continuous glucose monitoring using smartphones［J］. ACS Nano, 2018, 12（6）.

［124］ BALASUBRAMANIAN P, ANNALAKSHM M, CHEN S M, et al. Ultrasensitive non-enzymatic electrochemical sensing of glucose in noninvasive samples using interconnected nanosheets-like $NiMnO_3$ as a promising electrocatalyst［M］. Elsevier, 2019, 299（C）.

［125］ HARRY M, CHOWDHURY M, CUMMINGS F, et al. Elemental Cu doped Co_3O_4 thin film for highly sensitive non-enzymatic glucose detection［J］. Sensing and Bio-Sensing Research, 2019, 23.

［126］ DOU Q, WANG S, ZHANG Z, et al. A highly sensitive quartz crystal microbalance sensor modified with antifouling microgels for saliva glucose monitoring［J］. Nanoscale, 2020.

［127］ SHA P, LUO X, SHI W, et al. A smart dental floss for biosensing of glucose［J］. Electroanalysis, 2019, 31（5）.

[128] ARAKAWA T, KUROKI Y, NITTA H, et al. Mouthguard biosensor with telemetry system for monitoring of saliva glucose: a novel cavitas sensor [J]. Biosensors & Bioelectronics, 2016, 84.

[129] MISHRA R K, SEMPIONATTO J R, LI Z, et al. Simultaneous detection of salivary Δ 9-tetrahydrocannabinol and alcohol using a wearable electrochemical ring sensor [J]. Talanta, 2020, 211.

[130] HASHEM M, KHERAIF A A A, FOUAD H. Design and development of wireless wearable bio-tooth sensor for monitoring of tooth fracture and its bio metabolic components [J]. Computer Communications, 2020, 150.

第 7 章

生物和离子敏传感器微系统的展望

7.1 概 述

随着现代技术的创新发展,生物和离子敏传感器的品种和类型在不断地更新发展,当前技术水平下的传感技术正朝着微(小)型化、数字化、智能化、多功能化、系统化和网络化方向发展。随着纳米技术、三维打印技术、微电子系统技术以及信息理论及数据分析算法的迅速发展,未来的生物和离子敏传感技术必将变得更加高精度、高可靠、微型化、综合化、多功能化、智能化和系统化。新的医学技术的发展和应用需求的增强对传感器提出了越来越高的要求,是传感器技术发展的强大动力,而现代科学技术的快速发展和应用则提供了坚实的技术支持。生物和离子敏传感技术在科学研究和实际应用中将发挥越来越重要的作用。

7.2 生物敏传感器的展望

7.2.1 多参数细胞传感技术的发展展望

细胞的生命历程以影响生物体分子的动态流动为特征,细胞的生理活动集成了源自细胞内和细胞外的物理化学因子的信号。这些细胞信号的网络可能预示着细胞的生长和增殖、不同代谢通路的激活、某种蛋白的产生与释放和细胞的程序性死亡。传统方法（如荧光方法）通常利用荧光蛋白或者荧光染料分析细胞功能的分子基础。然而，传统的细胞分析方法非常复杂，且无法对细胞的多种状态或者影响细胞活性的多种物质进行同时检测。多参数细胞传感技术利用两种或多种传感技术与方法的集成，实现了对多种细胞生理参数的检测，如细胞代谢、细胞搏动和与分析物反应等，从更全面的角度评价细胞生理状态和分析物作用效果，这是未来细胞传感技术的重要发展方向。

如图 7-2-1 所示为意大利健康和消费者保护研究所 L. Ceriotti 等设计的用于在线、无标签条件下测量细胞的贴附状态、新陈代谢以及金属化合物响应的多参数芯片系统[1]。该团队设计的多参数集成芯片包括 pH 敏感的离子选择场效应晶体管（Ion-selective Field Effect Transistor, ISFETs）、安培电极结构传感器（Clark 型传感器）和叉指电极结构传感器（Interdigitated Electrode Structures, IDESs），对细胞外酸化速率、细胞耗氧量和细胞贴附状态等多个

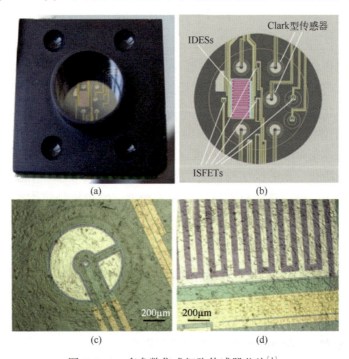

图 7-2-1　多参数集成细胞传感器芯片[1]

（a），（b）传感器芯片实物及芯片设计图；（c），（d）细胞在传感器芯片上的贴附情况。

生理参数实现了在线检测。L. Ceriotti 等将小鼠的纤维细胞（BALB/3T3 细胞系）培养在传感器芯片上，实现了对细胞生长的监测，并研究了细胞对 1～100μmol/L 浓度范围内亚砷酸钠、氯化镉和顺铂等化合物的响应特性。

基于细胞的检测方法一直是药物发现过程的重要方法之一，它提供了一种简单、快速和低成本的工具，避免了大规模高成本的动物试验。而其中的细胞培养是该技术最关键的部分，因为所得的结果是基于培养的细胞对药物/化合物/外部刺激的反应。到目前为止，大多数基于细胞的分析都是将细胞二维培养在平面或刚性基底上。虽然历史悠久的二维细胞培养已被证明是一种有价值的基于细胞的研究方法，但它的局限性也日益明显。由于在真实的体内环境中几乎所有细胞都被其他细胞和细胞外基质（Extracellular Matrix，ECM）以三维方式包围，二维细胞培养并没有充分考虑细胞的自然三维环境。因此，二维细胞培养试验有时会对体内反应提供误导性和非预测性的数据。近年来，三维细胞培养系统因其在体内试验中提供更多的生理相关信息和预测数据方面的明显优势，在药物发现和组织工程方面越来越引起人们的关注。图 7-2-2 为传统二维细胞培养和典型的三维细胞培养的示意图。传统平面二维培养通常将细胞培养在刚性基底材料上，而三维细胞培养则将细胞培养在微载体、支架或者凝胶微球中，细胞能够在其中形成三维聚合体/球状体结构。

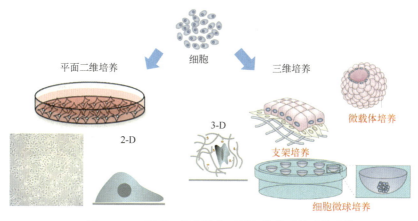

图 7-2-2　平面二维细胞与三维细胞传感技术的比较

如图 7-2-3 所示，中国台湾国立成功大学 Lin 等在自组装单分子层修饰的微电极阵列（Microelectrode Array，MEA）芯片上合成了由聚乙二醇水凝胶和聚 d-赖氨酸（Poly-d-Lysine，PDL）组成的三维基质，并在其上培养了

NIH3T3 成纤维细胞和皮层神经元，构建了一个用于细胞生长和细胞表面相互作用分析的仿生系统，可以监测细胞在三维基质中生长过程中的阻抗变化[2]。

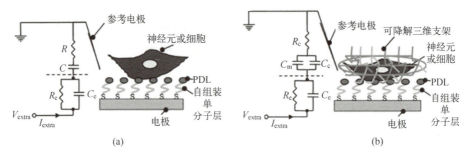

图 7-2-3　基于凝胶基质的 3D 细胞传感器[2]

如图 7-2-4 所示为德国莱比锡大学 D. Klo 等设计的一个 100μm 深的微腔结构，微腔每侧各连接有一个电极，将三维细胞球体直接作为敏感元件，用于测量三维球体的阻抗和胞外电位记录[3]。研究者将人类黑色素瘤细胞球培养在芯片上，并成功检测到了喜树碱（Camptothecin，CTT）诱导的细胞凋亡。在随后的实验中，其还通过在芯片上培养新生大鼠心肌细胞微球，记录到了心肌细胞球体的动作电位。应用特异性 Ca^{2+} 通道阻滞剂硝苯地平后，完全消除了动作电位的形成。

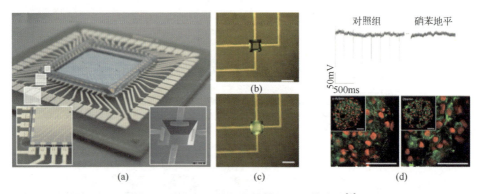

图 7-2-4　基于三维细胞球体的微腔传感器[3]

(a) 三维微腔传感器实物及局部放大图；(b)，(c) 有无三维细胞球的微腔图；
(d) 药物硝苯地平作用前后的心肌细胞球的典型电位信号。

7.2.2　石墨烯生物敏传感器

在过去的十年中，不同的纳米材料已经被开发用来设计高效的生物传感器,以检测待分析的生物分子。由于石墨烯具有独特的物理特性,包括高比表面积、高载流子迁移率、高导电性、柔韧性和光学透明度,它的发现极大地加速了低成本电极材料的制造研究。石墨烯及其氧化石墨烯衍生物,包括氧化石墨烯和还原氧化石墨烯,正成为生物传感器领域的一类重要纳米材料。氧化官能团的存在使得氧化石墨烯纳米片具有很强的亲水性,促进了化学功能化。石墨烯、氧化石墨烯和还原氧化石墨烯纳米片可以很容易地与各种无机纳米颗粒(包括金属、金属氧化物、半导体纳米颗粒、量子点、有机聚合物和生物分子)结合,从而创建一系列石墨烯基纳米复合材料,石墨烯纳米复合材料的三维互连层次结构有助于不同类型生物分子的扩散,并保留其生物催化功能,以优化生物传感特性,提高生物传感器应用的灵敏度。

目前,二维和三维石墨烯基纳米复合材料作为新兴的电化学和荧光生物传感平台,已经被用于检测葡萄糖、胆固醇、过氧化氢、核酸、基因、酶、三磷酸腺苷、多巴胺、抗坏血酸、尿酸、癌症生物标志物、病原微生物、食品毒素、有毒重金属离子、真菌毒素和杀虫剂等,具有较高的灵敏度、选择性和较低的检测下限。例如,土耳其萨卡里亚大学 Akkaya 等利用氧化石墨烯在载于单宁酸(Tannins,TA)-rGO 纳米复合材料上的铂纳米颗粒 PtNP 上直接电化学制备了葡萄糖生物传感器,如图 7-2-5(a)所示[4]。其中,单宁酸氧化成醌后,氧化石墨烯与 TA 之间形成 π-π 相互作用,GOx 与 TA 之间形成席夫碱支撑的氢键,提高了直接电子转移。在 PBS(0.05mol/L,pH 值为 7.4)溶液中以 100mV/s 扫描速率测量循环伏安曲线,如图 7-2-5(b)所示。GOx/PtNPs/rGO-gc 修饰电极的氧化还原峰 E 为 0.462V,峰间分离 δ_{ep} 为 56mV,表明 PtNPs/rGO 纳米复合材料与 GOx 之间存在快速的电子转移。随着葡萄糖浓度的增加,氧化还原峰值电流呈线性下降,如图 7-2-5(c)所示。加入葡萄糖后,更多的 GOx(FAD)① 通过生物催化反应转化为 GOx(FADH2)②。结果表明,该生物传感器的灵敏度为 27.51μA mmol/L·cm^2,线性范围为 2~10mmol/L,LOD 为 1.21μmol/L。

氧化石墨烯负载的双金属纳米颗粒也被广泛应用于提高葡萄糖生物传感器的电催化活性和灵敏度。新加坡南洋理工大学 Gao 等利用超声辅助电化学合成方法制备了用于非酶解葡萄糖检测的双金属 PtNiNPs/GR 纳米复合材料,如图 7-2-6 所示[5]。与 SWCNTs 相比,PtNiNPs 分布均匀,并被负载在石墨

---

① FAD 为黄素腺嘌呤二核苷酸。
② FADH2 为还原型黄素腺嘌呤二核苷酸。

烯表面。该生物传感器的线性范围为 0.5~35mmol/L，LOD 为 10μmol/L，灵敏度为 20.42μA mmol/(L·cm²)，负极电位为 0.35V。

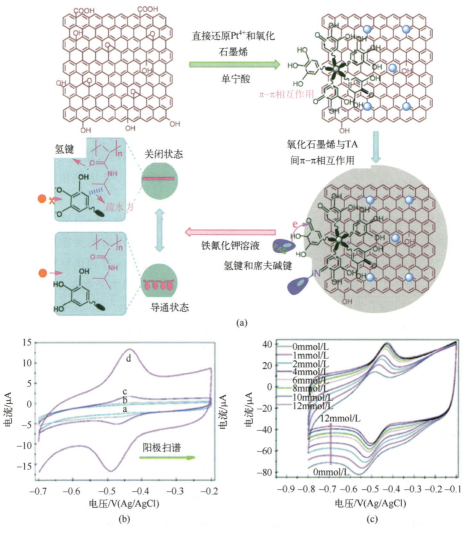

图 7-2-5　单宁酸还原氧化石墨烯沉积铂纳米粒子可切换生物
电子和基于直接电化学的生物传感器[4]
（a）单宁酸辅助制备基于 rGO/PtNPs/GOx-GCE 的葡萄糖传感生物
传感器示意图；（b）不同电极的 CV 曲线；（c）rGO/PtNPs/GOx-GCE 在 0.1M
的氧饱和 PBS（100mV/s）中记录的不同浓度葡萄糖（0~12mmol/L）的 CV 曲线。

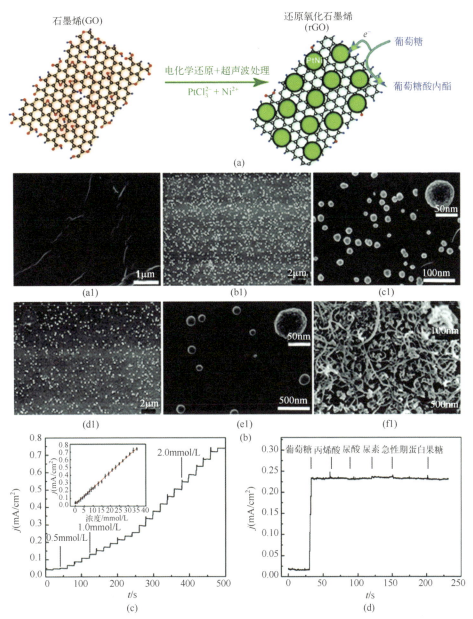

图 7-2-6 PtNi 纳米颗粒-石墨烯纳米复合材料用于非酶安培葡萄糖检测[5]
(a) 电化学还原法制备 PtNiNPs/rGO 纳米复合材料示意图；(b) 氧化石墨烯纳米片、PtNiNPs/ERGO、PtNiNPs/CRGO 纳米复合材料和 PtNiNPs/SWCNTs 纳米复合材料的 SEM 图像；(c) 添加 0.5mmol/L、1.0mmol/L、2.0mmol/L 葡萄糖后 PtNiNPs/ERGO/GCE 的电流响应及校准曲线；(d) PtNiNPs/ERGO/GCE 中干扰生物分析物的影响。

石墨烯基纳米复合材料也被广泛研究用于制造酶基胆固醇传感器。例如，印度理工学院 Dey 等通过二胺将二茂铁（Ferrocene，Fc）氧化还原单元共价结合到氧化石墨烯 GO 骨架上以提高电子转移速率，制备了氧化还原酶功能化的氧化石墨烯生物传感器，如图 7-2-7 所示[6]。该传感器的线性范围为 0.5~46.5μmol/L，灵敏度为 5.71μA mmol/（L·cm²），LOD 为 0.1μmol/L，检测胆固醇的响应时间为 4s。此外，该基于 Fc-GO 的生物传感器也可以用于检测尿酸和葡萄糖，其线性检测范围分别为 0.001~0.02mmol/L 和 0.2~19.7mmol/L，灵敏度分别为 5.85μA mmol/（L·cm²）和 20.71μA mmol/（L·cm²），LOD 分别为 0.1μmol/L 和 1μmol/L。

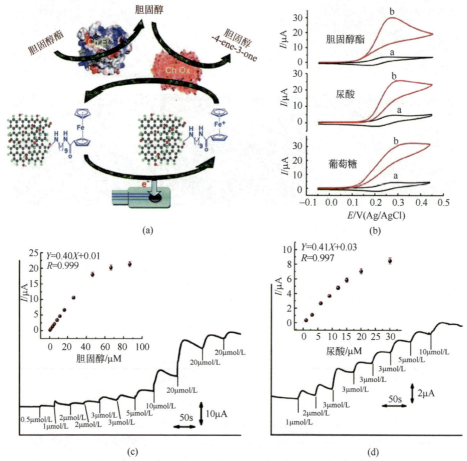

图 7-2-7　用于检测胆固醇的氧化石墨烯生物传感器[6]

（a）基于 Fc-GO 的生物传感器检测胆固醇的方案；（b）Fc-GO 生物传感器在有无胆固醇酯、尿酸和葡萄糖存在时的 CV 响应；（c）用于检测胆固醇和尿酸的 Fc-GO 生物传感器的安培响应。

此外，南京大学 Wang 等通过将铁（Ⅲ）中置四（n-甲基吡啶-4-基）卟啉和链霉亲和素加载到氧化石墨烯上，制备了过氧化物酶模拟物[7]。设计的生物传感器通过检测生物素化分子信标电化学检测 DNA，如图 7-2-8（a）所示。该传感器在检测 DNA 时表现出较高的电化学响应，LOD 达到 22amol/L，在 100amol/L~10pmol/L 呈宽线性关系，范围为 5 个数量级（见图 7-2-8（b））。

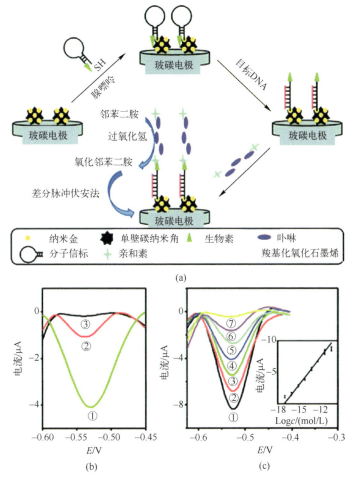

图 7-2-8　石墨烯负载铁卟啉作为过氧化物酶模拟物用于电化学 DNA 生物传感[7]
（a）基于石墨烯/铁卟啉的电化学传感器用于 DNA 检测及辣根过氧化物酶模拟物痕量标记示意图；（b）在靶 DNA 浓度为 10fmol/L 时的 DPV 响应①FeTMPyP 链霉亲和素 GO 生物偶联物，②HRP 链霉亲和素 GO 作为痕量标记，③不存在痕量标记；（c）不同目标 DNA 浓度下①10pmol/L，②1pmol/L，③100fmol/L，④10fmol/L，⑤1.0fmol/L，⑥100amol/L，⑦0amol/L 的 DPV 曲线。

7.3 离子敏传感器的展望

随着多种新型纳米材料及微纳加工技术的发展，离子传感器得以迅速发展。从最初的离子选择电极发展到现在的电化学离子传感器、光学离子传感器、离子传感器阵列等。离子传感器逐渐向小型化、集成化、便携化方向发展，有效地降低了成本，减小了功耗并提高了效率。结合可穿戴设备、微流控、互联网等技术，离子传感器的应用将更加广泛和普遍，但是仍存在着一些机遇与挑战。

离子敏感膜及纳米材料的特异性响应是检测离子浓度的核心传感技术。传感器的寿命主要依赖于敏感膜的寿命。然而，现有的大部分固态离子传感器采用导电聚合物作为离子/电子的传导层材料，存在稳定性差、干扰因素多、使用寿命短等缺点，限制了其在医疗健康领域的连续无创检测应用。目前离子传感器广泛用于临床检测与监测，药物分析，环境监测等方面，但是在材料毒性以及绿色合成问题得到解决以前，尚不能安全用于在体离子检测。因此同时发展绿色、低毒且具有高特异性的纳米材料并对其光电性质进行研究是必要的。

离子传感器的集成为同时检测多种离子开辟了一条新途径。但是对于多离子检测系统来说，提高其抗干扰性及交叉反应问题极为重要。首先要提高离子敏感材料的稳定性及特异性。可以结合一些样品前处理操作，从而提高检测性能，使其在单一环境及复杂实际样本的检测中具有准确性和良好的重复性。

在实际应用中，无线连接使得检测更加方便移动。然而，基于智能手机电化学系统的应用受到电气探测器附件的限制，这些附件需要进行电化学扫描和记录电化学响应。附件往往由不同的数字芯片组成，这带来了较高的整体成本和高功耗。特别是高功耗意味着需要大容量电池，从而导致仪器体积和质量显著增加。这也使得该系统难以像直接使用智能手机的光学系统那样方便地完成测量，阻碍了电化学离子传感器在智能手机个性化护理点监测中的应用。因此，需要在智能手机的传感器制作、数据通信和处理算法等方面进行更多的工作，以在提高性能的同时保持便携性和成本效益。

除此以外，对离子进行实时动态监测，以及现场快速检测是必要的。这们可以及时防范离子含量超出合理范围，将其对环境及生物健康的破坏降到最低。在此背景下，开发能够在取样处立即获得有用信息的简单而经济的传感设备很重要。然而目前设计实时监测离子参数的监测系统仍然是一个挑战。

利用生物传感器进行多路检测可以极大地提高分析吞吐量，从而在一次分析中获得更大的信息量。微流控芯片技术是一种在微米大小的通道中操纵微流控流体的技术。近年来，研究者在生物传感与微流体技术的结合方面已经做出了相当大的努力，使用户受益于微流体技术提供的小样材量、易于复用和集成、快速周转时间和高可移植性等优点。因此，微流控芯片作为最引人注目的技术之一，已与越来越多的生物传感器系统集成，以提高系统的整体性能。

中国国立成功大学 Huang 等[8]报道了一种能够自动测定尿素和肌酐的微流控系统。所有步骤，包括样品预处理、试剂混合、运输和电化学传感器阵列最终检测，都是在单个芯片上连续执行的过程。此外，中国国立台湾大学 Kuan 等[9]研发出了一种能够进行片上全血处理并使用双互补金属氧化物半导体多晶硅纳米线传感器同时进行无标签电多重检测的微流控设备。如图 7-3-1 所示，带有水坝的蛇形微通道用于捕获未溶解细胞或碎片并进行混合，在仅使用 5μL 全血的情况下，能够在 30min 内同时测量血红蛋白和糖化血红蛋白。

图 7-3-1　自动测定尿素和肌酐的微流控系统
（a）系统的照片；（b）聚甲基丙烯酸甲脂（PMMA）微流控芯片的照片。

纸具有多种独特的特性，包括被动液体传输和与生物化学物质的相容性，是制造简单、廉价、一次性和便携式分析设备的新选择。目前基于纸张的传感器研究主要集中在溶液的微流控传输和更先进的三维几何结构制造。针对多传感检测，一种基于印刷和模块化的纸基数字微流控芯片组合制造方法被开发出来，这一方法集成了多个电化学传感器，并由便携式、无线控制系统操作[10]。数字液滴和集成多个电化学传感器的主动电湿润驱动电极中的芯片板都是通过低成本打印技术制作的（见图 7-3-2）。这种开闭杂交芯片格式实现了人体血清中三种诊断生物分子（葡萄糖、多巴胺和尿酸）的检测。

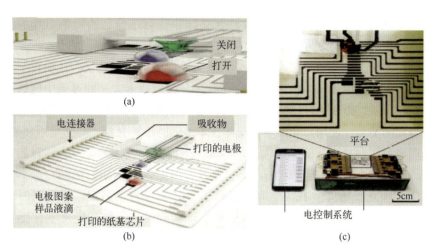

图 7-3-2 一种印刷的、基于纸张的有源微流控芯片通过电润湿来驱动液滴
(a) 该芯片的部分开放(蓝色和红色水滴)和闭合(绿色水滴)形式;(b) 模块化组装的 APHC 平台;(c) 集成的便携式电气控制系统,由芯片平台、驱动系统和基于移动的无线控制系统组成。

综合了物理、化学、微流控等多学科技术的多参数细胞传感技术,是未来传感器技术的发展趋势。微流控技术是一种对流体进行精细控制和操作的新技术。近年来,微流控技术越来越多地应用到细胞传感器技术上。德国弗莱堡大学 Weltin 等[11]结合化学传感器、细胞传感器和微流控技术构建了一种用于药物筛选和癌症研究的多参数微流控传感器系统。在该系统中,液体从入口流入,氧气传感器和 pH 传感器安置在流路上游,而流路下游则是检测葡萄糖和乳酸的传感器。他们在传感器上培养人脑肿瘤细胞,分别探索了细胞松弛素 B 和聚氧乙烯醚类对肿瘤细胞代谢的抑制和恢复作用。图 7-3-3 为通过集成微流控芯片和数据独立采集质谱法简化单细胞蛋白质组学分析[12]。

器官芯片系统是基于微流控的三维体外人体组织和器官模型,它不仅有望取代传统的平面细胞培养,而且提供了同时建立多种器官模型与分析多器官相互作用的能力。现场连续测量的特点是多种传感器技术的结合。英国格拉斯哥大学 Cheng 等[13]报道了一种能同时对细胞外和细胞内代谢产物进行光学和电化学监测的系统。研究者对传感器电极阵列进行了瞬态模拟,用于电化学监测心室肌细胞的代谢活动。累积代谢副产物的影响可以通过对单个肌肉细胞收缩的光学测量来反映,使用不同的荧光染料检测细胞内伴随的钙瞬变和 pH 变化。针对传统传感设备难以与作为低容量生物反应器的微流控器官芯片系统相结合的问题,瑞典哥德堡大学 Alrifaiy 等[14]设计了一种用于研究缺氧状态下大脑系统的多功能 LOC 系统，通道中的氧浓度由氧传感器监测，利用吸收光谱同时验证了鸡红细胞的氧合状态，细胞可以长时间存活。美国哈佛医学院布莱根妇女医院医学部生物材料创新研究中心 Shaegh 等[15]建立了一套利用发光二极管和硅光敏二极管实时测量细胞培养基中溶解氧和 pH 值的传感系统。传感模块由一个用于测量光强的光学透明窗口组成，该模块可以直接连接到生物反应器上，无需对微流体装置的设计进行任何特殊修改。通过一个用户友好的电子界面控制光学传感器和光电二极管的信号采集，对人真皮成纤维细胞培养基中的溶解氧水平和 pH 值连续测量 3 天。这种微流体系统提供了一种新的分析平台，易于制造和操作，并可适用于各种情况。在未来，集成了多种物理、生物化学和光学传感器的可操作器官芯片模型将为自动化、高性能的药物筛选与原位监测铺平道路。

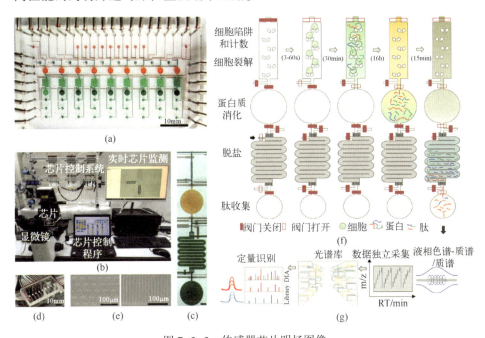

图 7-3-3 传感器芯片明场图像

（a）芯片布局图；（b）操作系统装置；（c）单个操作单元的特写视图；（d）安装在显微镜上的即用型芯片；（e）细胞捕获柱（左）和 C18 过滤器（右）的扫描电子显微镜（SEM）图像；（f）简化样品制备的操作程序；（g）使用基于数据独立采集的液相色谱-串联质谱（LC-MS/MS）和光谱库搜索进行分析。

与传统模型相比，由微流控技术与非侵入性生物传感系统相结合的多种类器官模型具有许多优点，例如能更好地模拟人体器官的生理特性，并能实时监测这些微型类器官模型的生化属性。而对于小型化的多器官芯片模型，传统的分析方法由于操作量大、系统干扰频繁而不再适用。大量将微流控技术与生物医学传感器相结合的多器官芯片被提出，以实现对多器官芯片平台的长期测试。然而，它们在持续分析多器官原位相互作用方面仍然有限，而且缺乏自动化能力。因此，需要一个将各种生物医学传感器无缝集成到微流控多器官模型中的系统，该系统理想情况下可以在很长一段时间内以自动化和连续的方式工作。为了解决这一局限性，研究人员在探索多器官芯片模型的基础上，结合电化学传感技术、光学传感技术等检测技术，尝试构建可以同时监测多种生化参数的多器官芯片系统，实现细胞的长时间培养以及药物药效的长期监测与评价，为药效的准确评价提供有效的技术手段[16]。

7.4 生物敏传感器与 MEMS 微系统技术的展望

微机电系统和纳机电系统的特点是机电一体化、微型化和智能化，尺寸可以小到数毫米以下，一般将尺寸为 1~10mm 的称为小型 MEMS，尺寸为 10μm~1mm 的称为微型 MEMS，尺寸为 10nm~10μm 的称为超微型 MEMS，尺寸为 10nm 以下称为 NEMS。MEMS 中的微型传感器和微型执行器都是在集成电路基础上用光刻或化学腐蚀技术制成的，且采用三维刻蚀方法，从而使 MEMS 中的马达、传感器、信息处理及控制电路都可集成在一小片芯片上。MEMS 内部还可有自测试、自校正、数字补偿和高速数字通信等功能，因而能满足在体检测装置实现高可靠性、高精度及低成本的基本条件。各国研究者首先建议将 MEMS 应用于生命科学及体内诊疗上。美国麻省理工学院预测 MEMS 在医学上应用的领域包括：载有电荷耦合器件相机和微型元件的 MEMS 进入人类无法达到的场合观测环境并存储和传输图像；用于清通脑血栓患者的被堵塞动脉；用于接通或切断神经；进行细胞级操作；实现微米级视网膜手术等精细外科手术；进行体内检测及诊断等。

随着各种新型材料、新兴技术的不断涌现，生物芯片技术、半导体工艺技术，以及 MEMS 技术也得到了迅猛发展，生物传感器已从最初单一概念的生物检测传感器逐渐向微型化、集成化、芯片化和智能化的方向发展。其中 MEMS 技术的发展为提高生物传感器的灵敏度、降低成本、减小器件尺寸等方面提供了广阔的空间，生物传感器微系统将成为生物传感器的未来发展趋势。

生物传感器微系统的发展趋势主要体现在技术集成和器件单元集成两方面。技术集成方面，未来的生物传感器微系统将在生物感知技术与光学、分子成像、生电互通和无线传感等技术结合方面深入发展，提升传感器的灵敏度及精确度。器件单元集成方面，生物传感器微系统的应用需求逐渐呈现出综合感知的特点，导致敏感单元采用多参数集成测量，以及传感器与计算机紧密结合，自动采集和处理数据，更科学、更准确地提供结果，实现采样、进样、结果一条龙，形成检测的自动化系统。同时，芯片技术将愈加进入传感器，实现检测系统的集成化、一体化，例如片上实验室系统。图7-4-1为在片上实验室中进行细胞培养、筛选、成像及生化分析的示意图。

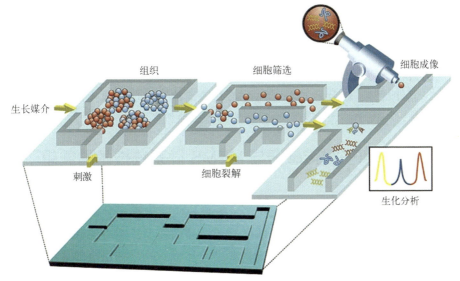

图7-4-1 在片上实验室中进行细胞培养、筛选、成像及生化分析

生物传感器微系统发展中一些基础科学问题和共性关键技术有待解决和突破，主要表现在以下三个方面，如图7-4-2所示。

生物传感器微系统的选择性和灵敏度还难以满足在复杂环境下对痕量生物物质进行检测，需要探索传感器识别元件对于待测物质的特异性识别机制和超灵敏响应机理，探索新的敏感材料、敏感结构、识别方法和增敏机制，同时也要探索新的换能机理，研究换能器的高效、快速信号转换机制和方法。

生物传感器微系统的敏感特性常常随着使用次数或使用时间的增加而退化，致使器件难以维持长期稳定性和使用寿命，需要研究传感器识别元件的长效机制，探索新型高稳定性敏感材料，研究敏感材料活性的维持以及自更新、自恢复机理与方法，并研究和解决传感器的环境适应性等问题。

图 7-4-2　生物传感器微系统三个关键问题

进行传感器制备需要研究和解决微纳结构加工、生物敏感材料修饰和固定化、器件封装，以及敏感单元与电路、微流控等多功能单元的集成化方法和工艺技术。制造技术也是影响生物传感器微系统的重要因素之一。

7.5　离子敏传感器与 MEMS 微系统技术的展望

近年来，离子传感器微系统（离子敏场效应管传感器）的研究取得了很大进展，由于具有敏感区小、灵敏度高、样品消耗少、响应快和成本低等优势，离子敏传感器与 MEMS 微系统在食品、环境、医疗和军事等领域都得到了不少应用。尤其是结合微系统制成的生物微芯片可在生物化学传感领域扮演重要角色，离子敏传感器与 MEMS 微系统未来将更加向复合化、集成化和系统化不断发展。然而，鉴于目前的实际应用还相对较少，未来进一步发展主要有以下几方面的考虑：

（1）敏感膜是把化学变量转换为电学变量的关键。研究对某种特定离子具有高灵敏度、高线性度、高稳定性的敏感膜材料及其沉积技术具有重要的意义。研究离子敏场效应管传感器的制造技术与标准互补金属氧化物半导体工艺的进一步兼容，有利于简化离子敏场效应管传感器的制造，实现产业化。

（2）高性能读出电路的研究。研究具有高线性度、高稳定性、低电压低功耗的读出电路对于离子传感器微系统具有重要意义。数字化集成也是离子敏场效应管传感器的发展方向之一。数字化集成芯片能够通过数字信号处理技术对传感器输出信号进行补偿，降低温度漂移等不稳定因素对传感器测量精度的影响。

（3）多传感器集成的多功能、智能化传感系统能更好地满足实际应用的需要，但在如何实现多传感器的可靠集成上仍有很多问题需要得到解决。近年来纳米技术取得了飞速的发展，在纳米尺度上对离子敏场效应管传感器的研究对于离子敏场效应管传感器缩小体积、提高性能、拓宽应用等领域具有前瞻性意义。

参 考 文 献

[1] CERIOTTI L, KOB A, DRECHSLER S, et al. Online monitoring of BALB/3T3 metabolism and adhesion with multiparametric chip-based system [J]. Anal Biochem, 2007, 371 (1)：92-104.

[2] LIN S P, KYRIAKIDES T R, CHEN J J. On-line observation of cell growth in a three-dimensional matrix on surface-modified microelectrode arrays [J]. Biomaterials, 2009, 30 (17)：3110-3117.

[3] KLO D, KURZ R, JAHNKE H G, et al. Microcavity array (MCA) -based biosensor chip for functional drug screening of 3D tissue models [J]. Biosensors & Bioelectronics, 2008, 23 (10)：1473-1480.

[4] AKKAYA B, CAKIROGLU B, ÖZACAR M. Tannic acid-reduced graphene oxide deposited with Pt nanoparticles for switchable bioelectronics and biosensors based on direct electrochemistry [J]. ACS Sustainable Chemistry & Engineering, 2018, 6 (3)：3805-3814.

[5] GAO H, XIAO F, CHING C B, et al. One-step electrochemical synthesis of PtNi nanoparticle-graphene nanocomposites for nonenzymatic amperometric glucose detection [J]. ACS applied Materials & Interfaces, 2011, 3 (8)：3049-3057.

[6] DEY R S, RAJ C R. Redox-functionalized graphene oxide architecture for the development of amperometric biosensing platform [J]. ACS Applied Materials & Interfaces, 2013, 5 (11)：4791-4798.

[7] WANG Q, LEI J, DENG S, et al. Graphene-supported ferric porphyrin as a peroxidase mimic for electrochemical DNA biosensing [J]. Chemical Communications, 2013, 49 (9)：916-918.

[8] HUANG C J, LIN J L, CHEN P H, et al. A multi-functional electrochemical sensing system using microfluidic technology for the detection of urea and creatinine [J]. Electrophoresis, 2011, 32 (8)：931-938.

[9] KUAN D H, WANG I S, LIN J R, et al. A microfluidic device integrating dual CMOS polysilicon nanowire sensors for on-chip whole blood processing and simultaneous detection of multiple analytes [J]. Lab on a Chip, 2016, 16 (16): 3105-3113.

[10] RUECHA N, LEE J, CHAE H, et al. Paper-based digital microfluidic chip for multiple electrochemical assay operated by a wireless portable control system [J]. Advanced Materials Technologies, 2017, 2 (3): 1600267.

[11] WELTIN A, SLOTWINSKI K, KIENINGER J, et al. Cell culture monitoring for drug screening and cancer research: a transparent, microfluidic, multi-sensor microsystem [J]. Lab on a Chip, 2014, 14 (1): 138-146.

[12] GEBREYESUS S T, SIYAL A A, KITATA R B, et al. Streamlined single-cell proteomics by an integrated microfluidic chip and data-independent acquisition mass spectrometry [J]. Nature Communications, 2022, 13 (1): 37.

[13] CHENG W, KLAUKE N, SMITH G, et al. Microfluidic cell arrays for metabolic monitoring of stimulated cardiomyocytes [J]. Electrophoresis, 2010, 31 (8): 1405-1413.

[14] ALRIFAIY A, BORG J, LINDAHL O A, et al. A lab-on-a-chip for hypoxic patch clamp measurements combined with optical tweezers and spectroscopy-first investigations of single biological cells [J]. Biomedical Engineering Online, 2015, 14 (1): 1-14.

[15] SHAEGH S A M, FERRARI F D, YU S Z, et al. A microfluidic optical platform for real-time monitoring of pH and oxygen in microfluidic bioreactors and organ-on-chip devices [J]. Biomicrofluidics, 2016, 10 (4): 044111.

[16] ZHENG F, FU F, CHENG Y, et al. Organ-on-a-Chip Systems: microengineering to biomimic living systems [J]. Small, 2016, 12 (17): 2253-2282.

王平，浙江大学求是特聘教授，国家杰青，国家百千万人才，全国优秀科技工作者。国际生物传感器与生物电子学会议组织委员会委员、国际嗅觉与化学传感技术学会委员、国际化学传感器会议亚太区组织委员会委员、亚洲化学传感器会议组织委员会委员。全国高校传感技术研究会副理事长，中国仪器仪表学会传感器分会副理事长。中国生物医学工程学会生物医学测量分会前任主任委员、中国生物医学工程学会生物医学传感技术分会副主任委员、中国电子学会离子敏生物敏专业委员会副主任委员。浙江大学生物医学工程与仪器科学学院、生物传感器国家专业实验室主任，生物医学工程教育部重点实验室学术委员会副主任。

王军波，中国科学院空天信息创新研究院研究员，中国科学院大学岗位教授，国家杰青。中国仪器仪表学会和中国微米纳米技术学会理事、中国仪器仪表学会微纳器件与系统分会副主任委员兼总干事、中国机械工程学会微纳制造技术分会副主任、中国微米纳米技术学会微纳传感技术分会副主任、中国仪器仪表学会传感器分会常务委员。"Microsystem& Nanoengineering""Electron""Journal of Microelectromechanical System"《电子与信息学报》《传感技术学报》等学术期刊编委。国家重点研发计划智能传感器专项总体专家组成员。中国科学院大学电子电气与通信工程学院学位委员会委员、传感技术国家重点实验室北方基地主任、电子薄膜与集成器件全国重点实验室学术委员会委员。

沙宪政，中国医科大学生物医学工程教授，中国医科大学智能医学学院前院长。生物医学工程学会第六届至第十届理事，中国生物医学工程学会生物医学传感技术分会第九届、第十届主任委员、中国生物医学工程学会生物医学测量技术分会常务委员、中国工程教育认证协会工程教育认证专家。国家药监局医疗器械分类委员会专业委员会  专家、辽宁省药械审评中心医疗器械技术审评专家组组长、辽宁省生物医学工程专业教学指导委员会副主任委员等。现任辽宁生命科学学会会长。

陈青松，中国航天科技集团有限公司九院第七〇四研究所研究员，长期从事航天型号配套传感器研制工作，获国防科技进步一等奖 1 项，航天科技集团科技进步二等奖 2 项。担任中国仪器仪表学会传感器分会理事长、仪表工艺分会副理事长，中国仪器仪表协会传感器分会副理事长、机械工业仪器仪表元器件标准化技术委员会副主任委员、TC124/SC11 标委会委员。

吴春生，西安交通大学教授，博士生导师。中国生物医学工程学会生物医学测量分会委员、陕西省医工融合产业技术创新战略联盟专家委员会委员、陕西省医学会生物安全分会委员。陕西省高层次青年人才和西安交通大学青年拔尖人才。发表第一/通讯作者论文 90 余篇，主编/副主编出版学术专著/教材 5 部。主持国家重点研发计划课题、国家自然科学基金等 10 余项。获教育部自然科学奖二等奖、陕西省自然科学二等奖、陕西高等学校科学技术研究优秀成果一等奖、王宽诚育才奖。